普通高等教育"十四五"力学规划系列教材

工 程 力 学

主 编 蔡路军 张国强
副主编 韩 芳 杨 琳 吉德三 磨季云

U0199665

华中科技大学出版社
中国·武汉

内 容 介 绍

本书主要介绍工程力学的基本概念、基本原理与基本方法。全书分 2 篇,共 15 章,主要内容包括物体或物体系统的受力分析和平衡问题分析,构件的受力变形基本规律及简单的强度、刚度和稳定性问题分析。各章节附有相应的思考题和习题。为便于查阅,书后还附有最新国家标准的型钢表。

本书是编者在多年讲授工程力学相关课程的基础上精心编写而成的,内容既包括力学课程的经典理论和方法,又包括在一定程度上体现现代工程技术发展的力学实际应用。本书可供高等院校相关专业的教师、学生及自学者使用或参考。

图书在版编目(CIP)数据

工程力学/蔡路军,张国强主编. —武汉:华中科技大学出版社,2021.1(2024.1重印)
ISBN 978-7-5680-6701-0

Ⅰ.①工… Ⅱ.①蔡… ②张… Ⅲ.①工程力学-高等学校-教材 Ⅳ.①TB12

中国版本图书馆 CIP 数据核字(2020)第 228809 号

工程力学
Gongcheng Lixue

蔡路军 张国强 主编

策划编辑:余伯仲
责任编辑:邓 薇
封面设计:廖亚萍
责任监印:周治超
出版发行:华中科技大学出版社(中国·武汉)　　电话:(027)81321913
　　　　　武汉市东湖新技术开发区华工科技园　　邮编:430223
录　排:武汉市洪山区佳年华文印部
印　刷:武汉市洪林印务有限公司
开　本:710mm×1000mm　1/16
印　张:23.75
字　数:478 千字
版　次:2024 年 1 月第 1 版第 5 次印刷
定　价:40.00 元

前　　言

工程力学是大学本科相关专业的专业基础课,是培养学生工程应用分析能力和科学研究素养的重要课程。

全书分静力学篇和材料力学篇两大部分。静力学篇从力学基本概念和基本公理出发,通过应用力学模型和矢量分析方法,建立了解决基本的平衡与受力关系问题的理论体系。材料力学篇则从介绍材料力学的基本概念出发,通过杆件的几种基本变形形式,展开分析了变形体受力、变形和破坏的基本规律,进而又讨论了复杂受力变形情况下的强度问题和压杆的稳定性失效问题。

本书在阐明基础理论、基本概念和方法前提下,力求突出以下两点。

(1) 强调矢量概念、矢量分析和建立理论模型在工程力学方法中的基础作用,引导学生掌握从实际工程结构或构件中建立合理力学模型并进一步分析的方法,从而培养学生掌握科学的方法论。

(2) 全书内容力求体现工科特色,旨在培养学生的工程意识与分析解决工程实际问题的能力,因此书中更多地强调对一些工程问题的解决步骤和方法,编选的例题和习题也多来自工程实际或具有工程背景。

本书配套有实验课程教材《工程力学实验》(武汉科技大学工程力学系编)。建议将理论课程设置为64~72学时,另安排6~8学时实验课程。也可不讲授第13章至第15章内容,并相应减少实验课程学时,满足一些专业48学时力学通识教育的需求。

本书是武汉科技大学工程力学系的教师在多年讲授工程力学相关课程的基础上精心编写而成的。第1章由蔡路军编写,第2章和第3章由胡百鸣、杨琳编写,第4章和第6章由陈桂娟、吉德三编写,第5章由磨季云、吉德三编写,第7章至第9章由蔡路军、韩芳编写,第10章由黄照平、陈上仿编写,第11章由胡卫华编写,第12章及附录由张国强编写,第13章由蔡路军、牛清勇编写,第14章由吴亮编写,第15章由龚相超编写。全书由蔡路军、张国强任主编,韩芳、杨琳、吉德三、磨季云任副主编。蔡路军、张国强完成了全书的统稿工作。

在本书的编写、出版过程中,有许多同志为我们提供了支持和方便,在此谨致谢意。

受编者水平所限,书中难免有疏漏与不足之处,敬请读者批评指正。

编　　者

2020 年 9 月于武汉科技大学

主要符号表

A	面积	α_0	主方向角
b	宽度	α_1	极值切应力对应的方向角
$D(d)$	直径	γ	切应变(角应变)
E	弹性模量	δ	伸长率
$\boldsymbol{F}$	力	ε	正应变(线应变)
$\boldsymbol{F}_R$	合力	ε_1、ε_2、ε_3	主应变
$\boldsymbol{F}'_R$	主矢	θ	转角、体积应变
F_{cr}	临界力	K	体积弹性模量
F_N	轴力	λ	柔度
F_S	剪力	μ	泊松比、压杆长度系数
G	切变模量	υ_ε	应变能密度
$H(h)$	高度	υ_V	体积改变能密度
I	惯性矩	υ_d	畸变能密度
I_p	极惯性矩	$\dfrac{1}{\rho}$	曲率
i	惯性半径		
$L(l)$	长度	σ	正应力
$\boldsymbol{M}$	力偶矩矢	σ_b	强度极限
M	弯矩	σ_{cr}	临界应力
M_e	外力偶	σ_e	弹性极限
n	安全系数	σ_m	平均应力
S	静矩	σ_p	比例极限
T	扭矩	σ_s	屈服极限
V_ε	应变能	σ_r	相当应力
W	抗弯截面系数	σ_1、σ_2、σ_3	主应力
W_t	抗扭截面系数	τ	切应力(剪应力)
w	挠度	φ	扭转角
α	方向角	ψ	断面收缩率

目　　录

第二篇　材 料 力 学

第1章 绪 论

1.1 力与力学概述

力的概念是人们在生活和生产实践中,通过长期的观察和分析而建立起来的。力是物体间的相互作用,这种相互作用使物体的机械运动状态发生变化,或者使物体发生变形。机械运动是指物体在空间中的位置随时间的变化;变形是指物体自身尺寸或形状发生变化。

力不能脱离物体而存在,力虽然看不见,但它的作用效应可以直接观察或用仪器测量出来。人们正是通过力的作用效应来认识力本身的。

力学是研究物质机械运动规律的科学。它研究介质运动、变形、流动和宏观、细观乃至微观行为,揭示力学过程与物理、化学、生物学等过程的相互作用规律。

力学是工程科学的先导和基础,为开辟新的工程领域提供概念和理论,为工程设计提供有效的方法,是科学技术创新和发展的重要推动力。

工程力学是研究工程中的力学问题,并将力学原理应用于工程技术领域的科学。它的内容极其广泛,本书只讨论其中静力学和材料力学这两部分的基本内容。

静力学主要研究刚性物体在平衡状态时的受力问题。

材料力学主要研究变形固体在外力的作用下变形和破坏的问题。

1.2 力学基本概念

静力学的研究对象是刚体。刚体是形状和大小不变,且内部各点的相对位置不改变的物体。但实际上绝对刚体是不存在的,在力的作用下,任何物体都会发生变形,只是变形量的大小不同而已。因此,刚体是一种理想化概念,对于变形很小的固体,在暂时不研究物体变形的时候,这一简化模型为作用于物体上力系的研究提供了很大的方便。

材料力学的研究对象是变形体,一般是构件,为工程结构和机械的组成部分,如建筑物的梁和柱、机械的轴等。构件在外力作用下可能丧失正常功能,失效或者破坏,因此,为保证构件安全,使用时应满足其强度、刚度和稳定性要求。强度是指构件抵抗破坏的能力;刚度是指构件抵抗变形的能力;稳定性是指构件保持其原有平衡状态的能力。

1.3　工程力学研究方法

工程力学解决问题的一般方法及步骤如下。

（1）选择有关的研究系统。

（2）对系统进行抽象简化,建立力学模型,其中包括几何形状、材料性能、载荷和约束等真实情况的抽象简化。

（3）将力学原理应用于抽象模型,进行分析、推理,得出结论。

（4）进行尽可能真实的实验验证,或将问题退化至简单情况与已知结论相比较。

（5）验证比较后,若得出的结论不满意,则需要重新考虑关于系统特性的假设,建立修正模型并进行分析,依次往复,直至取得问题的最优解。

第一篇 静 力 学

物体相对于地球静止或做匀速直线运动的状态称为平衡。它是物体机械运动的一种特殊形式。

静力学研究物体在一组力作用下的平衡规律。在实际工程中,物体静止是平衡中最常见的状态,所以,静力学主要研究物体处于静止状态的力学问题,很少研究物体处于匀速直线运动状态的力学问题。

静力学从引入刚体、力、力系等基本概念开始,在五个公理的基础上,主要研究如下两个基本问题。

(1) 力系的合成与简化 将作用于物体上较为复杂的力系,用一个最简单且与其力系作用效应相同的力系替代。

(2) 建立并应用平衡条件 确定物体处于平衡状态时,作用于其上的力系应满足的条件,称为平衡条件。

其中,第一个基本问题主要是力系的理论分析,并为解决第二个基本问题做准备。只有在简单力系上,才能清晰地表示建立平衡条件的原因。第二个基本问题是静力学的核心,静力学主要是围绕着建立平衡条件及应用平衡条件而展开的。建立平衡条件后,可以用平衡条件求出作用在平衡物体上的某些未知力。

静力学中力系的简化理论和物体受力分析的方法也是研究动力学的基础。

第2章 静力学基本概念与受力分析

2.1 静力学基本概念

2.1.1 力与力系

力是物体之间相互的机械作用,使物体的运动状态及物体的形状发生改变。

力的定义说明,物体之间的相互机械作用是力产生的本质。而物体的运动状态及形状的效应,是力的作用效应。其中,使物体的运动状态发生改变,称为力对物体作用的外效应(或运动效应);使物体的形状发生改变,称为力对物体作用的内效应(或变形效应)。

力对物体的作用效应由力的大小、方向、作用点的位置决定,这三者称为力对物体作用效应的**三要素**。

力的大小是物体间相互机械作用的强度。在国际单位制(SI)中,力的单位是牛顿(N)或千牛(kN)。在工程单位制中,力的单位是千克力(kgf)或吨力(tf)。两者的换算关系为

$$1 \text{ kgf} = 9.807 \text{ N}$$

本书采用国际单位制。

因为力是既有大小又有方向的量,所以力是矢量。为了区别,本书中用黑斜体字母 $\boldsymbol{F}$ 表示力矢量,用普通斜体字母 F 表示力矢量 $\boldsymbol{F}$ 的大小。

力矢量用一个有向线段表示,如图 2-1 所示。有向线段的起点(或终点)表示力的作用点,线段的长度表示力的大小,线段的方位和指向表示力的方向。其中,线段所在的直线 mn 称为力的作用线。习惯上,当物体受拉时,将力矢量的起点取为力的作用点;当物体受压时,将力矢量的终点取为力的作用点,如图 2-2 所示。

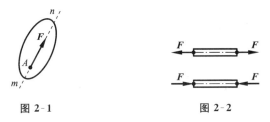

图 2-1　　　　　　　　　　图 2-2

根据力的定义,力是物体间相互的机械作用。两个物体必定是在一定的面积(或体积)上相互作用,只是这块面积(或体积)有或大或小的区别。力的作用点即是这些作用位置的抽象。

（1）当力的作用点分布于相对很小的面积时，作用力可简化为集中作用在一个点上，这样的力称为集中力。图 2-1 所示的力即为集中力。

（2）当力的作用点连续分布于相对较大的面积（或体积）上时，这样的力称为分布力。分布力作用的强度用 q 表示，称为分布载荷集度。

力系：同时作用在物体上力的集合。

在实际工程中，由于工程构件受力都比较复杂，因此理论力学必须引入力系的概念，才能有效地进行力学分析。

为了叙述相关的力学问题，需要引入两个与力系相关的概念。

平衡力系：若在某力系作用下，物体处于平衡状态，则称该力系为平衡力系。平衡力系是力学重点研究的一类力系。

显然，并不是任何一个力系都能成为平衡力系，要成为平衡力系须满足一定的条件或限制。平衡力系应当满足的因素称为**平衡条件**。

等效力系：对同一物体，若两个不同的力系的作用外效应相同，则称这两个力系互为等效力系。

物体不受外力作用（或合外力为零），称为受零力系作用。基于等效力系的概念，平衡力系可表述为：若一个力系与零力系等效，则该力系称为**平衡力系**。

由平衡力系及等效力系的定义可知，任意两个平衡力系都是等效力系。

将作用在物体上的一个力系用另一个等效的力系来替换，称为**力系的等效替换**。

在各种力系的等效替换中，用一个简单的力系等效替换一个复杂力系，称为**力系的简化**。

若一个力系与一个力等效，则称此力为该力系的合力，而该力系中的各力称为合力的分力。由分力求合力的过程，称为**力系的合成**；而由合力求分力的过程，称为**合力的分解**。

一般情况下，最简单力系并不是只有一个力（或者一个力加上一个力偶），所以，力系的简化与力系的合成是完全不同的。

2.1.2　刚体

静力学研究的对象有质点和刚体。

质点：不计体积形状，只计质量的理想物体。

刚体：在力的作用下，内部任意两点的距离保持不变的理想物体。

客观世界中并不存在受力而不变形的物体，刚体只是一种理想化的力学模型。但由于一般工程构件的变形很小，因此在研究力对物体的运动效应时，这种变形可以忽略不计，物体可抽象为刚体。

由于刚体不变形，作用于刚体上的力作用的内效应（变形效应）自然失效，因此，在静力学中，若非特别说明，力作用的效应一般仅指外效应（运动效应）。

物理学主要研究质点受到平面共点力系作用下的机械运动问题,静力学主要研究刚体受到一般力系作用下的受力问题。一般力系包括各种空间力系及各种平面力系,平面共点力系(或称平面汇交力系)只是平面力系中最简单的一种力系。所以,刚体和力系概念的引入,是静力学乃至工程力学与物理学的重大区别之一,初学者一定要尽快掌握静力学中的相关概念。

2.2 静力学基本公理

公理是人们在生活和生产实践中长期积累的经验总结,又经过实践反复检验,被确认是符合客观实际的最普遍最一般的规律。

公理 1 力的平行四边形法则

作用在物体上同一点的两个力可以合成为一个**合力**。合力的作用点也在该点,合力的大小和方向,由这两个力为边构成的平行四边形的对角线确定。即合力矢等于这两个分力矢的矢量和。如图 2-3 所示,共同作用于物体上点 A 的两个力 F_1 和 F_2,可等效为它们的合力 F_R,即

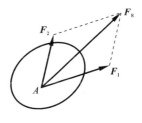

图 2-3

$$F_R = F_1 + F_2$$

这条公理是复杂力系简化的基础,也是所有矢量合成的基本法则。

公理 2 二力平衡条件

作用在同一刚体上的两个力,使刚体保持平衡的必要和充分条件是,这两个力的大小相等,方向相反,且作用在同一直线上。

这条公理表明了作用于刚体上最简单的力系平衡时所必须满足的条件。

公理 3 加减平衡力系原理

在一力系中加上或减去任意的平衡力系,对刚体的作用效果不变。

这条公理是研究力系等效替换的重要依据。

根据上述公理可以导出下列两条推理:

推理 1 力的可传性

作用于刚体上某点的力,可以沿着它的矢量作用线移到刚体内任意一点,对刚体的作用效果不变。

证明 如图 2-4(a)所示,力 F 作用于刚体上的点 A。根据加减平衡力系原理,可在力 F 矢量作用线的任一点 B 上,加上两个大小和矢量作用线与力 F 都相同的一对平衡力 F_1 和 F_2,即 $F = F_2 = -F_1$,如图 2-4(b)所示,对刚体的作用效果不变。又由于力 F 和 F_1 也是一个平衡力系,故可等效去除。由此,只剩一个力 F_2 等效作用于刚体,如图 2-4(c)所示,即相当于原来的力 F 沿其作用线移到了点 B 上。

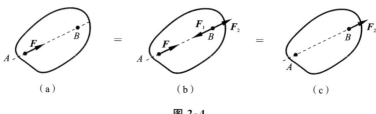

图 2-4

　　根据力的可传性,对于作用于刚体上的力,其作用点的意义就可由作用线表达了。作用于刚体上力的**三要素**是:力的大小、方向和作用线。

　　如同作用于刚体上的力一样,可以沿其作用线等效移动的矢量,称为**滑移矢**。

推理 2　三力平衡汇交定理

　　刚体在三个力作用下平衡,若其中两个力的作用线交于一点,则第三个力的作用线必通过此汇交点,且三个力矢量处于同一平面内。

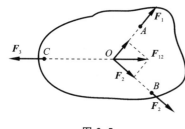

图 2-5

　　证明　如图 2-5 所示,在刚体上的 A、B、C 三点,分别作用了三个力 F_1、F_2 和 F_3,其中 F_1、F_2 两个力的作用线交于点 O,刚体平衡。根据力的可传性,把力 F_1、F_2 分别沿其作用线移到汇交点 O,再根据力的平行四边形法则,将二力由合力 F_{12} 等效替换。再根据二力平衡条件,力 F_3、F_{12} 平衡,则 F_3 与 F_{12} 必共线,即力 F_3 必通过汇交点 O,且力 F_3 必位于力 F_1、F_2 所在的平面内,三力共面。推理 2 得证。

　　公理 4　作用和反作用原理

　　作用力和反作用力总是同时存在,两个力的大小相等,方向相反,沿着同一条直线,分别作用在两个相互作用的物体上。

　　作用和反作用原理与二力平衡条件的描述虽有相同之处,即均是两力等值、反向、共线,但二者有着本质的区别:前者两力分别作用于两个相互作用的物体上,后者两力共同作用于同一个刚体上。

　　公理 5　刚化原理

　　变形体在某一力系作用下处于平衡,如将此变形体刚化为刚体,其平衡状态保持不变。

　　这个公理提供了把变形体看作刚体模型的条件。如图 2-6 所示,柔性绳索在等值、反向、共线的两个拉力作用下处于平衡,如将绳索钢化为刚体,其平衡状态保持不变。反之就不一定成立,如刚体在两个等值反向的压力作用下平衡,若将它换成柔性绳索,就不能平衡了。

　　由此可见,刚体的平衡条件是变形体平衡的必要条件,而非充分条件。在刚体静力学的基础上,考虑变形体的特性,可进一步研究变形体的平衡问题。

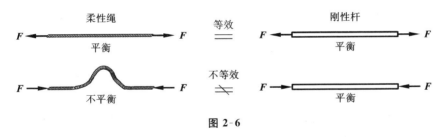

图 2-6

也可以同时依据二力平衡条件和刚化原理,将只受两个力作用且平衡的变形体,判定为**二力构件**,此时可得到这两个力的特定矢量关系,即等值、反向、共线。

静力学的全部理论都可由上述 5 个公理推证得到。

2.3　约束与约束力

2.3.1　约束与约束力概念

按其运动是否受到限制,物体分为自由体和非自由体。能在空间自由运动、位移不受限制的物体称为**自由体**。若物体的空间位置受到某些条件的限制,而在某些方向不能运动,则称其为**非自由体**。在工程力学中,物体的运动包含平移及转动。一般的工程构件都会受到一定的运动限制,大部分工程构件都是非自由体。

静力学中,将限制物体运动的一切装置统称为**约束**。约束可以是地基,也可以是螺栓、轴承或绳索等。约束在与被约束物体的接触处,对被约束物体的某些运动起到阻碍作用。

当被约束的物体沿着约束所能限制的方向有运动趋势时,约束与被约束物体之间即有相互机械作用,称该机械作用为约束对被约束物体的约束力,简称**约束力**。

约束力的方向总是与约束所能限制的物体运动趋势的方向相反,约束力的作用点就是约束与被约束物体接触点处。约束对物体的作用,可以由约束力来表示。约束力的大小一般都是未知的。

与约束力对应,能主动引起物体运动或产生运动趋势的力称为**主动力**,工程中也称为载荷,如重力、风力等。物体所受的主动力一般都是已知的。

在静力学中,只有主动力与约束力两类力。

工程实际中,约束有多种形式,现介绍几种常见的典型约束及其性质,并给出确定约束力方向的分析方法。

2.3.2　常见约束类型及约束力

在静力学中,对于每一种典型约束,都有对应的确定约束力方向的表达方式。因此,要确定约束力的方向,需要先确定约束的类型,再根据该约束的特点对应表达出确定方向的约束力。切勿试图从平衡的角度去猜测约束力的方向。

1. 柔索约束

柔索是一种绝对柔软、不可伸长、不计自重的理想约束,如绳索、链条、皮带等,通常用一根单线表示。柔索的特点是柔软易变形,所以,柔索对物体的约束力只能是拉力。

柔索对物体的约束力画法为:假想截断柔索,约束力的作用点在假想截断处,约束力的方向沿着柔索且背离受约束的物体。

图 2-7(a)中,柔索 AC、BC 约束 AB 杆。AB 杆受到的约束力画法为:分别将柔索 AC、BC 假想截断,假想截断处为约束力的作用点,沿着柔索背离物体 AB 的方向画柔索约束力,标注约束力符号 F_A、F_B,下角标分别表示各约束力对应的作用点,如图 2-7(b)所示。

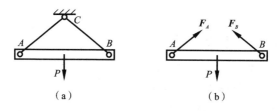

（a）　　　　　　　　　　　　（b）

图 2-7

2. 光滑接触面约束

光滑接触面是一种没有摩擦、绝对光滑的理想约束表面。图 2-8(a)表现的是平面与曲面的光滑接触面,图 2-8(b)表现的是曲面与曲面的光滑接触面。

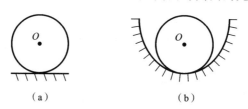

（a）　　　　　　　　　　　　（b）

图 2-8

由于接触面绝对光滑,光滑表面沿着其切线方向对物体没有移动限制,同时物体也没有离开光滑表面的移动限制,物体只有沿接触面公法线方向且指向支承面的移动限制。也就是说,某个方向上没有移动限制,就没有约束力。

光滑接触面对物体的约束力画法为:假想解除光滑约束面,在约束与物体的接触点处,画出接触面的公法线,约束力在接触点处沿着公法线方向并指向被约束物体。

图 2-9(a)中,没有标示重力,只关注光滑面约束力。先假想解除光滑约束面,物体与约束面的接触点在 A,画出物体与约束面的公法线 OA,如图 2-9(b)所示。

在接触点 A 处，沿着公法线方向指向物体，画出约束力，标注符号 F_A，如图 2-9(c)
所示。

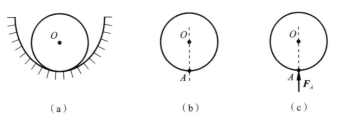

（a）　　　　　　　　（b）　　　　　　　　（c）

图 2-9

画光滑接触面约束力时，确定公法线非常重要，否则无法准确表示约束力的方
向。作图过程中，一定要保留诸如公法线之类的作图痕迹。

如图 2-10(a) 所示，AB 杆置于光滑的半圆曲面中，下面要画杆所受约束力。
先假想解除光滑约束面的约束（将半圆以虚线画出），物体与约束面的接触点分别
在 A、B 处。A 点处的公法线可借助圆的几何性质画出，即沿着 AO 方向；B 点处
的公法线可借助 AB 线的几何性质，即垂直于 AB，如图 2-10(b) 所示。在接触点
A、B 处，分别沿着各自的公法线方向指向受力物体，画出约束力，标注符号 F_A、
F_B，如图 2-10(c) 所示。

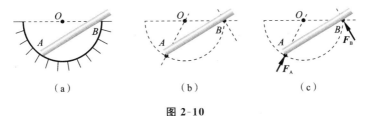

（a）　　　　　　　　（b）　　　　　　　　（c）

图 2-10

3. 平面光滑铰链约束

平面光滑铰链是由杆件上一对绝对光滑的孔和圆柱销钉连接而成的结构，如
图 2-11 所示。

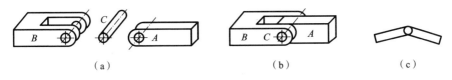

（a）　　　　　　　　　　　（b）　　　　　　　　　（c）

图 2-11

平面光滑铰链各零件参见图 2-11(a)，在两个构件 A 和 B 上，分别有直径相同
的圆孔，再将一直径略小于孔径的圆柱体销钉 C 插入两圆孔中，将两构件连接在
一起，其结构如图 2-11(b) 所示。这种连接称为铰链连接。在两个构件的轴线形
成的平面内，两个构件只能绕销钉中心轴线转动，而不能沿销钉任意径向方向相对

移动。平面光滑铰链约束的力学模型简图如图 2-11(c)所示。

这种约束本质是圆孔与销钉的光滑接触面约束(圆孔和销钉的表面都是光滑的),参见图 2-9(a)。其截面如图 2-12(a)所示,由光滑接触面约束的性质可知,约束力 F_C 的作用点在孔与轴的接触点处,方向沿着孔与轴的公法线指向物体。

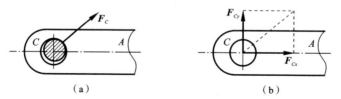

图 2-12

在不同的工程问题中,由于构件 A 上所受主动力的大小及方向不同,孔与销钉之间接触点的位置也将不同,因此约束力 F_C 的方向及大小不同。所以,在一般性分析中,平面光滑圆柱铰链约束力 F_C 的大小和方向事先都是未知的。

为了用静力学的方法求解约束力 F_C,可以用力的平行四边形法则,将该约束力分解成一对正交的分力 F_{Cx}、F_{Cy},如图 2-12(b)所示。只需求出两个分力矢量(由大小及正负决定的量),进而可用勾股定理最终求出约束力 F_C 的大小及方向。

对于以上方法,可能会产生一个疑问:由一个未知约束力矢量 F 分解为两个分力矢量 F_x、F_y,是否会增加问题的难度?不会。这是因为一个矢量具有大小和方向两个量,当约束力 F_C 的大小及方向均为未知时,既无法表示也无法求解。将 F_C 分解成一对正交的分力,其实是用两个大小未知但方向已知的分力矢量,等效地表达了一个大小和方向均未知的矢量,简化了问题的求解。在此基础上,借助一定的数学方法是可以求解出这两个分力的。

4. 铰支座约束

铰支座约束是平面光滑铰链约束的演变形式。

1) 固定铰支座约束

在平面光滑铰链约束的两个构件中,将构件 B 固定于机架或地基上形成的结构,称为固定铰支座约束。固定铰支座结构如图 2-13 所示。

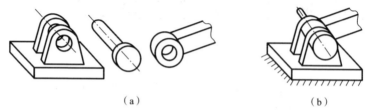

图 2-13

固定铰支座约束的特点是,受约束构件沿支承面的切向及法向都不能移动,只能绕着销钉的轴线转动。因为固定铰支座与平面铰链约束的受力类似,所以,其约束力也用一对正交的分力表示,一般用沿着支承面的切向和法向的一对正交分力表示。

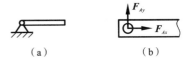

图 2-14

固定铰支座的力学模型简图如图 2-14(a)所示,杆件所受约束力如图 2-14(b)所示。

2）滚动铰支座(辊轴支座)约束

若固定铰支座下面安装光滑的辊轴,使支座可沿着支承面移动,这样的结构称为滚动铰支座或辊轴支座约束。滚动铰支座结构如图 2-15(a)所示,其平面示意图如图 2-15(b)所示。

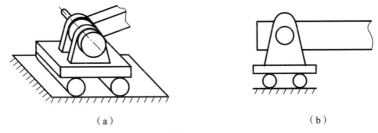

（a）　　　　　　　　　　　　　　（b）

图 2-15

滚动铰支座约束的特点是:受约束构件仅在支承面法线方向不能移动,可以沿支承面切线方向移动,也可以绕着销钉的轴线转动。从图 2-15 上看,滚动铰支座似乎可以沿着公法线背离支承面移动,但在该方向的移动一般可用附加装置进行限制。因此,滚动铰支座只有一个沿着支承面法线方向的约束力。所谓"沿着支承面法线方向的约束力",表示约束力的作用线仅仅是沿着支承面的法线方向,该约束力既可能是指向构件的,也可能是背离构件的。一般假设滚动铰支座的约束力沿着法线指向构件。

滚动铰支座力学模型简图如图 2-16(a)所示,杆件所受约束力如图 2-16(b)所示。

（a）　　　　　　　　　　　　（b）

图 2-16

滚动铰支座的应用之一是安装在桥的横梁上,横梁一端用固定铰支座,另一端用滚动铰支座。由于滚动铰支座可以沿着水平方向自由移动,因此可以消除大跨度桥梁因热胀冷缩而产生的附加内力。

5. 球形铰支座约束

构件的一端为光滑球体,安装在具有光滑球窝的支座中的约束结构,称为球形铰支座约束,简称球铰约束。

球形铰支座结构如图 2-17(a)所示,球形铰支座约束力学模型简图如图 2-17(b)所示。

球形铰支座约束的特点是:在球铰处能限制物体沿任何径向方向的位移,但不能限制其任意转动。球铰约束实质上是两个光滑的空间曲面之间的光滑接触面约束,约束力的作用点在两个曲面的接触点处,约束力的方向沿着两曲面的公法线指向球体。因为两个空间曲面的公法线是一条空间直线,所以球铰的约束力是一个空间力。

由于构件受力大小、方向,以及构件的空间位置,都会影响到两个曲面的接触点,并影响到公法线的方向,因此,球形铰支座约束力的空间方向事先是无法确定的。类似平面光滑铰链约束力,通常将过球心的空间约束力分解成三个互相垂直的分力 F_x、F_y 和 F_z,如图 2-17(c)所示。

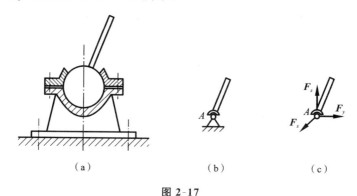

（a）　　　　　　　　　（b）　　　　　　　　　（c）

图 2-17

6. 轴承

轴承是机械中常见的一种约束,常见的轴承有两种形式。

1）径向轴承(向心轴承)

图 2-18(a)所示是径向轴承的横截面示意图,径向轴承只限制转轴沿转轴径向的位移,不限制转轴沿轴向的位移或绕轴线的转动。图 2-18(b)所示为径向轴承力学模型简图。径向轴承的受力性质和圆柱铰链类似,径向轴承的约束力,在垂直于轴线的平面内,用一对正交分力 F_{Ax}、F_{Az} 表示,如图 2-18(c)所示。

滚珠轴承和滚柱轴承的约束力与径向轴承一样。

2）止推轴承

止推轴承除了径向轴承的约束外,还增加了沿转轴轴线方向的移动限制,如图 2-19(a)所示。止推轴承力学模型简图如图 2-19(b)所示。止推轴承的约束力,在

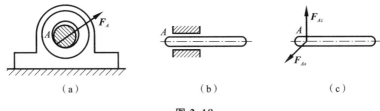

图 2-18

垂直于轴线的平面内,有一对正交分力 F_x、F_y,在轴线方向上还有一个约束力 F_z,如图 2-19(c)所示。

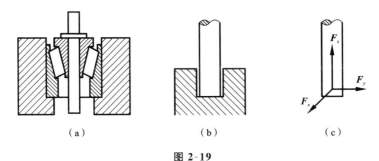

图 2-19

以上介绍了几种典型的约束,但实际工程结构中,约束并不一定能完全做成以上形式,在抽象具体的约束形式时,需要突出主要因素忽略次要因素,简化出实际的约束。约束的核心概念是,在什么方向上对物体具有移动或转动的运动限制,在该方向上就存在约束。此外,在平面任意力系中,还将介绍一种“固定端约束”。

静力学中,画约束力是一个难点。画约束力的要点是,面对各类约束,一定要分清它是哪种典型约束,再根据该典型约束的特点,按其规定的方法画出。

2.4　物体受力分析

受力分析是表达物体所有受力的分析过程。

为了准确地表述物体受力分析的问题,先引入如下概念。

(1) 研究对象:研究受力问题时,被选择出的与问题直接有关的物体。

静力学中,有些简单工程问题只有一个物体,研究对象的选择相对简单一点,但有些却是物体系统问题。如何从一个物体系统中选定研究对象,以准确方便地解决对应的力学问题,并不是一个简单的问题。所以,在力学问题中,一定要养成正确选择研究对象并明确研究对象的良好习惯。

(2) 分离体:解除周围物体的全部约束并从结构中取出的研究对象。

静力学中所选定的研究对象,一般都是非自由体。这些非自由体都是通过一定的约束与周围物体连接在一起的。为了在研究对象上画出它所受的约束力,必须先假想解除周围物体对研究对象的全部约束,使研究对象与周围有连接的物体分开,以便能将研究对象从结构中取出。这种解除了全部约束并从结构中取出的研究对象,称为分离体。解除了全部约束并单独画出的研究对象简图,称为分离体图。

（3）受力图:在分离体上画出全部外力（主动力与约束反力）的简图。

受力图中的内力、外力与所取的研究对象有关。如取火车头为研究对象,则火车头与第一列车厢挂钩处的约束力,对火车头来说就是外力。但取整列火车为研究对象时,火车头与第一列车厢挂钩处的约束力,对火车来说就是内力了。其意义在于,当选取整体系统为研究对象时,研究对象内的约束处仍然存在约束力,但由于这些约束力是内力,因此在受力图上不必画出。其原因在于,系统内部的约束力都是成对的作用力与反作用力,在研究对象的系统内互相抵消。

选定了研究对象,若不解除约束,约束力也不会出现。因此画受力图一定要先解除研究对象受到的约束,不可在原结构图中画受力图。研究对象保留着与周围物体相应约束的任何图形,都不能称为受力图。

解除的约束,要一一对应画出约束力,既不能漏掉,也不能无中生有。

（4）受力分析:选取研究对象及分离体,在分离体上逐一研究其所受外力的过程。

受力分析是一个过程,需要逐步进行,这样才可能得到正确的受力分析结果,画出正确的受力图。

在静力学的研究中,正确地确定研究对象,进行受力分析和作出准确的受力图是解决问题的关键。如果连最基本的受力分析都出现错误,则不可能得到正确的结论。

画受力图的基本步骤如下:

（1）适当选取研究对象;

（2）解除约束,画出分离体简图;

（3）在分离体图上画主动力（如重力、载荷）;

（4）在分离体图上,一一对应解除的约束,按典型约束性质画约束反力。

下面用例题来说明受力分析的步骤和受力图的画法。

【例 2-1】　图 2-20(a)所示不计自重的梁 AB,受主动力 **F** 作用,其中 B 端通过支座搁置于斜坡上。试画出该梁的受力图。

【解】　（1）选取梁 AB 为研究对象。

（2）画梁 AB 的分离体图。解除 A 处的固定铰支座、B 处的滚动铰支座约束,画出不受任何约束及受力的梁 AB 的简图,如图 2-20(b)所示。解除了圆柱销钉约束,A、B 处的圆表示梁上的孔,不带销钉。

（3）画主动力 F。

（4）画约束力。梁在 B 处受到滚动铰支座约束，滚动铰支座的约束力沿着支承面的法向指向梁；梁在 A 处受到固定铰支座约束，固定铰支座的约束力是一对正交的约束力。将全部约束力标注符号，完成梁的受力图，如图 2-20(c)所示。

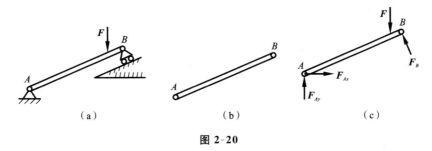

图 2-20

以上画任意一个约束力时，都没有考虑主动力及平衡问题，完全是按照各个典型约束的特性直接画出。可见，静力学中画约束力的基本方法有其规范，没有很多技巧。

但是，梁 AB 实际是平衡的，如果考虑平衡关系画受力图，是否还有其他画法呢？

观察图 2-20(c)，根据力的平行四边形法则，A 处的两个分力最终可以合成一个约束力，所以，梁仅在三个力的作用下平衡。其中主动力 F 作用线方向与滚动铰支座约束力作用线方向完全可以确定，这两个力的作用线不平行必定相交。于是，可用三力平衡汇交定理来确定 A 处固定铰支座的约束力作用线方向，并最终确定 A 处约束力。

这种受力图的画法如下：在梁上先画出主动力 F 及 B 处约束力两力作用线的交点 K，如图 2-21(a)所示。过 A、K 两点画辅助直线，根据三力平衡汇交定理，A 处约束力作用线必定沿着该直线，指向或者背离 K 点均可，假设 A 处约束力指向 K 点，如图 2-21(b)所示。

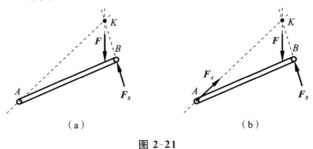

图 2-21

三力平衡汇交定理本身只能确定第三个力作用线的方向，但不能确定该力的指向。所以，只能先假设该力的指向，至于假设它指向或者背离汇交点都是可以的。但是，既然该约束力的指向是假设的，那么实际约束力的指向就可能与其假设的指向相反。画受力图时,两种指向都是对的,其实际指向可以用后面介绍的解析法计算出来。

同样一个梁,受到的主动力和约束也相同,受力图却有两种画法,这两种画法之间的联系与区别是什么呢?

对比两种受力图可知,图2-21(b)中 A 处的约束力 F_A,就是图2-20(c)中两个正交分力用力的平行四边形法则合成的结果。通过此例,可以进一步理解固定铰支座约束力可以用一对正交约束力表示的意义。

区别在于,图2-21(b)所示的受力图共有两个未知力,需要两个平衡方程才能求解,它属于所谓"平面汇交力系"。图2-20(c)中,共有三个未知力,需要三个平衡方程才能求解,它属于另一类所谓"平面任意力系"。对应两种不同的受力图画法,未知力的个数、力系的分类及求解未知力的方法都不同。

【例2-2】　图2-22(a)中各杆件均不计自重,画 AB 杆、BC 杆及整体的受力图。

【解】　该结构是一个多刚体系统,需要取不同的研究对象。

(1)画 BC 杆的受力图。

① 选 BC 杆为研究对象。

② 画 BC 杆的分离体图。假想解除 B 处的平面光滑铰链约束、C 处的固定铰支座约束。画出不受任何约束或受力的 BC 杆简图,如图2-22(b)所示。解除了圆柱销钉约束,B、C 处的圆表示杆上的孔,不带销钉。

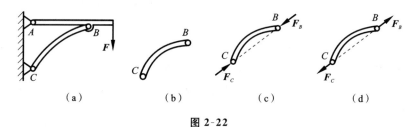

图 2-22

③ 没有主动力。

④ 画约束力。该杆仅在 B、C 两点受约束力作用而平衡,所以 BC 杆是二力杆。二力杆上两个约束力的画法:过两个约束力的作用点 B、C 画辅助直线,分别在两个约束力的作用点上,沿着两点的连线,画一对等值反向的力,假设这一对力共同指向(见图2-22(c))或共同背离(见图2-22(d))BC 杆。画受力图时,任何一种假设的受力方向画法都是正确的,至于实际受力的方向,最终可以计算出。这里取图2-22(c)所示的画法。

(2)画 AB 杆的受力图。

① 选 AB 杆为研究对象。

② 画 AB 杆的分离体图。假想解除 A 处的固定铰支座约束、B 处的平面光滑铰链约束。画出不受任何约束或受力的 AB 杆简图,如图 2-23(a)所示。不带销钉。

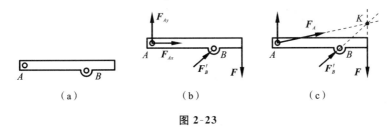

图 2-23

③ 在分离体图上画主动力 F。

④ 画约束力。AB 杆上 B 处的约束力应根据作用和反作用定律画出。当 BC 杆 B 处取图 2-22(c)所示的画法时,特别要注意反作用力 F'_B 方向上的反向关系,如图 2-23(b)所示。A 处是固定铰支座约束,画上一对正交约束力即可。标注约束力符号。

显然,AB 杆也是仅受三个力作用而平衡,其中主动力 F 和 B 处的约束力 F'_B 的作用线方向均可确定,且两个力的作用线交于一点,因此,还可以用三力平衡汇交定理画出 A 处的约束力,并画出 AB 杆受力图,如图 2-23(c)所示。可知 A 处的约束力指向汇交点 K。类似地,图 2-23(b)所示的力系属于"平面任意力系",图 2-23(c)所示的力系属于"平面汇交力系"。

在画 AB 杆及 BC 杆的受力图时,存在一个取研究对象的顺序问题。上述画法中,先取 BC 杆为研究对象,再取 AB 杆为研究对象。这是因为 BC 杆是二力杆,画受力图的过程较为简单,同时容易确定 AB 杆上 B 处约束力的方向,使得 AB 杆的受力图也相对简单。如果先取 AB 杆为研究对象,AB 杆及 BC 杆的受力图将相对复杂。

此例说明,如何选取研究对象并不是一个简单的问题。画受力图时,优先从二力杆开始,一般可使受力图得到简化。

(3) 画整体的受力图。

① 选取整体(AB 杆及 BC 杆)为研究对象。

② 画整体的分离体图。假想解除研究对象周围的约束,即 A 处和 C 处的固定铰支座约束。但 B 处的平面光滑铰链约束在所取的研究对象内,B 处的约束不得解除。画出不受任何外在约束或受力的整体简图,如图 2-24(a)所示。解除了圆柱销钉约束,A、B 处的圆表示杆上的孔,不带销钉。

③ 在分离体图上画主动力 F。

④ 画约束力。BC 杆上 C 处的约束力由图 2-22(c)可知,沿着 CB 直线指向 B 点(画出辅助线)。AB 杆上 A 处是固定铰支座约束,画上一对正交约束力即可,与

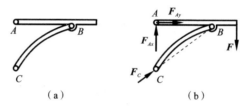

图 2-24

图 2-23(b)一致。标注约束力符号,受力图如图 2-24(b)所示。当然,也可借助图 2-23(c)画出 A 处的约束力。

取整体为研究对象时,B 处仍然存在约束,只是 BC 杆上 B 处约束力 $\boldsymbol{F}_B$,与 AB 杆上 B 处约束力 $\boldsymbol{F}'_B$ 是一对作用力与反作用力,在整体的研究对象内互相抵消,这也就是受力图中不必画出内力的原因。

最后提一个问题,由 AB 杆及 BC 杆组成的刚体系统中,也是仅受三个力作用而平衡,对刚体系统能否用三力平衡汇交定理来画受力图?

经过两个例题的练习,后面的例题中,不再单独画出分离体图。

【例 2-3】　棘轮机构如图 2-25(a)所示,该机构中的轮 O 只能逆时针转动,当轮子试图顺时针转动时,棘爪 AB 将卡住齿 A(仅画出一个齿示意),使轮子无法顺时针转动,从而防止悬挂的重物 G 坠落。所有构件均不计自重,A 处为光滑接触,画轮 O(连同重物)及整体的受力图。

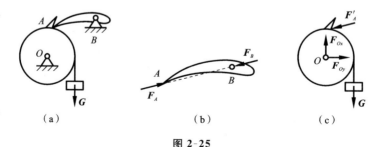

图 2-25

【解】　该机构是一个多刚体系统,存在先选取谁为研究对象的问题。如果先选取轮 O 为研究对象,轮上 A 齿处光滑面约束力的方向无法确定,故只能先取棘爪 AB 为研究对象。

(1) 画 AB 杆的受力图。

① 选 AB 杆为研究对象。

② 画 AB 杆的分离体图。假想解除 B 处的固定铰支座约束,解除 A 处的光滑接触面约束。画出 AB 杆简图。

③ 没有主动力。

④ 画约束力。AB 杆是二力杆,假设这一对约束力共同指向 AB 杆,如图2-25

(b)所示。

（2）画轮 O 的受力图。

① 选轮 O（连同重物）为研究对象。

② 画轮 O（连同重物）的分离体图。假想解除 O 处的固定铰支座约束,解除 A 处的光滑接触面约束,画出轮 O（连同重物）简图。

③ 在分离体图上画主动力 G。

④ 画约束力。轮 O 上 A 处的约束力,应根据作用和反作用定律画出,特别要注意反作用力 F'_A 方向上的反向关系。O 处是固定铰支座约束,画上一对正交约束力即可。标注约束力符号,受力图如图 2-25(c)所示。轮 O 上也可以用三力平衡汇交定理画受力图。

必须先画出 AB 杆的受力图,轮 O 上 A 处约束力的方向才有依据。

（3）画整体的受力图。

① 选整体（AB 杆、轮 O 及重物）为研究对象。

② 画整体的分离体图。假想解除研究对象周围的约束,即 O 处和 B 处的固定铰支座约束。但 A 处的光滑接触面约束在所取的研究对象内,A 处的约束不得解除。画出不受任何外在约束及受力的整体简图。

③ 画主动力 G。

④ 画约束力。B 处约束力方向借助图 2-25(b),O 处是固定铰支座约束,画上一对正交约束力,A 处约束力是内力,不必画出。图 2-26 所示是整体受力图。

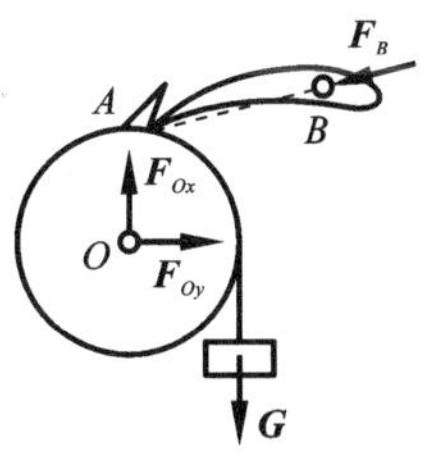

图 2-26

正确确定研究对象的选择顺序,是本题的关键。

该刚体系统能否用三力平衡汇交定理来画受力图?

【例 2-4】　如图 2-27(a)所示的结构,主动力 P_2 作用在销钉 B 上,各杆不计自重。

（1）画 BC 杆 B 端不带销钉的受力图;

（2）画 BC 杆 B 端带销钉的受力图。

【解】　结构中,AB、BD 杆是二力杆,主动力 P_2 作用在销钉 B 上,为了便于理解 B 处结构及载荷关系,该点的立体图如图 2-27(b)所示。

（1）画 B 端不带销钉的 BC 杆受力图。

① 选 B 端不带销钉的 BC 杆为研究对象。

② 画 B 端不带销钉的 BC 杆分离体图。因为 BC 杆上 B 端不带销钉,所以 B 端是一个孔,BC 杆 B 端不带销钉分离出来的状态,参见图 2-28(a)。该孔通过销钉 B,再与 AB、BD 杆连接在一起。所以,销钉 B 与 BC 杆上 B 端孔的约束,就是一个平面光滑铰链约束。最后再假想解除 B 处的滚动铰支座约束,就可画出分离

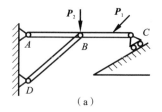
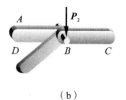

（a）　　　　　　　　　　　　　　　（b）

图 2-27

体图。

③ 画主动力 P_1。注意到 P_2 作用在销钉 B 上，销钉并不在该研究对象上。所以，受力图上没有 P_2。

④ 画约束力。C 处受到滚动铰支座约束，该约束力沿着支承面的法向指向 BC 杆；B 端就是一个平面光滑铰链约束，在 BC 杆的 B 端孔上画一对正交约束力即可。标注符号，受力图如图 2-28（b）所示。

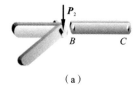
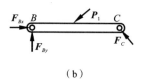

（a）　　　　　　　　　　　　　　　（b）

图 2-28

（2）画 B 端带销钉的 BC 杆受力图。

① 选 B 端带销钉的 BC 杆为研究对象。

② 画 B 端带销钉的 BC 杆分离体图。因为 BC 杆上 B 端带销钉，所以 B 端是一个销钉，不再是一个孔，研究对象的分离状态，如图 2-29（a）所示。研究对象通过销钉 B 再与 AB、BD 杆连接在一起。所以，研究对象上的销钉 B 与 AB、BD 杆是两个平面光滑铰链约束。最后再假想解除 B 处的滚动铰支座约束，就可画出分离体图。

③ 画主动力 P_1、P_2。注意到 P_2 作用在销钉 B 上，而销钉在研究对象上。所以，受力图上有 P_2，P_2 在分离体上的位置参见图 2-29（b）。

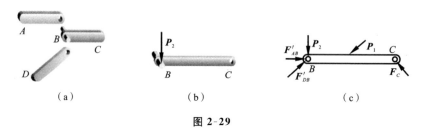

（a）　　　　　　　　　　　（b）　　　　　　　　　　（c）

图 2-29

④ 画约束力。C 处受到滚动铰支座约束,该约束力沿着支承面的法向指向 BC 杆;B 端的销钉与 AB、BD 杆的孔连接,AB、BD 杆都是二力杆。因为经过较多的练习,AB、BD 二力杆的受力图这里不给出了,直接用作用和反作用定律,在销钉 B 上,分别沿着 AB、BD 杆的方向,画上反作用力即可。标注符号,受力图如图 2-29(c)所示。

之前的受力图中,主动力没有作用在销钉上,而且受平面光滑铰链约束、铰支座约束的杆件,研究对象默认是不带销钉的。但本例是主动力作用在销钉上,以及研究对象带有销钉,故其受力图的画法要复杂一些。但其分析过程仍然遵守典型约束的一般规则,如果难以理解,不妨画出其实体结构图以辅助分析。

通过以上例题可知,其实画受力图时,最容易错的部分是画其中的约束力。首先要注意区别当前约束的种类,要按对应的典型约束类型规范地画约束力。其次应当注意,当解除约束时,约束力将成对出现,它们分别作用在不同的刚体上。不解除约束时,约束力不会出现。所以画受力图一定要先解除约束,不可在原结构图中画受力图。另外,一定要领会受力图中"受"字的含义,只能把分离体上受到的外力画在受力图上,不能把分离体作用给周围物体的力画上去。

受力分析和受力图是力学分析的重要基础,不仅在静力学中非常重要,还将影响到动力学研究,必须非常熟练地掌握。

思　考　题

2-1　为什么说二力平衡条件、加减平衡力系原理和力的可传性都只适用于刚体?

2-2　什么是二力构件? 分析二力构件受力时与构件形状有无关系?

2-3　说明下列两个式子的区别:(1) $F_1 = F_2$,(2) $\boldsymbol{F}_1 = \boldsymbol{F}_2$。

2-4　柔索约束的约束力作用点在哪里? 方向如何确定?

2-5　凡两端用光滑铰链连接的杆都是二力杆吗? 凡不计自重的杆都是二力杆吗?

2-6　一个受力图中,是否可以表达多个研究对象的受力?

习　题

2-1　画出下列各图中物体 AB 的受力图。未标明重力则物体重量均不计,所有接触处均忽略摩擦。

2-2　画出下列每个标注字符的物体(不包括销钉、支座、基础)的受力图和系统整体受力图。未标明重力的物体均不计重量,所有接触处均忽略摩擦,均为光滑接触。

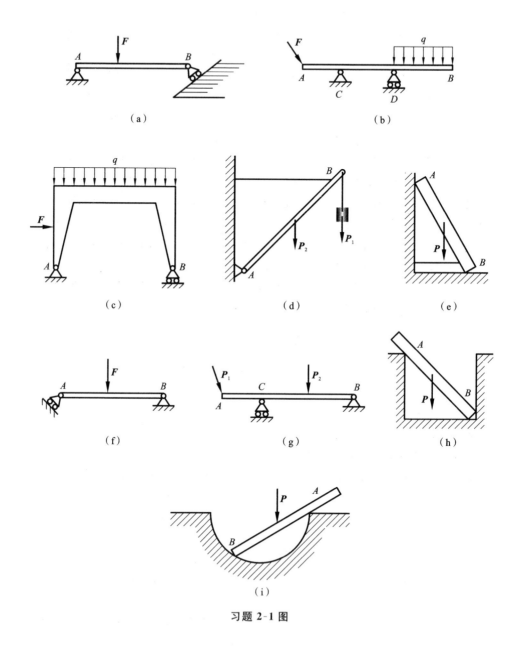

习题 2-1 图

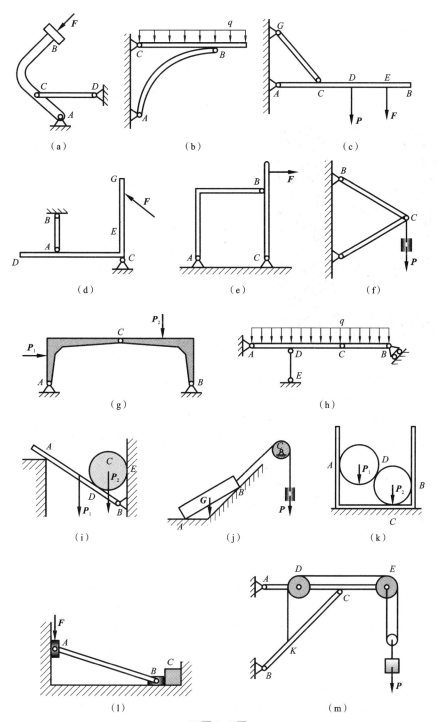

（a）　　　　（b）　　　　（c）

（d）　　　　（e）　　　　（f）

（g）　　　　（h）

（i）　　　　（j）　　　　（k）

（l）　　　　（m）

习题 2-2 图

拓展阅读

力学史上的明星（一）

　　伽利略·伽利雷（1564—1642），意大利伟大的物理学家和天文学家，科学革命的先驱。历史上他首先在科学实验的基础上融会贯通了数学、物理学和天文学三门知识，扩大、加深并改变了人类对物质运动和宇宙的认识。为了证实和传播哥白尼的日心说，伽利略献出了毕生精力。由此，他晚年受到教会迫害，并被终身监禁。他以系统的实验和观察推翻了以亚里士多德为代表的、纯属思辨的传统的自然观，开创了以实验事实为根据并具有严密逻辑体系的近代科学。因此，他被称为"近代科学之父"。他的工作，为牛顿的理论体系的建立奠定了基础。

　　伽利略1564年2月15日生于比萨，父亲芬琴齐奥·伽利雷精通音乐理论和声学，著有《音乐对话》一书。1574年全家迁往佛罗伦萨。伽利略自幼受父亲的影响，对音乐、诗歌、绘画及机械兴趣极浓，也像他父亲一样，不迷信权威。17岁时遵从父命进比萨大学学医，可是对于医学他感到枯燥无味，而在课外听世交、著名学者里奇讲欧几里得几何学和阿基米德静力学，产生浓厚兴趣。1583年，伽利略在比萨教堂里注意到一盏悬灯的摆动，随后用线悬铜球做模拟（单摆）实验，确证了微小摆动的等时性及摆长对周期的影响，由此创制出脉搏计，用来测量短时间间隔。1585年因家贫退学，担任家庭教师，但仍奋力自学。1586年，他发明了浮力天平，并写出论文《小天平》。1587年，他带着关于固体重心计算法的论文到罗马大学求见著名数学家和历法家克拉维乌斯教授，大受称赞和鼓励。克拉维乌斯回赠他罗马大学教授瓦拉的逻辑学讲义与自然哲学讲义，这对于他以后的工作大有帮助。在此时期，他深入而系统地研究了落体运动、抛射体运动、静力学、水力学，以及一些土木建筑和军事建筑等，发现了惯性原理，研制了温度计和望远镜。1611年，他观察到太阳黑子及其运动，对比黑子的运动规律和圆运动的投影原理，论证了太阳黑子是在太阳表面上，他还发现了太阳有自转。1612年，他出版了《水中浮体对话集》一书。1613年，他发表了3篇讨论太阳黑子问题的通信稿。

　　通常认为，意大利科学家伽利略《关于两门新科学的对话》一书的发表（1638年）是材料力学开始形成一门独立学科的标志。在该书中，这位科学巨匠尝试用科学的解析方法确定构件的尺寸，讨论的第一个问题是直杆轴向拉伸问题，得到承载能力与横截面积成正比而与长度无关的正确结论。在这本书中,伽利略讨论的第二个问题是梁的弯曲强度问题。按今天的科学结论,当时作者所得的弯曲正应力公式并不完全正确,但该公式已反映了矩形截面梁的承载能力和 bh^2(b、h 分别为截面的宽度和高度)成正比,圆截面梁承载能力和 d^3(d 为横截面直径)成正比的正确结论。

　　伽利略既是勤奋的科学家,又是虔诚的天主教徒,他晚年受到教会迫害,并被终身监禁。伽利略于 1642 年 1 月 8 日病逝,葬仪草率简陋,直到 18 世纪,遗骨才迁到家乡的大教堂。

第3章 力系的合成与平衡

3.1 力系概述

物理学主要研究力系作用于质点上的情况,静力学则主要研究力系作用于刚体上的情况。刚体具有一定的面积或体积,作用于刚体上的力系更为复杂,因而,在静力学中需要将力系进行分类,以便分门别类地进行具体的研究。

(1)按力的作用线在空间分布的状态,力系可分为空间力系及平面力系。

平面力系:力的作用线在同一平面内的一组力。

空间力系:力的作用线在三维空间内的一组力。

一般可将平面力系视为空间力系的退化形式。

常见的平面力系有平面汇交力系和平面一般力系。

平面汇交力系:力的作用线在同一平面内且相交于一点的一组力。

平面一般力系:力的作用线在同一平面内且任意分布的一组力。

平面汇交力系是平面一般力系的一种特殊形式。

物理学中最常用的作用于质点上的平面汇交力系,是静力学中最简单的力系。

(2)按力的作用线之间的关系,力系又可分为汇交力系、平行力系及一般力系等。

汇交力系:力的作用线相交于一点的一组力。

平行力系:力的作用线互相平行的一组力。

一般力系:力的作用线任意分布的一组力。

3.2 汇交力系的合成与平衡

汇交力系有空间汇交力系和平面汇交力系之分。

研究汇交力系合成与平衡的方法有几何法和解析法。几何法是用尺、圆规等工具,通过作图研究汇交力系合成和平衡的方法。解析法则是以坐标系为工具,通过力矢量在坐标系上的投影,研究力系的合成和平衡的方法。

几何法作图过程复杂,误差较大,只是静力学中的一种过渡方法,本教材不作介绍。解析法是静力学的主要研究方法,尤其在计算机普及的情况下,解析法在复杂静力学的计算问题求解中特别方便,因而本教材只介绍解析法。

3.2.1 力在坐标系中的投影

1. 力矢量在平面直角坐标系中的投影

在平面直角坐标系中,力矢量 F 的模记为 F,力矢量 F 与两个坐标轴正向之

间的夹角分别为 θ 和 β，如图 3-1 所示。

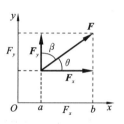

由数学定义，力矢量 $\boldsymbol{F}$ 在两个坐标轴上的投影分别为

$$\begin{cases} F_x = F\cos\theta \\ F_y = F\cos\beta \end{cases} \qquad (3\text{-}1)$$

由力 $\boldsymbol{F}$ 与坐标轴之间夹角的余弦关系，力在坐标轴上的投影可以为正、负，也可以为零。

力矢量分解为 $\boldsymbol{F}_x$、$\boldsymbol{F}_y$ 后仍是矢量，而力矢量 $\boldsymbol{F}$ 向坐标轴投影后得到的 F_x、F_y 不再是矢量。

图 3-1

力矢量在坐标轴上投影的图形是一个有向线段 ab，其方向由力矢量 $\boldsymbol{F}$ 的方向余弦（$\cos\theta$、$\cos\beta$）对应的正负号决定。

用正负号区别其方向的原因在于，投影有两种可能的方向（对于有向线段 ab，它由力 $\boldsymbol{F}$ 起点投影点 a 指向 $\boldsymbol{F}$ 终点投影点 b，其方向具有两种可能性，即与 x 轴正向相同或相反），因此对其进行区分是必要的；又因为投影仅有两种方向，所以用正负号进行区分也是完备的。

力的投影是由数值大小（线段长度）及正负号（线段的方向）决定的量，为代数量。

若两个坐标轴上的单位向量分别用 $\boldsymbol{i}$、$\boldsymbol{j}$ 表示，则力矢量 $\boldsymbol{F}$ 可用投影 F_x、F_y 表示为

$$\boldsymbol{F} = F_x\boldsymbol{i} + F_y\boldsymbol{j} \qquad (3\text{-}2)$$

此式称为力矢量的解析表达式。

如果已知力 $\boldsymbol{F}$ 的投影 F_x、F_y，则可由投影计算出该力的大小：

$$F = \sqrt{F_x^2 + F_y^2} \qquad (3\text{-}3)$$

也可由投影计算出力 $\boldsymbol{F}$ 的两个方向余弦，确定该力在平面上的方向：

$$\begin{cases} \cos\theta = \dfrac{F_x}{F} \\[2mm] \cos\beta = \dfrac{F_y}{F} \end{cases} \qquad (3\text{-}4)$$

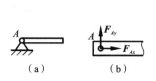

（a）　　　　（b）

图 3-2

对固定铰支座的实际约束力 F_A，一般用一对正交约束分力矢量 $\boldsymbol{F}_{Ax}$、$\boldsymbol{F}_{Ay}$ 表示，如图 3-2（a）（b）所示。根据解析法原理，只要求出这一对正交约束分力矢量的投影，即可确定固定铰支座处约束力矢量 $\boldsymbol{F}_A$ 的大小和方向。

2. 力矢量在空间直角坐标系中的投影

力矢量在空间直角坐标系中的投影方式有两种：直接投影和二次投影。

1）力矢量在空间直角坐标系中的直接投影法

在空间直角坐标系中，力矢量 $\boldsymbol{F}$ 的模记为 F，力矢量 $\boldsymbol{F}$ 与三个坐标轴正向之

间的夹角分别为 θ、β 和 γ，如图 3-3 所示。

力矢量 $\boldsymbol{F}$ 在三个坐标轴上的投影分别为

$$\begin{cases} F_x = F\cos\theta \\ F_y = F\cos\beta \\ F_z = F\cos\gamma \end{cases} \quad (3\text{-}5)$$

2）力矢量在空间直角坐标系中的二次投影法

某些情况下，力矢量 $\boldsymbol{F}$ 与 x、y 轴之间的夹角不易直接确定时，可以先将力矢量 $\boldsymbol{F}$ 投影到由坐标轴构成的平面上，例如 Oxy 平面上，得到力矢量 $\boldsymbol{F}_{xy}$，再将 $\boldsymbol{F}_{xy}$ 分别投影到 x、y 轴上，如图 3-4 所示。若已知 $\boldsymbol{F}$ 与 z 轴夹角为 γ，$\boldsymbol{F}_{xy}$ 与 x 轴夹角为 φ，则力矢量 $\boldsymbol{F}$ 在三个坐标轴上的投影分别为

$$\begin{cases} F_x = F\sin\gamma\cos\varphi \\ F_y = F\sin\gamma\sin\varphi \\ F_z = F\cos\gamma \end{cases} \quad (3\text{-}6)$$

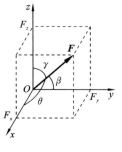
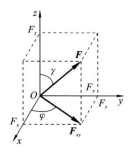

图 3-3　　　　　　　　　　　　图 3-4

力在坐标轴上的投影是代数量，力在平面上的投影仍然是矢量。显然，$\boldsymbol{F}_{xy}$ 是矢量才能进一步向 x、y 轴上进行投影。

若三个坐标轴上的单位向量分别用 $\boldsymbol{i}$、$\boldsymbol{j}$、$\boldsymbol{k}$ 表示，则力矢量 $\boldsymbol{F}$ 可用投影表示为

$$\boldsymbol{F} = F_x\boldsymbol{i} + F_y\boldsymbol{j} + F_z\boldsymbol{k} \quad (3\text{-}7)$$

此式称为力矢量的解析表达式。

如果已知力的投影，则可由投影计算出该力的大小：

$$F = \sqrt{F_x^2 + F_y^2 + F_z^2} \quad (3\text{-}8)$$

由三个方向余弦确定该力的空间方向：

$$\begin{cases} \cos\theta = \dfrac{F_x}{F} \\[2mm] \cos\beta = \dfrac{F_y}{F} \\[2mm] \cos\gamma = \dfrac{F_z}{F} \end{cases} \quad (3\text{-}9)$$

3.2.2　空间汇交力系的合成

由分力求合力的过程称为力系合成。

有作用于刚体上的空间汇交系 $\boldsymbol{F}_1, \boldsymbol{F}_2, \cdots, \boldsymbol{F}_n$，其中任意一个分力 $\boldsymbol{F}_i$ 的大小及方向已知，该分力的解析表达式可以表示为

$$\boldsymbol{F}_i = F_{ix}\boldsymbol{i} + F_{iy}\boldsymbol{j} + F_{iz}\boldsymbol{k} \tag{3-10}$$

式中：F_{ix}、F_{iy}、F_{iz} 分别是分力 $\boldsymbol{F}_i$ 在空间直角坐标系 x、y、z 轴上的投影。

由于各个力作用线汇交于一点，因此可反复用力的平行四边形法则进行矢量求和，求得力系的合力 $\boldsymbol{F}_R$，其数学表示为

$$\boldsymbol{F}_R = \sum \boldsymbol{F}_i \tag{3-11}$$

合力是一个矢量，也可以写出其解析表达式：

$$\boldsymbol{F}_R = F_{Rx}\boldsymbol{i} + F_{Ry}\boldsymbol{j} + F_{Rz}\boldsymbol{k} \tag{3-12}$$

式中：F_{Rx}、F_{Ry}、F_{Rz} 分别是合力 $\boldsymbol{F}_R$ 在空间直角坐标系 x、y、z 轴上的投影。

下面推导合力与分力的关系：

$$\begin{aligned} \boldsymbol{F}_R &= F_{Rx}\boldsymbol{i} + F_{Ry}\boldsymbol{j} + F_{Rz}\boldsymbol{k} = \sum \boldsymbol{F}_i \\ &= \sum (F_{ix}\boldsymbol{i} + F_{iy}\boldsymbol{j} + F_{iz}\boldsymbol{k}) \end{aligned} \tag{3-13}$$

由于空间直角坐标系上三个分量是独立的，而且单位向量与各分力无关，因此式（3-13）可写为

$$\begin{aligned} \boldsymbol{F}_R &= \sum (F_{ix}\boldsymbol{i} + F_{iy}\boldsymbol{j} + F_{iz}\boldsymbol{k}) = \sum (F_{ix}\boldsymbol{i}) + \sum (F_{iy}\boldsymbol{j}) + \sum (F_{iz}\boldsymbol{k}) \\ &= \left(\sum F_{ix} \right)\boldsymbol{i} + \left(\sum F_{iy} \right)\boldsymbol{j} + \left(\sum F_{iz} \right)\boldsymbol{k} \end{aligned} \tag{3-14}$$

比较式（3-12）与式（3-14），可得：

$$\begin{cases} F_{Rx} = \sum F_{ix} \\ F_{Ry} = \sum F_{iy} \\ F_{Rz} = \sum F_{iz} \end{cases} \tag{3-15}$$

式（3-15）描述的是合力的投影与各分力的投影之间的关系，若各分力的大小和方向已知，则各分力的投影也可知，由此式即可计算出合力的投影。式（3-15）称为合力投影定理。

合力投影定理：合力在任一坐标轴上的投影等于各分力在同一轴上投影的代数和。

由合力的投影可进一步计算出合力的大小：

$$F_R = \sqrt{\left(\sum F_{ix} \right)^2 + \left(\sum F_{iy} \right)^2 + \left(\sum F_{iz} \right)^2} \tag{3-16}$$

合力的方向由下式确定：

$$
\begin{cases}
\cos(\boldsymbol{F}_{\mathrm{R}}, \boldsymbol{i}) = \dfrac{\sum F_{ix}}{F_{\mathrm{R}}} \\[3mm]
\cos(\boldsymbol{F}_{\mathrm{R}}, \boldsymbol{j}) = \dfrac{\sum F_{iy}}{F_{\mathrm{R}}} \\[3mm]
\cos(\boldsymbol{F}_{\mathrm{R}}, \boldsymbol{k}) = \dfrac{\sum F_{iz}}{F_{\mathrm{R}}}
\end{cases}
\tag{3-17}
$$

合力的作用点即汇交点。

由式(3-16)、式(3-17)及合力作用点,即可用分力确定合力矢量的三要素。这样即可用解析法由分力求合力。

【例3-1】 用解析法计算图3-5中的合力,图中力的单位为 kN。

【解】 在力系的汇交点处建立空间直角坐标系,依次进行如下计算(省略了单位 kN)。

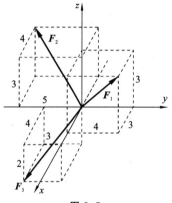

图 3-5

(1) 计算各分力在坐标系上的投影。

$$F_{1x}=3, \quad F_{1y}=4, \quad F_{1z}=3$$
$$F_{2x}=-4, \quad F_{2y}=-5, \quad F_{2z}=3$$
$$F_{3x}=4, \quad F_{3y}=-3, \quad F_{3z}=-2$$

(2) 计算合力的投影。

$$F_{\mathrm{R}x} = \sum F_{ix} = 3-4+4 = 3$$
$$F_{\mathrm{R}y} = \sum F_{iy} = 4-5-3 = -4$$
$$F_{\mathrm{R}z} = \sum F_{iz} = 3+3-2 = 4$$

(3) 计算合力的大小。

$$
F_{\mathrm{R}} = \sqrt{\left(\sum F_{ix}\right)^2 + \left(\sum F_{iy}\right)^2 + \left(\sum F_{iz}\right)^2}
$$
$$
= \sqrt{3^2 + (-4)^2 + 4^2} \approx 6.4031
$$

(4) 计算合力的方向。

$$\cos(\boldsymbol{F}_{\mathrm{R}}, \boldsymbol{i}) = \frac{\sum F_{ix}}{F_{\mathrm{R}}} = \frac{3}{6.4031} = 0.4685$$

$$\cos(\boldsymbol{F}_{\mathrm{R}}, \boldsymbol{j}) = \frac{\sum F_{iy}}{F_{\mathrm{R}}} = \frac{-4}{6.4031} = -0.6247$$

$$\cos(\boldsymbol{F}_{\mathrm{R}}, \boldsymbol{k}) = \frac{\sum F_{iz}}{F_{\mathrm{R}}} = \frac{4}{6.4031} = 0.6247$$

合力与三个坐标轴正向的夹角分别为

$$(\boldsymbol{F}_{\mathrm{R}}, \boldsymbol{i}) = 62.1°, \quad (\boldsymbol{F}_{\mathrm{R}}, \boldsymbol{i}) = -51.3°, \quad (\boldsymbol{F}_{\mathrm{R}}, \boldsymbol{i}) = 51.3°$$

可知合力在第四象限,大小为 6.4031 kN,作用点在力系的汇交点。

3.2.3　空间汇交力系平衡方程

空间汇交力系可合成为一个合力,所以,空间汇交力系平衡的充分和必要条件是:空间汇交力系的合力等于零。即

$$\boldsymbol{F}_{\mathrm{R}} = \boldsymbol{0} \tag{3-18}$$

合力的大小必然为零:

$$F_{\mathrm{R}} = \sqrt{\left(\sum F_{ix}\right)^2 + \left(\sum F_{iy}\right)^2 + \left(\sum F_{iz}\right)^2} = 0$$

要满足此式,必须同时满足:

$$\begin{cases} \sum F_{ix} = 0 \\ \sum F_{iy} = 0 \\ \sum F_{iz} = 0 \end{cases} \tag{3-19}$$

故可得,空间汇交力系平衡的充要条件为:力系中各个力在任意空间直角坐标系中任一轴上投影的代数和都等于零。

由于平衡条件是以式(3-19)表示的,也称式(3-19)为平衡方程。

平衡方程中,等号左边的 $\sum F_{ix}$ 表示各力在 x 轴上投影的代数和,等号右边一定是零。平衡方程并不是在等号两边都写力的投影。为了书写简便,后面运用式(3-19)时将省略下标 i。

作用于一个刚体上的空间汇交力系只有三个独立的平衡方程,所以最多只能求解三个未知力。

讨论:所谓"只有三个独立的平衡方程"的含义是,除了空间直角坐标系的三根轴外,过原点再任意建立一根新坐标轴,将力系中各力向该轴投影求和结果也必然为零。这样,共建立了四个平衡方程,是否可以求出四个未知力呢? 这是不可能的,根据线性代数的知识,这根新坐标轴一定可以由直角坐标系中的三根轴,通过线性组合的方式构造出来。或者说,这四个平衡方程一定是线性相关的,第四个平衡方程一定可以用前三个独立的平衡方程通过线性组合构造出来。所以,在一个刚体上用空间汇交力系的平衡方程,不可能求出四个未知力。

空间汇交力系平衡问题求解基本步骤如下。

(1) 根据题意选择研究对象。由于是汇交力系,因此常选择汇交点为研究对象,也可选择具有汇交点的刚体为研究对象。

(2) 画受力图(主动力及约束力)。需要画分离体图,标注符号。

(3) 建立坐标系。力投影需要向指定的坐标系进行。

(4) 列、解平衡方程。按照式(3-19)逐步列出各平衡方程并求解,尽量避免解联立方程。同时,结论宜用公式表达,以便分析结论的力学意义,最后再代入数值。

(5) 简要分析结论。如分析结论是否合理,结论是否有限制条件,哪些因素如

何变化是有利或不利的,等等。

【例 3-2】 图 3-6(a)所示为某承重结构,ACD 在水平面,$AC=AD$,图中 θ 为 AD 与 AC 夹角的一半,β 为 AB 与竖直面夹角,且二者均已知,求各杆受力。

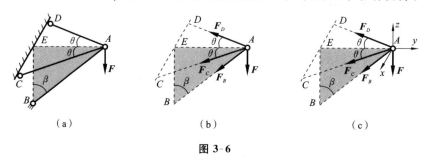

　　（a）　　　　　　　　　　（b）　　　　　　　　　　（c）

图 3-6

【解】　各杆不计自重,均为二力杆,则各杆受力均汇交于 A 点,所以 A 铰上作用一个空间汇交力系。

(1) 选定 A 铰为研究对象。

(2) 画受力图。各杆均为二力杆,实际受力方向未知时,假设全部受拉,如图 3-6(b)所示。

(3) 过 A 点建立空间直角坐标系,如图 3-6(c)所示,其中 x 轴与 CD 平行。

(4) 列、解平衡方程。

$$\begin{cases} \sum F_x = 0 \\ \sum F_y = 0 \\ \sum F_z = 0 \end{cases} \Rightarrow \begin{cases} F_C\sin\theta - F_D\sin\theta = 0 \\ -F_C\cos\theta - F_D\cos\theta - F_B\sin\beta = 0 \\ -F_B\cos\beta - F = 0 \end{cases}$$

解得:

$$\begin{cases} F_B = -\dfrac{F}{\cos\beta} \\ F_C = F_D = \dfrac{F\tan\beta}{2\cos\theta} \end{cases}$$

其中,F_C 及 F_D 均为正,表示这两个力实际方向与假设方向相同,即假设其为拉力,而实际上也是拉力;F_B 为负,表示 F_B 实际方向与假设方向相反,即假设其为拉力,而实际上是压力。

书写平衡方程的规则是,先写出某轴上的平衡条件(如 $\sum F_z = 0$),再展开写出该轴上平衡的具体表达式(如 $-F_B\cos\beta - F=0$)。

(5) 简要分析。如 F_B、F_C 及 F_D 均与载荷 F 成正比,这是合理的。当其他参数不变,仅当 B 点向下移动,即 β 减小时,F_B 的绝对值变小,即 AB 杆受力减小。受力减小当然是有利的,但这又是以增加杆件长度为代价的。另外考虑一个极限情况,当 B 点向下移动到无穷远处使 $\beta \to 0°$ 时,AB 杆处于理论上的铅垂位置,$\boldsymbol{F}_B$ 的大小即等于 F,$F_C = F_D = 0$,其力学含义是,铅垂的载荷 F 仅由铅垂的 AB 杆承受,两根水平的杆并不受力。反之,若 B 点向上移动到 E 点处使 $\beta = 90°$ 时,F_B、F_C 及 F_D 均趋近于无穷大,其力学含义是,即使是一个有限大小的铅垂力,也必须用无穷大的水平力才能平衡。这仅存在一种理论上的可能性。至于 θ 的变化是否会影响三根杆件的受力状态,如何影响,可以继续分析。

显然,对结论进行必要的力学分析,可以更深入地理解结论的力学意义。但是,如果每一步都直接给出数值结果,那么看到的是一堆数据,而无法看到公式背后所表达的深刻的力学意义。

3.2.4　平面汇交力系的合成

平面汇交力系是空间汇交力系的退化形式,其合成只需要在空间汇交力系合成基础上去掉 z 轴上的量即可。平面汇交力系合成的结果为

$$\boldsymbol{F}_\mathrm{R} = \sum (F_{ix}\boldsymbol{i} + F_{iy}\boldsymbol{j}) = \sum (F_{ix}\boldsymbol{i}) + \sum (F_{iy}\boldsymbol{j}) = \left(\sum F_{ix}\right)\boldsymbol{i} + \left(\sum F_{iy}\right)\boldsymbol{j} \tag{3-20}$$

即有:

$$\begin{cases} F_{\mathrm{R}x} = \sum F_{ix} \\ F_{\mathrm{R}y} = \sum F_{iy} \end{cases} \tag{3-21}$$

式(3-21)即平面汇交力系的合力投影定理。

由合力的投影可进一步计算出合力的大小:

$$F_\mathrm{R} = \sqrt{\left(\sum F_{ix}\right)^2 + \left(\sum F_{iy}\right)^2} \tag{3-22}$$

合力的方向:

$$\begin{cases} \cos(\boldsymbol{F}_\mathrm{R}, \boldsymbol{i}) = \dfrac{\sum F_{ix}}{F_\mathrm{R}} \\ \cos(\boldsymbol{F}_\mathrm{R}, \boldsymbol{j}) = \dfrac{\sum F_{iy}}{F_\mathrm{R}} \end{cases} \tag{3-23}$$

3.2.5　平面汇交力系平衡方程

平面汇交力系可合成为一个合力,所以,平面汇交力系平衡的充分和必要条件是:平面汇交力系的合力等于零,即

$$\boldsymbol{F}_\mathrm{R} = \boldsymbol{0} \tag{3-24}$$

合力的大小必然为零:

$$F_\mathrm{R} = \sqrt{\left(\sum F_{ix}\right)^2 + \left(\sum F_{iy}\right)^2} = 0$$

要满足此式,必须同时满足:

$$\begin{cases} \sum F_{ix} = 0 \\ \sum F_{iy} = 0 \end{cases} \tag{3-25}$$

平面汇交力系平衡的充要条件为:力系中各个力在任意平面直角坐标系中任一轴上投影的代数和都等于零。

作用于一个刚体上的平面汇交力系只有两个独立的平衡方程,所以最多只能求解两个未知力。

【例3-3】 图 3-7(a)中,轮子 O 的半径为 r,重量为 G,台阶高度为 h。若 A、B 接触处视为光滑面,需要多大的水平力 F,才能将轮子拉过台阶?

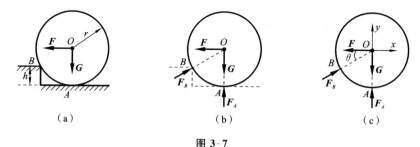

图 3-7

【解】 A、B 处均为光滑面,约束力的作用线将通过轮子圆心,则作用于刚体上的力系是一个平面汇交力系。

(1)只能选轮子为研究对象。

(2)画受力图。A、B 处均为光滑面,两个约束力均指向轮子圆心,如图 3-7(b)所示。但平面汇交力系只有两个平衡方程,受力图上有三个未知力,无法求解。考虑到轮子要过台阶,轮子与地面必然在 A 处分开,所以,轮子过台阶的必要条件为 $F_A = 0$。受力如图 3-7(c)所示,平面汇交力系平衡方程即可求解这两个未知力。

(3)过 O 点建立平面直角坐标系,如图 3-7(c)所示。图 3-7 中由 r 和 h 可以计算出 θ。

(4)列、解平衡方程。

$$\sum F_x = 0 \Rightarrow -F + F_B \cdot \cos\theta = 0$$

$$\sum F_y = 0 \Rightarrow F_B \cdot \sin\theta - G = 0$$

其中:

$$\cot\theta = \frac{\sqrt{r^2 - (r-h)^2}}{r-h} = \sqrt{\left(\frac{1}{1-h/r}\right)^2 - 1}$$

按题目要求,只需解出水平拉力 F:

$$F = G \cdot \cot\theta = G\sqrt{\left(\frac{1}{1-h/r}\right)^2 - 1}$$

（5）简要分析。现针对水平拉力 F 的计算公式，作如下分析。

① 合理性分析。轮子越重所需的水平拉力 F 越大；h 越大，即台阶越高，所需的水平拉力 F 也越大；r 越大，即轮子越大，水平拉力 F 越小。这些判断都是合理的。矿区道路上大大小小的坑，可以看作大小不一的台阶，所以在矿山行驶的汽车车轮都非常大。

② 极限情况分析。当 r 一定、$h \to 0$，即没有台阶时，就是水平的光滑约束面状态，仅需无穷小的水平拉力就可以将轮子沿水平方向拉动。当 $r \to \infty$ 即轮子无穷大时，对于任何有限高度的台阶 $h/r \to 0$，相当于没有台阶，$F \to 0$。当 $h \to r$ 即台阶高度达到轮子半径时，$F \to \infty$，在这种状态下，无论用多大的水平力，轮子都无法越过台阶。该结论的一个启发是，为了防止行驶的汽车冲出行车道，很多桥上都设置了防护栏。这个原理可以作为防护栏高度设计的一个重要参考。

③ 定义域分析。若 $h = 2r$，依据推导的结论将有 $F = 0$；若 $h = 3r$，将出现虚数，结论将失去意义。观察图 3-7(b)，B 点应当是台阶与轮子的接触点。当台阶高度 $h = 2r$ 时，模型示意图如图 3-8 所示。可见，当台阶高度 h 超过轮子半径 r 后，接触点 B 并不会随着 h 增大而增高，而是一直保持在轮子半径高度处。所以 h 的变化范围是有限制的，即 $0 \leqslant h \leqslant r$。对其加上定义域后，$F$ 的计算公式将不再出现这类

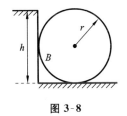

图 3-8

似是而非的结论。因此，当一个力学问题出现某些奇怪结论时，一定要认真分析其数学表达式所对应的力学背景，不能将其视为一个纯粹的数学问题。

④ 扩展性分析。F 是轮子刚脱离 A 点时的水平拉力，若保持该力大小不变，是否会出现如下现象：轮子行进到半途某位置上时，因水平拉力不够，轮子重新滚回到台阶下？结论是：保持 F 不变，可保证将轮子拉过去。提示如下，随着轮子从最低点逐步升高，约束力 $\boldsymbol{F}_B$ 的方向会变化，只要分析出 θ 的变化规律，由该公式即可得到 F 的变化规律：刚离开地面时所需的水平拉力最大，轮子逐渐上升的过程中，所需的水平拉力逐渐减小。

⑤ 最省力分析。题目要求拉力保持水平，若除去这一限制，试问：沿着什么方向可使拉力最小也能将轮子拉过台阶？下一个问题是，在将轮子拉过台阶的过程中，最省力的拉力方向是不变的吗？

通过以上分析，有两点启示：(1) 尽量推导出一个计算公式，留有分析的余地，即使题目给出了各种参数数值，也尽量最后再代入数值，因为分析比简单的数据结果更重要；(2) 只有深入分析才能更深刻地理解静力学的意义，在静力学中，一个公式的背后往往隐藏着许多力学的理论问题、工程问题。

【例 3-4】　图 3-9(a)所示是一个拔桩结构，θ 是较小的角度，在 D 点施加主动力 F 时，求桩 A 上拔桩力 $\boldsymbol{F}_A$，并说明比值 F_A/F 的意义。

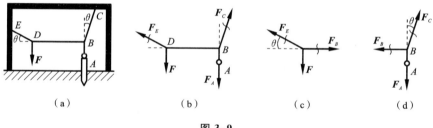

图 3-9

【解】　不能选整条绳索为研究对象,否则受力如图 3-9(b)所示。这样将造成以下问题:首先,研究对象上的力系不能构成本节研究的平面汇交力系;其次,共有 3 个未知力,平面汇交力系的平衡方程只有 2 个,因而无法求解出全部未知力,特别是无法求解出 A 处的拔桩力。正确的方法是只能依次选择 D 点和 B 点为研究对象,然后逐步进行求解。

(1) 选 D 点为研究对象来求解。

① 选 D 点为研究对象。

② 画受力图。均为柔索约束,受力如图 3-9(c)所示。作用于 D 点的力系构成一个平面汇交力系,且只有 2 个未知力,用平面汇交力系平衡方程即可求解(说明如此选择研究对象的方案正确)。

③ 过 D 点取水平垂直方向建立平面直角坐标系,不再画出。

④ 列、解平衡方程。

$$\sum F_x = 0 \Rightarrow -F_E\cos\theta + F_B = 0$$

$$\sum F_y = 0 \Rightarrow F_E\sin\theta - F = 0$$

解得:

$$F_B = F\cot\theta$$

(2) 选 B 点为研究对象来求解。

① 选 B 点为研究对象。

② 画受力图。约束均为柔索约束,受力如图 3-9(d)所示。作用于 B 点的力系构成一个平面汇交力系,且只有 2 个未知力,用平面汇交力系平衡方程即可求解(说明如此选择研究对象的方案正确)。

③ 过 B 点取默认的水平垂直方向的平面直角坐标系,不再画出。

④ 列、解平衡方程。

$$\sum F_x = 0 \Rightarrow F_C\sin\theta - F_B = 0$$

$$\sum F_y = 0 \Rightarrow F_C\cos\theta - F_A = 0$$

解得:

$$F_A = F_B \cot\theta = F \cot^2\theta$$

再将上式改写为

$$\frac{F_A}{F} = \cot^2\theta$$

当 θ 是较小的角度，如 $\theta = 0.1\ \mathrm{rad} = 5.7°$ 时，$\tan\theta \approx \theta$，$F_A = 100F$。此结构称为"力放大器"。类似的力放大器还有如图 3-10 所示的简易压力机，当 AB 及 AC 杆与水平线之间的夹角很小时，A 铰上施加一个较小的力 F，即可在 AB 杆中产生一个放大很多倍的力，传递到 B 滑块上，将产

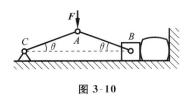

图 3-10

生一个很大的水平方向压力。另外，体操吊环的十字支撑动作也会产生类似于简易压力机的效果。其中运动员的体重相当于 F，两只手臂分别相当于 AB 及 AC 杆，手臂越接近水平位置，需要运动员的臂力越大，得分也就越高。

　　本例题最重要的问题在于如何正确地选择研究对象。如果研究对象选择错误，将无法继续进行力学分析和计算。从本例中可以看出，研究对象选择正确与否是可以评估的。按照所选的研究对象画受力图，可以观察作用于分离体上的力系是否为研究过的力系。而且，不同的力系具有不同的平衡方程数，当受力图上未知力的数量超过对应平衡方程数目时，数学上是无法求解的，必须重新考虑如何正确地选择研究对象。总之，在静力学中，正确地选择研究对象并不是一个简单的问题，特别是在后续内容中，对于多刚体系统问题，正确选择研究对象极为重要。

3.3　力矩与力偶

　　与质点不同，刚体受到力作用时，不仅有移动现象还有转动现象。力矩及力偶都可以使刚体产生转动。同时，更为复杂的平面任意力系及空间任意力系的研究，也必须以力矩和力偶理论为基础。

　　力矩和力偶的相关概念，也是静力学中最基本的概念，对整个静力学理论的建立及应用都具有非常重要的意义。

3.3.1　力对点的矩

1. 空间力对点的力矩

　　如图 3-11 所示，设空间点 A 处作用一个力矢量 F，空间任意一点 O 到 A 点的矢径为 r，则称矢量

$$M_O(F) = r \times F \tag{3-26}$$

为力 F 对 O 点（O 点称为力矩中心，简称矩心）的力矩矢，即力对点的力矩矢等于矩心到力作用点的矢径与力的矢量积。

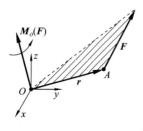

图 3-11

力对点的力矩矢是力使刚体绕矩心产生转动效应（强度及方向）的度量。

若在空间直角坐标系中，A 点的坐标为 (x,y,z)，也就是矢径 r 在坐标系上的投影，力矢量 F 在各坐标轴上的投影分别为 F_x，F_y，F_z，则矢径 r 及力 F 的解析表达式分别为

$$r = xi + yj + zk \tag{3-27}$$

$$F = F_x i + F_y j + F_z k \tag{3-28}$$

力矩矢可用行列式表示为

$$M_O(F) = r \times F = \begin{vmatrix} i & j & k \\ x & y & z \\ F_x & F_y & F_z \end{vmatrix}$$

$$= (yF_z - zF_y)i + (zF_x - xF_z)j + (xF_y - yF_x)k \tag{3-29}$$

由力矩矢的解析表达式可知，三个单位向量 i，j，k 前的系数，就是力 F 对矩心 O 点的力矩矢在三个对应轴上的投影。可记为

$$\begin{cases} [M_O(F)]_x = yF_z - zF_y \\ [M_O(F)]_y = zF_x - xF_z \\ [M_O(F)]_z = xF_y - yF_x \end{cases} \tag{3-30}$$

可见，力矩矢与矩心 O 有关，所以，力矩矢是定位矢量。

2. 平面力对点的力矩

空间力对矩心的力矩可能的方向有无穷多种，必须用矢量才能表示。当力仅在某一个固定平面上作用时，力对平面上某点的力矩较为简单。现讨论平面上作用的力对该平面上任意一点力矩的相关概念。

如图 3-12(a) 所示，设平面内任意一点 O 为矩心，过 O 点建立 Oxy 平面坐标系，该平面上 A 点处作用力为 F，矩心到 A 点的矢径为 r，θ 是 r、F 两矢量正向的夹角。平面力矩矢是空间力矩矢的退化形式，平面力矩矢仍然用空间力矩矢形式表示：

$$M_O(F) = r \times F$$

平面力矩矢量只需要用正负号即可区分并确定其方向，因此，平面上力对点的力矩是代数量：用大小（表示强度）及正负号（表示方向）确定的量。

平面力矩的大小：

$$|M_O(F)| = |r \times F| = r \cdot F\sin\theta = F \cdot d \tag{3-31}$$

式中：d 是力的作用线到矩心的垂直距离，称为力臂。

力矩的方向规定为：当力矩沿逆时针方向时为正，沿顺时针方向时为负，如图 3-12(b) 所示。

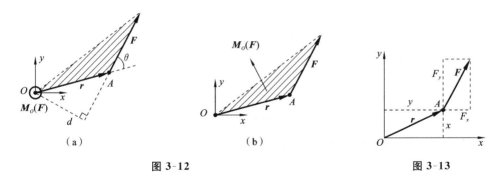

图 3-12　　　　　　　　　　　　　　　图 3-13

由于平面力对点的力矩方向用正负号表示,因此平面力对点的力矩一般表示为

$$M_O(\boldsymbol{F}) = \pm F \cdot d \qquad (3\text{-}32)$$

当力的作用线通过矩心($\theta=0$)时,力矩为零,此时力不会使刚体产生绕矩心的转动。

同样,如图 3-13 所示,在平面上力对点的力矩矢的解析表达式为

$$\boldsymbol{M}_O(\boldsymbol{F}) = \boldsymbol{r} \times \boldsymbol{F} = (x\boldsymbol{i} + y\boldsymbol{j}) \times (F_x\boldsymbol{i} + F_y\boldsymbol{j}) = (xF_y - yF_x)\boldsymbol{k} \qquad (3\text{-}33)$$

单位矢量 $\boldsymbol{k}$ 的方向即垂直于纸面的方向,用右手螺旋法则判定:$+k$ 方向是出纸面方向,也就是平面力矩的逆时针方向;$-k$ 方向是进纸面方向,也就是平面力矩的顺时针方向。在平面上用代数量表示为

$$M_O(\boldsymbol{F}) = xF_y - yF_x \qquad (3\text{-}34)$$

由此式不仅可以算出力矩的大小,还能算出力矩的方向。

3. 合力矩定理

此定理说明了汇交力系的合力与各分力对同一点的力矩之间的关系。

设空间汇交力系 $\boldsymbol{F}_1, \boldsymbol{F}_2, \cdots, \boldsymbol{F}_i, \cdots, \boldsymbol{F}_n$ 的合力为 $\boldsymbol{F}_R$,且 $\boldsymbol{F}_R = \sum \boldsymbol{F}_i$,则合力 $\boldsymbol{F}_R$ 对 O 点的力矩为

$$\boldsymbol{M}_O(\boldsymbol{F}_R) = \boldsymbol{r} \times \boldsymbol{F}_R = \boldsymbol{r} \times \sum \boldsymbol{F}_i = \sum (\boldsymbol{r} \times \boldsymbol{F}_i) = \sum \boldsymbol{M}_O(\boldsymbol{F}_i) \qquad (3\text{-}35)$$

空间汇交力系**合力矩定理**:空间汇交力系的合力对任意一点的力矩矢量,等于力系中各分力对同一点的力矩矢量的矢量和。

对于平面汇交力系,其合力矩定理可表示为

$$M_O(\boldsymbol{F}_R) = \sum M_O(\boldsymbol{F}_i) \qquad (3\text{-}36)$$

平面汇交力系合力矩定理:平面汇交力系的合力对任意一点的力矩,等于力系中各分力对同一点的力矩的代数和。

平面汇交力系的合力矩定理的实际应用较多。如图 3-14(a)所示,求力 $\boldsymbol{F}_C$ 对 B 点的力矩。

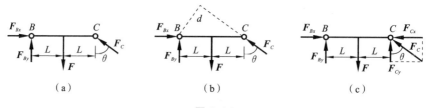

图 3-14

第一种方法是按平面力矩的定义，找到力臂 d，如图 3-14(b)所示，计算得到：

$$M_B(\boldsymbol{F}_C) = +F_C d = +F_C \cdot (2L\cos\theta)$$

第二种方法是用合力矩定理，将力 $\boldsymbol{F}_C$ 分解为 $\boldsymbol{F}_{Cx}$、$\boldsymbol{F}_{Cy}$，如图 3-14(c)所示。由平面合力矩定理：合力 $\boldsymbol{F}_C$ 对 B 点的力矩等于其各分力（$\boldsymbol{F}_{Cx}$、$\boldsymbol{F}_{Cy}$）对该点力矩的代数和。其中水平分力 $\boldsymbol{F}_{Cx}$ 的作用线通过 B 点，力矩为零，只有铅垂方向分力 $\boldsymbol{F}_{Cy}$ 对 B 点产生力矩。

$$M_B(\boldsymbol{F}_C) = M_B(\boldsymbol{F}_{Cy}) + M_B(\boldsymbol{F}_{Cx}) = +F_{Cy} \cdot 2L + 0 = +(F_C\cos\theta) \cdot 2L$$

其中，铅垂方向分力 $\boldsymbol{F}_{Cy}$ 对 B 点的力矩是沿逆时针方向的，为正。可见，用平面汇交力系合力矩定理计算更简单。

3.3.2　力对轴的矩

空间力除了具有对点的力矩外，还有对轴的矩。如开、关门，就是力使刚体产生绕门轴转动的力矩，从而使门能够产生开启或关闭的动作。力对轴的矩是力使刚体绕固定轴产生转动效应的度量，该固定轴称为转轴。

1. 力对轴的力矩的定义

如图 3-15(a)所示，设力 $\boldsymbol{F}$ 作用于可绕 z 轴转动的刚体上的 A 点。过 A 点作垂直于 z 轴的平面 π，平面 π 与 z 轴交于 O 点。将力 $\boldsymbol{F}$ 分解为平行于 z 轴的力 $\boldsymbol{F}_z$ 及位于 π 面上的力 $\boldsymbol{F}_{xy}$。分解的原因是，$\boldsymbol{F}_z$ 不能使刚体产生绕轴的转动作用，力 $\boldsymbol{F}$ 对轴的矩无须考虑 $\boldsymbol{F}_z$ 的作用，力 $\boldsymbol{F}$ 使刚体产生绕轴转动的只有位于 π 平面上的分力 $\boldsymbol{F}_{xy}$。在该平面上，转轴退化成一个点 O。于是，空间上的力 $\boldsymbol{F}$ 对空间 z 轴的力矩，简化成平面 π 上的力 $\boldsymbol{F}_{xy}$ 对平面上点 O 的力矩，如图 3-15(b)所示。

定义力 $\boldsymbol{F}$ 对 z 轴的力矩为

$$M_z(\boldsymbol{F}) = M_z(\boldsymbol{F}_{xy}) = M_O(\boldsymbol{F}_{xy}) \tag{3-37}$$

力对轴的力矩是通过平面上力对点的力矩进行定义的。平面上力对点的力矩是具有大小和正负性的代数量，力对轴的矩可以表示为

$$M_z(\boldsymbol{F}) = M_O(\boldsymbol{F}_{xy}) = \pm F \cdot d \tag{3-38}$$

式中：d 是力的作用线到转轴的垂直距离，称为力臂。

力对轴之矩的正负号用右手螺旋法则确定，四指沿着力 $\boldsymbol{F}_{xy}$ 方向握住 z 轴，当

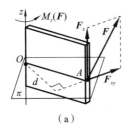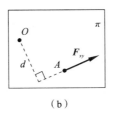

（a）　　　　　　　　　　　　　　（b）

图 3-15

大拇指与 z 轴正向一致时规定为正号,反之为负号。

当然,也可以在该平面上判断力矩的正负:力绕矩心逆时针转动为正。

两种方法殊途同归。

2. 力对轴的矩之合力矩定理

设空间汇交力系 $F_1,F_2,\cdots,F_i,\cdots,F_n$ 的合力为 F_R,且 $F_R=\sum F_i$,由于力对轴的矩最终是用平面上力对点的矩进行定义,由平面汇交力系合力矩定理,可以类推得到空间汇交力系对轴的合力矩定理:

$$M_z(F_R)=\sum M_z(F_i) \tag{3-39}$$

空间汇交力系对轴的合力矩定理:空间汇交力系的合力对任意一轴的力矩,等于力系中各分力对同一轴力矩的代数和。

3. 力对轴的矩之解析表达式

设空间作用于 A 点一个力 F,A 点矢径 r 的投影为 (x,y,z)(也就是 A 点的坐标),力 F 在 x、y、z 轴上的投影分别是 F_x、F_y、F_z,如图 3-16 所示,由力对轴的合力矩定理,有

$$M_z(F)=M_z(F_x)+M_z(F_y)+M_z(F_z) \tag{3-40}$$

由 $M_z(F_x)=-yF_x,M_z(F_y)=xF_y,M_z(F_z)=0$,得

$$M_z(F)=xF_y-yF_x \tag{3-41}$$

同理可得其余二式。将此三式合写为

$$\begin{cases} M_x(F)=yF_z-zF_y \\ M_y(F)=zF_x-xF_z \\ M_z(F)=xF_y-yF_x \end{cases} \tag{3-42}$$

式(3-42)是用力作用点矢径的投影与力的投影表示的力对轴的矩的计算式。式(3-38)也是一种力对轴的矩的计算式。

4. 力对点的矩与力对通过该点的轴的矩的关系

式(3-30)是力对点的力矩矢在通过该点的任一轴上的投影,式(3-42)是力对某轴的力矩,比较两式可得

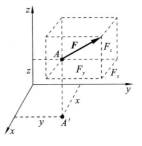

图 3-16

$$\begin{cases} [\boldsymbol{M}_O(\boldsymbol{F})]_x = yF_z - zF_y = M_x(\boldsymbol{F}) \\ [\boldsymbol{M}_O(\boldsymbol{F})]_y = zF_x - xF_z = M_y(\boldsymbol{F}) \\ [\boldsymbol{M}_O(\boldsymbol{F})]_z = xF_y - yF_x = M_z(\boldsymbol{F}) \end{cases} \qquad (3\text{-}43)$$

此式说明：力对点的力矩矢在通过该点的任一轴上的投影，等于力对该轴的矩。这个关系式在研究空间任意力系力矩平衡条件时要使用。

3.3.3　力偶及其性质

图 3-17(a)中受双手操纵的方向盘所受到的操纵力，图 3-17(b)中电偶极子在均匀静电场受到的电场力，都是一对等值反向的平行力，静力学中将其抽象为力偶模型。

（a）　　　　　　　　　（b）

图 3-17

力偶：由两个大小相等、方向相反且不共线的平行力组成的力系。如图 3-17 所示，力偶记为 $(\boldsymbol{F}, \boldsymbol{F}')$。两个力作用线之间的距离 d 称为力偶臂，力偶所在的平面称为力偶作用面。

力偶只能使刚体产生单纯的转动。

力偶没有合力。根据定义，当一个力与一个力系等效时，该力称为力系的合力。但任何一个力都不可能与力偶这种特殊力系等效，因此力偶无合力。力偶自身无法平衡，力偶也无法与一个力平衡，所以，力与力偶是力学中两个基本物理量。但是，力偶在任一坐标轴上投影的代数和一定为零。

力偶对刚体的转动效应（强度和方向）用力偶矩度量。

1. 空间力偶矩

在空间中，力偶的作用面上有无穷多个方向与该力偶对应，所以空间力偶的方向，必须用矢量来表示。因为力偶是由两个力组成的力系，力偶对空间某一点的力偶矩矢量，可以看作两个力对该点的力矩矢量和。

图 3-18 所示是一个空间力偶，两个力的作用点分别为 A、B，由 B 到 A 的矢径为 $\boldsymbol{r}_{BA}$。任选空间一点 O，点 O 到 A、B 点的矢径分别为 $\boldsymbol{r}_A$、$\boldsymbol{r}_B$。注意：$\boldsymbol{r}_{BA}$ 与 O 点无关，只与力偶有关。力偶中两个力矢量的关系：$\boldsymbol{F} = -\boldsymbol{F}'$。

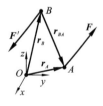

图 3-18

由前述力对空间一点的力矩矢量关系式 $\boldsymbol{r} \times \boldsymbol{F}$，可得空间力偶对空间中任意一点 O 的力偶矩矢量：

$$M_O(F, F') = M_O(F) + M_O(F') = r_A \times F + r_B \times F' = r_A \times F - r_B \times F$$
$$= (r_A - r_B) \times F = r_{BA} \times F \tag{3-44}$$

r_{BA}、F 只与力偶本身有关,与矩心 O 点无关。所以力偶矩矢量与矩心 O 无关,力偶矩矢量不必标注矩心 O,记为 $M(F, F')$。

与矩心无关是力偶矩矢量的一个重要性质。所以,力偶矩矢量是自由矢量,可在其作用刚体内自由移动。

2. 平面力偶矩

在平面上,力偶矩只有顺时针或逆时针两种方向,只需要用正负号即可区分,所以平面上的力偶矩用代数量表示即可。

平面力偶矩如图 3-19(a)所示,按上面空间力偶矩矢量表达式,可得平面上的力偶矩矢量:

$$M(F, F') = r_{BA} \times F$$

力偶矩矢量的大小为

$$|M(F, F')| = |r_{BA} \times F| = Fd \tag{3-45}$$

式中:d 为力偶臂。

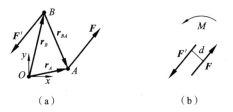

（a） （b）

图 3-19

力偶矩矢量的方向按如下方法确定。

在坐标系中,力偶矩矢量的方向是单位矢量 k 的方向,即垂直于纸面的方向,用右手螺旋法则确定:$+k$ 方向是出纸面方向,也就是平面力偶矩的逆时针方向;$-k$ 方向是进纸面方向,也就是平面力偶矩的顺时针方向。

在平面上,力偶矩用代数量表示为

$$M(F, F') = \pm Fd \tag{3-46}$$

规定:平面力偶矩沿逆时针方向为正,沿顺时针方向为负。

平面上的力偶一般简化成一根带箭头弧线,如图 3-19(b)所示,力偶矩大小为 M。

3. 力偶的性质

1）空间力偶的性质

（1）力偶可在其作用面内任意移动、转动或平移到任一平行平面上,而不会改变其对刚体的转动效应。

（2）若保持力偶矩不变（方向和乘积不变），改变力偶中力的大小和力偶臂长短，并不会改变力偶对刚体的转动效应。

2）平面力偶的性质

除了"可以平行移动到任一平行平面"这一性质外，空间力偶其他的性质平面力偶都具有。

3.3.4　空间力偶系的合成与平衡

同时作用于刚体的一组力偶称为空间力偶系。

1. 空间力偶系的合成

设刚体上作用着空间力偶系，其中第 i 个力偶的力偶矩矢量记为 $\boldsymbol{M}_i$。由于力偶矩矢量是自由矢量，当空间有 n 个力偶矩矢量作用于刚体时，可以将全部力偶矩矢量移动到同一点，矢量的合成符合矢量加法，因此 n 个力偶合成的结果仍然是一个力偶，合成的力偶称为合力偶，合力偶的力偶矩矢量称为合力偶矩矢量。

空间力偶系合成定理：空间力偶系合成的结果是一个力偶（合力偶），合力偶的矩矢等于各分力偶矩的矢量和。

$$\boldsymbol{M} = \sum \boldsymbol{M}_i \tag{3-47}$$

2. 合力偶矩矢量投影定理

设合力偶矩矢量 $\boldsymbol{M}$ 在空间坐标轴上的三个投影分别为 M_x、M_y、M_z，则合力偶矩矢量的解析表达式为

$$\boldsymbol{M} = M_x \boldsymbol{i} + M_y \boldsymbol{j} + M_z \boldsymbol{k} \tag{3-48}$$

将空间力偶系合成定理表达式（3-47）向空间坐标轴对应投影可得

$$\begin{cases} M_x = \sum M_{ix} \\ M_y = \sum M_{iy} \\ M_z = \sum M_{iz} \end{cases} \tag{3-49}$$

即合力偶矩矢量在任一轴上的投影等于分力偶矩矢量在同一轴上投影的代数和（为书写方便，可不写出下标 i）。

由空间合力偶矩矢量的解析表达式及合力偶矩矢量投影定理，合力偶矩矢量的大小为

$$M = \sqrt{M_x^2 + M_y^2 + M_z^2} = \sqrt{\left(\sum M_{ix}\right)^2 + \left(\sum M_{iy}\right)^2 + \left(\sum M_{iz}\right)^2} \tag{3-50}$$

3. 空间力偶系的平衡

空间力偶系可以合成为一个力偶，所以空间力偶系平衡的充要条件是：力偶系的合力偶矩等于零，即

$$\boldsymbol{M} = \sum \boldsymbol{M}_i = \boldsymbol{0} \tag{3-51}$$

则：

$$M = \sqrt{\left(\sum M_{ix}\right)^2 + \left(\sum M_{iy}\right)^2 + \left(\sum M_{iz}\right)^2} = 0$$

更进一步，应有：

$$\begin{cases} \sum M_{ix} = 0 \\ \sum M_{iy} = 0 \\ \sum M_{iz} = 0 \end{cases} \qquad (3\text{-}52)$$

式(3-52)为空间力偶系的平衡方程。由该方程可知，空间力偶系平衡的充要条件是：力偶系中所有力偶矩矢量在三个坐标轴上投影的代数和分别等于零。

因为任一力偶在任一轴上投影的代数和一定为零，所以力偶系的力投影平衡方向条件是自然满足的，或者说力偶系不必讨论力投影平衡方程。

空间力偶系有三个独立的平衡方程，可求解三个未知量(力或力偶)。

空间力偶系平衡问题求解基本步骤如下。

(1) 根据题意选研究对象。

(2) 画受力图。特别要注意，受力图上不能遗漏任何力偶。先画主动力，再画约束力。

(3) 建立坐标系。

(4) 列、解空间力偶系平衡方程。

(5) 简要分析结论。

【例 3-5】　图 3-20(a)中，两个圆盘与水平轴连接，两个圆盘分别垂直于 x、z 轴，两圆盘直径 $d_1 = d_2 = 400$ mm，$AB = l = 800$ mm，两圆盘平面上分别作用力偶 (F_1, F_1')、(F_2, F_2')，$F_1 = 3$ N，$F_2 = 5$ N，不计自重，求轴承支座处的约束力。

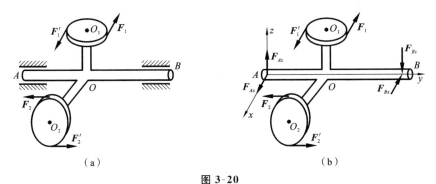

(a)　　　　　　　　　　　(b)

图 3-20

【解】　载荷都是力偶，力不能与力偶平衡，所以两个支座处的约束力一定要成对组成力偶，以与力偶载荷平衡。

(1) 选整体为研究对象。

（2）画受力图。受力图上不可漏画任何力偶，先画主动力偶，再画约束力。A、B 两处都是向心轴承支座。如图 3-20(b)所示，先画 A 轴承处约束力，假设约束力沿着 x、z 轴正向；再画 B 轴承处约束力，必须与 A 轴承处约束力成对、反向、平行画出，才能组成力偶。

（3）建立坐标系。

（4）列、解空间力偶系平衡方程。注意力偶矢量在坐标轴上投影的正负。

$$\sum M_z = 0 \Rightarrow M(\boldsymbol{F}_1, \boldsymbol{F}_1') + M(\boldsymbol{F}_{Ax}, \boldsymbol{F}_{Bx}) = 0$$

$$F_1 d_1 + F_{Ax} l = 0$$

$$F_{Ax} = -\frac{F_1 d_1}{l}$$

$$\sum M_x = 0 \Rightarrow M(\boldsymbol{F}_2, \boldsymbol{F}_2') - M(\boldsymbol{F}_{Az}, \boldsymbol{F}_{Bz}) = 0$$

$$F_2 d_2 - F_{Az} l = 0$$

$$F_{Az} = \frac{F_2 d_2}{l}$$

代入数据可得

$$F_{Ax} = F_{Bx} = -1.5 \text{ N}, \quad F_{Az} = F_{Bz} = 2.5 \text{ N}$$

负号表示图示的假设受力方向与实际方向相反。

（5）简要分析结论。显然，加大 l 可以减小两个支座的约束力。

3.3.5　平面力偶系的合成与平衡

对于平面力偶系，上述各项结论可以用空间力偶系的退化形式进行表示。

平面力偶系的合成定理：平面力偶系合成的结果是一个力偶（合力偶），合力偶的矩等于各分力偶矩的代数和。

$$M = \sum M_i \tag{3-53}$$

平面力偶系平衡的充要条件是：力偶系中所有力偶矩的代数和等于零。即

$$\sum M_i = 0 \tag{3-54}$$

求解平面力偶系不必建立坐标系。

【例 3-6】　图 3-21(a)所示结构中，外力偶矩的大小 $M = 18\sqrt{8}$ kN·m，求 A、C 支座处约束力及 B 铰链上的约束力。

【解】　（1）先选 AB 杆为研究对象，AB 杆为二力杆，受力如图 3-21(b)所示。

（2）再选 BC 杆为研究对象，画受力图（受力图上不可漏画力偶），受力如图 3-21(c)所示。由于只有力偶与力偶平衡，因此 C、B 处的约束力必须组成力偶，才能与力偶矩为 M 的主动力偶平衡。

这里又一次遇到如何选择研究对象的问题，只有先选 AB 为研究对象，才能正

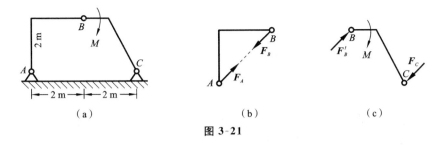

図 3-21

确判断出 BC 杆上的约束力方向。

（3）平面力偶系不必建立坐标系。

（4）列、解平面力偶矩平衡方程：

$$\sum M_i = 0 \Rightarrow -M - M(\boldsymbol{F}_B', \boldsymbol{F}_C) = 0$$

$$-M - F_C \times \sqrt{8} = 0$$

$$F_C = -\frac{M}{\sqrt{8}} = -18 \ \text{k} \cdot \text{N}$$

考虑如图 3-21(b)、(c)所示的作用力与反作用力传递时二者的大小和方向的关系，有

$$F_B = F_B' = F_C = -18 \ \text{k} \cdot \text{N}$$

$$F_A = F_B = -18 \ \text{k} \cdot \text{N}$$

负号表示图示的假设受力方向与实际方向相反。

3.4　任意力系的简化与平衡

任意力系是力的作用线任意分布的一组力，可分为空间任意力系及平面任意力系。

由于任意力系的作用线不相交于一点，因此不能直接使用汇交力系的研究方法。即不能用力的平行四边形法则去简化任意力系，建立平衡方程。

任意力系简化的基本方法是：使用力的平移定理，将任意力系等效变换成一个汇交力系加上一个力偶系。汇交力系及力偶系已经研究过，故任意力系最终可解。因此，一定要注意区别汇交力系与任意力系的研究方法。

3.4.1　力的平移定理

力的平移定理：作用在刚体上点 A 的力 $\boldsymbol{F}$ 可以平行移动到同一刚体上任意一点 C，但须附加一个力偶，该附加力偶的力偶矩矢量等于原作用点 A 处力 $\boldsymbol{F}$ 对新作用点 C 的力矩矢量。

证明：如图 3-22(a)所示，刚体上 A 点作用着力 $\boldsymbol{F}$，在该刚体空间上任意选择一点 C，现准备将其沿着力 $\boldsymbol{F}$ 作用线平行移动到 C 点上。

如图 3-22(b)所示，在 C 点施加一对平衡力 $\boldsymbol{F}'$ 和 $\boldsymbol{F}''$，取力矢量关系 $\boldsymbol{F}' = \boldsymbol{F} =$

$-\boldsymbol{F}''$。由加减平衡力系原理,图 3-22(b)中的力系与图 3-22(a)中的力 $\boldsymbol{F}$ 是等效的。

作用在点 C 的力 $\boldsymbol{F}'$ 即是由点 A 处平移过去的力 $\boldsymbol{F}$,而 $(\boldsymbol{F},\boldsymbol{F}'')$ 组成一个力偶。于是可知,作用在刚体上点 A 的力 $\boldsymbol{F}$ 可以平行移动到同一刚体上任意一点 C,但必须附加一个力偶。由图 3-22(b)得,该力偶的力偶矩矢量为

$$M(\boldsymbol{F},\boldsymbol{F}'')=\boldsymbol{r}_{CA}\times\boldsymbol{F}=\boldsymbol{M}_C(\boldsymbol{F}) \tag{3-55}$$

即附加力偶的力偶矩矢量等于作用于 A 点的力 $\boldsymbol{F}$ 对新作用点 C 的力矩矢量。一般用图 3-22(c)表示力的平移最终结果。

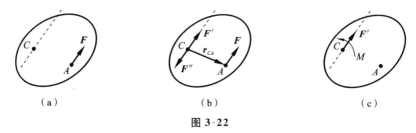

（a）　　　　　　　　　　（b）　　　　　　　　　　（c）

图 3-22

平面上,力的平移定理仍然成立,只是力仅在该平面内平移,附加力偶的矩取代数量:

$$M(\boldsymbol{F},\boldsymbol{F}'')=M_C(\boldsymbol{F})=\pm Fd \tag{3-56}$$

注意:该定理只适用于将力平移到本刚体内任意一点的情况,而不适用于将力平移到另一刚体上的情况。

3.4.2　空间任意力系的简化

1. 空间任意力系向一点简化

如图 3-23(a)所示,设作用于刚体上的空间任意力系 $\boldsymbol{F}_1,\boldsymbol{F}_2,\cdots,\boldsymbol{F}_n$,作用点分别在 $A_1,A_2,\cdots,A_n$,在刚体上任选一点 O 作为简化中心,过 O 点建立空间直角坐标系。

如图 3-23(b)所示,将空间任意力系中的每一个力 $\boldsymbol{F}_i(i=1,2,\cdots,n)$ 都平移到简化中心 O 点处,为区别作用点的不同,将平移后的力记为 $\boldsymbol{F}_i'$,$\boldsymbol{F}_i'=\boldsymbol{F}_i$。由空间力的平移定理,逐个附加空间力偶,对应的力偶矩矢量记为 $\boldsymbol{M}_i$,由力的平移定理有 $\boldsymbol{M}_i=\boldsymbol{M}_O(\boldsymbol{F}_i)$。

其中,$\boldsymbol{F}_1',\boldsymbol{F}_2',\cdots,\boldsymbol{F}_n'$ 组成一个空间汇交力系,附加的力偶组成一个空间力偶系,空间力偶系的力偶矩矢量分别为 $\boldsymbol{M}_1,\boldsymbol{M}_2,\cdots,\boldsymbol{M}_n$。

由空间汇交力系及力偶系合成的原理可知,空间汇交力系可以合成为一个力,记为 $\boldsymbol{F}_R'$,空间力偶系可以合成为一个合力偶,合力偶矩矢量记为 $\boldsymbol{M}_O$,如图 3-23(c)所示。

$\boldsymbol{F}_R'$ 称为原空间任意力系的主矢,$\boldsymbol{M}_O$ 称为原空间任意力系对简化中心的主矩。

经过上述等效变换,一个空间任意力系一般与一个力(主矢)和一个力偶(合力偶)等效。一般情况下,由于空间任意力系并非与一个力(主矢)等效,因此该力(主

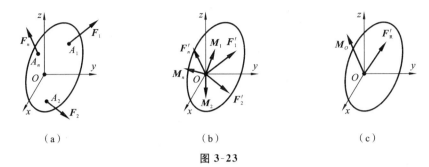

图 3-23

矢)并非该力系的合力。上述等效变换的过程不能称为空间任意力系的合成,只能称为空间任意力系的简化。力系的合成与力系的简化是两个不同的概念。

由空间汇交力系原理可知:

$$F'_R = \sum F'_i = \sum F_i \qquad (3-57)$$

即主矢等于空间任意力系中各力的矢量和,主矢仅与力系中各力矢量的大小和方向有关,与简化中心的位置无关。

由空间力偶系合成原理及空间力的平移定理可知:

$$M_O = \sum M_i = \sum M_O(F_i) \qquad (3-58)$$

即主矩等于力系中各力对简化中心力矩的矢量和,主矩与简化中心的位置有关。原因在于:当简化中心在不同位置时,简化中心对力系中各力作用点的矢径也将不同,造成各力对简化中心的力矩矢量变化,最终影响合力偶矩矢量的大小及方向。

主矢及主矩是否与简化中心的位置有关,是力系简化问题中的一个重要概念。

当空间任意力系中任意一个力 F_i 都已知,且简化中心 O 点确定后,主矢和主矩都可以计算,主矢和主矩的计算方法仍然用解析表达式表示。

其中主矢的解析表达式,可以使用汇交力系中的结论:

$$F'_R = \sum F_i = \sum F_{ix}i + \sum F_{iy}j + \sum F_{iz}k \qquad (3-59)$$

主矢的大小:

$$F'_R = \sqrt{\left(\sum F_{ix}\right)^2 + \left(\sum F_{iy}\right)^2 + \left(\sum F_{iz}\right)^2} \qquad (3-60)$$

空间主矢的方向由三个方向余弦确定:

$$\begin{cases} \cos(F'_R, i) = \dfrac{\sum F_{ix}}{F'_R} \\[2mm] \cos(F'_R, j) = \dfrac{\sum F_{iy}}{F'_R} \\[2mm] \cos(F'_R, k) = \dfrac{\sum F_{iz}}{F'_R} \end{cases} \qquad (3-61)$$

主矢的作用点在简化中心,于是可以完全确定主矢的三要素。

对于主矩,注意式(3-58)中 $M_O(F_i)$ 是空间中的力 F_i 对空间中点 O 的力矩,其在三个坐标轴上的投影分别记为 $[M_O(F_i)]_x$,$[M_O(F_i)]_y$,$[M_O(F_i)]_z$,则主矩的解析表达式可写为

$$M_O = \sum M_O(F_i) = \sum [M_O(F_i)]_x i + \sum [M_O(F_i)]_y j + \sum [M_O(F_i)]_z k$$

$$(3-62)$$

由式(3-43),即力对点的力矩矢在通过该点的任一轴上的投影,等于力对该轴的矩,得

$$\begin{cases} [M_O(F)]_x = M_x(F) \\ [M_O(F)]_y = M_y(F) \\ [M_O(F)]_z = M_z(F) \end{cases}$$

于是,主矩对点的力矩解析表达式可以改写为对轴的力矩解析表达式:

$$M_O = \sum M_x(F_i) i + \sum M_y(F_i) j + \sum M_z(F_i) k \qquad (3-63)$$

用力对轴的关系表示主矩矢量的大小:

$$M_O = \sqrt{\left(\sum M_x(F_i)\right)^2 + \left(\sum M_y(F_i)\right)^2 + \left(\sum M_z(F_i)\right)^2} \qquad (3-64)$$

作该转换的原因在于:空间问题中,计算力对轴的力矩,要比计算力对点的力矩矢量再向坐标轴投影更为简单。

空间主矩矢量的方向由三个方向余弦确定:

$$\begin{cases} \cos(M_O, i) = \dfrac{\sum M_x(F_i)}{M_O} \\[2mm] \cos(M_O, j) = \dfrac{\sum M_y(F_i)}{M_O} \\[2mm] \cos(M_O, k) = \dfrac{\sum M_z(F_i)}{M_O} \end{cases} \qquad (3-65)$$

2. 空间任意力系简化结果讨论

空间任意力系一般简化为一个主矢和一个主矩,下面讨论可能出现的四种组合状态。

(1) $F'_R \neq 0, M_O = 0$,此时空间任意力系简化为一个力,即原力系与一个力等效,所以主矢就是合力,只有在这种特殊情况下,简化也就是合成。

(2) $F'_R = 0, M_O \neq 0$,此时空间任意力系简化为一个力偶,即原力系与一个力偶等效。力偶矩矢量与矩心位置无关,因此在这种特殊情况下,主矩与简化中心的位置无关。

(3) $F'_R = 0, M_O = 0$,此时空间任意力系平衡,后面将深入讨论其平衡问题。

（4）$F'_R \neq 0, M_O \neq 0$，此时可分三种特殊情况作进一步研究。

第一种情况：主矢与主矩互相垂直，即 $F'_R \perp M_O$，如图 3-24(a) 所示。该条件下，合力偶的作用面与主矢在同一平面上，如图 3-24(b) 所示。根据力的平移定理，力平移后是一个力加上一个力偶，将力的平移定理反过来用，一个力（主矢）加上一个力偶（合力偶），也可以等效变换成一个力。

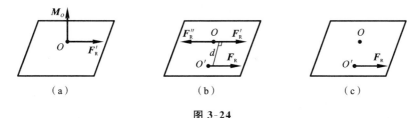

图 3-24

首先确定等效变换时力平移的距离 d，由于主矢及主矩均不为零，取：

$$d = \frac{|M_O|}{|F'_R|} \tag{3-66}$$

及力矢量 $F_R = F'_R = \sum F_i$，合力偶为 (F''_R, F_R)。

由于主矢 F'_R 及主矩 M_O 可由原力系计算得到，因此距离 d 及力矢量 F_R 必定可知。

将作用在简化中心 O 点处的主矢 F'_R，在该平面上平移距离 d 到 O' 点，如图 3-24(c) 所示。附加力偶的力偶矩矢量大小：

$$|M_O| = |F'_R|d \tag{3-67}$$

矢量方向与主矩矢量 M_O 的方向相反，所以两个力偶矩矢量的矢量和为零，即互相抵消，等效变换的结果只有一个力 F_R。又因为该力 F_R 与主矢加上主矩等效，主矢加上主矩又与原力系等效，所以该力 F_R 与原力系等效。当一个力与一个力系等效时，该力称为该力系的合力。

因而，当 $F'_R \neq 0, M_O \neq 0$ 且 $F'_R \perp M_O$ 时，原力系最终可以合成（不是简化）为一个合力，合力矢量等于原力系各分力的矢量和。

上述分析中还存在一个问题，即只确定了主矢平移的距离，并没有确定主矢向哪一侧平移。平移方向应由主矩矢量的方向决定，也就是主矢对新作用点 O' 的力矩矢量方向应与主矩的矢量方向相反，这样两力矩矢量才能正好抵消。

第二种情况：主矢与主矩互相平行，即 $F'_R /\!/ M_O$。此时合力偶的作用面与主矢垂直，如图 3-25(a) 所示。这种由一个力和一个力偶组成的力系称为"力螺旋"，其中力垂直于力偶作用面，如图 3-25(b) 所示。

力螺旋是由力与力偶两个基本要素组成的力系，它不能再简化。其中，力偶与力的方向符合右手螺旋法则的称为右螺旋（见图 3-35(b)），符合左手螺旋法则的

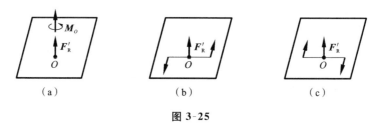

图 3-25

称为左螺旋(见图 3-25(c))。

力螺旋的工程实例:钻头工作时,既有沿着钻头方向的作用力,又有旋转的力偶。

第三种情况:主矢与主矩既不垂直也不平行,如图 3-26(a)所示。此时可将力偶矩矢量 M_O 分解为垂直于主矢的分量 M'_O 及平行于主矢的分量 M''_O,如图3-26(b)所示。将其中与主矢垂直的力偶矩矢量 M'_O 与主矢一起,用第一种情况的研究方法,将其平移后简化为一个力 F''_R,该力仍然与主矢平行。再将 F''_R 与同主矢平行的力偶矩矢量 M''_O 最终组成一个力螺旋,如图 3-26(c)所示。

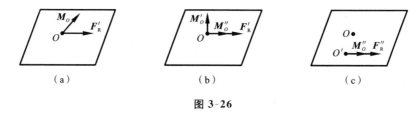

图 3-26

3. 空间固定端约束分析

图 3-27(a)所示为一根嵌入墙体中的梁 AB,在嵌入端的 A 处的约束限制 AB 梁既不能沿任何方向移动,也不能绕任何轴转动。该约束称为固定端约束。

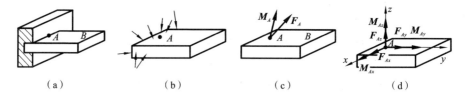

图 3-27

取梁为研究对象,嵌入墙体的受约束处,存在着极复杂的砖石、钢筋、混凝土等对研究对象的机械作用,因而会产生大小、方向不一的一组空间上的复杂约束力,全部约束力组成一个空间任意力系,如图 3-27(b)所示。

按照空间任意力系向一点简化的方法,选择固定端 A 点为简化中心,将所有的约束力向简化中心 A 点进行简化,得到一个主矢 F_A 和一个主矩 M_A,如图

3-27(c)所示。

　　由于主矢和主矩的实际方向未知，将主矢 $\boldsymbol{F}_A$ 沿三个坐标轴方向分解，得到沿三个坐标轴方向的约束力 $\boldsymbol{F}_{Ax}$、$\boldsymbol{F}_{Ay}$、$\boldsymbol{F}_{Az}$；再将主矩 $\boldsymbol{M}_A$ 也向三个坐标轴方向分解，得到沿三个坐标轴方向的力偶矩矢量 $\boldsymbol{M}_{Ax}$、$\boldsymbol{M}_{Ay}$、$\boldsymbol{M}_{Az}$，如图 3-27(d)所示。最终得到固定端处的约束力、约束力偶的结论：空间固定端约束处，共有沿着空间坐标轴方向的三个约束力及三个约束力偶，总计六个约束分量。

　　空间固定端约束的力学意义为：三个约束力限制其沿任意方向的移动，三个约束力偶限制其沿任意方向的转动。所以，受固定端约束的构件，既不能沿任何方向移动，也不能绕任何轴转动。

4. 空间任意力系的合力矩定理

　　空间任意力系简化结果讨论中，当 $\boldsymbol{F}'_R \neq \boldsymbol{0}$，$\boldsymbol{M}_O \neq \boldsymbol{0}$ 且 $\boldsymbol{F}'_R \perp \boldsymbol{M}_O$ 时，空间任意力系最终可以合成为一个合力 $\boldsymbol{F}_R$，记简化中心为 O 点，合力作用点为 O' 点，如图 3-28(a)所示，合力偶为($\boldsymbol{F}''_R$，$\boldsymbol{F}_R$)。

　　如图 3-28(b)所示，空间任意力系的合力 $\boldsymbol{F}_R$ 对任意简化中心 O 点的力矩矢量 $\boldsymbol{M}_O(\boldsymbol{F}_R)$ 为

$$\boldsymbol{M}_O(\boldsymbol{F}_R) = \boldsymbol{r}_{OO'} \times \boldsymbol{F}_R \tag{3-68}$$

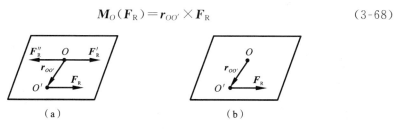

图 3-28

　　注意主矩是合力偶矩矢量，如图 3-28(a)所示，由力偶矩矢量公式，空间任意力系对简化中心 O 点的主矩为

$$\boldsymbol{M}_O = \boldsymbol{M}(\boldsymbol{F}''_R, \boldsymbol{F}_R) = \boldsymbol{r}_{OO'} \times \boldsymbol{F}_R \tag{3-69}$$

由力的平移定理，主矩与各力对简化中心的力矩矢量关系为

$$\boldsymbol{M}_O = \sum \boldsymbol{M}_O(\boldsymbol{F}_i) \tag{3-70}$$

所以：

$$\boldsymbol{M}_O(\boldsymbol{F}_R) = \boldsymbol{r}_{OO'} \times \boldsymbol{F}_R = \boldsymbol{M}_O = \sum \boldsymbol{M}_O(\boldsymbol{F}_i) \tag{3-71}$$

其中简化中心 O 是任意选定的。

　　空间任意力系合力矩定理：空间任意力系的合力对任意一点的力矩等于各分力对同一点力矩的矢量和。

　　在 3.3 节中，曾经推导过空间汇交力系的合力矩定理，现在又将合力矩定理推广到了空间任意力系上。

3.4.3　平面任意力系的简化

平面任意力系是空间任意力系的退化形式,其简化方法基本与空间任意力系简化相似。主要区别在于:

(1) 主矢是平面上的矢量,仅向平面坐标系投影,因而只有两个投影量;

(2) 主矩是平面合力偶矩,不是矢量而是代数量。其中用于合成的各分力偶,是力平移时附加的力偶,各附加力偶的矩等于力对新作用点的力矩。在平面上,力偶的矩是力对一点的力矩代数量。

1. 平面任意力系向一点简化

平面任意力系向作用面内任意一点的简化过程如下。

如图 3-29(a)所示,设作用于刚体上的平面任意力系 $F_1, F_2, \cdots, F_n$,作用点分别在 $A_1, A_2, \cdots, A_n$,在该平面内任选一点 O 作为简化中心,过 O 点建立平面坐标系。

如图 3-29(b)所示,将平面任意力系中的每一个力 $F_i(i=1,2,\cdots,n)$ 都平移到简化中心 O 点处,为区别作用点的不同,将平移后的力记为 F'_i,$F'_i = F_i$。由平面力的平移定理,逐个附加平面力偶,对应的平面力偶矩记为 M_i(代数量),由力的平移定理有 $M_i = M_O(F_i)$。

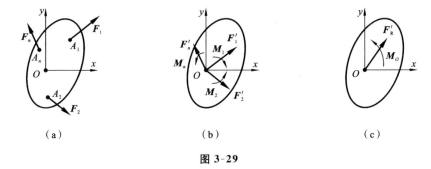

图 3-29

$F'_1, F'_2, \cdots, F'_n$ 组成一个平面汇交力系,附加的力偶组成一个平面力偶系,平面力偶系的力偶矩分别为 $M_1, M_2, \cdots, M_n$。

由平面汇交力系及力偶系合成的原理可知,平面汇交力系可以合成为一个力,记为 F'_R,平面力偶系可以合成为一个平面合力偶,合力偶矩记为 M_O,如图 3-29(c)所示。

F'_R 称为原平面任意力系的主矢,M_O 称为原平面任意力系对简化中心的主矩。

经过上述等效变换,一个平面任意力系一般与一个力(主矢)和一个力偶(合力偶)等效,该等效变换过程称为平面任意力系的简化。

由平面汇交力系原理可知:

$$\boldsymbol{F}'_R = \sum \boldsymbol{F}'_i = \sum \boldsymbol{F}_i \tag{3-72}$$

即主矢等于平面任意力系中各力的矢量和。主矢仅与力系中各力矢量的大小和方向有关,与简化中心的位置无关。

由平面力偶系合成原理及平面力的平移定理可知:

$$\boldsymbol{M}_O = \sum \boldsymbol{M}_i = \sum \boldsymbol{M}_O(\boldsymbol{F}_i) \tag{3-73}$$

即平面主矩等于各力矢量对简化中心力矩的代数和,主矩与简化中心的位置有关。

当平面任意系中任意一个力 $\boldsymbol{F}_i$ 都已知,且简化中心 O 点确定后,主矢和主矩都可以计算。

其中平面主矢的解析表达式可以使用汇交力系中的结论:

$$\boldsymbol{F}'_R = \sum \boldsymbol{F}_i = \sum F_{ix}\boldsymbol{i} + \sum F_{iy}\boldsymbol{j} \tag{3-74}$$

平面主矢的大小:

$$F'_R = \sqrt{\left(\sum F_{ix}\right)^2 + \left(\sum F_{iy}\right)^2} \tag{3-75}$$

主矩由式(3-73)计算。

平面任意力系中各力对简化中心的力矩是代数量,由式(3-73)即可求出平面主矩的大小及方向。

2. 平面任意力系简化结果讨论

平面任意力系一般简化为一个主矢和一个主矩,可能出现四种组合状态,下面分别讨论之。

(1) $\boldsymbol{F}'_R \neq \boldsymbol{0}, \boldsymbol{M}_O = \boldsymbol{0}$。此时平面任意力系简化为一个力,即原力系与一个力等效,所以主矢就是合力,只有在这种特殊情况下,简化也就是合成。

(2) $\boldsymbol{F}'_R = \boldsymbol{0}, \boldsymbol{M}_O \neq \boldsymbol{0}$。此时平面任意力系简化为一个平面力偶,即原力系与一个力偶等效。由于平面力偶矩与矩心位置无关,因此此时主矩与简化中心的位置无关。

(3) $\boldsymbol{F}'_R = \boldsymbol{0}, \boldsymbol{M}_O = \boldsymbol{0}$。这时平面任意力系平衡,后面将深入讨论其平衡问题。

(4) $\boldsymbol{F}'_R \neq \boldsymbol{0}, \boldsymbol{M}_O \neq \boldsymbol{0}$。与空间任意力系不同,平面任意力系的主矢与合力偶的作用面都在同一平面上,如图 3-30(a)所示。根据力的平移定理,一个力(主矢)加上一个力偶(合力偶),也可以等效变换成一个力(见图 3-30(b))。

首先确定等效变换时力平移的距离 d。由于主矢及主矩均不为零,取:

$$d = \frac{M_O}{|\boldsymbol{F}'_R|} \tag{3-76}$$

力矢量 $\boldsymbol{F}_R = \boldsymbol{F}'_R = \sum \boldsymbol{F}_i$,合力偶为$(\boldsymbol{F}''_R, \boldsymbol{F}_R)$。

将作用在简化中心 O 点处的主矢 $\boldsymbol{F}'_R$,在平面上平移距离 d 到 O' 点,如图 3-

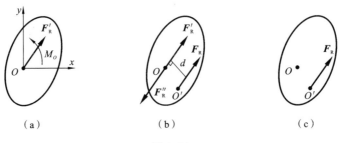

图 3-30

30(c)所示。附加力偶的力偶矩大小为

$$M_O = |\boldsymbol{F}'_R| d \tag{3-77}$$

平面上附加力偶矩的方向与主矩 M_O 的方向相反,所以两个力偶矩的代数和为零,即互相抵消,等效变换的结果只有一个力 $\boldsymbol{F}_R$。又因为该力 $\boldsymbol{F}_R$ 与主矢加上主矩等效,主矢加上主矩又与原平面任意力系等效,所以该力 $\boldsymbol{F}_R$ 与原平面任意力系等效。当一个力与一个力系等效时,该力称为该力系的合力。

与空间任意力系不同,平面任意力系在一般情况($\boldsymbol{F}'_R \neq \boldsymbol{0}, M_O \neq 0$)下,最终一定可以合成(不是简化)为一个合力,合力矢量等于原力系各分力的矢量和。

在平面上,主矢向哪一侧平移非常容易确定。参见图 3-30(a)(b),若主矩沿逆时针方向,则主矢应当向其右侧平移;若主矩沿顺时针方向,则主矢应当向其左侧平移。如此平移,主矢对新作用点 O' 的力矩方向正好与主矩方向相反,才能正好抵消。

3. 平面固定端约束分析

当工程构件的载荷及约束具有对称性时,空间固定端约束可以简化为平面固定端约束。

图 3-31(a)所示为一根嵌入墙体中的梁的平面状态,在嵌入的 A 处,该约束限制 AB 梁既不能沿平面上任何方向移动,也不能绕平面上任意一点转动。该约束称为平面固定端约束。

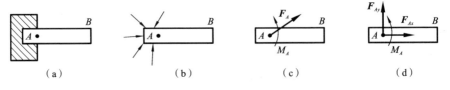

图 3-31

取梁为研究对象,嵌入墙体的受约束处,存在着极复杂的砖石、钢筋、混凝土等对研究对象的机械作用,因而会产生大小、方向不一的一组平面上的复杂约束力,全部约束力组成一个平面任意力系,如图 3-31(b)所示。

按照平面任意力系向一点简化的方法,选择固定端 A 点为简化中心,将平面上所有的约束力向简化中心 A 点进行简化,得到一个主矢 $\boldsymbol{F}_A$ 和一个平面主矩 M_A,如图 3-31(c)所示。

由于主矢的实际方向未知,因此,将主矢 $\boldsymbol{F}_A$ 沿两个坐标轴方向分解,得到沿两个坐标轴方向的约束力 $\boldsymbol{F}_{Ax}$、$\boldsymbol{F}_{Ay}$,如图 3-31(d)所示。最终得到关于平面固定端处的约束力、约束力偶的结论:平面固定端约束处,共有沿着平面坐标轴方向的两个约束力及一个平面约束力偶,统称为平面固定端处的约束力。

平面固定端约束的力学意义为:两个约束力限制其沿任意方向的移动,一个约束力偶限制其绕平面内任意一点的转动。所以,受平面固定端约束的构件,既不能沿平面上任何方向移动,也不能绕平面内任意一点转动。

4. 平面任意力系的合力矩定理

对于平面任意力系,合力矩定理仍然成立,只是由矢量关系变成了代数关系:

$$M_O(\boldsymbol{F}_R) = \sum M_O(\boldsymbol{F}_i) \tag{3-78}$$

平面任意力系合力矩定理:平面任意力系的合力对平面内任意一点的力矩等于各分力对同一点力矩的代数和。

【例 3-7】　求图 3-32(a)所示平面均布载荷及图 3-32(b)所示平面线性分布载荷的合力、合力作用线位置。

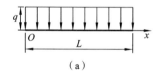 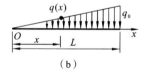

图 3-32

【解】　由平面任意力系最终合成结果可知,一般情况($\boldsymbol{F}'_R \neq \boldsymbol{0}, M_O \neq 0$)下的平面任意力系,最终可以合成为一个合力 $\boldsymbol{F}_R$。

由平面上分布载荷形成的力系,是平面平行力系。平面平行力系是平面任意力系的特例,所以,分布载荷最终也一定可以合成为一个合力。

如图 3-32(a)所示,沿长度方向求均布载荷的合力。合力计算式为

$$\boldsymbol{F}_R = \sum \boldsymbol{F}_i$$

注意到载荷集度 q 并不是力,它的单位是 kN/m,载荷集度必须乘以其作用长度才是力。从均布载荷中找出一个分力 F_i 的方法是,在图 3-33(a)中,取微增量 dx,在微长度 dx 上,qdx 即作用在 x 处的微力大小 dF,即

$$F_i = dF = qdx$$

当 x 连续变化时,可在不同的 x 位置处,逐个取出无穷多个平行的微力 dF,这些微力组成平面平行力系。其中任意 x 处的微力 dF,就是该平面平行力系中的第

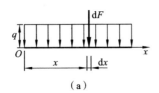
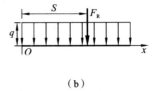

（a）　　　　　　　　　　　　　　（b）

图 3-33

i 个分力 F_i。

确定了平面平行力系的分力，即可计算其合力。由于分布载荷是连续分布的，分力有无穷多个，分力求和是无限求和，即积分：

$$F_R = \sum F_i = \int_L dF = \int_0^L q dx$$

注意到均布载荷集度 q 是常数，则

$$F_R = q \int_0^L dx = qL$$

即合力的大小等于均布载荷的面积 qL。

至于合力作用线的位置，从均布载荷关于中点对称的几何图形可以猜到，合力作用点应该在其长度方向的中点位置处，即合力的作用线应通过矩形的均布载荷图形形心。

下面用合力矩定理计算合力的作用线位置。

设合力 F_R 的作用线在距离坐标原点 S 处，如图 3-33(b)所示，求出 S 即可。

合力 F_R 对坐标原点 O 的力矩：

$$M_O(F_R) = -F_R S = -qLS$$

该力矩绕 O 点顺时针转动，取负号。

在任意 x 处取微力 dF，作为该平面平行力系的分力，该分力对 O 点的力矩：

$$M_O(dF) = -dF \cdot x = -(q dx)x$$

全部分力对 O 点力矩的代数和也可通过积分求出：

$$\sum M_O(F_i) = \int_L M_O(dF) = \int_0^L -qx dx = -\frac{q}{2}L^2$$

由平面合力矩定理：

$$M_O(F_R) = \sum M_O(F_i)$$

有

$$-qLS = -\frac{q}{2}L^2 \Rightarrow S = \frac{L}{2}$$

即均布载荷的合力大小等于均布载荷的面积，合力的作用线通过均布载荷的形心。其中关于合力作用线的位置是符合猜想的。

仿照以上方法,继续求平面线性分布载荷的合力及合力作用线位置。

对于线性分布载荷,如图 3-34(a)所示,x 处的载荷集度 $q(x)$:

$$q(x) = \frac{x}{L} q_0$$

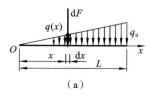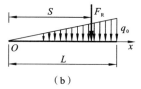

图 3-34

任意 x 处取微力 dF,如图 3-34(a)所示,其大小为

$$dF = q(x)dx = \frac{x}{L} q_0 dx$$

其合力大小:

$$F_R = \int_L dF = \int_0^L \frac{q_0}{L} x \, dx = \frac{q_0 L}{2}$$

设合力 F_R 作用线在距离坐标原点 S 处,如图 3-34(b)所示,合力对坐标原点 O 的力矩:

$$M_O(F_R) = -F_R S = -\frac{q_0 L}{2} S$$

全部分力对 O 点力矩的代数和仍然是通过积分求出:

$$\sum M_O(F_i) = \int_0^L -\left(\frac{x}{L} q_0 dx\right) x = -\frac{q_0 L^2}{3}$$

由平面合力矩定理,有

$$-\frac{q_0 L}{2} S = -\frac{q_0 L^2}{3} \Rightarrow S = \frac{2}{3} L$$

即线性分布载荷的合力大小等于分布载荷的面积,合力的作用点在分布载荷图形的形心处。

3.4.4　空间任意力系的平衡

空间任意力系一般情况下简化成一个主矢及一个主矩。所以,空间任意力系的平衡条件为

$$\begin{cases} \boldsymbol{F}'_R = \boldsymbol{0} \\ \boldsymbol{M}_O = \boldsymbol{0} \end{cases} \tag{3-79}$$

由空间主矢大小的计算式,主矢的平衡条件等价于:

$$F'_R = \sqrt{\left(\sum F_{ix}\right)^2 + \left(\sum F_{iy}\right)^2 + \left(\sum F_{iz}\right)^2} = 0 \tag{3-80}$$

由空间主矩大小的计算式,主矩的平衡条件等价于:

$$M_O = \sqrt{\left(\sum M_x(\boldsymbol{F}_i)\right)^2 + \left(\sum M_y(\boldsymbol{F}_i)\right)^2 + \left(\sum M_z(\boldsymbol{F}_i)\right)^2} = 0 \quad (3\text{-}81)$$

要满足式(3-80)及式(3-81),必须满足:

$$\begin{cases} \sum F_{ix} = 0 \\ \sum F_{iy} = 0 \\ \sum F_{iz} = 0 \\ \sum M_x(\boldsymbol{F}_i) = 0 \\ \sum M_y(\boldsymbol{F}_i) = 0 \\ \sum M_z(\boldsymbol{F}_i) = 0 \end{cases} \quad (3\text{-}82)$$

空间任意力系平衡的充要条件是:力系中的各个分力在三个坐标轴上投影之和分别为零,且各分力对三个坐标轴的力矩之和也分别为零。

式(3-82)也称空间任意力系的平衡方程。为方便起见,平衡方程在实用时不再注写 i。另外,空间任意力系的力矩平衡方程是对坐标轴的力矩,力矩的平衡条件中一定要标明坐标轴。

作用在一个刚体上的空间任意力系只有六个独立的平衡方程,所以,最多只可求解六个未知量(力或力偶)。

式(3-82)为空间任意力系平衡方程的基本形式。但是,由于坐标轴的选取具有一定的灵活性,当未知力的作用线通过坐标轴或与坐标轴平行时,未知力对该轴的力矩为零,可使该力矩平衡方程比较简洁,容易求解。因而,空间任意力系平衡方程还有各种变化形式。在平衡方程总数为六个的前提下,可减少力投影的平衡方程,对应增加设置几个坐标轴,从而增加力矩平衡方程,以使计算更为简便。对于空间任意力系,最多的平衡方程只有六力矩式,即六个平衡方程全部是对坐标轴的力矩方程。

空间任意力系中,当各力的作用线均互相平行时,该力系称为空间平行力系。显然,空间平行力系是空间任意力系的一种特例。现假设全部的力均与 z 轴平行,各力在 x、y 轴上的投影均为零,对应轴上力投影的代数和也为零。各力对 z 轴的力矩为零,对 z 轴力矩的代数和也为零,即空间任意力系平衡方程中:$\sum F_{ix} = 0$,$\sum F_{iy} = 0$,$\sum M_z(\boldsymbol{F}_i) = 0$ 三式自然满足。

因而,当空间平行力系中各力均与 z 轴平行时,该空间平行力系的平衡方程简化为

$$\begin{cases} \sum F_{iz} = 0 \\ \sum M_x(\boldsymbol{F}_i) = 0 \\ \sum M_y(\boldsymbol{F}_i) = 0 \end{cases} \tag{3-83}$$

空间平行力系独立的平衡方程只有三个,最多只可求解三个未知量(力或力偶)。

同样,空间汇交力系也是空间任意力系的一种特例。对于空间汇交力系,当三个力的投影平衡方程

$$\sum F_{ix} = 0, \quad \sum F_{iy} = 0, \quad \sum F_{iz} = 0$$

成立,即空间汇交力系的合力 $\boldsymbol{F}_R = \boldsymbol{0}$ 时,合力对任意一点的合力矩也必然为零。

由空间任意力系的合力矩定理:

$$\boldsymbol{M}_O(\boldsymbol{F}_R) = \sum \boldsymbol{M}_O(\boldsymbol{F}_i) = \boldsymbol{0}$$

即各力对任意一点力矩矢量的矢量和也为零。

由于力对点的力矩矢在通过该点的任一轴上的投影等于力对该轴的矩,即

$$[\boldsymbol{M}_O(\boldsymbol{F}_i)]_z = M_z(\boldsymbol{F}_i)$$

故三个力矩平衡方程

$$\begin{cases} \sum M_x(\boldsymbol{F}_i) = 0 \\ \sum M_y(\boldsymbol{F}_i) = 0 \\ \sum M_z(\boldsymbol{F}_i) = 0 \end{cases}$$

也是成立的。

所以,对于空间汇交力系,只要三个力的投影平衡方程成立,三个力矩平衡方程一定成立。

空间任意力系平衡问题的求解基本步骤如下。

(1) 根据题意选择研究对象。

(2) 画受力图。特别要注意,受力图上不能遗漏任何力偶。

(3) 建立坐标系。

(4) 列、解空间任意力系平衡方程。

(5) 简要分析结论。

【例 3-8】　图 3-35(a)所示是三轮简易吊车示意图,后轮结构关于纵向中轴对称,尺寸如图。自重 $G=8$ kN,起吊的重量 $P=10$ kN,当车静止时,求三个车轮所受的约束力及允许的最大起吊重量。

【解】　起吊重物的受力及自重都是沿铅垂方向的,车轮受力也是沿铅垂方向的,故可知本例是小车受到空间平行力系作用而平衡的问题。

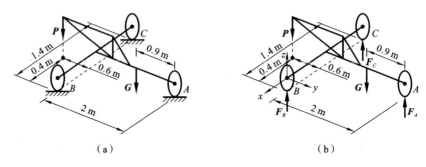

（a）　　　　　　　　　　（b）

图 3-35

（1）计算约束力。

① 选小车及起吊的重物整体为研究对象。

② 画受力图。如图 3-35(b)所示，三个车轮的约束力都是铅垂向上的。

③ 建立坐标系。使 x 轴穿过小车后轴。

④ 列、解空间平行力系平衡方程。优先用力矩平衡方程，力对轴的力矩正负方向用右手螺旋法则决定。

$$\sum M_x(\boldsymbol{F}) = 0 \Rightarrow + F_A \times 2 - G \times (2-0.9) + P \times 0.6 = 0$$

$$F_A = \frac{1.1G - 0.6P}{2} = \frac{1.1 \times 8 - 0.6 \times 10}{2} \text{ kN} = 1.4 \text{ kN}$$

$$\sum M_y(\boldsymbol{F}) = 0 \Rightarrow + F_A \times \frac{1.4}{2} - G \times \frac{1.4}{2} - P \times 0.4 + F_C \times 1.4 = 0$$

$$F_C = \frac{0.7G + 0.4P - 0.7F_A}{1.4} = \frac{0.7 \times 8 + 0.4 \times 10 - 0.7 \times 1.4}{1.4} \text{ kN} = 6.2 \text{ kN}$$

$$\sum F_z = 0 \Rightarrow F_A + F_B + F_C - G - P = 0$$

$$F_B = G + P - F_A - F_C = (8 + 10 - 1.4 - 6.2) \text{ kN} = 10.4 \text{ kN}$$

⑤ 简要分析结论。灵活放置坐标轴，可以使力矩平衡方程中只有一个未知力，计算简便，所以，尽量优先使用力矩平衡方程。

（2）计算允许的最大起吊重量。

若起吊重量太大，则小车前轮将脱离地面，造成事故。由上述计算 A 轮处约束力的计算公式，小车脱离地面的必要条件为

$$F_A = \frac{1.1G - 0.6P}{2} = 0$$

可得小车可起吊的最大重量：

$$P_{max} = \frac{1.1G}{0.6} = \frac{1.1 \times 8}{0.6} \text{ kN} = 14.7 \text{ kN}$$

现起吊重量 $P = 10$ kN，所以小车不会翻。从最大起吊重量计算公式可以看出，最大起吊重量与小车自重（G）成正比，与小车重心到后轴的距离（1.1 m）成正

比,与起吊重物的铅垂线到后轴的距离(0.6 m)成反比。此外,由于起吊重量在后轴之外,距离后轴更近,因此两个后轮受到的约束力比前轮受到的约束力更大。

思考一个问题:这里为什么是用三轮车而不是用更常见的四轮车为例来进行说明?

【例 3-9】　图 3-36(a)所示为一块正方形板受到六根杆支撑,杆两端各用球铰与板和地面连接,板正中受有铅垂载荷 P,尺寸如图,求各杆受力。

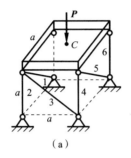 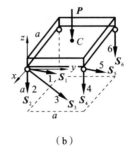

（a）　　　　　　　　　　　　　　（b）

图 3-36

【解】　方法 1:这是一个空间任意力系的平衡问题,用空间任意力系平衡方程的基本形式,可求解六根支撑杆的受力。

（1）选板及与板连接的球铰一起为研究对象。

（2）画受力图。各杆实际受力方向未知,先全部假设为受拉,如图 3-36(b)所示。

（3）建立空间直角坐标系。斜杆与水平或铅垂方向形成的角度相同,$\theta=45°$。

（4）列、解空间任意力系平衡方程。由于未知力太多,先将各力向坐标轴的投影及对坐标轴的力矩采用表格形式列出,如表 3-1 所示。

表 3-1　各力向坐标轴的投影及对坐标轴的力矩

$F_i/M(\boldsymbol{F})$	P	S_1	S_2	S_3	S_4	S_5	S_6
F_x	0	$-S_1\cos\theta$	0	0	0	$-S_5\cos\theta$	0
F_y	0	0	0	$S_3\cos\theta$	0	0	0
F_z	$-P$	$-S_1\cos\theta$	$-S_2$	$-S_3\cos\theta$	$-S_4$	$-S_5\cos\theta$	$-S_6$
$M_x(\boldsymbol{F})$	$-Pa/2$	0	0	0	$-S_4a$	$-S_5a\cos\theta$	$-S_6a$
$M_y(\boldsymbol{F})$	$-Pa/2$	0	0	0	0	0	$-S_6a$
$M_z(\boldsymbol{F})$	0	0	0	0	0	$S_5a\cos\theta$	0

表中各项的含义说明如下:第一行是所有的力,第一列表示力对某坐标轴的投

影、力对某坐标轴的力矩,从而得到表中余下各项。如力 S_5,它在 x 轴上的投影 F_x 为 $-S_5\cos\theta$,它对 x 轴的力矩 $M_x(\boldsymbol{F})$ 用合力矩定理(其中水平方向分力对 x 轴的力矩为零)得到,为 $-(S_5\cos\theta)a$,其中负号用右手螺旋法则得到。

对表 3-1 中除第一行、第一列的各行数据求和,即各力在某轴上投影的代数和或各力对某轴力矩的代数和,令其为 0,即得平衡方程。观察可知,对于 F_y 一行,只有一个未知力 S_3 的投影,优先计算该式:

$$\sum F_y = 0 \Rightarrow S_3\cos\theta = 0$$

因为 $\cos\theta \neq 0$,故只能是 $S_3=0$。

用类似的方法,分别列、解其余的平衡方程如下:

$$\sum M_z(\boldsymbol{F}) = 0 \Rightarrow S_5 = 0$$

$$\sum F_x = 0 \Rightarrow S_1 = 0$$

$$\sum M_y(\boldsymbol{F}) = 0 \Rightarrow -P\frac{a}{2} - S_6 a = 0$$

$$S_6 = -\frac{P}{2}$$

$$\sum M_x(\boldsymbol{F}) = 0 \Rightarrow S_4 = 0$$

$$\sum F_z = 0 \Rightarrow -P - S_2 - S_6 = 0$$

$$S_2 = -\frac{P}{2}$$

在这种特殊的结构及载荷作用下,1、3、4、5 杆都不受力,只有两根垂直的杆 2、6 受力。就结构及载荷而言,2、6 杆对称,所以每根杆承受载荷的一半。受力图中假设各杆受拉,现计算得出 2、6 杆受力为负,即该两杆实际受压,该受力结构显然是合理的。

以上是用空间任意力系平衡方程的基本形式进行求解。解法 2 再用六力矩式平衡方程对照计算。

方法 2:用六力矩式平衡方程求解,通过灵活放置六根坐标轴,使未知力的作用线尽可能多地通过或平行于放置的坐标轴,目的是尽量使更多的未知力对该轴的力矩为零,简化平衡方程。必须放置有方向的坐标轴,不能放置无方向的直线,否则无法用右手螺旋法则判断力对轴之矩的正负。

(1) 在受力图上放置 x_1 轴,如图 3-37(a)所示,其中力 S_1、S_2、S_3 通过 x_1 轴,力 S_4、S_6、P 平行于 x_1 轴,以上各力对 x_1 轴均无力矩,只有力 S_5 对 x_1 轴有力矩。用合力矩定理,将力

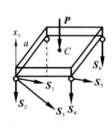

图 3-37(a)

S_5 分解成沿水平及铅垂方向两个力,只有水平分力对 x_1 轴有力矩:

$$\sum M_{x_1}(\boldsymbol{F}) = 0 \Rightarrow (S_5\cos\theta)a = 0$$

$$S_5 = 0$$

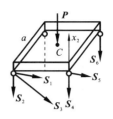

图 3-37(b)

(2) 放置 x_2 轴,如图 3-37(b)所示,其中力 S_3、S_4、S_5 通过 x_2 轴,力 S_2、S_6、$\boldsymbol{P}$ 平行于 x_2 轴,以上各力对 x_2 轴均无力矩,只有力 S_1 对 x_2 轴有力矩。用合力矩定理:

$$\sum M_{x_2}(\boldsymbol{F}) = 0 \Rightarrow -(S_1\cos\theta)a = 0$$

$$S_1 = 0$$

(3) 放置 x_3 轴,如图 3-37(c)所示,其中力 S_1、S_2、S_3、S_4、S_5 通过 x_3 轴,力 S_6、$\boldsymbol{P}$ 对 x_3 轴有力矩:

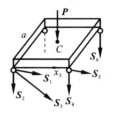

图 3-37(c)

$$\sum M_{x_3}(\boldsymbol{F}) = 0 \Rightarrow -P\frac{a}{2} - S_6 a = 0$$

$$S_6 = -\frac{P}{2}$$

(4) 放置 x_4 轴,如图 3-37(d)所示,其中力 S_2、S_4、$\boldsymbol{P}$ 平行于 x_4 轴,以上各力对 x_4 轴均无力矩,只有力 S_3 对 x_4 轴有力矩:

$$\sum M_{x_4}(\boldsymbol{F}) = 0 \Rightarrow (S_3\cos\theta)a = 0$$

$$S_3 = 0$$

图 3-37(d)

(5) 放置 x_5 轴,如图 3-37(e)所示,其中力 S_4 通过 x_5 轴,对 x_5 轴无力矩,只有力 S_2、$\boldsymbol{P}$ 对 x_5 轴有力矩:

$$\sum M_{x_5}(\boldsymbol{F}) = 0 \Rightarrow P\frac{a}{2} + S_2 a = 0$$

$$S_2 = -\frac{P}{2}$$

图 3-37(e)

(6) 放置 x_6 轴,如图 2-37(f)所示,只有力 S_4 对 x_6 轴有力矩:

$$\sum M_{x_6}(\boldsymbol{F}) = 0 \Rightarrow S_4\frac{\sqrt{2}}{2}a = 0$$

$$S_4 = 0$$

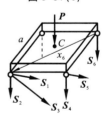

图 3-37(f)

与方法 1 的结果相同,但方法 2 由于六根坐标轴放置灵活,因此每个平衡方程都比较简单。

【例 3-10】　图 3-38(a)所示为车床主轴切削示意图,尺寸如图,A 处为止推轴承,B 处为径向轴承,$P_x = 466$ N,$P_y = 352$ N,$P_z = 1400$ N,C 轮半径 $R_C = 100$ mm,主

轴 D 处半径 $R_D=50$ mm。求切削所需的主动力 Q、两个轴承所受的约束力。

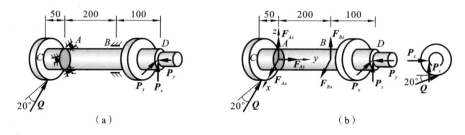

图 3-38

【解】 （1）选主轴为研究对象。

（2）画受力图。先画主动力 Q 及已知的切削力 P_x、P_y、P_z，A 处止推轴承共有三个约束力，B 处径向轴承共有两个径向约束力，如图 3-38（b）所示，故共有六个未知力。

（3）建立空间直角坐标系。A 点未知力最多，在 A 点建立空间直角坐标系，其中 y 轴与轴线重合。这样，A 点的三个未知力对任意坐标轴的力矩都为零。

（4）列、解空间任意力系平衡方程。优先使用力矩平衡方程。

$$\sum M_y(\boldsymbol{F}) = 0 \Rightarrow -P_z \times 50 + (Q \cdot \cos 20°) \times 100 = 0$$

$$Q = \frac{50}{100\cos 20°}P_z = 745 \text{ N}$$

$$\sum F_y = 0 \Rightarrow F_{Ay} - P_y = 0$$

$$F_{Ay} = P_y = 352 \text{ N}$$

$$\sum M_x(\boldsymbol{F}) = 0 \Rightarrow P_z \times 300 + F_{Bz} \times 200 - (Q\sin 20°) \times 50 = 0$$

$$F_{Bz} = \frac{(Q\sin 20°) \times 50 - P_z \times 300}{200} = -2036 \text{ N}$$

$$\sum M_z(\boldsymbol{F}) = 0 \Rightarrow P_x \times 300 - F_{Bx} \times 200 - (Q\cos 20°) \times 50 = 0$$

$$F_{Bx} = \frac{P_x \times 300 - (Q\cos 20°) \times 50}{200} = 524 \text{ N}$$

$$\sum F_x = 0 \Rightarrow F_{Ax} + F_{Bx} - P_x - Q\cos 20° = 0$$

$$F_{Ax} = 642 \text{ N}$$

$$\sum F_z = 0 \Rightarrow F_{Az} + F_{Bz} + P_z + Q\sin 20° = 0$$

$$F_{Az} = 384 \text{ N}$$

可见，空间任意力系的平衡计算虽然烦琐，但难度并不大，只要按照一定的规则逐步进行，空间任意力系问题还是容易求解的。

3.4.5　平面任意力系的平衡

一般情况下，平面任意力系简化成一个主矢及一个平面主矩。所以，平面任意力系的平衡条件为

$$\begin{cases} \boldsymbol{F}'_R = \boldsymbol{0} \\ M_O = 0 \end{cases} \tag{3-84}$$

由平面主矢大小的计算式，主矢的平衡条件等价于：

$$F'_R = \sqrt{\left(\sum F_{ix}\right)^2 + \left(\sum F_{iy}\right)^2} = 0 \tag{3-85}$$

由平面主矩的平衡条件：

$$M_O = \sum M_O(\boldsymbol{F}_i) = 0$$

要满足式(3-84)及式(3-85)，必须满足：

$$\begin{cases} \sum F_{ix} = 0 \\ \sum F_{iy} = 0 \\ \sum M_O(\boldsymbol{F}_i) = 0 \end{cases} \tag{3-86}$$

平面任意力系平衡的充要条件是：力系中的各个分力在平面两个坐标轴上投影之和分别为零，且各分力对简化中心的力矩之和也为零。

式(3-86)也称为平面任意力系的平衡方程基本形式。为方便起见，平衡方程在实用时不再写 i。另外，平面任意力系的力矩平衡方程，是对平面上点的力矩，力矩的平衡条件中一定要标明矩心。

作用在一个刚体上的平面任意力系只有三个独立的平衡方程，所以，最多只可求解三个未知量(力或力偶)。

由于矩心的选取是任意的，适当灵活地选取矩心，会使力对点的矩计算相对简单。平面任意力系的平衡方程还有二力矩式及三力矩式，即三个平衡方程中分别有两个或全部都是力矩方程。

平面任意力系二力矩式平衡方程：

$$\begin{cases} \sum F_{xi} = 0 \\ \sum M_A(\boldsymbol{F}_i) = 0 \\ \sum M_B(\boldsymbol{F}_i) = 0 \end{cases} \tag{3-87}$$

其中，要求两矩心 A、B 的连线不垂直于 x 轴。

平面任意力系三力矩式平衡方程：

$$\begin{cases} \sum M_A(\boldsymbol{F}_i) = 0 \\ \sum M_B(\boldsymbol{F}_i) = 0 \\ \sum M_C(\boldsymbol{F}_i) = 0 \end{cases} \tag{3-88}$$

其中,要求三矩心 A、B、C 的连线不在一条直线上。

　　平面平行力系是平面任意力系的特例。现假设全部的力均与 y 轴平行,各力在 x 轴上的投影均为零,在该轴上力投影的代数和也为零,平面任意力系平衡方程中

$$\sum F_{ix} = 0$$

成立。

　　因而,当平面平行力系中各力均与 y 轴平行时,该平面平行力系的平衡方程简化为

$$\begin{cases} \sum F_{iy} = 0 \\ \sum M_O(\boldsymbol{F}_i) = 0 \end{cases} \tag{3-89}$$

可知,平面平行力系独立的平衡方程只有两个,最多只可求解两个未知量(力或力偶)。

　　同样,平面汇交力系也是平面任意力系的一种特例。只要两个力投影的平衡方程成立:

$$\begin{cases} \sum F_{ix} = 0 \\ \sum F_{iy} = 0 \end{cases}$$

则由平面任意力系的合力矩定理:

$$M_O(\boldsymbol{F}_R) = \sum M_O(\boldsymbol{F}_i) = 0$$

即各力对任意一点力矩的代数和也必然为零,自然满足力矩的平衡方程。

　　平面任意力系平衡问题的求解基本步骤如下。

　　(1) 根据题意选择研究对象。只有刚体才能受平面任意力系作用,故只能选刚体为研究对象。

　　(2) 画受力图。特别要注意,受力图上不能遗漏任何力偶。

　　(3) 建立坐标系。

　　(4) 列、解平面任意力系平衡方程。

　　(5) 简要分析结论。

　　【例 3-11】　塔式起重机如图 3-39(a)所示,视为一个刚体。机架重 $G = 220$ kN,最大起重量 $P = 50$ kN,尺寸如图。欲使起重机在空载与满载时都不翻倾,求平衡锤重量 Q 的大小。

　　【解】　作用在起重机上的力都是铅垂方向的,起重机受到平面平行力系作用。

　　(1) 选整体为研究对象。

　　(2) 画受力图。轨道与轮子之间的约束是光滑面约束,受力图如图 3-39(b)所示。

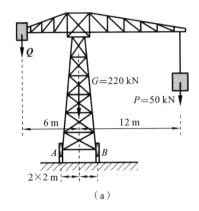
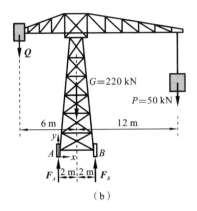

图 3-39

（3）在 A 点处建立平面直角坐标系。

（4）列、解平衡方程。

由于平面平行力系只有两个平衡方程，而受力图上共有 F_A、F_B、Q 三个未知力，无法直接求解该问题，因此必须根据实际工作条件作进一步分析。

① 满载时产生绕 B 点顺时针翻倾的临界条件，A 轮脱离轨道：

$$F_A = 0$$

因此，此时只有两个未知力，平面平行力系的平衡方程可解。此时，计算出最小配重 Q_{min}，只需列出对 B 点的力矩方程即可：

$$\sum M_B(F_i) = 0 \Rightarrow G \times 2 + Q_{min} \times (6+2) - P \times (12-2) = 0$$

$$Q_{min} = \frac{10P - 2G}{8} = \frac{10 \times 50 - 2 \times 220}{8} \text{ kN} = 7.5 \text{ kN}$$

② 空载时产生绕 A 点逆时针翻倾的临界条件，B 轮脱离轨道：

$$F_B = 0$$

此时，计算出最大配重 Q_{max}，只需列出对 A 点力矩方程即可：

$$\sum M_A(F_i) = 0 \Rightarrow Q_{max} \times (6-2) - G \times 2 = 0$$

$$Q_{max} = \frac{2G}{4} = 110 \text{ kN}$$

Q 应取范围：$7.5 \text{ kN} < Q < 110 \text{ kN}$。

这只是图示静止条件下的配重方案。当起吊的重物向上加速时，当起吊的重物在水平吊臂上移动时，甚至当吊臂在水平面内匀速转动时，所需的配重都会发生变化，需要重新计算，否则，极易出现起重机倾倒的严重事故。

在静力学计算中，同样一个力学问题，用不同的方法分析，会有不同的求解方案。下面通过一个实例，综合比较一下平面汇交力系及平面任意力系的求解。

【例 3-12】 图 3-40(a)所示一台电动机搁置于三脚架之上。各杆不计自重，

电动机重量为 P,尺寸如图。求 A、B、C 三处的约束力。

【解】　方法 1:用三力平衡汇交定理的方法。

(1) 取杆件 AB 为研究对象。

(2) 画受力图。BC 是二力杆,假设 AB 杆上 B 点约束力指向 B 点。AB 杆仅受三力作用而平衡,由主动力 P 与约束力 F_B 的作用线获得交点 O,由三力平衡汇交定理,固定铰支座处约束力 F_A 的作用线通过 O 点,假设 F_A 指向 O 点,如图 3-40(b)所示,属于平面汇交力系。只有两个未知力 F_A 及 F_B,平面汇交力系有两个独立的平衡方程,可以求解。

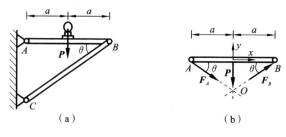

（a）　　　　　　　　　　（b）

图 3-40

(3) 建立平面直角坐标系。

(4) 列、解平面汇交力系平衡方程。

$$\sum F_x = 0 \Rightarrow F_A\cos\theta + F_B\cos\theta = 0$$

$$F_A = -F_B$$

$$\sum F_y = 0 \Rightarrow -F_A\sin\theta + F_B\sin\theta - P = 0$$

$$F_B = \frac{P}{2\sin\theta}$$

$$F_A = -\frac{P}{2\sin\theta}$$

F_A 投影为负,表示实际约束力方向与图示假设方向相反。

方法 2:固定铰支座约束力用一对正交约束力表示。

(1) 取杆件 AB 为研究对象。

(2) 画受力图。假设 AB 杆上固定铰支座处约束力用一般正交分解约束力表示,如图 3-41(a)所示,属于平面任意力系。共有三个未知力 F_{Ax}、F_{Ay} 及 F_B,平面任意力系有三个独立的平衡方程,也可以求解。

(3) 建立平面直角坐标系。

(4) 列、解平面任意力系平衡方程。

$$\sum M_A(\boldsymbol{F}) = 0 \Rightarrow (F_B\sin\theta) \times 2a - Pa = 0$$

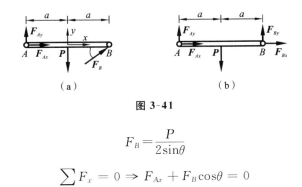

图 3-41

$$F_B = \frac{P}{2\sin\theta}$$

$$\sum F_x = 0 \Rightarrow F_{Ax} + F_B\cos\theta = 0$$

$$F_{Ax} = -F_B\cos\theta = -\frac{P}{2\tan\theta}$$

即实际方向与假设方向相反。

$$\sum F_y = 0 \Rightarrow F_{Ay} + F_B\sin\theta - P = 0$$

$$F_{Ay} = P - F_B\sin\theta = \frac{P}{2}$$

再将 F_{Ax}、F_{Ay} 用力的平行四边形法则合成为一个力,该力的大小:

$$F_A = \sqrt{(F_{Ax})^2 + (F_{Ay})^2} = \frac{P}{2\sin\theta}$$

由方向余弦可确定其在第二象限,与方法 1 结果相同。

通过该实例可知,诸如固定铰支座、平面销钉约束,依具体情况画成一个约束力或一对正交约束力,都是可行的。对于本题,区别在于一个是平面汇交力系,一个是平面任意力系。但是,若将此例中 B 点处平面销钉约束也画成一对正交约束力(见图 3-41(b)),虽然也符合平面销钉约束力画法的一般规则,但由于受力图上共有四个未知力,平面任意力系只有三个独立的平衡方程,无法求解全部的未知力,因此这样画受力图没有意义。此例再次说明,画受力图非常重要。

【例 3-13】 刚架上载荷及尺寸如图 3-42(a)所示,求固定端 A 处的约束力。

【解】 (1)取整个刚架为研究对象。

(2)画受力图。受力图如图 3-42(b)所示,BD 段上的均布载荷不得用其合力代替,力偶不能漏画。平面固定端约束 A 处,共有一对正交的约束力及一个默认正方向(逆时针方向)的约束力偶,其中约束力偶最容易漏画。共有三个未知量,可以求解。

(3)建立平面直角坐标系。

(4)列、解平面任意力系平衡方程。优先采用平面力对点的力矩平衡方程,C 点集中力的力矩利用合力矩定理求解。

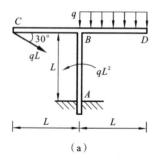 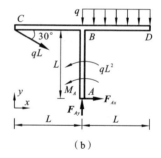

图 3-42

$$\sum M_A(\boldsymbol{F}) = 0 \Rightarrow M_A + qL^2 - (qL\cos30°)L + (qL\sin30°)L - (qL)\frac{L}{2} = 0$$

$$M_A = \left(\frac{\sqrt{3}}{2} - 1\right)qL^2 = -0.134qL^2$$

$$\sum F_x = 0 \Rightarrow F_{Ax} + qL\cos30° = 0$$

$$F_{Ax} = -\frac{\sqrt{3}}{2}qL = -0.866qL$$

$$\sum F_y = 0 \Rightarrow F_{Ay} - qL\sin30° - qL = 0$$

$$F_{Ay} = \frac{3}{2}qL$$

此例中,同时有分布载荷、集中力偶、平面固定端约束等多个载荷,还使用了平面任意力系的合力矩定理,分析过程中,一定要仔细揣摩。

3.5　物体系统的平衡

前面讨论的平衡问题都是在单个物体上进行的,但在工程问题中,机构或结构往往是由多个物体通过一定的约束而组成。为了研究更为复杂的机构或结构的受力状态,需要在单个物体的基础上,进一步研究物体系的平衡问题。

静力学中,由多个构件通过一定的约束组成的一个整体,统称为物体系统。

3.5.1　静定与静不定问题

对于一个平衡物体,若未知力的数目等于独立平衡方程数目,全部未知力都可以用平衡方程解出,这样的静力学问题,称为静定问题。当未知力的数目超过独立平衡方程数目时,全部未知力不可能用平衡方程解出,这样的静力学问题,称为静不定(或超静定)问题。

只要未知力的数目超过独立平衡方程总数,此类问题都称为静不定问题,超过的数量可以不同,也隐含着静不定的复杂程度不同。为了区分静不定复杂程度,引入"静不定的次数"的概念:

静不定的次数＝未知力数目－独立平衡方程数目

　　在静力学中,静不定问题无法求解。但在后续的材料力学课程中,放弃刚体假设,研究对象是可变形固体,利用构件的变形条件补充方程,则可以求解静不定问题。而静不定的次数,就是除了平衡方程以外,还需要补充的方程个数。

　　下面通过一个实例,说明静不定问题的产生过程。图 3-43(a)表示一个外伸的平面雨阳篷,属于平面任意力系问题。固定端约束上只有 3 个未知力,在该物体上,只可以列出 3 个独立的平衡方程。此时是一个静定问题。

　　不过,如果需要雨阳篷有较大的遮挡面积,必须增加外伸长度,这样雨阳篷可能会因为自重增加而产生较大的变形甚至断掉。改进的办法之一是,在雨阳篷上方增加一根斜拉杆,如图 3-43(b)所示。此时针对雨阳篷问题仍然只能列出 3 个独立的平衡方程,但由于增加了一个约束,未知力有 4 个,该问题成为一个一次静不定问题。

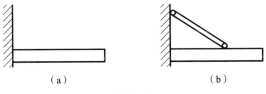

(a)　　　　　　　　　　　　　　　(b)

图 3-43

　　虽然静不定问题的力学计算更为复杂一些,但由于增加了约束,能够减小构件的变形(称为提高了刚度)及减小断掉的可能性(称为提高了强度),静不定结构在工程中仍然得到了广泛使用。

3.5.2　物体系统的平衡问题

　　单个物体与物体系统的平衡问题既有联系也有区别,特别是要注意如下三个问题。

1. 内力与外力的问题

　　对于单个物体,研究对象只能唯一地选取,所以单个物体上受到的力都是外力。但是物体系统会同时受到内力和外力的共同作用。而且,所谓内力与外力,一定是相对所选取的研究对象而言的。

　　具体来说,当取整个系统为研究对象(即考虑整个系统的平衡)时,系统内各物体之间的作用力是系统的内力,因而在该物体系统的受力图中,是不必画出的,只需画出物体系统受到的外力(包括主动力和约束力)。而当取系统中某一个物体为研究对象(即仅考虑该单个物体的平衡)时,不仅要画出该物体上受到的主动力,还要画出系统中其他物体对该物体的作用力,这种作用力对选定的单个物体研究对象而言不再是内力,而是外力,它通常是以约束力的形式表现的。所以,对于物体系统,尤其要明确说明取谁为研究对象。

2. 平衡方程个数的问题

对于平面的单个物体,由平面任意力系的平衡条件可知,最多只能列出 3 个独立的平衡方程,最多只能求解 3 个未知量(力或力偶)。但对于由 n 个构件组成的平面物体系统,每取一个物体为研究对象,即可列出 3 个独立的平衡方程,所以最多可列出 $3n$ 个独立的平衡方程,最多只能求解 $3n$ 个未知量(力或力偶)。

可能产生的一个疑问是:除了分别在这 n 个构件上共列出 $3n$ 个独立的平衡方程外,再对整个平衡的物体系统还可以列出 3 个平衡方程,岂不是共列出 $3n+3$ 个平衡方程,从而可以求解 $3n+3$ 个未知量? 这是不可能的,对于该物体系统,若组成这个系统的每一个物体所受的力都满足平衡条件,则该物体系统所受的外力也必然自动满足平衡条件,说明这 $3n+3$ 个平衡方程并不是独立的。这其中只有 $3n$ 个平衡方程是独立的,仍然是最多只能求解 $3n$ 个未知量。

另一个非常常见的错误是,画出了错误的受力图,尤其是受力图上漏画了固定端处的约束力偶,使得一个本来未知力数目超过平衡方程数目的问题,形式上具有"可以求解"的表象,从而造成后续一系列错误。

3. 取研究对象顺序的问题

对于一个物体系统,还存在一个如何取研究对象顺序的问题。究竟该先选取整体、还是先选取某个物体为研究对象,并没有一定之规。通常的方法是,综合考虑并比较各种选取研究对象的方案,若是其中某研究对象(整体或单个物体)上未知力的个数,不超过可以列出的独立平衡方程个数,即表示可以直接求出该研究对象上全部的未知力,于是首先确定选取该研究对象进行计算,然后再取下一个物体,按如此顺序选择下去。否则,若所有的选取研究对象的方案中,每一次都存在无法全部解出的未知力,就只能连续选取多个研究对象,连续列出多组平衡方程,通过联立的平衡方程组来求解未知力。

由于物体系统的平衡问题求解比较烦琐,建议求出全部未知力后,尽量验算一下。

【例 3-14】 图 3-44 所示为一连续梁,AB、BC 梁在 B 点通过平面光滑铰链连接,不计自重,C 端通过平面可动铰支座搁置在光滑的斜坡上,试求 A、C 处的约束力。

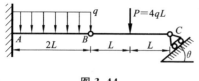

图 3-44

【解】 这是由两刚体组成的平面刚体系统。该系统上,共可列出 2×3 个平衡方程,A、B、C 三处约束,依次有 $3+2+1$ 个约束力,该物体系统是一个静定问题。

取研究对象的方案共有三种:取整体为研究对象,取 AB 为研究对象,取 BC 为研究对象。各方案对应的约束力数目示意如图 3-45 所示。

选整体为研究对象时,如图 3-45(a)所示,有 4 个未知量(含 1 个力偶),有 3 个

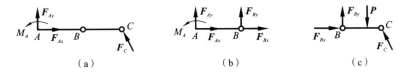

图 3-45

平衡方程,一次无法解出全部未知力。此处需要注意,如果漏画了 A 处的约束力偶,会误以为只有 3 个未知力,可用平面任意力系的 3 个平衡方程求解,从而导致后续计算一系列错误。

选 AB 为研究对象时,如图 3-45(b)所示,有 5 个未知量,有 3 个平衡方程,一次也无法解出全部未知量。

选 BC 为研究对象时,如图 3-45(c)所示,有 3 个未知力,有 3 个平衡方程,一次可以解出全部未知力。所以,宜首先取 BC 为研究对象。

(1)先取 BC 为研究对象进行计算。

① 取 BC 为研究对象。

② 画受力图,如图 3-46(a)。

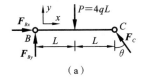 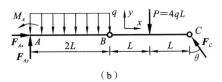

图 3-46

③ 建立平面直角坐标系。

④ 列、解平衡方程。优先选用力矩平衡方程,因不必求 B 点的约束力,故将矩心取为 B 点,C 处约束力的力矩用合力矩定理。

$$\sum M_B(\boldsymbol{F}) = 0 \Rightarrow (F_C\cos\theta) \times 2L - PL = 0$$

$$F_C = \frac{P}{2\cos\theta} = \frac{2qL}{\cos\theta}$$

(2)再取整体为研究对象进行计算。

①取整体为研究对象。

② 画受力图。如图 3-46(b)所示,注意 A 处的固定端约束有两个约束力及一个平面约束力偶,均布载荷不得用其合力代替画到受力图上,只能画实际的均布载荷。

③ 建立平面直角坐标系。

④ 列、解平衡方程。优先选用力矩平衡方程,因为 A 处未知量最多,故将矩心取为 A 点。在平衡方程中,均布载荷可以直接引用合力,进行力投影及力矩计算。

$$\sum M_A(\boldsymbol{F}) = 0 \Rightarrow M_A + (F_C\cos\theta) \times 4L - (4qL) \times 3L - (2qL)L = 0$$

$$M_A = 6qL^2$$

$$\sum F_x = 0 \Rightarrow F_{Ax} - F_C \cdot \sin\theta = 0$$

$$F_{Ax} = 2qL \cdot \tan\theta$$

$$\sum F_y = 0 \Rightarrow F_{Ay} - 2qL - 4qL + F_C \cdot \cos\theta = 0$$

$$F_{Ay} = 4qL$$

可见,物体系统的平衡计算通常都需要拆分系统,取多次研究对象。

由于物体系统平衡的计算比较复杂,容易产生错误,因此应尽量对计算结果进行验算。验算的方法是,取整体为研究对象,将整体上受到的全部主动力及已经求出的全部约束力,对平面上除 A 点以外的任意一点求力矩的代数和。因为整体处于平衡状态,如果该力矩的代数和不为零,则各约束力中一定存在错误。而该力矩的代数和为零,则仅是各约束力正确的必要条件,并非充分条件。

现以 B 点为矩心,验算方法如下:

$$\sum M_B(\boldsymbol{F}) = M_A + (F_C\cos\theta) \times 2L - (4qL)L + (2qL)L - F_{Ay} \times 2L$$

将已经计算出的 M_A、F_C、F_{Ay} 代入上述力矩的代数和计算式中:

$$\sum M_B(\boldsymbol{F}) = 6qL^2 + (2qL) \times 2L - (4qL)L + (2qL)L - (4qL) \times 2L = 0$$

说明该力矩代数和的计算式中出现的约束力值满足平衡的必要条件。

此外,第二步也可以取 AB 为研究对象,但这样会增加一些难度。首先是第一步时必须计算出 B 点的约束力;其次,必须仔细考虑 AB 杆上的 B 点与 BC 杆上的 B 点约束力的方向问题。因为它们是作用力与反作用力的关系,必须成对、反向地画出,如图 3-47 所示。尤其要注意其中铅垂方向的一对约束力,否则必将影响平衡方程中力的投影正负及力矩的正负,极易产生错误。取整体为研究对象,则规避了这些潜在的风险。

图 3-47

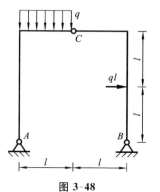

图 3-48

(3) 结论简要分析。对于 BC 杆,C 点处的约束力大小与载荷 P 成正比,与 $\cos\theta$ 成反比。当 $\theta = 0°$ 时,斜坡成为水平面,C 点约束力成为铅垂方向的,载荷 P 关于 BC 对称,显然,B、C 两点处铅垂方向的约束力相等并为 P 的一半,与 F_C 计算公式相符。若 $\theta \to 90°$,$F_C \to \infty$,理论意义是:只有无穷大的水平力才能"平衡"一个有限大小的铅垂载荷。

【例 3-15】　刚架尺寸及所受载荷如图 3-48 所示,求支座 A、B 处的约束力。

【解】 这是由两刚体组成的平面刚架系统。由该系统上共可列出 2×3 个平衡方程，A、B、C 三处约束处依次有 $2+2+2$ 个约束力，该物体系统是一个静定问题。

取研究对象的方案共有三种：取整体为研究对象，取 AC 为研究对象，取 BC 为研究对象。各方案对应的约束力数目示意图如图 3-49 所示。

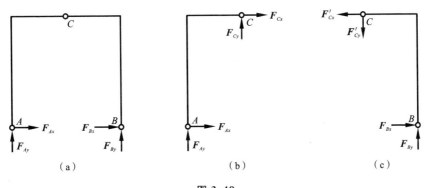

图 3-49

无论怎样取研究对象，每个研究对象上都有 4 个未知量，有 3 个平衡方程，一次无法解出全部未知量。这种条件下，首先取哪一部分作为研究对象都无关紧要。一般求解的方法是：先取整体、再取其中某单个刚体为研究对象，分别列出各自的平衡方程，再联立全体平衡方程求解。

（1）先取整体为研究对象进行计算。

① 取整体为研究对象。

② 画受力图，如图 3-50(a)所示。

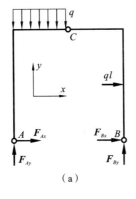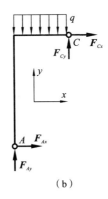

图 3-50

③ 建立平面直角坐标系。

④ 列、解平衡方程。

$$\sum M_B(\boldsymbol{F}) = 0 \Rightarrow -F_{Ay} \times 2l + (ql) \times \frac{3l}{2} - (ql)l = 0$$

$$F_{Ay} = \frac{ql}{4}$$

$$\sum M_A(\boldsymbol{F}) = 0 \Rightarrow F_{By} \times 2l - (ql) \times \frac{l}{2} - (ql)l = 0$$

$$F_{By} = \frac{3}{4}ql$$

$$\sum F_x = 0 \Rightarrow F_{Ax} + F_{Bx} + ql = 0$$

此平衡方程无法求解,只能列出关系式。

(2) 再取 AC 为研究对象进行计算。

① 取 AC 为研究对象。

② 画受力图,如图 3-50(b)所示。

③ 建立平面直角坐标系。

④ 列、解平衡方程。

$$\sum M_C(\boldsymbol{F}) = 0 \Rightarrow F_{Ax} \times 2l - F_{Ay}l + (ql) \times \frac{l}{2} = 0$$

$$F_{Ax} = -\frac{1}{8}ql$$

再由:

$$F_{Ax} + F_{Bx} + ql = 0$$

得

$$F_{Bx} = -F_{Ax} - ql = -\left(-\frac{ql}{8}\right) - qL = -\frac{7ql}{8}$$

第二步也可以取 BC 为研究对象,求解方法与取 AC 为研究对象时的过程类似。

无论怎样取研究对象,本题都必须拆分物体系统,取两次研究对象,才能求出全部的约束力。因而,对于物体系统的平衡计算,通常都需要拆分系统,多次取研究对象。

思　考　题

3-1　试说明力与力偶的区别与联系。

3-2　试举例说明定位矢、滑移矢和自由矢。

3-3　空间平行力系简化结果是什么? 可能合成为力螺旋吗?

3-4　试证:力偶对任一轴的矩等于其力偶矩矢在该轴上的投影。

3-5　合力是否一定大于分力? 三力汇交于一点,但不共面,是平衡力系吗?

习　题

3-1　在长方形平板的 O,A,B,C 点上分别作用着四个力：$F_1=1$ kN，$F_2=2$ kN，$F_3=F_4=3$ kN（见图）。试求以上四个力构成的力系对 O 点的简化结果，以及该力系的最后合成结果。

3-2　如图所示，已知重力 $\boldsymbol{P}$，$DC=CE=AC=CB=2l$；定滑轮半径为 R，动滑轮半径为 r，且 $R=2r=l$，$\theta=45°$。试求：A、E 支座的约束力及 BD 杆所受的力。

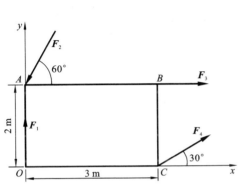

习题 3-1 图

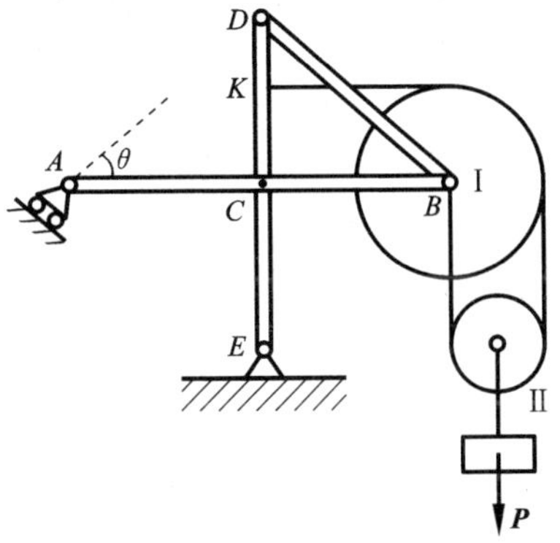

习题 3-2 图

3-3　结构上作用载荷分布如图所示，$q_1=3$ kN/m，$q_2=0.5$ kN/m，力偶矩 $M=2$ kN・m，试求固定端 A 与支座 B 的约束反力和铰链 C 的内力。

3-4　外伸梁 ABC 上作用有均布载荷 $q=10$ kN/m，集中力 $F=20$ kN，力偶矩 $M=10$ kN・m，求 A、B 支座的约束力。

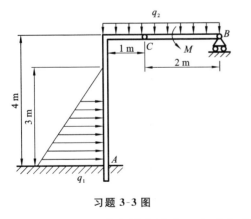

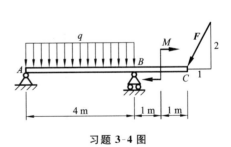

习题 3-3 图

习题 3-4 图

3-5　图示简支梁上承载三角形分布载荷，其左端的集度为零，右端集度为 q。载荷的长度为 l，载荷的方向垂直向下。求支承处对梁的约束力。

3-6　图示的钢筋混凝土配水槽，底宽 1 m，高 0.8 m，壁及底厚 10 cm，水深为

50 cm。求支座 A 点处的约束反力。槽的单位体积重量 $\gamma_{槽}=24.5\ \text{kN/m}^3$，水的容重 $\gamma_{水}=9.8\ \text{kN/m}^3$。

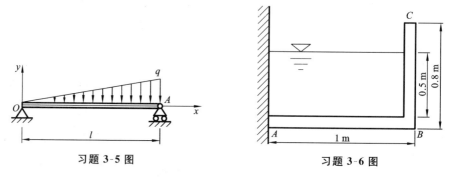

习题 3-5 图　　　　　　　　　　　　习题 3-6 图

3-7　图示结构由丁字梁与直梁铰接而成，自重不计。$P_1=2\ \text{kN}$，$q=0.5\ \text{kN/m}$，$M=5\ \text{kN}\cdot\text{m}$，$L=2\ \text{m}$。试求支座 C 及固定端 A 的反力。

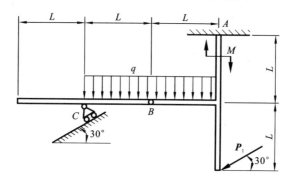

习题 3-7 图

3-8　三铰拱 ABC 的支承及载荷情况如图所示，已知 $F=20\ \text{kN}$，均布载荷 $q=4\ \text{kN/m}$。求铰链支座 A 和 B 的约束反力。

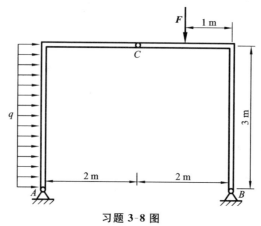

习题 3-8 图

3-9　某厂房用三铰钢架,由于地形限制,铰 A 及 B 位于不同高度。刚架上的载荷已简化为两个集中力 F_1 及 F_2。试求 C 处的约束力。

3-10　构架的尺寸及所受载荷如图所示,求铰链 E 和 F 的约束反力。

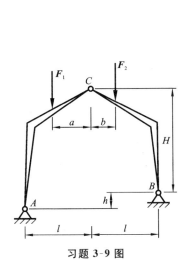

习题 3-9 图

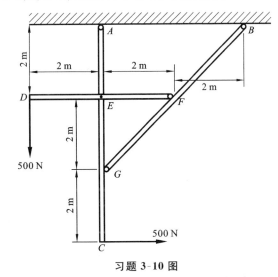

习题 3-10 图

3-11　一力系中 $F_1 = 150$ N,$F_2 = 200$ N,$F_3 = 300$ N,$F = F' = 200$ N,求力系向点 O 简化的结果。

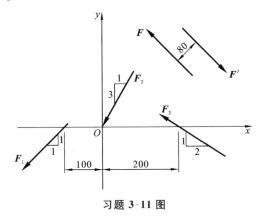

习题 3-11 图

3-12　已知各力在 x、y 轴的投影及作用点坐标如表所示,求四个力向原点简化的合力。

习题 3-12 表

力投影及坐标	F_1	F_2	F_3	F_4
F_x	1	-2	3	-4
F_y	4	1	-3	-3

力投影及坐标	F_1	F_2	F_3	F_4
x/mm	200	-200	300	-400
y/mm	100	-100	-300	-600

3-13 已知均布载荷 $q(\text{N/m})$，集中力 F，梁长度 l，求梁 A 端支座反力。

3-14 已知 $q=3\text{ kN/m}$，$F=6\sqrt{2}\text{ kN}$，$M=10\text{ kN·m}$，尺寸如图所示，求 A 端约束反力。

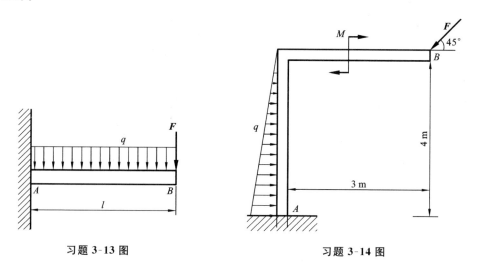

习题 3-13 图　　　　　　　　　　　　　　习题 3-14 图

3-15 求图示已知受力情况下，支座 A、B 处的约束反力。

3-16 已知 $q=1\text{ kN/m}$，$F=2\text{ kN}$，尺寸如图所示，求支座反力。

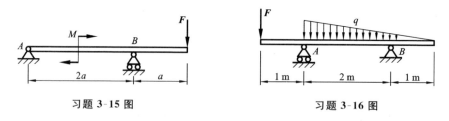

习题 3-15 图　　　　　　　　　　　　　　习题 3-16 图

3-17 已知 $P=10\text{ kN}$，$P_1=50\text{ kN}$，$P_2=30\text{ kN}$，$BP_2=5\text{ m}$，其余尺寸如图所示，求 A、B 支座反力。

3-18 已知汽车前轮压力为 10 kN，后轮压力为 20 kN，汽车前后轮间距为 2.5 m，桥长 20 m，桥重不计。问后轮到 A 支座距离 x 为多大时，支座 A、B 受力相等？

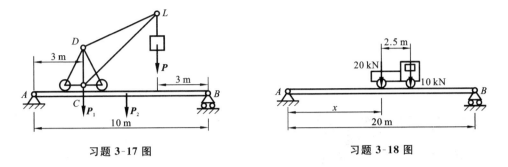

习题 3-17 图　　　　　　　　　习题 3-18 图

3-19　已知 $P=500$ kN, $P_1=250$ kN, 求使起重机满载和空载时均不翻倒的平衡锤最小重量及平衡锤到左轨的最大距离 x。

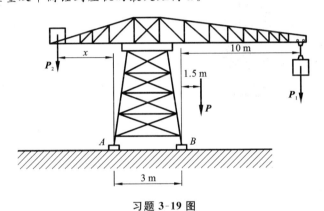

习题 3-19 图

3-20　已知 $r=0.1$ m, $AD=0.2$ m, $BD=0.4$ m, $\alpha=45°$, $P=1800$ N, 求支座 A 的反力和 BC 杆的内力。

3-21　已知 $P=300$ kN, $l=32$ m, $h=10$ m, 求支座 A、B 的反力。

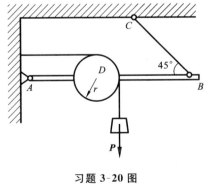

习题 3-20 图　　　　　　　　　习题 3-21 图

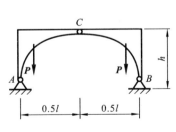

拓展阅读

力学史上的明星（二）

艾萨克·牛顿（1643—1727），英国皇家学会会员，英国物理学家、数学家、天文学家、自然哲学家，著有《自然哲学的数学原理》《光学》等。牛顿在 1687 年发表的论文《自然哲学的数学原理》里，对万有引力和三大运动定律进行了描述。这些描述成为此后三个世纪里物理世界主要的科学观点，并成为现代工程学的基础。他通过论证开普勒行星运动定律与他的引力理论间的一致性，证明地面物体与天体的运动都遵循着相同的自然定律，从而消除了人们对太阳中心说的最后一丝疑虑，并推动了科学革命。

　　在力学上，牛顿阐明了动量和角动量守恒之原理。在光学上，他发明了反射式望远镜，并基于对三棱镜将白光发散成可见光谱的观察，发展出了颜色理论。他还系统地表述了冷却定律，并研究了声速。在数学上，牛顿与戈特弗里德·威廉·莱布尼茨分享了发展出微积分学的荣誉。他也证明了广义二项式定理，提出了"牛顿法"以趋近函数的零点，并为幂级数的研究做出了贡献。2005 年，英国皇家学会进行了一场"谁是科学史上最有影响力的人"的民意调查，牛顿被认为比阿尔伯特·爱因斯坦更具影响力。

　　"我不知道在别人看来，我是什么样的人；但在我自己看来，我不过就像是一个在海滨玩耍的小孩，为不时发现比寻常更为光滑的一块卵石或比寻常更为美丽的一片贝壳而沾沾自喜，而对于展现在我面前的浩瀚的真理的海洋，却全然没有发现。"

　　"如果说我比别人看得更远些，那是因为我站在了巨人的肩上。"

　　"无知识的热心，犹如在黑暗中远征。"

　　"你该将名誉作为你最高人格的标志。"

　　"我能算出天体运行的轨道，却算不出人性的贪婪。"

　　这些耳熟能详的名言都能让我们看到牛顿的治学态度和人生观。

　　牛顿对于科学研究专心到痴迷的地步。据说有一次牛顿煮鸡蛋，因为一边看书一边干活，糊里糊涂地把一块怀表扔进了锅里，等水煮开后，揭盖一看，他才知道错把怀表当鸡蛋煮了。还有一次，一位来访的客人请他估价一具棱镜。牛顿一下就被这具可以用作科学研究的棱镜吸引住了，毫不迟疑地回答说："它是一件无价之宝!"客人看到牛顿对棱镜这么感兴趣,表示愿意卖给他,还故意要了一个高价。牛顿立即欣喜地把它买了下来,管家老太太知道了这件事,生气地说:"咳,你这个笨蛋,你只要照玻璃的重量折一个价就行了!"再有一次,牛顿请朋友吃饭,准备好饭菜后,自己却钻进了研究室,朋友见状吃完后便不辞而别了,牛顿出来时发现桌上只剩下残羹冷炙,以为自己已经吃过了,就回去继续进行实验研究。牛顿用心之专注由此可见一斑,这些有趣的事件也被传为佳话。

　　不管牛顿的生平有过多少谜团和争议,这都不足以降低牛顿的影响力。伏尔泰曾说过牛顿是最伟大的人,因为"他用真理的力量统治我们的头脑,而不是用武力奴役我们"。

第4章 静力学其他问题

4.1 平面桁架的内力计算

　　建筑结构中,桁架是一种广泛使用的结构形式。桁架是由杆件通过节点连接形成的几何不变形体系,具有节省材料、自重轻、构造简单且承载能力强的特点。

　　平面桁架的内力计算方法,常用的是节点法和截面法。节点法的实质是取节点为对象,构造平面汇交力系,利用平面汇交力系的平衡条件求解桁架的内力;截面法的实质是将桁架假想地截开,取部分桁架作为对象,构造平面任意力系,利用平面任意力系的平衡条件求解桁架内力。节点法和截面法可以单独使用,也可以结合起来使用。

4.1.1 平面桁架

　　桁架:由一组直杆彼此在杆端连接而组成的几何形状不可变的结构。杆端连接点称为节点。由三杆通过三节点连接而成的三角形结构可以视作最简单的桁架。实际的桁架可以认为是在此基础上逐步拓展或连接而成的,如图4-1所示。

　　只有几何形状不可变的结构,才能承受载荷。

　　实际工程问题中,直杆在节点处的连接方式有多种,如焊接、铆接、榫接及整体浇灌等。当与结构承载相比,这些节点能够提供的最大约束反力偶可以被忽略不计的时候,这些节点将一律被简化为平面光滑铰链约束。用平面光滑铰链约束的节点处杆件相互之间只存在约束力,没有约束力偶。

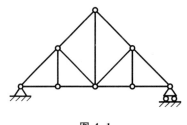

图 4-1

　　平面桁架模型建立在如下假设之上:

　　(1)桁架中的杆件都是直杆,全部杆件的轴线都在同一平面内;

　　(2)杆件仅在端部用平面光滑铰链连接;

　　(3)载荷及约束力都作用在节点上,或者分配到杆件两端的节点上且在同一平面内;

　　(4)杆件不计自重,或将自重平均分配到杆件两端的节点上。

　　符合以上假设的桁架,称为理想平面桁架。

　　由以上假设可以判定:桁架中所有的杆件都是二力直杆。二力直杆只承受沿杆件轴线方向的拉力或者压力。

在静力学中,只研究静定桁架。

4.1.2 节点法

节点法:以节点为研究对象计算桁架杆件内力的方法。

该方法的要点如下。

(1) 逐次取不同的节点为研究对象。

(2) 因为与节点相连的杆件对该节点构成二力直杆约束,所以,作用在该节点上所有的力构成一个平衡的平面汇交力系。针对节点,建立平面汇交力系的平衡方程。

(3) 解方程得到与节点相连的杆件的内力。

在受力分析过程中,假设桁架中全部杆件均受拉。在画节点受力图的时候,注意把二力直杆对节点的作用力画在杆件所在的位置,并且,让力的方向背离节点。

由于平面汇交力系相互独立的平衡方程最多只有两个,因此每次尽量选取只有两个未知力的节点为研究对象,这样可以直接求出当前杆件的内力。否则,必须通过更复杂的联立方程,才能求出杆件的内力。

【例4-1】 桁架尺寸及受力如图4-2所示,用节点法求第4、6、8杆的内力。

【解】 需要求内力的杆件远离支座,若从支座处开始计算,显然过程复杂。一律假设杆件受拉力。每次选择的节点上,最多只有两个未知力。使用默认平面直角坐标系。

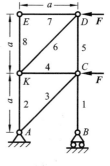

图4-2

(1) 取节点 E 为研究对象,受力如图4-3(a)所示。列、解平衡方程:

$$\sum F_x = 0 \Rightarrow S_7 = 0$$

$$\sum F_y = 0 \Rightarrow S_8 = 0$$

(2) 取节点 D 为研究对象,受力如图4-3(b)所示。列、解水平方向平衡方程:

$$\sum F_x = 0 \Rightarrow -S_6 \cos 45° - F = 0$$

$$S_6 = \frac{-F}{\cos 45°} = -\sqrt{2}F$$

(3) 取节点 K 为研究对象,受力如图4-3(c)所示。列、解水平方向平衡方程:

$$\sum F_x = 0 \Rightarrow S_6 \cos 45° + S_4 = 0$$

$$S_4 = -S_6 \cos 45° = F$$

因为平衡方程是在假设杆件受拉的基础上建立起来的,所以,如果方程解的符号是"+",则说明相应的杆件受拉;如果方程解的符号是"-",则说明相应的杆件受压。

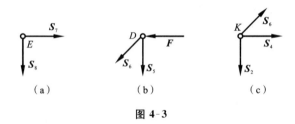

图 4-3

　　因为二力直杆受力只有受拉力和受压力两种可能性,所以在描述二力直杆的受力时,应该准确描述其拉压状态及内力大小。

　　静力学中研究的桁架都是静定结构,仿照以上节点法分析过程,可以求出桁架中全部杆件的内力。

　　在上述计算过程中,杆件 7、8 的内力为 0。内力为 0 的杆件,统称为零杆。在计算之前,如果能预先判断出零杆,则可剔除零杆,简化结构,使计算过程得到简化。零杆的判断方法有多种,下面介绍两种常用方法。

　　(1) 如图 4-4(a)所示,用一光滑铰链同时连接三杆,且铰链处不受其他外力,若其中两杆共线,则第三杆必为零杆。

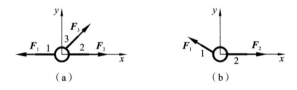

图 4-4

　　(2) 如图 4-4(b)所示,用光滑铰链连接两杆,且铰链处不受其他外力,若两杆不共线,则此两杆均为零杆。

4.1.3　截面法

　　截面法:用假想曲面截取部分桁架为研究对象,计算桁架杆件内力的方法。
　　该方法的要点如下。

　　(1) 在需要求解杆件内力的地方,假想地用一个截面把桁架截开,然后取部分桁架作为研究对象。

　　(2) 因为被截断的杆件对研究对象构成二力杆约束,所以,作用在该研究对象上所有的力构成一个平衡的平面任意力系。针对取作研究对象的部分桁架,建立平面任意力系的平衡方程。

　　(3) 解方程得到被截断杆件的内力。

　　在受力分析过程中,假设桁架中全部杆件受拉。在画部分桁架受力图的时候,注意把二力直杆对部分桁架的作用力画在杆件所在的位置,并且让力的方向背离部分桁架。

由于平面任意力系相互独立的平衡方程最多只有三个,因此假想截面只能截开三根杆件,这样可以直接求出被截断杆件的内力。否则,需要多次运用截面法或者把截面法与节点法结合起来,才能求出杆件的内力。

截面法特别适用于仅需求解桁架中部分杆件内力的情况。

【例 4-2】　桁架尺寸及受力如图 4-5(a)所示,$\theta = 45°$。(1)判断零杆;(2)用截面法计算杆件 1、2、3 的内力。

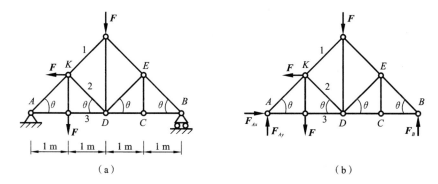

图 4-5

【解】　首先需要求解支座的约束力,否则,用假想截面沿着杆件 1、2、3 截开后,无论取左部分还是右部分,未知力都将超过 3 个。准备取假想截面右侧部分为研究对象,所以只需要计算 B 支座处的约束力。

(1)判断零杆。

观察 C 点,可知 CE 是零杆。因为零杆不受力,故可以假想去掉。再观察 E 点,可知 DE 是零杆。

计算支座的约束力。取整体为研究对象,受力如图 4-5(b)所示,列力矩平衡方程即可求出 B 处约束力。

$$\sum M_A(\boldsymbol{F}) = 0 \Rightarrow 1F - 1F - 2F + 4F_B = 0$$

$$F_B = \frac{F}{2}$$

(2)用截面法计算杆件内力。

用假想截面 L-L 截开桁架,该截面通过杆件 1、2、3,如图 4-6(a)所示。取假想截开桁架的右半部分为研究对象,受力如图 4-6(b)所示,其中虚线部分用于表示桁架的几何关系。用三力矩式平衡方程可求解出三杆的内力。

$$\sum M_A(\boldsymbol{F}) = 0 \Rightarrow 4F_B - 2F + 2(F_2\sin\theta) = 0$$

$$F_2 = 0$$

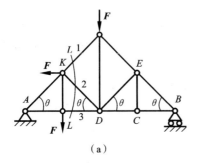 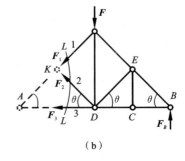

（a）　　　　　　　　　　　　　　（b）

图 4-6

$$\sum M_K(\boldsymbol{F}) = 0 \Rightarrow 3F_B - 1F_3 - 1F = 0$$

$$F_3 = \frac{F}{2}$$

$$\sum M_D(\boldsymbol{F}) = 0 \Rightarrow 2F_B + \sqrt{2}F_1 = 0$$

$$F_1 = -\frac{F}{\sqrt{2}}$$

因为平面任意力系相互独立的平衡方程最多只有三个,对选定的部分桁架,最多只能求三个相互独立的未知力。如果需要求解内力的杆件超过了三个,则需要多次运用截面法或者把截面法和节点法结合起来使用。

最后提出一个扩展性的问题:当桁架的杆件较多,需要求解杆件的内力较多时,逐个列、解的平衡方程个数也会随之增加,平衡方程的形式会比较复杂,如何将其写成矩阵的形式并求解?

4.2　物体重心计算

在工程问题中,经常遇到需要计算物体重心的问题。在动力学中,经常涉及质心的概念和计算。

物体的重量是地球对物体引力的大小,若将一个物体分割成多个连续的部分,则各部分所受的重力构成一个空间汇交力系,汇交点在地心。因为地球的半径足够大,所以在近地范围内物体各部分的重力构成的空间汇交力系可以视为一个空间平行力系。

重心与形心有区别也有联系。重心指物体重力之合力的作用点。形心指物体的几何中心。重心取决于物体的质量分布和重力场,与质量、引力有关,而形心取决于物体的形状。物体的质量均匀分布时,重心、形心在同一点。在没有明确说明的情况下,静力学中的研究对象一般是均质物体。

1. 均质物体重心计算

均质物体重心计算公式的理论基础是合力矩定理。

仅讨论均质物体的重心问题。均质物体是指单位体积的质量为常数的物体，在地球表面，重力加速度 g 相同，则单位体积的重量（容重 γ）也是常数。

如图 4-7 所示，设物体的重量为 G，体积为 V，重心在点 $C(x_C, y_C, z_C)$。

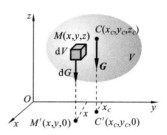

图 4-7

$$G = \gamma V \tag{4-1}$$

物体的重力对 y 轴的力矩为

$$M_y(G) = (\gamma V)x_C \tag{4-2}$$

下面计算分力对 y 轴力矩的代数和。在物体内任意一点 $M(x, y, z)$ 处，围绕该点取一个 dV 的单元体，该单元体的重力：

$$dG = \gamma dV \tag{4-3}$$

即是物体重力构成的空间平行力系的一个分力。该分力对 y 轴的力矩：

$$M_y(dG) = dG \cdot x = (\gamma dV)x$$

全部分力对 y 轴力矩的代数和：

$$\sum M_y(F_i) = \sum M_y(dG)$$

对于连续物体，求和即在该物体的体积上进行积分：

$$\sum M_y(F_i) = \int_V \gamma x \, dV \tag{4-4}$$

由合力矩定理，且对于均质物体有 γ 为常数，故

$$\gamma V x_C = \gamma \int_V x \, dV$$

$$x_C = \frac{\gamma \int_V x \, dV}{\gamma V} = \frac{\int_V x \, dV}{V} \tag{4-5}$$

式（4-5）即计算重心坐标分量 x_C 的公式。同理，对 x 轴用合力矩定理，可得：

$$y_C = \frac{\int_V y \, dV}{V} \tag{4-6}$$

再将物体与坐标系一起绕 y 轴转 $90°$，再用类似方法，可求得：

$$z_C = \frac{\int_V z \, dV}{V} \tag{4-7}$$

综合可得，重心 C 的坐标 (x_C, y_C, z_C) 计算式为

$$\begin{cases} x_C = \dfrac{\displaystyle\int_V x\,\mathrm{d}V}{V} \\[3mm] y_C = \dfrac{\displaystyle\int_V y\,\mathrm{d}V}{V} \\[3mm] z_C = \dfrac{\displaystyle\int_V z\,\mathrm{d}V}{V} \end{cases} \tag{4-8}$$

对于均质物体，重心即形心。

对于均质平板，重心及形心坐标的计算简化为

$$\begin{cases} x_C = \dfrac{\displaystyle\int_A x\,\mathrm{d}A}{A} \\[3mm] y_C = \dfrac{\displaystyle\int_A y\,\mathrm{d}A}{A} \end{cases} \tag{4-9}$$

【例 4-3】 平面图形如图 4-8(a)所示，抛物线 $y=x^2$，求重心。

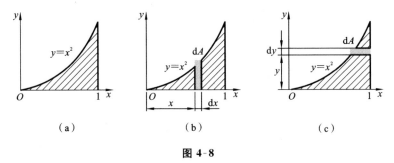

图 4-8

【解】 用式(4-9)计算平面图形的重心，其中，必须理解 x、$\mathrm{d}A$ 的确切含义。从推导公式的过程中可以看到，微面积 $\mathrm{d}A$ 是在 x 处取的，或者说，在物体内的任意 x 处取的一个微面积 $\mathrm{d}A$。如图 4-8(b)所示，用微积分的表述方式：

在坐标轴 x 上任意位置 x 处取微增量 $\mathrm{d}x$，得到一个微面元 $\mathrm{d}A$，有

$$\mathrm{d}A = x^2\,\mathrm{d}x$$

则被积表达式为

$$x\,\mathrm{d}A = x^3\,\mathrm{d}x$$

再用式(4-9)计算：

$$x_C = \frac{\displaystyle\int_A x\,\mathrm{d}A}{A} = \frac{\displaystyle\int_A x\,\mathrm{d}A}{\displaystyle\int_A \mathrm{d}A} = \frac{\displaystyle\int_0^1 x^3\,\mathrm{d}x}{\displaystyle\int_0^1 x^2\,\mathrm{d}x} = \frac{3}{4}$$

在该计算过程中，困难的是分析微分、取单元体的方法，而不是积分的方法。所

以,一定要理解被积表达式($x\mathrm{d}A$)的确切含义。为此,建议写出取单元体的过程。

同理,在坐标轴 y 上任意位置 y 处取微增量 $\mathrm{d}y$,得到一个微面元 $\mathrm{d}A$,如图 4-8(c)所示:

$$\mathrm{d}A = (1-\sqrt{y})\mathrm{d}y$$

则被积表达式为

$$y\mathrm{d}A = y(1-\sqrt{y})\mathrm{d}y$$

同理,根据式(4-9)有

$$y_C = \frac{\int_A y\mathrm{d}A}{A} = \frac{\int_A y\mathrm{d}A}{\int_A \mathrm{d}A} = \frac{\int_0^1 y(1-\sqrt{y})\mathrm{d}y}{\int_0^1 (1-\sqrt{y})\mathrm{d}y} = \frac{3}{10}$$

最后标注重心位置。

用重心坐标公式计算重心位置时,重心的坐标是基于选定的坐标系计算出来的。坐标系不同,重心的坐标也不一样。

2. 组合形体重心计算

工程中有些物体形状比较复杂。但这些复杂的形状可以视作一些简单形状的组合,这样的形体称为组合形体。求组合形体重心的方法有多种。求平面图形的重心(形心)常用的组合法有分割法及负面积法。

1)分割法

设平面图形可分割成 n 块简单的几何图形,如图 4-9 所示。其中,平面图形总面积为 A,第 i 块图形的面积记为 A_i,则

$$A = \sum A_i$$

第 i 块图形的形心记为 $C_i(x_{C_i}, y_{C_i})$,在该块图形上,重心计算公式:

图 4-9

$$x_{C_i} = \frac{\int_{A_i} x\mathrm{d}A}{A_i}$$

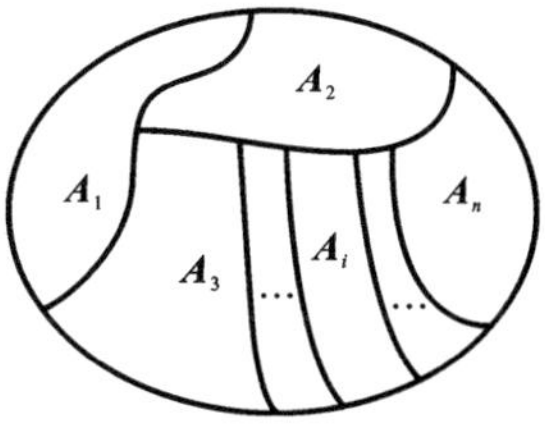

或写成

$$\int_{A_i} x\mathrm{d}A = x_{C_i}A_i$$

在整个平面图形上计算其重心,考虑到积分的性质:

$$x_C = \frac{\int_A x\mathrm{d}A}{A} = \frac{\int_{A_1} x\mathrm{d}A + \int_{A_2} x\mathrm{d}A + \int_{A_3} x\mathrm{d}A + \cdots + \int_{A_n} x\mathrm{d}A}{\sum A_i}$$

$$= \frac{\sum \int_{A_i} x\mathrm{d}A}{\sum A_i} = \frac{\sum A_i x_{C_i}}{\sum A_i} \tag{4-10}$$

同理：

$$y_C = \frac{\sum A_i y_{C_i}}{\sum A_i} \tag{4-11}$$

式(4-10)及式(4-11)表明，整个平面图形的重心(x_C, y_C)，可以用分割出的多块图形的面积A_i及各分块图形的形心(x_{C_i}, y_{C_i})计算出。

【例 4-4】 平面图形如图 4-10(a)所示，用分割法求重心。

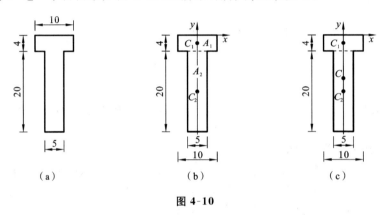

图 4-10

【解】 将平面图形分割成两个矩形，简单几何图形的面积和重心都很容易确定。

(1) 建立如图 4-10(b)所示直角坐标系，利用其对称性，$x_C = 0$，只需计算 y_C。

(2) 分割。根据平面图形的特点，将其分割为两块形状为矩形的简单几何图形。几何图形面积是连续的，即分割图形中间没有挖空的面积。标注各块简单图形的重心位置及坐标。

第一块：$A_1 = 4 \times 10 = 40$，$y_{C_1} = -2$

第二块：$A_2 = 5 \times 20 = 100$，$y_{C_2} = -14$

(3) 用组合法计算重心。

$$y_C = \frac{\sum A_i \cdot y_{C_i}}{\sum A_i} = \frac{A_1 \cdot y_{C_1} + A_2 \cdot y_{C_2}}{A_1 + A_2}$$

$$= \frac{40 \times (-2) + 100 \times (-14)}{100 + 40} = -10.6$$

标注整个平面图形的重心位置 C，如图 4-10(c)所示。

2）负面积法

在工程中，有一些平面图形可以视为从一个较大的图形中挖掉较小的一部分后得到的。这类平面图形的重心计算，仍然用组合法。只是在计算公式中，将挖去的面积用负面积代替。

【例 4-5】　平面图形如图 4-11(a)所示,一个大圆在右侧开了一个小孔,尺寸如图,用负面积法求重心。

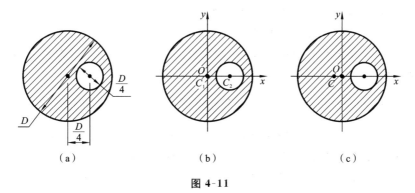

（a）　　　　　　　　　（b）　　　　　　　　　（c）

图 4-11

【解】　将挖去的小孔面积当作负面积,各块面积和重心都很容易确定,再用组合法计算。

(1) 利用其对称性,建立如图 4-11(b)所示直角坐标系,$y_C = 0$,只需计算 x_C。

(2) 确定负面积。实际图形可以视为一个实心的大圆与一个负面积的小圆组合而成。在建立的坐标系中,标注出各块简单图形的重心坐标位置,如图 4-11(b)所示。

第一块(实心大圆)：　　　　$A_1 = \dfrac{\pi D^2}{4}$,　$x_{C_1} = 0$

第二块(负面积小圆)：　　　$A_2 = -\dfrac{\pi (D/4)^2}{4}$,　$x_{C_2} = +\dfrac{D}{4}$

第二块小圆面积为负值,但其重心仍然按重心实际坐标的正负计算。

(3) 用组合法计算重心。

$$x_C = \frac{\sum A_i \cdot x_{C_i}}{\sum A_i} = \frac{A_1 \cdot x_{C_1} + A_2 \cdot x_{C_2}}{A_1 + A_2}$$

$$= \frac{\dfrac{\pi D^2}{4} \times 0 + \left(-\dfrac{\pi D^2}{4 \times 16}\right) \times \dfrac{D}{4}}{\dfrac{\pi D^2}{4} + \left(-\dfrac{\pi D^2}{4 \times 16}\right)} = -\frac{D}{60}$$

标注整个平面图形的重心位置 C,如图 4-11(c)所示。实心大圆的重心在其圆心处,当其右侧挖去一块时,重心应当沿着 x 轴向左移动。

确定物体重心的方法还有实验方法,如称重法、悬挂法等,可参考其他理论力学教材,本书不作介绍。

思 考 题

4-1　桁架结构在工程中应用广泛。什么叫作理想桁架?

4-2　为什么桁架结构会有这些优点?

4-3　物体的重心是否一定在物体内部?

4-4　除组合法和负面积法之外,还有哪些实验方法可以用来确定均质薄板的形心? 具体有哪些步骤?

习 题

4-1　平面桁架的支座和载荷如图所示。abc 为等边三角形,e、f 为两腰中点,又 $ad=db$。水平力 F 作用在铰 f 处,求杆 cd 的内力 F_{cd}。

4-2　已知 $F_1=10$ kN,$F_2=F_3=20$ kN。试求图示桁架中 4、5、7、10 各杆的内力。

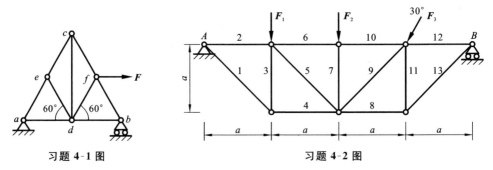

习题 4-1 图　　　　　　　　　　　　　习题 4-2 图

4-3　已知 $a=12$ m,$h=10$ m,$F=50$ kN,求图示桁架中杆 8、9、10 的内力。

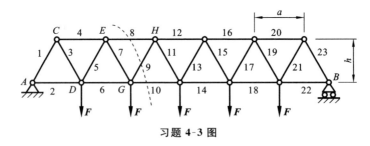

习题 4-3 图

4-4　已知平面悬臂桁架如图所示,求杆 1、2、3 的内力。

4-5　图示平面图形中每一方格的边长为 20 mm,求挖去一圆后剩余部分重心的位置。

4-6　求图所示阴影部分形心的位置。

4-7　图所示为工字钢截面,求此截面形心的位置。

4-8　均质曲杆尺寸如图所示,求此曲杆重心坐标。

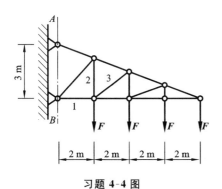

习题 4-4 图

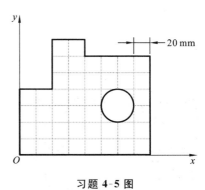

习题 4-5 图

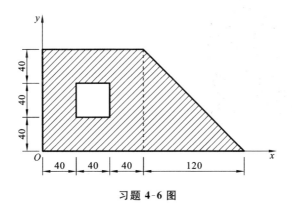

习题 4-6 图

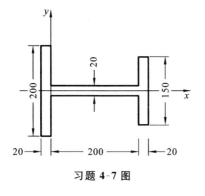

习题 4-7 图

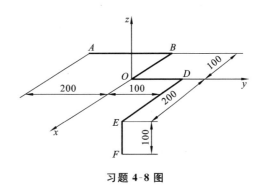

习题 4-8 图

拓展阅读

力学史上的明星(三)

约瑟夫·拉格朗日(1736—1813),法国著名数学家、物理学家。他在数学、力学和天文学三个学科领域中都有历史性的贡献,其中尤以数学方面的成就最为突出,拿破仑曾称赞他是"一座高耸在数学界的金字塔"。

拉格朗日 1736 年 1 月 25 日生于意大利西北部的都灵。父亲是法国陆军骑兵里的一名军官,后由于经商破产,家道中落。据拉格朗日本人回忆,如果幼年时家境富裕,他也就不会做数学研究了,因为父亲一心想把他培养成为一名律师。拉格朗日本人却对法律毫无兴趣。

拉格朗日在科学研究中所涉及的领域极其广泛。他在数学上最突出的贡献是使数学分析与几何与力学脱离开来,使数学的独立性更为清楚,从此数学不再仅仅是其他学科的工具。

拉格朗日总结了 18 世纪的数学成果,同时又为 19 世纪的数学研究开辟了道路,堪称法国最杰出的数学大师。同时,他在月球运动(三体问题)、行星运动、轨道计算、两个不动中心问题、流体力学等方面的研究成果,对天文学力学化、力学分析化起到了历史性的作用,促进了力学和天体力学的进一步发展,成为这些领域的开创性或奠基性研究。

在柏林工作的前十年,拉格朗日把大量时间花在代数方程和超越方程的解法上,做出了有价值的贡献,推动一代数学的发展。他提交给柏林科学院两篇著名的论文——《关于解数值方程》和《关于方程的代数解法的研究》——把前人解三、四次代数方程的各种解法,总结为一套标准方法,即把方程化为低一次的方程(称辅助方程或预解式)以求解。

拉格朗日也是分析力学的创立者。在其名著《分析力学》中,拉格朗日在总结历史上各种力学基本原理的基础上,发展了达朗贝尔、欧拉等人研究成果,引入了势和等势面的概念,进一步把数学分析方法应用于质点和刚体力学,提出了运用于静力学和动力学的普遍方程,引进广义坐标的概念,建立了拉格朗日方程,把力学体系的运动方程从以力为基本概念的牛顿形式,改变为以能量为基本概念的分析力学形式,从而奠定了分析力学的基础,为把力学理论推广应用到物理学其他领域开辟了新的道路。

他还给出了刚体在重力作用下，绕旋转对称轴上的定点转动（拉格朗日陀螺）的欧拉动力学方程的解，对三体问题的求解做出了重要贡献，解决了限制性三体运动的定型问题。拉格朗日对流体运动的理论也有重要贡献，提出了描述流体运动的拉格朗日方法。

拉格朗日的研究工作约有一半同天体力学有关。他用自己在分析力学中的原理和公式，建立起各类天体的运动方程。在天体运动方程的解法中，拉格朗日发现了三体问题运动方程的五个特解，即拉格朗日平动解。此外，他还研究了彗星和小行星的摄动问题，提出了彗星起源假说等。

近百余年来，数学领域的许多新成就都可以直接或间接地溯源至拉格朗日的工作，因此在数学史上拉格朗日被认为是对分析数学的发展产生全面影响的数学家之一。

第二篇 材料力学

　　静力学只考虑物体的受力平衡,把研究对象抽象为刚体,即绝对没任何变形的物体。然而,在日常生活和工程实际中,所涉及的受力物体大多为可变形固体(另一部分为流体)。它们既要保持一定的平衡状态,又会体现出受力后的变形和破坏的特性。在工程实际中,例如机械装置的齿轮、传动轴等零部件,或建筑物、构筑物的梁、板、柱和承重墙等组成部分,就是这样的可变形固体,我们都称之为构件(member)。

　　静力学开篇曾说过,使物体的运动状态发生改变,称为力对物体作用的外效应(或运动效应);使物体的形状、大小发生改变,称为力对物体作用的内效应(或变形效应)。对构件而言,既要用静力学研究它的外效应,即分析构件所受外力,又要解决其内效应。

　　机器或结构物都是由若干构件组成的,在静力学中,根据力的平衡关系,已经解决了构件外力的计算问题。然而构件在外力作用下如何体现变形和破坏效应,就成为保证构件正常的工作所面临最迫切、最基本的问题。这就是材料力学的研究内容。材料力学就是在静力学基础上,研究简单的可变形固体受力、变形和破坏基本规律及其应用的学科。材料力学的主要内容涉及固体力学学科中的应力分析和材料学科中材料的力学性能。材料力学是其他变形体力学的基础。

　　材料力学作为一门学科,一般认为是在 17 世纪开始建立的。此后,伴随着生产技术的发展需要,各国工程技术人员和科学家都广泛深入地参与构件有关的力学问题研究,使材料力学这门学科得到了长足的发展。长期以来,材料力学的概念、理论和方法已广泛应用于土木、道路桥梁、水利、船舶与海洋、机械、化工、冶金、航空与航天等工程领域。这既影响到力学学科乃至工程科学的发展,也进一步体现出材料力学与工程实际问题的密切相关性。

第5章 材料力学基本概念

5.1 材料力学的任务

建筑物、机器设备等是由许多部件组成的,例如建筑物的组成部件有梁、板、柱和承重墙等,机器的组成部件有齿轮、传动轴等。这些部件统称为构件。为了保证建筑物和机器设备能正常工作,必须对构件进行力学设计,即根据一定的准则确定构件合理的受力方式、合适的材料及形状尺寸,使之满足一定的安全要求。这些安全要求如下。

(1) **强度(strength)要求** 构件抵抗破坏的能力称为强度。构件在外力作用下必须具有足够的强度才不致发生破坏,即不发生强度失效(failure)。

(2) **刚度(rigidity)要求** 构件抵抗变形的能力称为刚度。在某些情况下,构件虽有足够的强度,但若刚度不够,即受力后产生的变形过大,也会影响正常工作。因此设计时,必须使构件具有足够的刚度,将其变形限制在工程允许的范围内,即使其不发生刚度失效。

(3) **稳定性(stability)要求** 构件在外力作用下保持原有平衡形态的能力称为稳定性。例如受压力作用的细长直杆,当压力较小时,其直线形式的平衡形态是稳定的;但当压力过大时,其某种曲线形式的平衡形态才是稳定的。构件失去其原有的稳定平衡形态的过程称为失稳。这类构件须具有足够的稳定性,即不发生稳定失效。

一般说来,强度要求、刚度要求和稳定性要求是构件基本的安全要求。

为了解决上述问题,一方面,工程技术人员必须从理论角度分析和计算构件在外力(external force)作用下产生的内力(internal force)、应力(stress)和变形(deformation)、应变(strain),建立强度、刚度和稳定性设计的依据;另一方面,因为构件的强度、刚度和稳定性与材料的力学性质(mechanical properties)密切相关,工程技术人员还需要掌握材料的力学性质。此外,理论分析建立在力学模型的基础上,而工程问题的力学模型是工程中实际力学现象抽象简化的结果,力学模型正确与否及理论分析的可靠性都需要用试验来进行检验。材料力学(mechanics of materials)的任务就是从理论和试验两方面,研究杆状构件及简单杆系在外力作用之下受力、变形及破坏的规律,在此基础上进行强度、刚度和稳定性计算,为合理地确定构件的受力方式、选择材料及设计构件的形状尺寸提供力学依据。

必须指出的是,在对构件进行工程设计的过程中,除要考虑设计的安全性(即安全要求)之外，还需要考虑设计的经济性，也就是成本问题。设计的安全性提高，意味着构件的工程成本增加、经济性降低；但过度强调设计的经济性，在构件的工程成本降低的同时，会降低构件设计的安全性。构件设计的安全性与经济性之间往往表现为一种矛盾关系，设计的时候，需要综合考虑以实现二者之间的平衡。材料力学为解决构件设计的安全性与经济性之间的矛盾提供了力学依据。

5.2 变形固体的概念及其基本假设

对固体而言，力的效应具备多样性。而不同的学科仅从自身的特定目的出发去研究某一种力的效应。为了研究特定的力的效应，常常需要舍弃那些无关的或者次要的因素，而只保留主要的因素，将研究过程中涉及的各种问题抽象简化为相应的模型(model)。例如在刚体静力学和动力学中，为了从宏观上研究物体的平衡和机械运动的规律，可将物体看作刚体。材料力学研究的是杆件在外力作用下受力、变形和破坏的规律，自然而然，此时的杆件就是变形固体，不能仍然当成刚体来对待。研究变形固体的力学称为固体力学或变形体力学。材料力学是固体力学中的一个分支。

变形固体的组织、构造及其力学性质十分复杂。根据研究的需要，通常对变形固体作出下列基本假设。

(1) 连续性假设(assumption of continuity)　假设物体内部充满了物质，没有任何孔隙。而实际的物体内当然存在着孔隙，而且随着外力或其他外部条件的变化，这些孔隙的大小会发生变化。但在宏观层面，只要这些孔隙的大小比物体的尺寸小得多，就可不考虑孔隙的存在，而认为物质的分布是连续的。物质连续分布，相应地，各种力学量在物体内部连续存在，由此奠定了微积分分析的理论基础。

(2) 均匀性假设(assumption of homogeneity)　假设物体内材料均匀分布，各处的材料密度完全相同。因为材料均匀分布，所以各处的材料力学性能没有差别，材料的力学性能不会成为坐标的函数。实际上，工程材料的力学性质都有一定程度的非均匀性。例如金属材料由晶粒组成，各晶粒的性质不尽相同，晶粒与晶粒交界处的性质与晶粒本身的性质也不同；又如混凝土材料由水泥、砂和碎石组成，它们的性质也各不相同。但由于这些组成物质的大小和物体尺寸相比很小，而且是随机排列的，因此，在宏观层面，可以将物体的性质看作各组成部分性质的统计平均量，从而认为物质的分布是均匀的，材料的力学性能是一致的。

(3) 各向同性假设(assumption of isotropy)　假设材料在各个方向上的力学性质均相同。金属材料由晶粒组成，单个晶粒的力学性质是各向异性的，但由于晶粒的大小、位置及生长方向随机分布，从统计角度看，金属材料的力学性质却表现为各向同性。例如铸钢、铸铁、铸铜等均可认为是各向同性材料。同样，像玻璃、塑料、混凝土等非金属材料也可认为是各向同性材料。但是，有些材料在不同方向上具有不同的力学性质,如经过碾压的钢材、纤维整齐的木材,以及冷扭的钢丝等,这些材料是各向异性材料。在材料力学中主要研究各向同性材料。

　　(4) 小变形假设(assumption of small deformation)　如果变形的大小较之物体原始尺寸小得多,这种变形称为小变形(small deformation)。材料力学所研究的构件,受力后所产生的变形大多是小变形。在小变形情况下,因为变形对构件受力状态的影响可以忽略不计,所以可以用构件的原始尺寸来研究构件的平衡及内部受力等问题。此外,在小变形情况下,由于构件变形和材料变形处于线弹性范围,因此胡克定律(Hooke law)适用。

　　变形固体受外力作用后将产生变形。当外力不超过某一范围时,产生的变形可在撤除外力后完全消失,变形固体的这种性质称为弹性(elasticity)。若外力超过某一范围,则产生的变形在撤除外力后不会全部消失,其中能消失的变形称为弹性变形(elastic deformation),不能消失的变形称为塑性变形(plastic deformation),或残余变形、永久变形。对于大多数的工程材料,当外力在一定的范围内时,所产生的变形几乎完全是弹性变形。对于多数构件,要求在工作时只产生弹性变形。因此,在材料力学中,主要研究构件产生弹性变形的问题,即弹性范围内的问题。

　　需要指出的是,在材料力学中,虽然研究对象是变形体,但当涉及大部分平衡问题时,依然将所研究的对象(杆件或其局部)视为刚体。

5.3　杆件及其变形形式

　　工程中的杆件不仅形式多样而且种类繁多。在材料力学中,一般可以根据杆件的形态特征(包括轴线形状、横截面形状及变化等)标准对杆件进行分类。根据轴线形状,杆件可以分为直杆、曲杆和折杆等;根据横截面形状,杆件又可以分为圆杆、工字形截面杆、矩形截面杆、空心圆截面杆等;根据横截面变化情况,杆件还可以分为等截面杆、变截面杆和阶梯截面杆等。例如,常见的粉笔是圆形(或正六边形)截面变直杆,其中"圆形(或正六边形)截面"描述的是横截面的形状为圆形(或正六边形),"变"指的是横截面的大小或者形状连续变化,"直"指的是轴线形状为直线。显然,这些关于杆件形态特征的描述对杆件受力、变形等分析至关重要。

　　杆在各种形式的外力作用下,其变形形式是多种多样的。但不外乎是某一种基本变形(basic deformation)或几种基本变形的组合。杆的基本变形可分类如下。

　　(1) 轴向拉伸或压缩(axial tension or compression)　直杆受到与轴线重合的外力作用时,杆的变形主要是沿轴线方向的伸长或缩短。这种变形称为轴向拉伸或压缩,如图 5-1(a)(b)所示。

　　(2) 剪切(shearing)　直杆在轴线两侧受到一对大小相等、方向相反、作用线平行而且相距很近的外力作用时,在两力作用线之间的杆件横截面之间产生切向错动。这种变形称为剪切,如图 5-1(c)所示。

(3) 扭转(torsion)　直杆在垂直于轴线的平面内受到力偶作用时,各横截面绕杆的轴向发生相对转动。这种变形称为扭转,如图 5-1(d)所示。

(4) 弯曲(bending)　直杆在轴线所在平面内受到力偶或者垂直于轴线的外力的作用时,杆的轴线发生弯曲。这种变形称为弯曲,如图 5-1(e)所示。

杆在外力作用下,若同时发生两种或两种以上的基本变形,称这种变形为组合变形（complex deformation）。

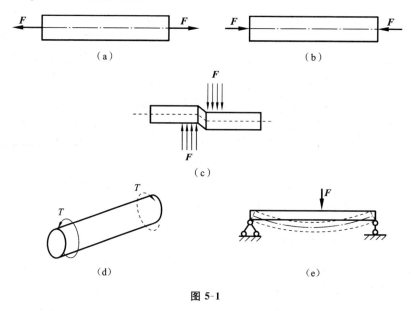

（a）　　　　　　　　　　　　　　　（b）

（c）

（d）　　　　　　　　　　　　　　　（e）

图 5-1

本书先研究杆的基本变形问题,然后再研究杆的组合变形问题。

5.4　外力及其分类

在材料力学中,研究对象是构件,因此静力学中分析讨论的任何以构件为研究对象的力,都称为**外力**。外力按作用性质,可分为主动力(载荷)和被动力(约束);按作用方式,可分为表面力和体积力。其中表面力又可根据分布状况分为分布力和集中力。集中力是在力的分布区间相对较小而将力的作用区域忽略不计抽象得到的简化模型。

外力也可按作用时效分为静载荷和动载荷。当加载缓慢或载荷不变,没有冲击或动力学的运动效果出现时,可认为该载荷是静载荷;若载荷随时间显著变化,则为动载荷。材料在静载荷下和动载荷下的力学行为颇不相同,分析方法也有很大差异。因为静载荷问题比较简单,所建立的理论和分析方法又可作为解决动载荷问题的基础,所以材料力学首先研究静载荷问题。

5.5　内力与截面法

变形固体在外力作用下产生变形。材料力学中的内力指的是在外力作用下变形固体任意相邻两部分之间相互作用力的合力的增量,即静力学中内力的合力在外力作用下的增量。显然,材料力学中的内力由外力决定,并且可以通过对象的平衡条件求解。

以图 5-2(a)所示构件为例。为不失一般性,假设构件受多个任意外力 F_1、F_2、F_3 和 F_n。此时,构件有了相应内力,并产生相应的变形,但构件仍处于平衡状态。现在,假想在某位置用一截面将构件截开,取部分构件作为研究对象,如图 5-2(b)所示。此时,无论以哪一局部为研究对象,均可在截开断面处显示出构件在该截面的内力。根据材料力学关于变形固体的连续性假设及内力的概念,截面上的内力一定是一个连续分布的空间任意力系。

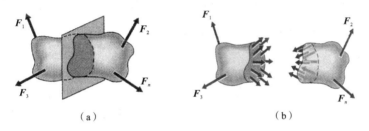

（a）　　　　　　　　　　　　　　（b）

图 5-2

根据静力学中整体平衡与局部平衡的关系,截出的任一局部也是平衡的。对上述以连续分布的空间任意力系表达出的内力,虽不能直接确定其分布规律,但可以从部分构件的平衡条件出发确定该力系的简化结果,即**内力的主矢和主矩**,如图 5-3(a)所示的 F_R 和 M。在材料力学中,为方便进一步研究构件的受力变形规律,将内力主矢和主矩均分解为三个特定方向的分量,即 F_{Rx}、F_{Ry}、F_{Rz}、M_x、M_y、M_z,如图 5-3(b)所示。

材料力学主要的研究对象是杆件。作为杆件基本的几何要素,轴线一般被设定为坐标轴 x。根据内力与杆件变形之间的对应关系,以特定的名称、符号表达内力各分量如下:

F_{Rx}——轴力(F_N);

F_{Ry},F_{Rz}——剪力(F_S);

M_x——扭矩(T);

M_y,M_z——弯矩(M)。

在材料力学中,一般将上述四种内力分量——轴力(F_N)、剪力(F_S)、扭矩(T)

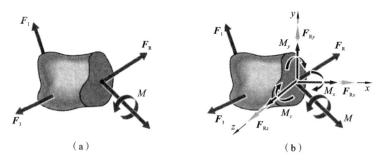

图 5-3

和弯矩（M）统称为**内力**。上述所有内力分量均可使用截面法由部分杆件的平衡方程求得，这就是求内力所用的**截面法**。应用截面法求内力的步骤如下：

（1）欲求杆件中某一截面上的内力时，就沿该截面假想地将杆件分成两部分，然后任取其中一部分为研究对象，并舍去另一部分；

（2）用作用于截面上的内力代替舍去部分对所取部分杆件的作用；

（3）建立所取部分构件的静力学平衡方程，从而求解出内力。

5.6 应力

构件实际的破坏总是从内力最集中的地方开始的。为了研究构件破坏的原因，有必要进一步确定截面上内力的分布规律和内力的分布集度，也就是应力问题。

在图 5-4(a) 中，在受力物体 B 部分的截面上某点 M 处的周围取一微面元，其面积为 ΔA，设其上分布内力的合力大小为 ΔF。合力的大小和指向随 ΔA 的变化而变化。

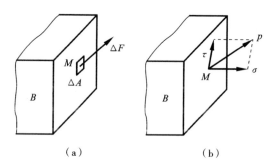

图 5-4

定义面积 ΔA 上内力的平均分布集度：

$$p = \frac{\Delta F}{\Delta A}$$

（5-1）

内力的平均分布集度又称为平均应力。

如令 $\Delta A \to 0$，则 $\dfrac{\Delta F}{\Delta A}$ 的极限值为

$$p = \lim_{\Delta A \to 0} \frac{\Delta F}{\Delta A} \tag{5-2}$$

它表示一点处内力的分布集度，称为一点处的总应力。由此可见，应力是截面上一点处内力的分布集度。为了使应力具有更明确的力学意义，可以将一点处的总应力 p 分解为两个分量：一个是垂直于截面的应力，称为正应力（normal stress），或称法向应力，用 σ 表示；另一个是位于截面内的应力，称为切应力（shear stress），或切向应力，用 τ 表示，如图 5-4(b) 所示。物体的破坏现象表明，拉断破坏和正应力有关，剪切错动破坏和切应力有关。后面将只计算正应力和切应力而不计算总应力。

应力是二阶张量，其量纲是 $ML^{-1}T^{-2}$。在国际单位制中，应力的单位是帕[斯卡]，符号为 Pa，也可以用兆帕（MPa）或吉帕（GPa）表示，其关系为：1 MPa＝10^6 Pa，1 GPa＝10^9 Pa。

5.7　位移和应变

物体受力后，其形状和尺寸都要发生变化，即发生变形。为了描述变形，现引入位移和应变（strain）的概念。

5.7.1　位移

线位移（linear deformation）　物体中一点相对于原来位置所移动的直线距离称为线位移。如图 5-5 所示，直杆受外力作用弯曲，杆的轴线上任一点 A 的线位移为 AA'。

角位移（angular deformation）　物体中某一直线或截面相对原来位置所转过的角度称为角位移。例如图 5-5 中，杆的右端截面的角位移为 θ。

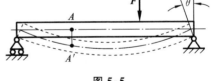

图 5-5

上述两种位移是变形过程中物体内各点作相对运动而产生的，称为变形位移。变形位移可以表示物体的变形大小，例如图 5-5 所示的直杆，由杆件轴线上各点的线位移和各截面的角位移就可以描述杆的弯曲变形。

但是，物体受力后，其中不发生变形的部分也可能产生刚体位移。本书仅讨论物体的变形位移，直接引用物体的刚体位移。

一般来说，受力物体内各点处的变形是不均匀的。为了说明受力物体内各点处的变形程度，还须引入应变的概念。

5.7.2　应变

　　设想在物体内一点 A 处取出一微小的长方体,它在 x-y 平面内的边长分别为 Δx 和 Δy,如图 5-6 所示(图中未画出厚度)。物体受力后,A 点移至 A' 点,且长方体的尺寸和形状都发生了改变,如边长 Δx 和 Δy 分别变为 $\Delta x'$ 和 $\Delta y'$,直角变为锐角(或钝角),从而引出下面两种变形量来表示该长方体。

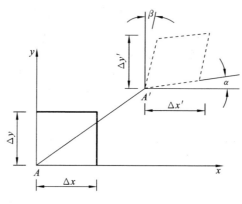

图 5-6

　　(1) 线应变(linear strain)　　线段长度的改变称为线变形,如图 5-6 中的 $\Delta x'$ $-\Delta x$ 和 $\Delta y'-\Delta y$。但是,线变形只能反映线段长度改变的大小,现引入线应变(即相对变形),以衡量线段长度改变的程度。线应变用 ε 表示,类似于应力的定义,线应变定义为

$$\varepsilon_x = \lim_{\Delta x \to 0} \frac{\Delta x' - \Delta x}{\Delta x} \tag{5-3}$$

$$\varepsilon_y = \lim_{\Delta y \to 0} \frac{\Delta y' - \Delta y}{\Delta y} \tag{5-4}$$

式中:ε_x 和 ε_y 表示无限小长方体分别在 x 和 y 方向上的线应变,也就是 A 点处分别在 x 和 y 方向上的线应变。线应变是无量纲量,简称为应变。

　　(2) 切应变(shear strain)　　通过一点处的互相垂直两线段之间夹角的改变量称为切应变,用 γ 表示。例如在图 5-6 中,当 $\Delta x \to 0$ 和 $\Delta y \to 0$ 时,直角的改变量 γ 为

$$\gamma = \alpha + \beta \tag{5-5}$$

这就是 A 点处的切应变。切应变也是无量纲量,一般以弧度为计量单位。

　　线应变 ε 和切应变 γ 是描述物体内一点处变形的两个基本量,它们分别与正应力与切应力相对应,以后将作介绍。

5.8　材料力学的特点

　　材料力学是固体力学的一个分支,是土木工程、道路桥梁工程、水利工程、船舶

与海洋工程、机械工程、化工工程、冶金工程、航空与航天工程等专业的一门技术基础课程。材料力学的理论、概念和方法对工程设计、力学分析,以及本门课程的后续课程而言都是必不可少的。材料力学的特点如下。

(1) **内容的系统性比较强**　材料力学的主要内容是分析和计算杆件的应力和变形。从杆件变形角度来看,材料力学重点研究的是杆件基本变形中的应力和应变问题,在此基础上,再来研究杆件组合变形的应力和应变问题。从载荷角度来看,材料力学主要研究的是静载荷下的应力和变形问题,再以此为基础,研究一些动载荷问题和交变应力问题。从材料变形角度来看,材料力学主要研究材料处于弹性变形范围的应力和变形问题,对超过弹性变形范围的问题,只作简单介绍。

(2) **有科学的研究方法**　分析杆的应力和变形时,要求杆件及其各部分在各种力作用下处于平衡。材料力学的研究方法是通过试验现象来进行观察和分析,忽略次要因素,保留主要因素,导出应力和变形的理论计算公式,最后通过实验检验理论公式的正确性。在材料力学中采用某些假设,是为了简化理论分析,以便得到实用的计算公式。而利用这些公式计算得到的结果,可以满足工程上所要求的精度。

(3) **与工程实际的联系比较密切**　材料力学是工程设计的理论基础,必然会遇到如何从工程实际问题抽象、简化、建立材料力学的分析模型,以及在工程实践中如何应用材料力学的分析结论的问题。

(4) **概念、公式较多**　材料力学中有较多的概念,这些概念对于理解内容、分析问题及正确运用基本公式,以至于对今后从事工作时如何分析和解决实际问题,都是很重要的,必须引起足够的重视。在学习时切不可只满足于背条文、代公式、囫囵吞枣、不求其解。材料力学中有不少公式,但基本的公式并不多。只要能正确理解基本公式,用前后联系、互相对比的方法,并多做习题,就能够熟练地运用这些公式。

了解材料力学的特点后,只要认真学习、多思、善思、多发现问题,并注意培养自己分析问题、解决问题和创新思维的能力,同时注意培养计算能力及实验能力,就一定能学好这门课程。

思 考 题

5-1　材料力学中涉及的内力有哪些? 通常用什么方法求解内力?

5-2　什么叫构件的强度、刚度与稳定性? 保证构件正常或安全工作的基本要求是什么?

5-3　材料力学中关于材料的基本假设有哪些? 这些基本假设各有什么意义?

5-4　材料力学中关于变形的基本假设是什么? 有什么意义?

5-5　杆件的基本变形形式有哪些?

拓展阅读

力学史上的明星（四）

　　托马斯·杨（1773—1829），亦称"杨氏"，英国科学家、医生，曾被誉为"世界上最后一个什么都知道的人"。曾是英国医生、物理学家。他是光的波动说的奠基人之一。他不仅在物理学领域领袖群英、名享世界，而且涉猎甚广，小到流体动力学、造船工程、潮汐理论、毛细作用、虹理论，大到力学、数学、光学、声学、语言学、动物学等领域他都有所研究。他对艺术还颇有兴趣，热爱美术，几乎会演奏当时的所有乐器，并且会制造天文器材，还研究了保险经济问题。托马斯·杨还擅长骑马，并且会耍杂技走钢丝。

　　1773 年 6 月 13 日，托马斯·杨出生于英国萨默塞特郡米尔弗顿一个富裕的贵格会教徒家庭，是 10 个孩子中的老大。14 岁之前，他已经掌握 10 多门语言，包括希腊语、意大利语、法语等，不仅能够熟练阅读，还能用这些语言做读书笔记；之后，他又把学习扩大到了东方语言——希伯来语、波斯语、阿拉伯语；他不仅阅读了大量的经典书籍，而且在中学时期，就已经读完了牛顿的《自然哲学的数学原理》、拉瓦锡的《化学纲要》，以及其他一些科学著作，才智超群。19 岁时，杨来到伦敦学习医学，和当时所有的欧洲学子一样，他极力打入上流社会，经常拜访政治家伯克、画家雷诺兹及贵族社会的一些成员。1794 年，杨 21 岁，由于研究了眼睛的调节机理，他成为皇家学会会员。1795 年，他来到德国的格丁根大学（即现在的哥廷根大学）学习医学，一年后便取得了博士学位。1797 年他进入剑桥大学埃马努尔学院学习。在同一年，他继承了他的叔祖父的遗产，这使他经济上独立。1799 年完成学习的时候，他已经读完了一些著名数学家关于振动弦的著作，并进行了深入钻研，提出了自己的一些理论，不过后来他发现他所提出的理论已经有人提出过。这是杨在理论研究领域初次展露才华。杨 26 岁时，著名的罗塞塔石碑被发现。石碑上刻了三种文字：古埃及象形文、古埃及通俗文字和希腊文。首先阐释这些象形文字的人是法国人商博良，但杨却是把碑文的译文发表成书的第一人。1801 年杨在皇家学会被任命为自然哲学（主要是物理学）教授。

　　托马斯·杨在物理学上做出的最大贡献是关于光学的，特别是光的波动性质的研究。1801 年他进行了著名的杨氏双缝实验，证明光以波动形式存在，而不是牛顿所想象的光粒子。20 世纪初,物理学家将杨的双缝实验结果和爱因斯坦的光量子假说结合起来,提出了光的波粒二象性,后来又被德布罗意利用量子力学引申到所有粒子上。

杨最早作出杨氏模量的明确定义。杨氏模量是材料力学中的名词,用来测量固体物质的弹性,并且他认识到"切应变"也是一种弹性形变。

托马斯·杨曾被誉为是生理光学的创始人。他在 1793 年提出人眼里的晶状体会自动调节以适应所见的物体的远近。他也是第一个研究散光的医生(1801年)。后来,他提出色觉取决于眼睛里的三种不同的神经,分别感觉红色、绿色和紫色。再后来亥姆霍兹对此理论进行了改进。此理论在 1959 年由实验证明。

第6章 轴向拉伸与压缩

在杆件的四种基本变形中,轴向拉伸与压缩相对比较简单。在本章中,除了要研究轴向拉伸与压缩的具体力学问题外,还要建立杆件基本变形的研究体系和一般研究方法。本章主要内容涉及:

(1)基本变形的概念与工程实例,包括变形的发生条件(受力特征、判定依据)、变形特征;

(2)力的问题,包括内力问题、应力问题、强度条件及其应用;

(3)变形问题,包括变形、应变、胡克定律、变形计算、能量方法及刚度条件;

(4)超静定问题及其求解。

认识杆件基本变形的研究体系,掌握其一般研究方法,不仅是分析杆件基本变形的需要,也是以培养科学方法解决工程问题的必由之路。

6.1 轴向拉伸与压缩概述

轴向拉伸与压缩变形:直杆沿轴线受外力作用,杆件沿轴线发生伸长或缩短的变形。

在该定义中,强调了两个重要特性。

(1)直杆沿轴线受外力作用,换句话说,外力的作用线或外力合力的作用线必须与杆件的轴线重合。这是杆件发生轴向拉伸与压缩变形的条件或判定依据,也是发生轴向拉伸与压缩变形的杆件的受力特征。

(2)杆件的变形特性:杆件沿着轴线方向发生伸长或缩短,同时沿径向或横向变细或变粗。

对于其他基本变形,也将遵循这样的方法定性地描述变形的发生条件或判定依据及变形特征,然后在此基础上展开定量的分析。

图 6-1(a)(b)所示分别是轴向拉伸、轴向压缩变形。注意,图 6-1(c)缺口所在横截面处发生的不是轴向拉伸变形。

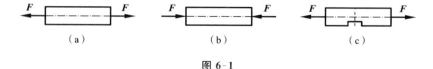

图 6-1

　　轴向拉伸与压缩简称为轴向拉压。图 6-1(a)(b)
所示杆件,分别称为轴向拉、压杆,简称拉压杆。

　　在工程实际中存在很多拉压杆,如图 6-2 所示的
三脚架结构,其中 AB 杆受拉,BC 杆受压。

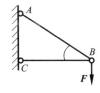

图 6-2

6.2　轴向拉伸与压缩时的内力

　　由一般经验可知,对于给定的杆件,在受力方式不变的条件下,杆件所受外力
越大,杆件就越容易发生破坏。为了研究拉压杆的强度及刚度问题,首先需要研究
杆件所受的内力。

1. 截面法

　　研究杆件内力的一般方法是**截面法**。通过截面法要确定关于内力的两个基本
属性:截面上内力的性质及内力的大小。

　　以图 6-3(a)所示轴向拉伸杆件为例,用截面法求 Ⅰ—Ⅰ 截面上内力的基本步
骤如下。

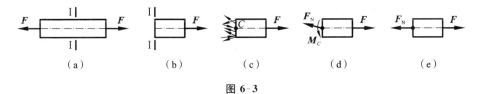

| (a) | (b) | (c) | (d) | (e) |

图 6-3

　　(1)"截":在需要求解内力的 Ⅰ—Ⅰ 横截面处,假想沿着 Ⅰ—Ⅰ 横截面将杆截
开,取其右侧部分为研究对象,画上所受的外力 F,如图 6-3(b)所示。当然,取其
左侧部分研究也可以。

　　(2)"代":用作用在截面上的内力来代替左侧部分杆件对研究对象的作用。
由材料连续性假设,截面上处处有内力,考虑到杆件的厚度,全部内力组成一个空
间任意力系,如图 6-3(c)所示。再将该空间任意力系向截面形心 C 进行简化,得
到一个主矢 F_N 和一个主矩 M_C,如图 6-3(d)所示。

　　(3)"平":对研究对象建立静力平衡方程。先对截面形心 C 点用力矩平衡
方程:

$$\sum M_C = 0 \Rightarrow M_C = 0 \tag{6-1}$$

　　根据平衡方程,可以判定 F_N 必定与轴线重合,如图 6-3(e)所示。F_N 与轴线
重合,称其为**轴力**。

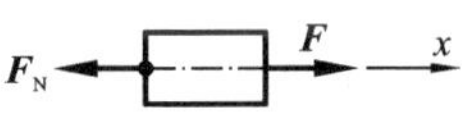

　　　　　　　　　　　　　　　根据二力平衡公理,如图 6-4 所示,可知

$$F_N = F \tag{6-2}$$

图 6-4

由静力学知识,计算得到的轴力为正值,说明假设的

轴力方向与实际轴力方向一致,即确定了实际轴力的方向。

通过截面法,确定轴向拉伸与压缩变形的内力是轴力,轴力垂直于横截面且与轴线重合,轴力的大小及实际方向,可由平衡方程求解并判定。

若取左侧部分为研究对象,按照以上方法,仍然可以求得该截面上相同的轴力。

因为轴力既可能导致杆件产生拉伸变形,也可能导致杆件产生压缩变形,故区分轴力的性质是必要的。对于轴向拉伸与压缩变形,杆件沿轴线只有伸长或缩短两种情况,所以可以采用正负号区别两种不同性质的轴力。材料力学规定:使杆件沿着轴线产生伸长变形的轴力取正号,也称作拉力,如图 6-5(a)所示;而使杆件沿着轴线产生缩短变形的轴力取负号,也称作压力,如图 6-5(b)所示。

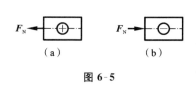

图 6-5

由此可见,轴力的符号取决于变形,跟轴力的方向之间并没有必然关系。推而广之,材料力学中的内力(包含轴力、扭矩、剪力和弯矩)的符号跟坐标系无关,内力的符号取决于变形的性质。

从图形上看,轴力的正负号也可表示为:实际轴力背离研究对象时为正号,实际轴力指向研究对象时为负号。

2. 简易法

拉压杆受多个轴向外力作用时可产生轴向拉伸或压缩变形。可以看到,对于所分析的截面,当某一外力背离该截面的时候,外力在该截面上产生与之大小相等的拉力;反之,外力在该截面上产生与之大小相等的压力。所以,在求解轴向拉伸与压缩变形杆件上某横截面上的轴力的时候,可以取该截面某一侧所有的外力进行分析,当外力背离该截面时规定其符号为"+",当外力指向该截面的时候规定其符号为"-",求该截面某一侧所有外力的代数和,即可得到该截面上的轴力。

利用简易法求轴力,通过"眼看、心算、手写",不仅可以提高求解轴力的速度,而且可以提高求解的准确率。在平时的学习中要注意简易法的掌握与运用。在扭转变形和弯曲变形中,求解截面上内力的时候也有相应的简易法,应该注意总结与运用。

图 6-3(a)所示为简单的轴向拉压情况,实际工程构件可能同时受到多个轴向外力作用,使得杆件不同截面上有不同的轴力。引入轴力方程和轴力图,可以直观地表达杆件中轴力沿轴线的变化情况。

轴力图:用于表示实际轴力(大小,正负)随截面位置变化的图形。

轴力图上表示实际轴力的正负,即实际轴向拉力应画在 x 轴上方、实际轴向压力应画在 x 轴下方,不能根据假设轴力的正负方向画轴力。

下面结合一个实例,说明轴力图的绘制方法。

【例 6-1】　轴向拉压杆如图 6-6 所示,求三个指定截面上的轴力,并画轴力图,力单位为 kN。

【解】　用截面法时,每次只能用一个假想截面截断杆件,此例共需要用三次截面法。任何截面上,所有轴力均假设为轴向拉力(设为正),不必考虑实际受拉还是受压。

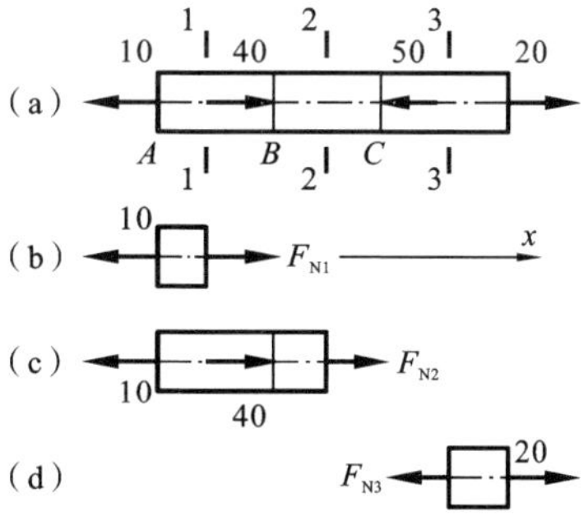

图 6-6

(1) 求各截面轴力。

① 在截面 1—1 上用截面法。

假想沿截面 1—1 截开杆件,取左侧研究最简单,假设轴力为拉力,受力如图 6-6(b)所示,在 x 轴上用平衡方程,有

$$\sum F_x = 0 \Rightarrow -10 + F_{N1} = 0$$

平衡方程中的轴力 F_{N1} 为正,只是因为该轴力在 x 轴上的投影为正,而不是因为假设该轴力为拉力。解得

$$F_{N1} = 10 \text{ kN}$$

轴力计算结果为正,说明实际轴力方向与假设轴力方向相同。轴力 F_{N1} 作用在研究对象(被保留的截面 1 左侧的部分杆件)的右端并且实际方向向右,由此判定 F_{N1} 为轴向拉力。

在区间 AB 上,由于外力并没有变化,轴力也将不变,即是常数。

② 在截面 2—2 上用截面法。

假想沿截面 2—2 截开杆件,取左侧研究,假设轴力为拉力,受力如图 6-6(c)所示,在 x 轴上用平衡方程,有

$$\sum F_x = 0 \Rightarrow -10 + 40 + F_{N2} = 0$$
$$F_{N2} = -30 \text{ kN}$$

轴力计算结果为负,说明实际轴力方向与假设轴力方向相反,即实际轴力应为轴向压力。

综合截面 1—1、2—2 的计算结果可知,假设轴力为拉力(取正号)时,计算的实际轴力正、负号正好与轴向拉力、压力规定的符号一致。于是,在任何截面上都假设轴力为轴向拉力,再根据计算结果的正负号,即可直接知道该截面上的轴力是拉力还是压力。

③ 在截面 3—3 上用截面法。

假想沿截面 3—3 截开杆件,取右侧研究最简单,假设轴力为拉力,受力如图 6-6(d)所示,在 x 轴上用平衡方程,有

$$\sum F_x = 0 \Rightarrow 20 - F_{N3} = 0$$

平衡方程中的轴力 F_{N3} 为负，只是因为该轴力在 x 轴上的投影为负。解得

$$F_{N3}=20\ kN$$

该截面上的实际轴力是轴向拉力。

（2）写出轴力方程。

$$F_{N}(x)=\begin{cases}+10\ kN & (A,B)\\ -30\ kN & (B,C)\\ +20\ kN & (C,D)\end{cases}$$

（3）画轴力图。

① 与杆件对齐，作 F_N-x 坐标系，如图 6-7 所示。其中，纵坐标 F_N 表示实际轴力的大小及轴力拉、压性质（用＋、－表示），横坐标 x 表示截面位置。坐标轴 x 上的点与各横截面一一对应，即坐标轴 x 上的点代表了相应位置的横截面，故轴力图中的坐标轴 x 又称作基线。

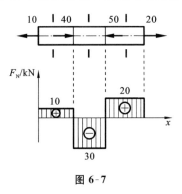

图 6-7

② 在 F_N-x 坐标系中，根据计算出的实际轴力大小及正负，按适当的比例，逐段画出轴力，最后将所有轴力线段封闭。画轴力图时，一定要按实际轴力的正、负，确定其图形应该画在 x 轴的上方（＋）还是下方（－），不能按假设轴力的正负画。

③ 标注绝对值最大的轴力：$|F_{N2}|_{max}=30$ kN。对于等截面杆件，绝对值最大的轴力所在截面，一般是一个危险截面，杆件容易在该截面上发生破坏。

在无载荷作用的区间内，由于外力没有变化，轴力也不会改变。所以在该区间内轴力图是与基线平行的直线；在集中力作用的截面上，轴力发生突变，如 40 kN 外力作用处，轴力变化的幅度为 $[10-(-30)]\ kN=40\ kN$，等于外力的大小。显然，在集中力作用的截面上，轴力发生突变，突变的大小和方向取决于外力的大小和方向。

根据杆件上外力的作用情况，如图 6-6(a) 所示，可以把杆件上的横截面进行分类：一种是集中力作用的截面，一种是相邻两个集中力作用截面之间的无载荷作用区间。可以看到：在集中力作用的截面上，轴力要发生突变，轴力突变大小等于外力大小。轴力在而且仅在集中力作用的截面上发生突变；在无载荷作用区间范围内，各截面上轴力大小相等，轴力方程是常量，轴力图与基线平行。

同样，在今后讨论扭转变形和弯曲变形的内力方程和内力图的时候，可以首先根据载荷的作用情况对杆件的截面进行分类，分析研究各种类别截面上内力的变化规律和内力图的特征，然后利用各种类别截面上的内力变化规律和内力图特征

来确定内力方程和内力图。

关于受轴向均布载荷作用杆件的轴力方程和轴力图,可以比照例题 6-1 自行分析。

6.3　轴向拉伸与压缩时的应力

仅依据横截面上的轴力,还无法判断杆件的强度是否足够,能否发生破坏。如两根材料相同而粗细不同的杆件,承受大小相同的拉力作用,从经验上即可知道,较细的杆件容易发生破坏,而较粗的杆件相对安全。

假设一根杆件横截面面积为 A,能够承受的极限拉力为 F_{max}。当这样的杆件多根并联时,横截面面积依次是 $1A, 2A, \cdots, nA$,能够承受的极限拉力依次为 $1F_{max}, 2F_{max}, \cdots, nF_{max}$。显然,这些杆件并联能够承受的极限载荷大小各不相同,但破坏的时候,横截面上的轴力与横截面面积比值是一样的。由此可以判断,轴力是影响杆件强度的因素,但表征轴向拉压杆件强度的合理指标应该是内力的分布集度,即单位面积上轴力的大小。当杆件横截面上轴力的分布集度达到材料能够承受的极限时,破坏就发生了。

6.3.1　拉压杆横截面上的应力分布

要研究拉压杆横截面上的应力,就需要搞清楚拉压杆横截面上的应力分布规律。

研究拉压杆横截面上应力分布规律的基本设想是,由于应力是通过内力进行定义的,因此,研究应力在横截面上的分布规律,可以借助研究内力在横截面上的分布规律进行。不过,力是无法直接观察的,能观察到的是杆件的变形。因而,研究的顺序是,首先研究拉压杆的变形规律,然后通过变形规律分析内力的分布规律,最后由内力的分布规律分析应力的分布规律。

1. 实验现象

为了观察轴向拉杆的变形现象,在未受力杆件表面上画出与轴线平行的 ac、bd 直线,与轴线垂直的 ab、cd 直线,如图 6-8(a)所示。

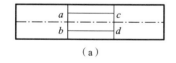
（a）

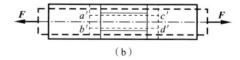
（b）

图 6-8

施加轴向拉力 **F** 后,杆件发生变形,如图 6-8(b)所示,其中实线是变形前的杆件,虚线是变形后的杆件。在杆的表面上可观察到如下的现象。

（1）纵向:ac、bd 两直线分别平行移动到 $a'c'$、$b'd'$,保持直线状态。

（2）横向:ab、cd 两直线分别平行移动到 $a'b'$、$c'd'$,变形后仍然保持为直线且与轴线垂直。

（3）纵横相交处：变形前 $ab \perp ac$，变形后仍然有 $a'b' \perp a'c'$。

2. 平面假设

横线 ab、cd 是画在杆件表面的直线，是杆件横截面的外边缘，实际上代表着横截面。显然，横线的变化反映了横截面的变化，横线之间的变化反映了横截面之间的变化，横线与纵线之间的相对变化反映了横截面和轴线之间的相对变化。

由实验现象，可以得到如下结论：ab、cd 保持为直线，说明横截面保持为平面；ab、cd 与轴线在变形前后保持垂直关系，说明横截面和轴线在变形前后保持垂直关系；ac、bd 同步伸长的同时保持平行，说明横截面之间只有沿轴线方向的距离变化。

由此，得到杆件轴向拉伸与压缩变形的平面假设：

（1）杆件的横截面在变形后仍然保持为平面；

（2）轴线与横截面在变形后仍然保持垂直关系；

（3）横截面之间只有沿轴线方向的距离变化。

3. 内力在横截面上的分布规律

如图 6-9 所示，设想用与轴线平行的截面把杆件分割为多根横截面面积相同的细杆，这样得到的细杆不仅横截面面积相等、材料相同，而且原长相等（等于杆件的原长）。在满足平面假设的前提下，可以判断，这些细杆所发生的是轴向拉伸与压缩变形，而且所有这些细杆的变形量相等（等于杆件的变形量）。

对于发生轴向拉伸和压缩变形的杆件，如果杆件的材料、原长及横截面面积等因素明确，那么杆件所受外力大小与其轴向变形量之间存在明确的关系。由此可以推断这些细杆所受外力大小也相同，即这些细杆横截面上作用的轴力相等。

继续上述的分析过程，可以把杆件分割为横截面积更小的多根细杆。这些材料相同、原长和横截面面积分别相等的细杆的变形量也相等，由此可以推断这些横截面面积更小的细杆所受外力大小也相同，即这些细杆横截面上作用的轴力相等。最终可以判定轴力在杆件的横截面上均匀分布。

4. 横截面上正应力计算公式

由图 6-10，在横截面上任意一点处取微面积 $\mathrm{d}A$，微面积 $\mathrm{d}A$ 上的微内力为

$$\mathrm{d}F_\mathrm{N} = \sigma \mathrm{d}A \qquad\qquad (6\text{-}3)$$

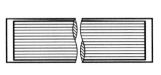

图 6-9

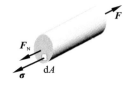

图 6-10

全部微内力之和即为杆件横截面上的轴力：

$$F_N = \int_A dF_N = \int_A \sigma dA \tag{6-4}$$

因为横截面上各点处的正应力相等，即 σ 为常量，故式(6-4)可写为

$$F_N = \sigma \int_A dA = \sigma A$$

从而有

$$\sigma = \frac{F_N}{A} \tag{6-5}$$

此式即为轴向拉杆横截面上正应力的计算公式。对应的应力称为拉应力，取正值。

若杆件不同截面上存在不同的轴力，则需要分段计算：

$$\sigma_i = \frac{F_{Ni}}{A_i} \tag{6-6}$$

当轴力为压力时，用负号代入，对应的应力称为压应力，取负值。

由式(6-5)可知，拉压杆中的正应力与杆件的长度、横截面形状及材料无关，只与横截面上的轴力及横截面面积有关。

【例 6-2】　由例 6-1，设等截面杆的直径 $d = 15$ mm，计算杆件在各横截面上的应力。

【解】　在例题 6-1 中，已求得杆中各段的轴力分别为 $F_{N1} = 10$ kN、$F_{N2} = -30$ kN、$F_{N3} = 20$ kN。因各横截面上的轴力不同，故需要分段计算横截面上的正应力。

用公式 $\sigma_i = \frac{F_{Ni}}{A_i}$ 来计算各横截面上的应力。各横截面面积相同：

$$A_i = A = \frac{\pi \times 15^2}{4} = 176.7 \text{ mm}^2$$

故截面 1 上的正应力为

$$\sigma_1 = \frac{F_{N1}}{A} = \frac{10 \times 10^3}{176.7 \times 10^{-6}} \text{ Pa} = 56.6 \times 10^6 \text{ Pa}$$

截面 2 上的正应力为

$$\sigma_2 = \frac{F_{N2}}{A} = \frac{-30 \times 10^3}{176.7 \times 10^{-6}} \text{ Pa} = -169.8 \times 10^6 \text{ Pa}$$

截面 3 上的正应力为

$$\sigma_3 = \frac{F_{N3}}{A} = \frac{20 \times 10^3}{176.7 \times 10^{-6}} \text{ Pa} = 113.2 \times 10^6 \text{ Pa}$$

其中，σ_2 的计算结果为负值，说明 σ_2 是压应力。

杆件中的最大正应力：

$$|\sigma|_{max} = |\sigma_2| = 169.8 \text{ MPa}$$

如果杆件是变截面直杆或阶梯直杆,由于各处横截面面积不同,各处横截面上的正应力必须分别计算。

由圣维南原理,以上结论在稍微远离集中力作用截面处即可使用。

6.3.2　拉压杆斜截面上的应力

前面分析了拉压杆横截面上的正应力问题,相关公式可用于横截面上应力计算。

图 6-11

但是,铸铁试件在轴向压缩实验中,并非沿着横截面发生破坏,而是沿着与轴线的夹角约为 45° 的斜截面上发生破坏,如图 6-11 所示。为了说明这类破坏现象产生的原因,还需要进一步研究其斜截面上的应力。

图 6-12(a)表示一轴向拉杆,m—m 为横截面,与横截面夹角为 α 的 m—j 截面,称为 α 斜截面。显然,当 $\alpha=0°$ 时,α 斜截面为横截面,即横截面是斜截面的特例。

分别沿着横截面及 α 斜截面将杆件截开,取左侧部分为研究对象,分别如图 6-12(b)、图 6-12(c)所示。图 6-12(b)中,横截面面积为 A,轴力为 F_N,横截面上的正应力记为 σ_0。图 6-12(c)中,α 斜截面面积为 A_α,斜截面上的轴力记为 $F_{N\alpha}$,α 斜截面上的应力记为 p_α。注意此处的应力 p_α 既不是斜截面上的正应力,也不是斜截面上的切应力,而是斜截面上的总应力。

对图 6-12(c),沿 x 轴方向用静力平衡方程,求得 α 截面上的轴力 $F_{N\alpha}$ 大小:

$$\sum F_x = 0 \Rightarrow F_{N\alpha} - F = 0$$

$$F_{N\alpha} = F$$

由前面的分析已知,应力 p_α 在整个 α 斜截面上均匀分布。在斜截面上任取微面积 $\mathrm{d}A$,该微面积上的微内力 $\mathrm{d}F_{N\alpha}$ 为

$$\mathrm{d}F_{N\alpha} = p_\alpha \mathrm{d}A \qquad (6\text{-}7)$$

α 斜截面上微内力 $\mathrm{d}F_{N\alpha}$ 之和是轴力 $F_{N\alpha}$:

$$F_{N\alpha} = \int_{A_\alpha} \mathrm{d}F_{N\alpha} = \int_{A_\alpha} p_\alpha \mathrm{d}A = p_\alpha \int_{A_\alpha} \mathrm{d}A = p_\alpha A_\alpha$$

$$(6\text{-}8)$$

由图 6-12(b)(c)可知:

$$A_\alpha = \frac{A}{\cos\alpha} \qquad (6\text{-}9)$$

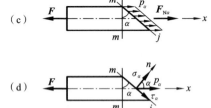

图 6-12

将式(6-9)代入式(6-8),即可求得 α 斜截面上的应力 p_α 为

$$p_\alpha = \frac{F_{N\alpha}}{A_\alpha} = \frac{F}{A_\alpha} = \frac{F}{A}\cos\alpha = \sigma_0 \cos\alpha \qquad (6\text{-}10)$$

此式为斜截面上的应力与横截面上的正应力之间的关系。

通常需要将总应力 p_α 分解为两个分量：垂直于 α 斜截面的正应力 σ_α 及平行于 α 斜截面的切应力 τ_α，如图 6-12(d)所示。

由图 6-12(d)可计算得到

$$\sigma_\alpha = p_\alpha \cos\alpha = \sigma_0 \cos^2\alpha \tag{6-11}$$

$$\tau_\alpha = p_\alpha \sin\alpha = \frac{1}{2}\sigma_0 \sin 2\alpha \tag{6-12}$$

式(6-11)和式(6-12)表示 α 斜截面上正应力 σ_α 和切应力 τ_α 均为 α 的函数。

为研究斜截面上的破坏原因，需要求出斜截面上的应力极值。为此，分别令式(6-11)、式(6-12)对 α 的一阶导数为零，即

$$\frac{\mathrm{d}\sigma_\alpha}{\mathrm{d}\alpha} = -\sigma_0 \sin 2\alpha = 0 \tag{6-13}$$

$$\frac{\mathrm{d}\tau_\alpha}{\mathrm{d}\alpha} = \sigma_0 \cos 2\alpha = 0 \tag{6-14}$$

可得到 α 斜截面上正应力 σ_α 及切应力 τ_α 的极值：

(1) 当 $\alpha = 0°$ 时(即在横截面上)，$\sigma_{0°} = (\sigma_\alpha)_{\max} = \sigma_0$，$\tau_0 = (\tau_\alpha)_{\min} = 0$；

(2) 当 $\alpha = 45°$ 时，$\sigma_{45°} = \dfrac{\sigma_0}{2}$，$\tau_{45°} = (\tau_\alpha)_{\max} = \dfrac{\sigma_0}{2}$；

(3) 当 $\alpha = 90°$ 时，$\sigma_{90°} = 0$，$\tau_{90°} = 0$。

根据以上理论分析，对于轴向拉压杆，横截面上的正应力最大而切应力为 0。低碳钢拉伸试件和铸铁拉伸试件都是沿横截面发生破坏，由此可以判定低碳钢拉伸试件和铸铁拉伸试件破坏都是正应力引起的，当横截面上的正应力达到材料能够承受的抗拉极限时，破坏就发生了。

此外，对于轴向拉压杆，45°斜截面上的切应力最大(该斜截面上正应力和切应力都等于 $\dfrac{\sigma_0}{2}$)。在屈服阶段，低碳钢拉伸试件表面出现 45°滑移线，铸铁压缩试件最后沿 45°斜截面破裂，由此可以判断，这两种破坏是切应力引起的，当 45°斜截面上的切应力达到了材料的抗剪切极限时，破坏就发生了。

90°斜截面即杆件的纵切面，纵切面上正应力和切应力都为 0。在分析横截面上的应力分布规律时，由于该截面上没有正应力和切应力，因此设想用与轴线平行的截面对杆件进行分割是可行的。

其他变形中的斜截面上的应力分析，将在第 13 章中深入研究。

6.4　材料在拉伸和压缩时的力学性能

6.4.1　概述

在载荷作用下工程构件是否发生破坏，不仅与杆件中的工作应力有关，而且与

制作工程构件的材料有关。所以,研究工程构件的强度问题,必须研究材料的力学性能。

材料的力学性能,指的是在外力作用下,材料在变形、破坏等方面表现出来的特性。这些材料特性是通过试验来测定的。

各种工程材料种类较多,工作条件也不尽一致,现以低碳钢和铸铁材料为代表,介绍材料在常温、静载荷条件下,拉伸及压缩性能测试的主要方法及主要的材料参数。

在材料特性的试验中,静载荷是指以缓慢平稳的加载方式施加的载荷。

拉伸试验的试样按相关国家标准制作,如图 6-13 所示。试验以前,在试样中部取长度为 l 的一段作为试验段,l 称为标距。常用的长试样标距 l 与横截面直径 d 的关系为 $l=10d$,而 $l=5d$ 的试样称为短试样。

图 6-13

6.4.2　低碳钢拉伸时的力学性能

低碳钢是指含碳量低于 0.3% 的普通碳素钢。这类钢材在实验中表现出较典型的力学性能,通常以 Q235 钢材为代表。

试样在万能材料试验机上,受到缓慢增加的拉力作用,拉力为 F,试样发生的变形伸长量为 Δl,其拉伸试验曲线(F-Δl 曲线)如图 6-14 所示。

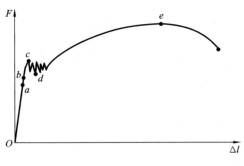

图 6-14

试样的拉伸试验曲线与试样的尺寸有关。为了消除试样尺寸的影响,将拉力 F 除以试样横截面的初始面积 A,得出试样横截面上的正应力 $\sigma=\dfrac{F}{A}$,将伸长量 Δl 除以标距 l,得出试样的轴向线应变 $\varepsilon=\dfrac{\Delta l}{l}$。再以 σ 为纵坐标、ε 为横坐标,画出材料的应力-应变曲线（σ-ε 曲线），如图 6-15 所示。

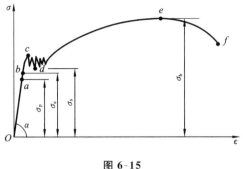

图 6-15

1. 拉伸过程的四个阶段

根据试验曲线，低碳钢的拉伸过程大致可以划分成如下几个阶段。

1）弹性阶段

线弹性阶段即 Oa 直线段。在拉伸初始阶段，σ-ε 曲线是一条直线，应力 σ 与应变 ε 的关系是线性比例关系，即

$$\sigma \propto \varepsilon$$

用比例常数 E 代入，可写成等式

$$\sigma = E\varepsilon \tag{6-15}$$

该表达式即为材料拉伸胡克定律。式中的比例系数 E 称为材料的弹性模量，弹性模量只与材料有关，与外力、构件几何尺寸无关。由轴向线应变 ε 的定义公式可知，线应变 ε 为无量纲量，所以，弹性模量 E 的量纲与应力 σ 的量纲相同，其单位常用 MPa 或 GPa。

从图 6-15 上看，弹性模量 E 的几何意义是：直线 Oa 的斜率。

直线 Oa 上的最高点 a 对应的应力称为材料的比例极限 σ_p。当应力未超过比例极限时，若卸去载荷，试样的变形可全部消失，试样可以完全恢复到原有的几何尺寸，材料的这种性质称为弹性。

应当特别强调，只有应力低于比例极限 σ_p 时，即材料变形处于在线弹性阶段，胡克定律才成立。

在应力超过比例极限后的 ab 段，应力 σ 与应变 ε 的关系不再是线性比例关系，但仍然是弹性阶段。弹性阶段最高点 b 对应的应力称为材料的弹性极限 σ_e。在 σ-ε 曲线上，比例极限 σ_p 和弹性极限 σ_e 非常接近，在工程实用中并不严格区分材料的这两个强度指标。

在应力大于弹性极限后卸去载荷，试样一部分变形可以消失，这部分变形就是弹性变形；试样还有一部分变形不能消失，这部分变形称为塑性变形。当载荷超过了一定限度后，材料将产生卸载后不能消失的变形，材料的这种性质称为塑性。

2）屈服阶段

应力继续增加，超过 b 点后，随着载荷的不断增加，应变会有非常明显的增加，应力出现下降，然后在一个小范围内波动，在 σ-ϵ 曲线上，出现一条接近水平的小锯齿状曲线。这种应力基本保持不变，而应变显著增加的现象，称为材料的屈服。在屈服阶段内，低碳钢产生的应变可达比例极限应变的 $10\sim15$ 倍。

在屈服阶段内，最高应力与最低应力分别称为上屈服极限（c 点）和下屈服极限（d 点）。上屈服极限的数值与试样形状、加载速度等因素有关，一般不稳定。下屈服极限则有比较稳定的数值，能反映材料的性能。通常把下屈服极限称为材料的屈服极限或屈服点，用 σ_s 表示。

在屈服阶段，若试样表面是磨光的，表面上会出现大约与轴线成 $45°$ 方向的条纹，称为滑移线。这是因试样内部微小晶粒之间发生了相互滑移而产生的。由拉压杆斜截面应力分析可知，在 $45°$ 斜截面上，切应力最大，可知屈服现象与最大切应力有关。

低碳钢在屈服时会发生明显的塑性变形，使构件失去原有的设计尺寸，不能正常地工作。所以屈服极限 σ_s 是衡量低碳钢材料强度的重要指标。工程构件中的最大工作应力不得超过材料的屈服极限 σ_s。

过了屈服阶段以后，试样的横截面尺寸发生收缩。由于横截面实际面积减小，但应力的计算式仍然用原横截面面积计算，因此此时的应力只能称为名义应力。

3）强化阶段

经过屈服阶段以后，低碳钢内部的晶体结构经过重整，抵抗变形的能力得到恢复，必须增加外力才能继续产生变形。这种现象称为材料强化。曲线最高点 e 对应的应力是材料能承受的最大应力，称为材料的强度极限 σ_b。σ_b 是衡量材料强度的一个重要指标。

4）颈缩阶段

当应力超过强度极限 σ_b 以后，在试样的某一局部，横截面尺寸突然急速地缩小，出现颈缩现象，如图 6-16（a）所示。颈缩部分的横截面面积迅速缩小，使试样发生变形的拉力相应减小（见图 6-14）。当外力减小时，仍然用原始横截面面积计算的应力会减小，于是在 σ-ϵ 曲线图中，曲线下降，如图 6-15 中 ef 段曲线所示。这一阶段称为颈缩阶段。最后，试样被拉断。拉断后的试样如图 6-16（b）所示，试验结束。

显然，根据低碳钢的 σ-ϵ 曲线，衡量其强度的两个重要指标是屈服极限 σ_s、强度极限 σ_b。

低碳钢具有屈服现象，表现出明显的塑性。在材料力学中，定义伸长率 δ 作为衡量材料塑性的指标。

试验前，试样长度取为标距 l，试样拉断后，试样长度由 l 变为 l_1。定义材料的

（a）   （b）

图 6-16

伸长率为

$$\delta = \frac{l_1 - l}{l} \times 100\%$$
(6-16)

工程上，将 $\delta > 5\%$ 的材料称为塑性材料，如低碳钢、铝合金等；而将 $\delta < 5\%$ 的材料称为脆性材料，如灰铸铁、玻璃等。其中低碳钢一般 $\delta > 20\%$，是一种典型的塑性材料。

由于低碳钢拉伸存在明显的颈缩阶段，材料力学中将**断面收缩率**作为衡量材料塑性的另一个指标。设初始横截面面积为 A，试样拉断后，颈缩处最小横截面面积为 A_1，定义比值

$$\psi = \frac{A - A_1}{A} \times 100\%$$
(6-17)

为材料的断面收缩率。

2. 冷作硬化和卸载定律

试样拉伸进入强化阶段后，如拉伸曲线已经延伸到图 6-17 中的点 k，然后逐渐卸载，应力与应变曲线将沿着斜直线 kk' 回到 k' 点，且 kk' 与线弹性阶段内的直线 Oa 接近平行。即在卸载过程中，应力与应变按直线规律变化，且在卸载过程中，材料的弹性模量与初始加载时基本相同，这就是**卸载定律**。拉力完全卸载后，图中的 $k'g$ 表示消失的弹性应变，Ok' 表示无法消失的塑性应变。

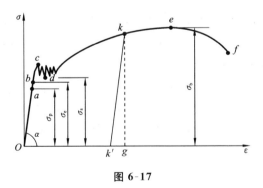

图 6-17

如果卸载后重新加载，则 σ-ε 曲线将大致沿着卸载斜直线 $k'k$ 上升，且在到达点 k 后又沿着曲线 kef 变化。新曲线表明，再次加载时，其比例极限、屈服极限可得到提高，但其塑性变形将减小。材料的这种现象称为**冷作硬化**。

利用低碳钢的冷作硬化特性,可在常温情况下将钢筋预先拉长,以提高钢筋的屈服极限。这种办法称为冷拉(或冷拔)。按照规定的办法冷拉钢筋,一般可节约钢材 10%～20%。但冷拉降低了塑性,所以凡是承受冲击或振动载荷作用的构件,一般都不使用冷拉钢筋。另外,钢筋在冷拉后并不能提高它的抗压强度,故在工程结构的受压部位,一般也不使用冷拉钢筋。

6.4.3　其他塑性材料在拉伸时的力学性能

对其他工程材料,也可通过 σ-ε 曲线了解它们的力学性能。图 6-18 绘出了几种塑性材料在拉伸时的 σ-ε 曲线。将图 6-18 中的曲线与图 6-15 中的低碳钢的 σ-ε 曲线比较,可以看出:有些材料的 σ-ε 曲线与低碳钢的 σ-ε 曲线高度相似,而有些材料的 σ-ε 曲线则没有明显的屈服阶段和颈缩阶段,但其弹性阶段、强化阶段仍比较明显。

对于没有明显屈服阶段的工程材料,一般规定以产生 0.2% 的塑性应变时所对应的应力值作为屈服极限,并用符号 $\sigma_{0.2}$ 表示。图 6-19 中表示了确定屈服极限 $\sigma_{0.2}$ 的方法:在 ε 轴上取 $\varepsilon=0.2\%$ 的一点,过此点作与 σ-ε 曲线的直线部分(弹性阶段)平行的直线,它交曲线于点 C,点 C 的纵坐标即 $\sigma_{0.2}$。

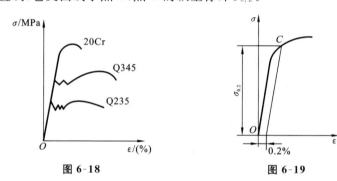

图 6-18　　　　　　　　　　图 6-19

在各类碳素钢中,随含碳量的增加,屈服极限和强度极限相应提高,但伸长率降低。如合金钢、工具钢等高强度钢,其屈服极限较高,但塑性性能却较差。

6.4.4　铸铁拉伸时的力学性能

铸铁拉伸时的 σ-ε 曲线是一条微弯的曲线,如图 6-20 所示。拉伸过程中变形很小,没有屈服及颈缩现象,铸铁是典型的脆性材料。铸铁拉断时的最大应力为强度极限 σ_{b+},强度极限是铸件唯一的强度指标。

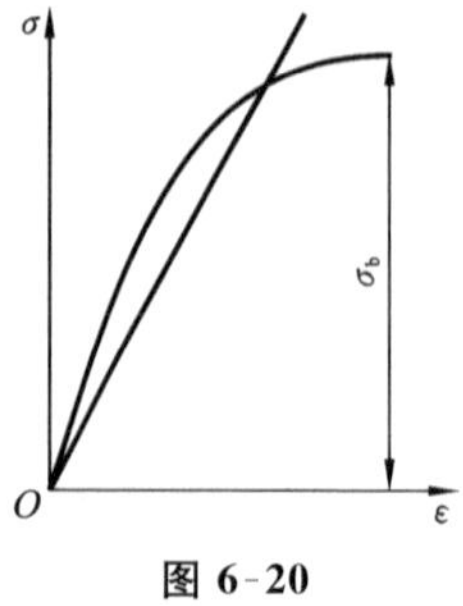

由于铸铁的 σ-ε 图中没有明显的直线部分,弹性模量 E 不是常数。一般近似地认为,在较小的拉应力下,铸铁近似地服从胡克定律。通常在曲线的开始部分,用割线代替原来的曲线,并以割线的斜率作为其弹性模量,称为割线弹性模量。

图 6-20

6.4.5　材料在压缩时的力学性能

为保证试样发生轴向压缩而不是被压弯,金属材料压缩试样一般制作成较短的圆柱体,其高度为直径的 1.5～3 倍。

1. 低碳钢压缩试验

低碳钢压缩 σ-ε 曲线如图 6-21 中的实线所示,虚线是低碳钢拉伸 σ-ε 曲线。

对比两条曲线可以看出:在屈服阶段以前,它们基本上重合,说明低碳钢在压缩时的比例极限、屈服极限和弹性模量都与拉伸时基本相同;但在超过屈服极限以后,因低碳钢试样被压成鼓形,受压面积越来越大,不可能产生断裂,无法测定材料的压缩强度。

根据以上分析,低碳钢的力学性能可以通过拉伸试验来确定,一般不必做压缩试验。

2. 铸铁的压缩试验

铸铁压缩 σ-ε 曲线如图 6-22 中的实线所示,虚线是铸铁拉伸 σ-ε 曲线。

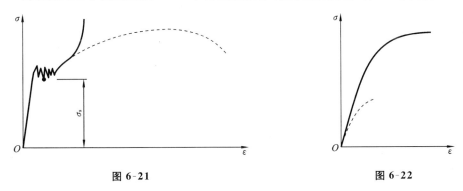

图 6-21　　　　　　　　　　　　　　　　　图 6-22

试验中,铸铁试样在很小的压缩变形时突然破裂,因而也只能获得强度极限 σ_{b-}。

铸铁在受压时的强度极限 σ_{b-} 比受拉时的强度极限 σ_{b+} 要高 4～5 倍,说明铸铁的抗压性能比抗拉性能好。

受压铸铁试样沿着与轴线大约成 45°的斜面发生破坏,由拉压杆斜截面应力分析可知,在 45°斜截面上,切应力最大,表明铸铁的抗剪能力较其抗压能力差。

由金属材料试验可知,了解塑性和脆性材料的特性,对于合理地使用材料非常重要。当构件受拉时,一般应使用塑性材料;而构件受压时,一般应考虑使用脆性材料。若构件会受到冲击作用或振动时,一般要用塑性材料。

表 6-1 列出了一些常用金属材料拉伸和压缩时的主要力学性能,这些数据是由国家专业实验室测得的。应当指出,即使对于同一牌号、同一批试样的材料,所得数据也必然分布在一定范围内,不可能获得固定值。在实验室中测得的参数,一般是在表中数据附近的一定范围内分布。

表 6-1　常用金属材料拉伸和压缩时的主要力学性能

材料名称	牌　　号	σ_s/MPa	σ_b/MPa		$\delta_5/(\%)$
			拉伸	压缩	
普通碳素钢	Q235	235	380～460		25～27
优质结构钢	45	353	600		16
低合金钢	16Mn	280～340	470～510		19～21
合金结构钢	40Cr	785	980		9
灰铸铁	HT150		120～175	640	
球墨铸铁	QT450-10		98～270	450	

注：δ_5 代表 $l=5d$ 的标准试样的伸长率。

6.4.6　许用应力及安全系数

构件承载时的应力称为工作应力。轴向拉压杆横截面上的工作应力取决于作用在杆件横截面上的轴力和杆件横截面的面积，与杆件的材料无关。由于轴力随外力的增加而增加，工作应力也随之增大。当工作应力超过了杆件材料相应的**极限应力**时，杆件将由于发生破坏而丧失正常功能，这种现象称为**强度失效**。

材料的极限应力，是指材料发生强度失效时的应力，记为 σ_u。对于不同性能的材料，极限应力 σ_u 的特征也不相同。

对于塑性材料，当应力达到屈服极限 σ_s 时，构件将出现显著的塑性变形，使构件失去正常的设计尺寸而不能正常工作。所以，对于塑性材料，以其屈服极限 σ_s 作为极限应力 σ_u。

对于脆性材料，当应力达到强度极限 σ_b 时，构件将发生断裂破坏而不能正常工作。所以，对于脆性材料，以其强度极限 σ_b 作为极限应力 σ_u。

综合表示为

$$\sigma_u = \begin{cases} \sigma_s & \text{（塑性材料）} \\ \sigma_b & \text{（脆性材料）} \end{cases} \tag{6-18}$$

理论上，当构件中的最大工作应力达到材料的极限应力（$\sigma_{max} = \sigma_u$）时，构件将达到破坏的临界状态。但是，实际工程问题不可能如同理论上那样理想且精确。如实际材料的力学性能参数存在着不可避免的差别，力学模型也存在不可避免的误差，这些因素必将造成工作应力及材料的极限应力都存在一定的误差。所以，这个临界状态很难精确界定。

为了消除实际工程中这些不可能精确确定的因素带来的危害，可采用如下解决方案：设定构件的许用应力，使之远低于材料的极限应力，这样，即使当工作应力达到这个许用应力时，因为该值低于极限应力，所以构件仍然能安全使用。这种方案可实现在极限应力与构件的最大工作应力之间保留一定的强度储备,是以应对工程设计中无可避免的设计误差。

许用应力定义如下:

$$[\sigma] = \frac{\sigma_u}{n} \tag{6-19}$$

式中:$[\sigma]$ 称为材料的**许用应力**;n 称为**安全系数**$(n>1)$。

若细分材料,对于塑性材料,极限应力 σ_u 为材料的屈服极限 σ_s,相应的安全系数记为 n_s,则塑性材料的许用应力为

$$[\sigma] = \frac{\sigma_s}{n_s} \tag{6-20}$$

对于脆性材料,极限应力 σ_u 为材料的强度极限 σ_b,相应的安全系数记为 n_b,则脆性材料的许用应力为

$$[\sigma] = \frac{\sigma_b}{n_b} \tag{6-21}$$

由许用应力的定义可知,许用应力除了与试验确定材料的极限应力有关,还与安全系数有关。

安全系数是工程设计中一个非常重要的参数。安全系数越高,则结构的安全性越高,但同时意味着成本上升;安全系数越低,在降低成本的同时也会降低结构的安全性。所以,安全系数的选取应合理地权衡安全和经济两方面的要求。选取安全系数时,在遵循相关行业标准的前提下,可以根据实际情况进行适度的调整。

安全系数的调整主要考虑以下因素。

(1)实际结构与计算简图的差异。设计构件时,均需将实际结构简化为计算简图,往往因省略了一些次要因素而使设计偏于不安全。

(2)载荷估计的准确性。设计时,载荷的计算不可能绝对精确,而且构件在实际工作中,可能由于某些偶然因素而出现超载现象。

(3)材料性质方面的差异。材料的极限应力是根据材料试验结果按统计方法得到的,实际使用的材料的极限应力值可能会低于统计平均值。

(4)计算理论的近似性。材料力学的计算理论常由于引入了某些假设而具有某些近似性。

此外,构件的尺寸误差、工作条件、重要性,以及制造、维护的难易程度等各方面的因素,都会影响到安全系数的选取和调整。

例如,由于脆性材料多发生断裂,而塑性材料多发生屈服,脆性材料达到极限应力时的危险性要比塑性材料大得多,因此,在静载情况下 n_b 要比 n_s 大,一般取 $n_s = 1.5 \sim 2.0$,而取 $n_b = 2.5 \sim 3.0$,甚至更大些。

6.5　轴向拉伸与压缩时的强度条件及其应用

6.5.1　轴向拉伸与压缩时的强度条件

对于正常工作的构件,材料的许用应力是工作应力的最大容许值,即为了保证拉压杆有足够的强度,杆内的最大工作应力 $\sigma_{\max}$ 不得超过材料在拉伸(或压缩)时的许用应力:

$$\sigma_{\max} \leqslant [\sigma] \tag{6-22}$$

上述判据称为拉压杆的**强度条件**。显然,拉压杆的强度条件是拉压杆的承载、几何因素和材料因素之间应该满足的关系。

应用强度条件,可以解决以下三类强度计算问题。

1) 校核强度

已知外力、拉压杆横截面面积及材料许用应力,若如下不等式:

$$\sigma_{\max} = \frac{F_{N}}{A} \leqslant [\sigma]$$

成立,则杆件满足强度条件,或强度足够;否则,杆件不满足强度条件。

2) 截面设计

已知外力和材料的许用应力,由强度条件

$$\sigma_{\max} = \frac{F_{N}}{A} \leqslant [\sigma]$$

可得

$$A \geqslant \frac{F_{N}}{[\sigma]} \tag{6-23}$$

按式(6-23)设计,可以确定保证杆件满足根据强度条件所确定的最小的横截面面积要求。如果选用型材,可以根据型材国家标准确定选用型材的型号;如果杆件截面是圆形或其他形状,可以计算得到截面的基本尺寸要求并据此确定截面的基本尺寸。

3) 确定许可载荷

已知杆件横截面尺寸及材料的许用应力,由强度条件

$$\sigma_{\max} = \frac{F_{N}}{A} \leqslant [\sigma]$$

可知

$$F_{N} \leqslant A \cdot [\sigma] \tag{6-24}$$

由式(6-24)可计算出杆件能承受的最大轴力。通过轴力与载荷的关系,确定杆件或结构所能承受的许可载荷。显然,要保证构件或结构强度安全,实际的载荷不应该超过许可载荷。

需要说明的是,考虑到材料的极限应力与构件的最大工作应力之间保留一定的强度储备,在对已有工程结构或构件进行安全评估的过程中,如果应力偏差不超过 5%,仍然可以认定为强度安全。也就是说,允许已有工程结构或构件的最大工作应力略大于许用应力,但二者的差值不得超过许用应力的 5%。

6.5.2　轴向拉伸与压缩强度条件的应用

【例 6-3】　结构尺寸及受力如图 6-23(a)所示,AB 为刚性梁,斜杆 CD 为实心圆截面钢杆,直径 $d=30$ mm,材料为 Q235 钢,许用应力为$[\sigma]=162$ MPa。若载荷 $F=50$ kN,试校核此结构的强度。

【解】　(1)受力分析。选 AB 为研究对象,受力如图 6-23(b)所示。

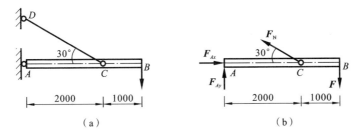

图 6-23

由平衡方程

$$\sum M_A = 0 \Rightarrow F_N \sin 30° \times 2000 - F \times 3000 = 0$$

解得

$$F_N = 150 \text{ kN}$$

(2)应力计算。由强度条件得 CD 杆横截面上的工作应力:

$$\sigma = \frac{F_N}{A} = \frac{4F_N}{\pi d^2} = \frac{4 \times 150 \times 10^3}{\pi \times (30 \times 10^{-3})^2} \text{ Pa} = 212.2 \text{ MPa}$$

(3)强度校核。由计算结果知,$\sigma = 212.2$ MPa$>[\sigma]=162$ MPa,即 CD 杆不满足强度条件,不安全,造成整个结构不安全。

【例 6-4】　由例 6-3 知,CD 杆横截面上的应力超过了许用应力,试重新设计 CD 杆的直径。

【解】　根据强度条件,杆 CD 满足强度的截面面积为

$$A = \frac{\pi d^2}{4} \geqslant \frac{F_N}{[\sigma]}$$

即

$$d \geqslant \sqrt{\frac{4F_N}{\pi[\sigma]}} = \sqrt{\frac{4 \times 150 \times 10^3}{\pi \times 162 \times 10^6}} \text{ m} = 34.3 \times 10^{-3} \text{m} = 34.3 \text{ mm}$$

CD 杆的最小直径应大于或等于 34.3 mm,取 $d=35$ mm,注意不能四舍五入

取 34 mm。

【例 6-5】　在例 6-3 中,若斜杆 CD 与刚性梁 AB 间的夹角为 α ,如图 6-24(a)所示,载荷 F 可在 AB 梁上水平移动,其他条件不变。试问:当 α 为何值时,斜杆 CD 的重量最轻?

【解】　(1)受力分析。依然选 AB 为研究对象,受力如图 6-24(b)所示。设载荷作用于距 A 端 x 处,斜杆 CD 的轴力为 F_N。

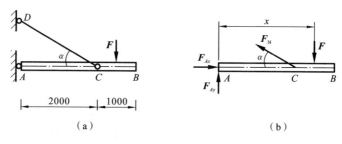

图 6-24

由平衡方程

$$\sum M_A = 0 \Rightarrow F_N \sin\alpha \times 2 - Fx = 0$$

解得

$$F_N = \frac{Fx}{2\sin\alpha}$$

(2)考虑最不利情况,令 $x=3$,即力 F 作用于点 B,得到

$$F_{N\max} = \frac{3F}{2\sin\alpha}$$

由强度条件,计算斜杆 CD 所需横截面面积为

$$A \geqslant \frac{F_{N\max}}{[\sigma]} = \frac{3F}{2[\sigma]\sin\alpha}$$

则斜杆 CD 的体积为

$$V \geqslant A \cdot l_{CD} = \frac{3F}{2[\sigma]\sin\alpha} \cdot \frac{2}{\cos\alpha} = \frac{6F}{[\sigma]\sin2\alpha}$$

(3)斜杆 CD 体积 V 是 α 的函数,体积 V 最小时应有

$$\sin2\alpha = 1$$

得

$$\alpha = 45°$$

【例 6-6】　三脚架如图 6-25(a)所示,钢杆 AB 的横截面面积 $A_1 = 600 \text{ mm}^2$,许用应力 $[\sigma]_1 = 160 \text{ MPa}$,木杆 BC 的横截面面积 $A_2 = 10000 \text{ mm}^2$,许用应力 $[\sigma]_2 = 7 \text{ MPa}$,试确定许用载荷 $[P]$。

【解】　(1)取 B 点研究,受力如图 6-25(b)所示。建立平衡方程:

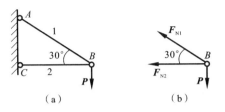

图 6-25

$$\sum F_y = 0 \Rightarrow F_{N1}\sin30^\circ - P = 0$$

解得

$$F_{N1} = 2P$$

$$\sum F_x = 0 \Rightarrow -F_{N2} - F_{N1}\cos30^\circ = 0$$

解得

$$F_{N2} = -1.732P$$

（2）由强度条件计算许用载荷。

① 对于 AB 杆（设许用载荷为 P_1）：

由强度条件

$$\sigma_1 = \frac{F_{N1}}{A_1} = \frac{2P_1}{A_1} \leqslant [\sigma]_1$$

得

$$P_1 \leqslant \frac{A_1 [\sigma]_1}{2} = \frac{600 \times 10^{-6} \times 160 \times 10^{-6}}{2} \text{ N} = 48 \text{ kN}$$

② 对于 BC 杆（设许用载荷为 P_2）：

由强度条件

$$\sigma_2 = \frac{F_{N2}}{A_2} = \frac{|-1.732P_2|}{A_2} \leqslant [\sigma]_2$$

得

$$P_2 \leqslant \frac{A_2 [\sigma]_2}{1.732} = \frac{10000 \times 10^{-6} \times 7 \times 10^6}{1.732} \text{ N} = 40.4 \text{ kN}$$

计算得到两个许用载荷值，分别是 48 kN 及 40.4 kN。整个结构能承受的载荷是两个许用载荷中最小值，即 $[P] = \min(P_1, P_2) = 40.4$ kN，最终取 $[P] = 40.4$ kN。注意到许用载荷计算中是"$\leqslant$"。若载荷取为 48 kN，则只有 AB 杆安全，BC 杆不安全。当载荷取为 40.4 kN 时，不仅 BC 杆是安全的，AB 杆也是安全的。

6.6　轴向拉伸与压缩时的变形

6.6.1　轴向绝对变形量与相对变形量

如图 6-26(a) 所示，设杆件原长为 l，横截面面积为 A。在轴向拉力作用下，长

度变为 l_1,定义杆件轴向尺寸变化量

$$\Delta l = l_1 - l \tag{6-25}$$

为杆件的**轴向绝对变形量**,简称绝对变形量。绝对变形量只能衡量变形的大小,不能衡量变形的程度。

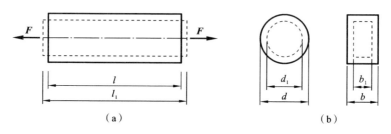

（a）　　　　　　　　　　　　　　　（b）

图 6-26

　　显然,仅用绝对变形量来衡量杆件的变形是不够充分的。比如,在外力作用下,两根长短不同的杆件,产生相同的绝对变形量。由于杆件长度不同,两根杆件的变形程度显然是有区别的。为了衡量杆件的轴向变形程度,定义**轴向相对变形量**为

$$\varepsilon = \frac{\Delta l}{l} \tag{6-26}$$

也称为**轴向线应变**,简称正应变、应变。

　　当杆件受拉而伸长时,$\Delta l > 0$,$\varepsilon > 0$;当杆件受压而缩短时,$\Delta l < 0$,$\varepsilon < 0$。由此可见,杆件的轴向绝对变形量的符号、轴向相对变形量的符号与轴力的符号是一致的。

　　如果拉压杆中的变形是均匀的,杆件中任意一点的线应变都可由式(6-26)定义。但是,当杆件并非均匀变形时,则应当在杆件中任意一点 A 处,沿着 x 方向取微段长度 $\mathrm{d}x$,若该微段沿着 x 方向的绝对变形量为 $\mathrm{d}u$,定义

$$\varepsilon_x = \frac{\mathrm{d}u}{\mathrm{d}x} \tag{6-27}$$

为 A 点处沿着 x 方向的线应变。

6.6.2　横向绝对变形量与相对变形量

　　对于体积不变的材料,当杆件沿着轴向发生伸长或缩短变形时,杆件的横向尺寸会对应减小或增大。如图 6-26(b) 所示,若杆件变形前后的横向尺寸分别为 d(或 b) 和 d_1(或 b_1),则定义**横向绝对变形量**为

$$\Delta d = d_1 - d \tag{6-28}$$

定义横向相对变形量即**横向线应变**为

$$\varepsilon' = \frac{\Delta d}{d} = \frac{d_1 - d}{d} \tag{6-29}$$

　　由式(6-29)可知,轴向线应变与横向线应变符号相反,其力学含义是:在线弹性

变形范围内,当杆件沿轴向拉伸($\varepsilon > 0$)时,杆件的横向尺寸减小($\varepsilon' < 0$);当杆件沿轴向缩短($\varepsilon < 0$)时,杆件的横向尺寸增加($\varepsilon' > 0$)。故 ε 与 ε' 的符号总是相反的。

6.6.3　胡克定律

由试验得出,当轴向拉压杆横截面上正应力 σ 不超过比例极限 σ_p 时,杆件的变形处于线弹性范围,即 σ-ε 曲线是直线,应力与应变是线性比例关系:

$$\sigma \propto \varepsilon$$

用比例常数 E 代入,可写成:

$$\sigma = E\varepsilon \tag{6-30}$$

该式(同式(6-15)一致)称为材料拉压胡克定律。式中的比例常数 E 称为材料的弹性模量。由此式可知,在同样大小的正应力作用下,E 越大,产生的应变越小。E 反映了材料在正应力作用下抵抗变形的能力,可以视之为材料的刚度。

将应力及线应变的表达式:

$$\sigma = \frac{F_N}{A}, \quad \varepsilon = \frac{\Delta l}{l}$$

代入式(6-30)中,得到等截面直杆轴向拉压变形的胡克定律:

$$\Delta l = \frac{F_N l}{EA} \tag{6-31}$$

该式表明:当应力不超过材料的比例极限时,杆件的绝对变形与轴力及杆件原长成正比,与横截面面积及弹性模量成反比。

由式(6-31)可知,EA 越大,杆件的绝对变形量越小,EA 反映了杆件抵抗拉压变形的能力,所以称之为杆件的抗拉刚度。

此外,试验结果还表明:当应力不超过材料的比例极限时,横向线应变 ε' 与轴向线应变 ε 之比的绝对值是一个常数,用 ν 表示。即

$$\nu = \left| \frac{\varepsilon'}{\varepsilon} \right| \tag{6-32}$$

ν 称为**横向变形系数**或**泊松比**(Poisson ratio)。泊松比只与具体的材料有关,而与杆件的几何尺寸及受力无关,是一个材料参数。表 6-2 列出了几种常见金属材料的弹性模量和泊松比的数值。

表 6-2　常用金属材料的 E、ν 数值

材　　料	E/GPa	ν
低碳钢	$196 \sim 216$	$0.25 \sim 0.33$
合金钢	$186 \sim 216$	$0.24 \sim 0.33$
灰铸铁	$78.5 \sim 157$	$0.23 \sim 0.27$
铜及其合金	$76.6 \sim 128$	$0.31 \sim 0.42$
铝合金	70	0.33

因为 ε 与 ε' 的符号总是相反的,所以

$$\varepsilon' = -\nu\varepsilon \tag{6-33}$$

【例 6-7】　图 6-27 所示为一变截面杆,已知 BD 段横截面面积 $A_1 = 2 \text{ cm}^2$,
AD 段横截面面积 $A_2 = 4 \text{ cm}^2$。材料的弹性模量 $E = 20 \times 10^3 \text{ MPa}$,承受载荷 $F_1 = 5 \text{ kN}$,$F_2 = 10 \text{ kN}$ 作用。试计算 AB 杆的变形量 Δl_{AB}。

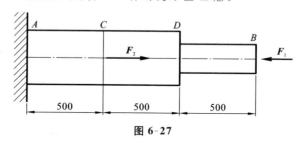

图 6-27

【解】　式(6-31)适用于轴力 F_N 为常量的等截面直杆。本题为多个集中力作用的阶梯直杆,可以考虑采取分段求和的方法求解杆的变形量,即根据载荷作用情况和截面变化情况把整根杆件划分为 BD、DC 和 CA 三段,每段都是轴力为常量的等截面直杆,可以分别用式(6-31)计算各段的变形量,最后计算各段绝对变形量的代数和,得到杆件的总变形量。

(1) 计算轴力。用三次截面法,分别求得 BD、DC、CA 段的轴力:

$$F_{N1} = -5 \text{ kN}, \quad F_{N2} = -5 \text{ kN}, \quad F_{N3} = 5 \text{ kN}$$

(2) 计算变形量。

① 根据式(6-31)计算各段的绝对变形量:

$$\Delta l_{BD} = \Delta l_1 = \frac{F_{N1} l_1}{EA_1} = \frac{-5 \times 10^3 \times 500 \times 10^{-3}}{200 \times 10^9 \times 2 \times 10^{-4}} \text{ m} = -6.25 \times 10^{-5} \text{ m}$$

$$\Delta l_{DC} = \Delta l_2 = \frac{F_{N2} l_2}{EA_2} = \frac{-5 \times 10^3 \times 500 \times 10^{-3}}{200 \times 10^9 \times 4 \times 10^{-4}} \text{ m} = -3.13 \times 10^{-5} \text{ m}$$

$$\Delta l_{CA} = \Delta l_3 = \frac{F_{N3} l_3}{EA_3} = \frac{5 \times 10^3 \times 500 \times 10^{-3}}{200 \times 10^9 \times 4 \times 10^{-4}} \text{ m} = 3.13 \times 10^{-5} \text{ m}$$

② 杆件总绝对变形量为

$$\Delta l_{AB} = \sum \Delta l_i = \Delta l_1 + \Delta l_2 + \Delta l_3 = -6.25 \times 10^{-5} \text{ m}$$

Δl_{AB} 的负号说明此杆缩短。

式(6-31)适用于轴力 F_N 为常量的等截面直杆。对于受多个集中力作用的阶梯直杆,可以采取分段求和的方法求解杆件的变形。如图 6-28 所示,如果杆件受到轴向分布载荷作用(轴力连续变化)或者杆件横截面发生连续变化,式(6-31)将不再适用。如果横截面面积变化缓慢,则可以使用微积分方法计算杆件的轴向拉压变形量。

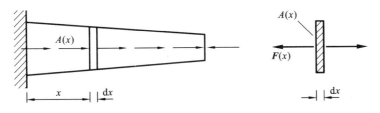

图 6-28

在任意 x 处，取长度为 dx 的微段进行研究。该微段两端横截面上的轴力大小分别为 $F_N(x)$、$F_N(x+dx)$，面积分别为 $A(x)$、$A(x+dx)$。根据微分知识，由于微段 dx 足够小，微段两端横截面上的轴力增量和面积增量都可以忽略不计，故可认为微段内的轴力 $F_N(x)$ 和横截面面积 $A(x)$ 都是常量。于是，该微段成为一段长为 dx 的"轴力为常量的等截面直杆"，应用式(6-31)，表达该微段的轴向绝对拉压变形量：

$$d(\Delta l) = \frac{F_N(x)dx}{EA(x)} \qquad (6\text{-}34)$$

再沿轴线对式(6-34)进行积分，即可得到杆件的轴向绝对变形量：

$$\Delta l = \int_l \frac{F_N(x)dx}{EA(x)} \qquad (6\text{-}35)$$

6.6.4　轴向拉伸或压缩时杆的应变能

杆件受外力作用而变形，同时，外力所做的功将转化为能量积蓄于杆件内。这种因弹性体变形而在弹性体内储存的能量称为**应变能**。当外力逐渐减小时，变形将逐渐恢复，杆件将储存的能量释放出来。

如果是缓慢加载，加载过程中的动能、热能、电能、化学能等损耗都可以忽略不计，根据能量原理，可以认为在弹性体的变形过程中，外力所做的功 W 都转变为积蓄在弹性体内的应变能 V_ε，即

$$V_\varepsilon = W \qquad (6\text{-}36)$$

应变能 V_ε 的单位为焦耳，其符号为 J。

现在讨论轴向拉伸或压缩时应变能的计算。如图 6-29(a)所示，受拉杆件左端固定，作用于右端的拉力由零开始缓慢增加。拉力 F 与伸长量 Δl 的关系如图 6-29(b)所示。注意，Δl 既是力 F 作用点沿力作用方向的位移，同时也是杆件的轴向绝对变形量。

在线弹性阶段，当拉力为任一中间值 $\overline{F}$，杆件相应的伸长量为 $\Delta \overline{l}$ 时，给力 $\overline{F}$ 一个微增量 d$\overline{F}$，相应地，杆件变形会产生微增量 d$(\Delta \overline{l})$。在此过程中，可以认为外力为常力，可以用图 6-29(b)中阴影部分的面积来表示外力 $\overline{F}$ 作用产生的微功，即

$$dW = \overline{F}d(\Delta \overline{l}) \qquad (6\text{-}37)$$

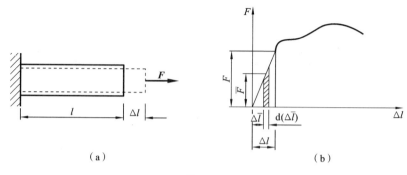

图 6-29

显然,在外力 F 的整个加载过程(力大小从零变化至终值 F)中,力所做功应是相应所有 dW 的累积,即拉力所做的总功 W 等于 F-Δl 曲线与横轴所围成的图形的面积:

$$W = \int_0^{\Delta l} dW = \int_0^{\Delta l} \overline{F} d(\overline{\Delta l}) \qquad (6\text{-}38)$$

注意到在线弹性变形范围内,杆件的轴向绝对变形量 Δl 与外力 F 成正比。由此可以判定,在线弹性阶段,外力 F 所做的功等于线弹性变形阶段 F-Δl 曲线与横轴围成的直角三角形的面积。即

$$W = \frac{1}{2} F \Delta l \qquad (6\text{-}39)$$

由式(6-36),可得

$$V_\varepsilon = \frac{1}{2} F \Delta l \qquad (6\text{-}40)$$

将式(6-31)代入式(6-40),得

$$V_\varepsilon = W = \frac{1}{2} F \Delta l = \frac{F^2 l}{2EA} \qquad (6\text{-}41)$$

应变能的分布密度,即储存于单位体积内的应变能,称为**应变能密度**,以 v_ε 表示,单位为焦耳每立方米(J/m^3)。对于轴力为常量的等截面直杆,因为应变能均匀分布,容易得到

$$v_\varepsilon = \frac{V_\varepsilon}{V} = \frac{\dfrac{F^2 l}{2EA}}{Al} = \frac{1}{2} \sigma \varepsilon \qquad (6\text{-}42)$$

以上计算是以拉杆为例,同样适用于压杆。式(6-42)适用于所有单向应力状态。

【例 6-8】 图 6-30 所示结构中,AB 和 AC 两实心钢杆在 A 点以铰相连接,A 点作用有垂直向下的力 $F = 35$ kN。已知杆 AB(杆 1)和 AC(杆 2)的直径分别为 $d_1 = 12$ mm 和 $d_2 = 15$ mm,钢的弹性模量 $E = 210$ GPa。试求 A 点在垂直方向的

位移。

【解】（1）内力分析。根据节点 A 的平衡，求得杆 1 和杆 2 的轴力分别为

$$F_{N1} = \frac{\sqrt{2}}{\sqrt{3}+1}F \quad （拉力）$$

$$F_{N2} = \frac{2}{\sqrt{3}+1}F \quad （拉力）$$

（2）应变能计算。结构的应变能为

$$V_\varepsilon = \frac{F_{N1}^2 l_1}{2EA_1} + \frac{F_{N2}^2 l_2}{2EA_2} = \frac{4F^2 l_1}{E\left(1+\sqrt{3}\right)^2 \pi d_1^2} + \frac{8F^2 l_2}{E\left(1+\sqrt{3}\right)^2 \pi d_2^2}$$

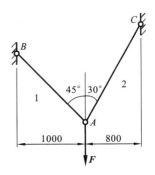

图 6-30

（3）位移计算。设节点 A 沿垂直方向的位移为 Δ，并与载荷 F 的方向相同，则外力做功为

$$W = \frac{1}{2}F\Delta$$

根据能量守恒定律得

$$\frac{1}{2}F\Delta = \frac{4F^2 l_1}{E\left(1+\sqrt{3}\right)^2 \pi d_1^2} + \frac{8F^2 l_2}{E\left(1+\sqrt{3}\right)^2 \pi d_2^2}$$

代入数值，解得

$$\Delta = \frac{8Fl_1}{E\left(1+\sqrt{3}\right)^2 \pi d_1^2} + \frac{16Fl_2}{E\left(1+\sqrt{3}\right)^2 \pi d_2^2} = 1.367 \times 10^{-3}\ \text{m} = 1.367\ \text{mm}$$

结果为正，表明位移 Δ 方向与假设的一致，即与载荷 F 的方向相同。

思 考 题

6-1 轴向拉伸与压缩变形的发生条件和变形特征各是什么？

6-2 低碳钢材料的拉伸过程分为几个阶段？各有什么特点？各对应什么应力极限？

6-3 低碳钢材料拉伸有哪些强度指标？有哪些塑性指标？

6-4 金属材料试样在轴向拉伸与压缩时有几种破坏形式？这些破坏形式分别与何种应力有关？

6-5 什么是许用应力？如何确定构件的安全系数？

6-6 什么是强度条件？用强度条件可以解决哪些工程问题？

习 题

6-1 作图示等截面直杆的轴力图。已知横截面的面积为 $2\ \text{cm}^2$。指出最大正应力发生的截面，并计算出相应的应力值。

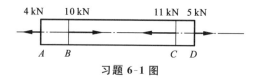

习题 6-1 图

6-2 如图所示,变截面圆杆受轴向外力作用,已知 $P_1 = 20$ kN,$P_2 = P_3 = 35$ kN,各段长度分别为 $l_1 = 400$ mm,$l_2 = 300$ mm,$l_3 = 400$ mm,截面直径分别为 $d_1 = 12$ mm,$d_2 = 16$ mm,$d_3 = 24$ mm。绘出轴力图并求杆上的最大、最小应力。

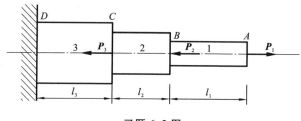

习题 6-2 图

6-3 图示为某型机床工作台进给油缸的示意图。已知工作油压 $p = 2$ MPa,油缸内径 $D = 75$ mm,活塞杆直径 $d = 18$ mm。已知活塞杆材料的$[\sigma] = 50$ MPa,试校核活塞杆的强度。

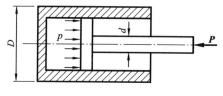

习题 6-3 图

6-4 如图所示,油缸盖与缸体之间用 6 个螺栓连接。油缸内径 $D = 350$ mm,油压 $p = 1$ MPa。若螺栓材料的$[\sigma] = 40$ MPa,试求螺栓的内径。

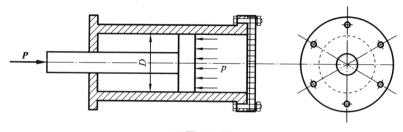

习题 6-4 图

6-5 图示简易吊车中:水平杆 AB 为木杆,横截面面积 $A_1 = 100$ cm^2,许用应力$[\sigma]_1 = 7$ MPa;斜杆 BC 为钢杆,横截面面积 $A_2 = 6$ cm^2,许用应力$[\sigma]_2 = 160$ MPa。试确定许用载荷$[P]$。

6-6　图示拉杆由两部分沿斜截面 m—n 胶合而成。设在胶合面上许用拉应力 $[\sigma]=100$ MPa，许用剪应力 $[\tau]=50$ MPa。设由胶合面的强度控制杆件的强度。试问：为使杆件承受最大拉力 P，α 的值应为多少？若杆件横截面面积为 4 cm^2，并规定 $\alpha \leqslant 60°$，试确定许可载荷 P。

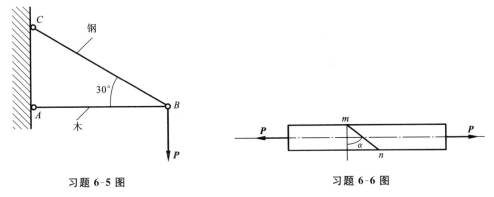

习题 6-5 图　　　　　　　　　　　　　　　习题 6-6 图

6-7　等直黄铜杆的横截面积 $A=100$ mm^2，受图示的轴向载荷作用。黄铜的弹性模量 $E=90$ GPa。试求杆的总伸长量及各处的应变。

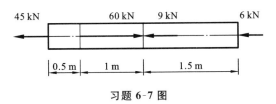

习题 6-7 图

6-8　图示为由钢和铜两种材料组成的直径 $d=40$ mm 的等直杆。钢的弹性模量 $E_2=210$ GPa，铜的弹性模量 $E_1=100$ GPa。杆的总伸长为 $\Delta l=0.126$ mm，试求载荷 F、横截面上的应力及各处的应变。

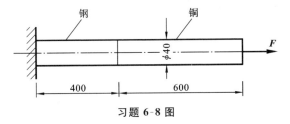

习题 6-8 图

6-9　变截面直杆受力如图所示。$A_1=200$ mm^2，$A_2=300$ mm^2，$A_3=400$ mm^2。已知材料的拉压弹性模量 $E=200$ GPa。试：(1) 绘出杆的轴力图；(2) 计算各段横截面上的正应力；(3) 计算右端面的位移。

6-10　杆系结构如图所示，试求节点 C 的铅垂位移 δ_C，设二杆长度 l 和抗拉压刚度 EA 相同。

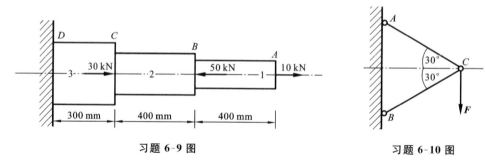

习题 6-9 图　　　　　　　　习题 6-10 图

6-11 图中的横梁 AD 为刚体。横截面面积 $A = 76.36\ \text{mm}^2$ 的钢索绕过无摩擦的滑轮。已知 $P = 30\ \text{kN}$，求 C 点的铅垂位移 δ_C。钢索的 $E = 200\ \text{GPa}$。

6-12 五根钢杆组成图示杆系。各杆横截面面积均为 $A = 500\ \text{mm}^2$，已知材料的拉压弹性模量 $E = 200\ \text{GPa}$。A、C 处各作用一沿对角线 AC 方向的大小为 20 kN 的力 F，试求 A、C 两点的距离改变量。

6-13 两杆 1、2 下端悬挂的杆 AB 为刚性杆，两杆横截面面积为 $A_1 = 60\ \text{mm}^2$，$A_2 = 120\ \text{mm}^2$，两杆材料相同。若 $P = 6\ \text{kN}$，试求两杆的轴力及支座 A 的反力。

6-14 长度为 l 的圆锥形杆两端受拉力作用，两端直径分别为 d_1、d_2，材料的弹性模量为 E，求杆的总伸长。

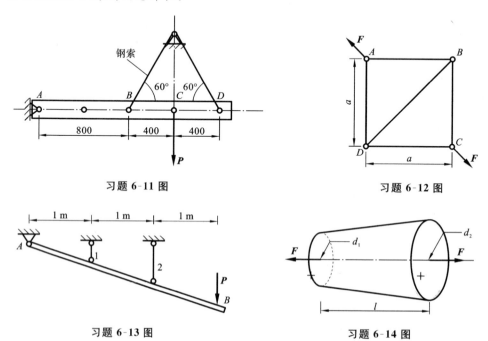

习题 6-11 图　　　　　　　　习题 6-12 图

习题 6-13 图　　　　　　　　习题 6-14 图

拓展阅读

力学史上的明星(五)

西莫恩·德尼·泊松(1781—1840),法国数学家、物理学家和力学家,1781 年 6 月 21 日生于皮蒂维耶,1840 年 4 月 25 日卒于巴黎附近的索镇。泊松的科学生涯开始于研究微分方程及其在摆的运动和声学理论中的应用。他工作的特色是应用数学方法研究各类力学和物理问题,并由此得到数学上的发现。他对积分理论、行星运动理论、热物理理论、弹性理论、电磁理论、位势理论和概率论都有重要贡献。

泊松是法国第一流的分析学家,18 岁时就发表了一篇关于有限差分的论文,受到了勒让德的好评。他一生成果累累,发表论文 300 多篇,对数学和物理学都做出了杰出贡献。

泊松一生从事数学研究和教学工作,他的主要工作是将数学应用于力学和物理学中。他第一个使用冲量的分量形式,即后来称为泊松括号的运算符号进行分析力学的分析;他所著《力学专论》在很长时期内都被作为标准教科书。在天体力学方面,他推广了拉格朗日和拉普拉斯有关行星轨道稳定性的研究,还计算出球体和椭球体之间的引力。他用行星内部质量分布表示重力的公式对 20 世纪通过人造卫星轨道确定地球形状的计算仍有实用价值。他独立地获得了轴对称刚体定点转动微分方程的积分,即通常称为拉格朗日(工作在泊松前,发表在后)的可积情况。在 1831 年发表的《弹性固体和流体的平衡和运动一般方程研究报告》一文中,他第一个完整地给出了说明黏性流体的物理性质的方程,即本构关系。在这以前,牛顿在《自然哲学的数学原理》(1687)一书中曾对此给出简单的说明,柯西于 1823 年给出了用分量形式表达的本构关系,但缺静压力项。

在固体力学中,泊松以材料的横向变形系数,即泊松比而知名。他在 1829 年发表的《弹性体平衡和运动研究报告》一文中,用分子间相互作用的理论导出弹性体的运动方程,发现在弹性介质中可以传播纵波和横波,并且从理论上推演出各向同性弹性杆在受到纵向拉伸时,横向收缩应变与纵向伸长应变之比是一常数,其值为四分之一。但这一数值和实验有差距,如 1848 年维尔泰姆根据实验就认为这个值应是三分之一。

泊松在数学方面贡献很多。最突出的是 1837 年在《关于判断的概率之研究》一文中提出描述随机现象的一种常用分布,在概率论中现称泊松分布。这一分布在公用事业、放射性现象等许多方面都有应用。他还研究过定积分、傅里叶级数、数学物理方程等。除泊松分布外，还有许多数学名词是以他名字命名的，如泊松积分、泊松求和公式、泊松方程、泊松定理，等等。

　　泊松也是 19 世纪概率统计领域里的卓越人物。他改进了概率论的运用方法，特别是用于统计方面的方法，建立了描述随机现象的一种概率分布——泊松分布，他推广了"大数定律"，并导出了在概率论与数理方程中有重要应用的泊松积分。他是从法庭审判问题出发研究概率论的，1837 年他出版了专著《关于刑事案件和民事案件审判概率的研究》。

第7章 剪切与挤压

7.1 剪切与挤压概述

剪切变形在工程实践和日常生活中广泛存在。各种机械结构中的连接件,如销轴、铆钉(见图 7-1)和螺栓、焊(粘)接缝,土木桥梁结构中的梁、板、柱等基本构件(见图 7-2),都会发生剪切变形。

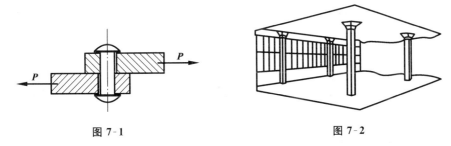

图 7-1   图 7-2

在工程实践和日常生活中,剪切变形也是人们对材料进行加工的基本手段。现在以连接两块钢板的铆钉为例来分析剪切变形。

当在钢板两端施加载荷 P 时,如图 7-3 所示,铆钉在左右侧分别受到上下钢板施加的一对等值、反向、作用线平行而且相距很近的力 P 的作用。在图 7-4 中,铆钉在外力作用下产生变形,位于两个力 P 作用线之间的横截面将发生相对错动。铆钉发生的这种变形称为**剪切变形**。两个力 P 作用线之间的部分称为剪切区域,剪切区域里面的横截面称为**剪切面**。当外力 P 增大到一定数值时,铆钉即沿某一个剪切面被剪断。

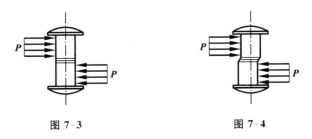

图 7-3   图 7-4

在日常生活中,人们使用家用剪刀(见图 7-5)剪纸或者布、用枝剪剪树枝,其中的力的作用方式和变形与铆钉的相似;但用钢丝钳剪钢丝的时候,钢丝在受力方式和变形方式上与铆钉有本质的区别。

图 7-5

在剪切变形发生的同时,铆钉和钢板在相应的部位紧密接触,这个过程通常会发生挤压变形。接触表面分别是铆钉的外表面(左边上半部分圆柱面和右边下半部分圆柱面)和铆钉孔内表面,又称为**承压面**或者**挤压面**。在这些紧密接触的区域附近,铆钉和钢板都会产生挤压变形。

通过深入分析,我们可以发现铆钉的剪切变形过程比较复杂。整个剪切变形过程包括铆钉的弹性变形、塑性变形、裂纹扩展、材料断裂。

7.2　剪切和挤压的实用计算

7.2.1　剪切强度计算

应用截面法分析内力。沿某一剪切面将铆钉截开,取下面的部分铆钉作为研究对象。如图 7-6 所示,在剪切变形发生的时候,在剪切面上存在剪力 $\boldsymbol{F}_S$。根据平衡条件可以知道:剪力 $\boldsymbol{F}_S$ 沿剪切面的切向作用,与作用在研究对象上的外力 $\boldsymbol{P}$ 等值、反向、作用线平行而且相距很近。

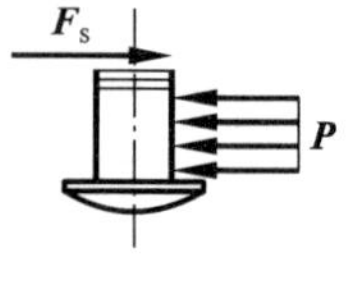

图 7-6

工程中的一些连接件,如键、销钉、螺栓及铆钉等,都是主要承受剪切作用的构件。构件剪切面上的内力可用截面法求得。以圆杆受剪为例(见图 7-7(a)),上下两个刀刃分别以大小相等、方向相反、垂直于轴线且作用线很近的两个力 $\boldsymbol{F}$ 作用于圆杆 $n—n$ 截面处,使得 $n—n$ 截面发生相对错动变形(见图 7-7(b))。将构件沿剪切面假想地截开,保留左半部分并考虑其平衡。可知剪切面上必有与外力平行且与横截面相切的内力 $\boldsymbol{F}_S$(见图 7-7(c))的作用。$\boldsymbol{F}_S$ 称为**剪力**,根据平衡方程 $\sum F_y = 0$,可求得 $F_S = F$。

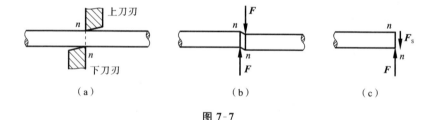

(a)　　　　　　　　　　　(b)　　　　　　　　　　　(c)

图 7-7

剪切破坏时,构件将沿剪切面(如图 7-7(c)所示的 $n—n$ 面)被剪断。当只有一个剪切区域时,称为**单剪切**。例如,图 7-3 所示受力铆钉即为单剪切。

受剪构件除了承受剪切外,往往同时伴随着挤压、弯曲和拉伸等作用。在图 7-1 中没有完全给出构件所受的外力和剪切面上的全部内力,而只是给出了主要的受力和内力。其实际受力和变形比较复杂,因而对这类构件的工作应力进行理论上的精确分析是困难的。工程中对这类构件的强度计算,一般采用在试验和经验基础上建立的比较简便的计算方法,称为**剪切的实用计算**或**工程计算**。

剪切试验试件的受力情况应模拟零件的实际工作情况进行。图 7-8(a)所示为一种剪切试验装置的简图,试件的受力情况如图 7-8(b)所示,这是模拟某种销钉连接的工作情形。当载荷 F 增大至破坏载荷 F_b 时,试件在剪切面 m —m 及 n —n 处被剪断。这种具有两个剪切区域的情况,称为**双剪切**。由图 7-8(c)可求得剪切面上的剪力:

$$F_S = \frac{F}{2}$$

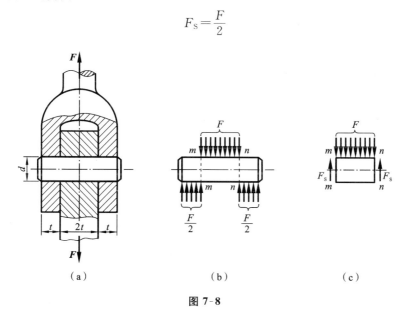

图 7-8

由于受剪构件的变形及受力比较复杂,剪切面上的应力分布规律很难用理论方法确定,因此工程上一般采用实用计算方法来计算受剪构件的应力。在这种计算方法中,假设应力在剪切面内是均匀分布的。若以 A 表示销钉横截面面积,则应力为

$$\tau = \frac{F_S}{A} \tag{7-1}$$

式中:τ 与剪切面相切,故为**切应力**。以上计算是以假设"切应力在剪切面上均匀分布"为基础的,实际上它只是剪切面内的一个"平均切应力",所以也称为**名义切应力**。

在模拟剪切实验中,当 F 达到 F_b 时的切应力称**材料的名义剪切极限应力**,记为 τ_b。对于上述剪切试验,(两个剪切面)名义剪切极限应力为

$$\tau_b = \frac{F_b}{2A} \tag{7-2}$$

将 τ_b 除以安全系数 n,即得到**名义许用切应力**:

$$[\tau]=\frac{\tau_{\mathrm{b}}}{n} \tag{7-3}$$

这样,剪切计算的强度条件可表示为

$$\tau=\frac{F_{\mathrm{s}}}{A}\leqslant[\tau] \tag{7-4}$$

7.2.2　挤压强度计算

一般情况下,连接件在承受剪切作用的同时,在连接件与被连接件之间传递压力的接触面上还发生局部受压的现象,称为**挤压**。例如,图 7-8(b)给出了销钉承受挤压力作用的情况,挤压力以 F_{bs} 表示。当挤压力超过一定限度时,连接件或被连接件在挤压面附近产生明显的塑性变形,称为**挤压破坏**。在有些情况下,构件在剪切破坏之前可能首先发生挤压破坏,所以需要建立挤压强度条件。图 7-8(a)中销钉与被连接件的实际挤压面为半个圆柱面,其上的挤压应力也不是均匀分布的,在弹性范围内销钉与被连接件的**挤压应力**的分布情况如图 7-9(a)所示。

与以上解决剪切强度的计算方法相似,按构件的名义挤压应力建立**挤压强度条件**:

$$\sigma_{\mathrm{bs}}=\frac{F_{\mathrm{bs}}}{A_{\mathrm{bs}}}\leqslant[\sigma_{\mathrm{bs}}] \tag{7-5}$$

式中:A_{bs} 为挤压面积,等于实际挤压面沿主要挤压方向所作投影的投影面(直径平面)面积,见图 7-9(b);σ_{bs} 为挤压应力;$[\sigma_{\mathrm{bs}}]$ 为**许用挤压应力**。

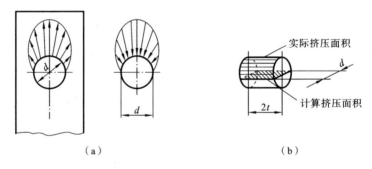

（a）　　　　　　　　　　　　　（b）

图 7-9

由图 7-8(b)可见:在销钉中部 mn 段,挤压力 F_{bs} 等于 F,挤压面积 A_{bs} 等于 $2td$;在销钉端部两段,挤压力均为 $\frac{F}{2}$,挤压面积均为 td。

许用挤压应力值通常可根据材料、连接方式和载荷情况等实际工作条件在有关设计规范中查得。一般地,名义许用切应力 $[\tau]$ 要比同样材料的许用拉应力 $[\sigma]$ 小,而许用挤压应力 $[\sigma_{\mathrm{bs}}]$ 则比 $[\sigma]$ 大。

对于塑性材料：

$$[\tau]=(0.6\sim0.8)[\sigma]$$

$$[\sigma_{bs}]=(1.5\sim2.5)[\sigma]$$

对于脆性材料：

$$[\tau]=(0.8\sim1.0)[\sigma]$$

$$[\sigma_{bs}]=(0.9\sim1.5)[\sigma]$$

【例 7-1】 图 7-10 中，已知钢板厚度 $t=10$ mm，其剪切极限应力 $\tau_b=300$ MPa。若用冲床将钢板冲出直径 $d=25$ mm 的孔，问需要多大的力 F?

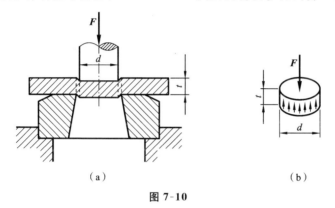

图 7-10

【解】 剪切面就是钢板内被冲头冲出的圆柱体的侧面，如图 7-10(b)所示。其面积为

$$A=\pi dt=\pi\times25\times10 \text{ mm}^2=785 \text{ mm}^2$$

冲孔所需的力应为

$$F\geqslant A\tau_b=785\times10^{-6}\times300\times10^6 \text{ N}=236 \text{ kN}$$

【例 7-2】 图 7-11(a)表示齿轮用平键与轴连接(图中只画出了轴与键，没有画齿轮)。已知轴的直径 $d=70$ mm，键的尺寸为 $b\times h\times l=20$ mm$\times12$ mm$\times100$ mm，传递的扭转力偶矩 $M_e=2$ kN·m，键的许用应力 $[\tau]=60$ MPa，$[\sigma_{bs}]=100$ MPa。试校核键的强度。

【解】 首先校核键的剪切强度。将键沿 $n-n$ 截面假想地分成两部分，并把 $n-n$ 截面以下部分和轴作为一个整体来考虑(见图 7-11(b))。因为假设在 $n-n$ 截面上的切应力均匀分布，故 $n-n$ 截面上剪力 F_S 为

$$F_S=A\tau=bl\tau$$

对轴心取矩，由平衡条件 $\sum M_O=0$，得

$$F_S\cdot\frac{d}{2}=bl\tau\cdot\frac{d}{2}=M_e$$

故

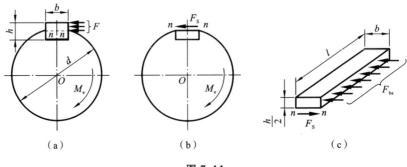

图 7-11

$$\tau = \frac{2M_e}{bld} = \frac{2 \times 2 \times 10^3}{20 \times 100 \times 70 \times 10^{-9}} \text{ Pa} = 28.6 \text{ MPa} < [\tau]$$

可见该键满足剪切强度条件。

其次校核键的挤压强度。考虑键在 n—n 截面以上部分的平衡(见图 7-11(c)),在 n—n 截面上的剪力为 $F_S = bl\tau$,右侧面上的挤压力为

$$F_{bs} = A_{bs}\sigma_{bs} = \frac{h}{2}l\sigma_{bs}$$

由水平方向的平衡条件得

$$F_S = F_{bs} \quad \text{或} \quad bl\tau = \frac{h}{2}l\sigma_{bs}$$

由此求得

$$\sigma_{bs} = \frac{2b\tau}{h} = \frac{2 \times 20 \times 10^{-3} \times 28.6 \times 10^6}{12 \times 10^{-3}} \text{ Pa} = 95.3 \text{ MPa} < [\sigma_{bs}]$$

故平键也满足挤压强度要求。

【例 7-3】 电瓶车挂钩用插销连接,如图 7-12(a)所示。已知 $t = 8$ mm,插销材料的许用切应力 $[\tau] = 30$ MPa,许用挤压应力 $[\sigma_{bs}] = 100$ MPa,牵引力 $F = 15$ kN。试确定同时满足剪切和挤压强度条件的插销的直径 d。

【解】 插销的受力情况如图 7-12(b),可以求得

$$F_S = \frac{F}{2} = \frac{15}{2} \text{ kN} = 7.5 \text{ kN}$$

先按剪切强度条件进行设计:

$$A \geqslant \frac{F_S}{[\tau]} = \frac{7.5 \times 10^3}{30 \times 10^6} \text{ m}^2 = 2.5 \times 10^{-4} \text{ m}^2$$

即

$$\frac{\pi d^2}{4} \geqslant 2.5 \times 10^{-4} \text{ m}^2$$

$$d \geqslant 0.0178 \text{ m} = 17.8 \text{ mm}$$

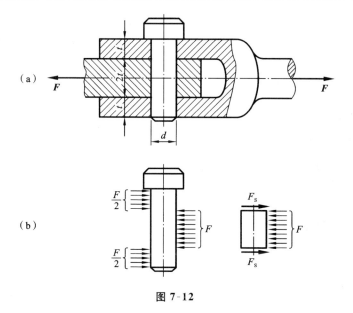

图 7-12

再用挤压强度条件进行校核：

$$\sigma_{bs}=\frac{F_{bs}}{A_{bs}}=\frac{F}{2td}=\frac{15\times10^{3}}{2\times8\times17.8\times10^{-6}}\ \text{Pa}=52.7\ \text{MPa}<[\sigma_{bs}]$$

所以挤压强度条件也是满足的。查机械设计手册,最后采用 $d=20$ mm 的标准圆柱销钉。

思　考　题

7-1　如图所示铆接结构中,力是如何传递的?

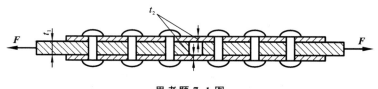

思考题 7-1 图

7-2　如图所示木榫连接,可能的破坏形式有哪些? 并写出其剪切面和挤压面面积。

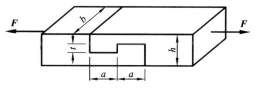

思考题 7-2 图

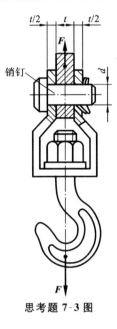

思考题 7-3 图

7-3　如图所示的起重机吊钩,用销钉连接。已知吊钩的钢板厚度 $t=24$ mm,吊起时所能承受的最大载荷 $F=100$ kN,销钉材料的名义许用切应力 $[\tau]=60$ MPa,许用挤压应力 $[\sigma_{bs}]=180$ MPa,试设计销钉直径。

7-4　某数控机床电动机轴与皮带轮用平键连接如图所示。已知轴的直径 $d=35$ mm,平键尺寸 $b\times h\times l=10$ mm$\times 8$ mm$\times 60$ mm,所传递的扭矩 $M=46.5$ N·m,键材料为 45 号钢,其名义许用切应力为 $[\tau]=60$ MPa,许用挤压应力为 $[\sigma_{bs}]=100$ MPa;带轮材料为铸铁,许用挤压应力为 $[\sigma_{bs}]=53$ MPa,试校核键连接的强度。

7-5　一铆接头如图所示,已知拉力 $F=100$ kN,铆钉直径 $d=16$ mm,钢板厚度 $t=20$ mm,$t_1=12$ mm,铆钉和钢板的许用应力为 $[\sigma]=160$ MPa;名义许用切应力为 $[\tau]=140$ MPa,许用挤压应力为 $[\sigma_{bs}]=320$ MPa,试确定所需铆钉的最少个数 n 及钢板相应的最小宽度 b。

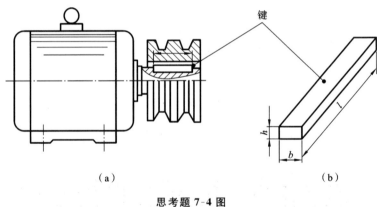

（a）　　　　　　　　　　　　　　（b）

思考题 7-4 图

思考题 7-5 图

习　题

7-1　试校核图示连接销钉的剪切强度。已知 $F=100$ kN,销钉直径 $d=30$ mm,材料的许用应力 $[\tau]=60$ MPa。若强度不够,应改用多大直径的销钉?

7-2　在厚度 $t=5$ mm 的钢板上,冲出一个形状如图所示的孔,钢板的名义剪切极限应力 $\tau_b=300$ MPa,求冲床所需的冲力 F。

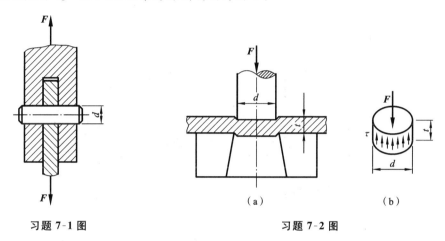

习题 7-1 图　　　　　　　　　　　　　　　（a）　　　　　　（b）

习题 7-2 图

7-3　冲床的最大冲力为 400 kN,被剪钢板的名义剪切极限应力 $\tau_b=360$ MPa,冲头材料的 $[\sigma]=440$ MPa,试求在最大冲力下所能冲剪的圆孔最小直径 d_{min} 和板的最大厚度 t_{max}。

7-4　图示销钉式安全联轴器所传递的扭矩需小于 300 N·m,否则销钉应被剪断,动力不再继续向后传递。已知轴的直径 $D=30$ mm,销钉的名义剪切极限应力 $\tau_b=360$ MPa,试设计销钉直径。

7-5　图示轴的直径 $d=80$ mm,键的尺寸 $b=24$ mm,$h=14$ mm。键的名义许用切应力 $[\tau]=40$ MPa,许用挤压应力 $[\sigma_{bs}]=90$ MPa。若由轴通过键所传递的扭转力偶矩 $M_e=3.2$ kN·m,试求所需键的长度 l。

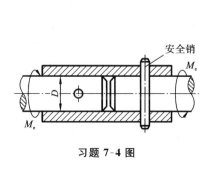

习题 7-4 图

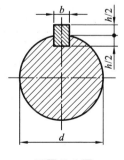

习题 7-5 图

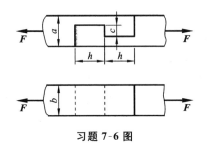

习题 7-6 图

7-6 木榫接头如图所示。$a=b=120$ mm,$h=350$ mm,$c=45$ mm,$F=40$ kN。试求接头剪切面上的切应力和挤压面上的挤压应力。

7-7 图示凸缘联轴节传递的扭矩 $M_e=3$ kN·m。四个直径 $d=12$ mm 的螺栓均匀地分布在 $D=150$ mm 的圆周上。材料的名义许用切应力 $[\tau]=90$ MPa,试校核螺栓的剪切强度。

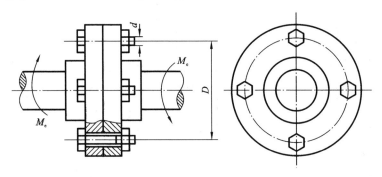

习题 7-7 图

7-8 厚度各为 10 mm 的两块钢板和厚度各为 8 mm 的三块钢板用直径 $d=20$ mm 的铆钉连接起来,如图所示。已知 $F=280$ kN,$[\tau]=100$ MPa,$[\sigma_{bs}]=280$ MPa,试求所需要的铆钉数目 n。

7-9 图示螺钉受拉力 **F** 作用。已知材料的许用切应力 $[\tau]$ 和许用拉应力 $[\sigma]$ 之间的关系为 $[\tau]=0.6[\sigma]$。试求螺钉直径 d 与钉头高度 h 的合理比值。

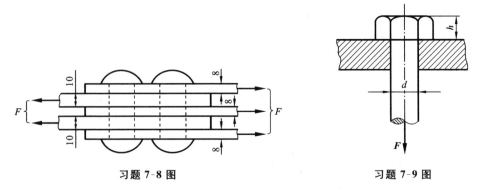

习题 7-8 图　　　　　　　　　　　　习题 7-9 图

7-10 两块钢板用 7 个铆钉连接如图所示。已知钢板厚度 $t=6$ mm,宽度 $b=200$ mm,铆钉直径 $d=18$ mm。材料的许用应力 $[\sigma]=160$ MPa,$[\tau]=100$ MPa,$[\sigma_{bs}]=240$ MPa;载荷 $F=150$ kN,试校核此接头的强度。

7-11 用夹剪剪断直径为 3 mm 的铅丝。若铅丝的名义剪切极限应力为 100 MPa,试问需要多大的力 F? 若销钉 B 的直径为 8 mm,试求销钉剪切面上的切应力。

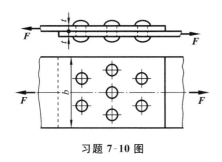

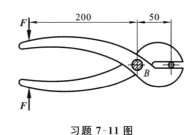

习题 7-10 图 　　　　　　　　　习题 7-11 图

力学史上的明星(六)

罗伯特·胡克(1635—1703),英国科学家,发明家。在物理学研究方面,他提出了描述材料弹性的基本定律——胡克定律,且提出了万有引力定律的平方反比关系。在机械制造方面,他设计制造了真空泵、显微镜和望远镜,并将自己用显微镜观察所得写成《显微术》一书,"细胞"一词即由他率先使用。在新技术发明方面,他发明的很多设备至今仍然在使用。科学技术之外,胡克还在城市设计和建筑方面有着重要的贡献。胡克也因其兴趣广泛、贡献重要而被某些科学史家称为"伦敦的莱奥纳多(达·芬奇)"。

胡克在力学方面的贡献尤为卓著,他曾为研究开普勒学说做出了重大贡献。在探讨万有引力的过程中,他首先发现了引力和距离的平方成反比的规律。在研究引力可以提供约束行星沿闭合轨道运动的向心力问题上,1662 年至 1666 年间,胡克做了大量实验工作。他支持吉尔伯特的观点,认为引力和磁力相类似。1664 年,胡克曾指出彗星靠近太阳时轨道是弯曲的,他还为寻求支持物体保持沿圆周轨道的力的关系而做了大量实验。1674 年他根据修正的惯性原理,从行星受力平衡观点出发,提出了有关行星运动的理论,在 1679 年给牛顿的信中正式提出了引力与距离的平方成反比的观点,但由于缺乏数学手段,当时还没有得出定量的表示。

胡克定律(弹性定律),是胡克最重要的发现之一,也是力学最重要的基本定律之一。在现代,胡克定律仍然是物理学的重要基本理论。胡克定律指出:"在弹性限度内,弹簧的弹力 F 和弹簧的长度变化量 x 成正比,即 $F=-kx$。k 是物质的弹性系数,它由材料的性质所决定,负号表示弹簧所产生的弹力与其伸长(或压缩)的方向相反。"为了证实这一理论,胡克曾做了大量实验,包括各种材料所构成的各种形状的弹性体。

在光学方面,胡克是光的波动说的支持者。1665 年,胡克进一步说明波动说,他认为光的传播与水波的传播相似。1672 年,胡克进一步提出了光波是横波的概念。在光学研究中,胡克主要的工作是进行了大量的光学实验,特别是致力于光学仪器的创制。他制作或发明了显微镜、望远镜等多种光学仪器。

胡克在天文学、生物学等方面也有贡献。他曾用自己制造的望远镜观测了火星的运动。1663 年,胡克有一个非常了不起的发现——他用自制的复合显微镜观察一块软木薄片的结构,发现它们看上去像一间间长方形的小房间(实际上看到的是细胞壁),就把它命名为"cell",这一名称至今仍被使用。

胡克的发现、发明和创造是极为丰富的。他曾协助玻意耳发现了玻意耳定律。他曾发明控制摆轮、轮形气压表等多种仪器。他还同惠更斯各自独立发现了螺旋弹簧振动周期的等时性等。此外,胡克还研究过肥皂泡的光彩、云母的颜色等许多光学现象。胡克在光学和力学方面是仅次于牛顿的伟大科学家。

第8章 平面图形的几何性质

8.1 静矩和形心

材料力学中研究的杆件,其横截面是各种形式的平面图形,如矩形、圆形、T形、工字形等。我们计算杆件在外载荷作用下的应力和变形时,要用到与杆横截面的形状、尺寸有关的几何量。例如在扭转部分会遇到极惯性矩 I_p,在弯曲部分会遇到面积矩 S、惯性矩 I_z 和惯性积 I_{yz} 等。我们称这些量为杆横截面图形的**几何性质**。

1. 静矩

设有任意截面如图 8-1 所示,其面积为 A。选取直角坐标系 Oyz,在坐标为 (y,z) 处取一微小面积 dA,定义微面积 dA 乘以其到 y 轴的距离 z,沿整个截面的积分,为截面对 y 轴的**静矩**(static moment)S_y,即

$$S_y = \int_A z \, dA \qquad (8\text{-}1)$$

同理,截面对 z 轴的静矩为

$$S_z = \int_A y \, dA \qquad (8\text{-}2)$$

截面对坐标轴的静矩与坐标轴的选取有关,随着坐标轴 y、z 的不同而不同,静矩的数值可能为正、可能为负,也可能为零。静矩的量纲是[长度]^3。

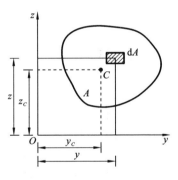

图 8-1

2. 形心

设想有一个厚度很小的均质薄板,薄板中间面的形状与图 8-1 所示的平面图形相同。显然,在

Oyz 坐标系中,上述均质薄板的重心与平面图形的**形心**(centroid of area)有相同的坐标 y_C 和 z_C。由静力学的力矩定理可知,薄板重心的坐标 y_C 和 z_C 分别是

$$y_C = \frac{\int_A y \, dA}{A} = \frac{S_z}{A}, \quad z_C = \frac{\int_A z \, dA}{A} = \frac{S_y}{A} \qquad (8\text{-}3)$$

故把平面图形对 z 轴和 y 轴的静矩,除以图形的面积 A 就得到图形形心的坐标 y_C 和 z_C。式(8-3)就是确定平面图形的形心坐标的公式。把式(8-3)改写为

$$S_y = A \cdot z_C, \quad S_z = A \cdot y_C \qquad (8\text{-}4)$$

这表明,平面图形对 y 轴和 z 轴的静矩,分别等于图形面积 A 乘以图形形心坐标 z_C 和 y_C。

由式(8-4)看出,若 $S_z=0$ 和 $S_y=0$,则 $y_C=0$ 和 $z_C=0$。可见,若图形对某一轴的静矩等于零,则该轴必然通过图形的形心;反之,若某一轴通过形心,则图形对该轴的静矩等于零。通过形心的轴称为**形心轴**。由于截面的对称轴必定通过截面的形心,因此图形对其对称轴的静矩恒为零。

3. 组合图形的静矩和形心

当一个平面图形是由若干个简单图形（例如矩形、圆形、三角形等）组成时,由静矩的定义可知,图形各组成部分对某一轴的静矩的代数和,等于整个图形对同一轴的静矩,即

$$S_z = \sum_{i=1}^{n} A_i y_{Ci}, \quad S_y = \sum_{i=1}^{n} A_i z_{Ci} \tag{8-5}$$

式中:A_i 和 y_{Ci}、z_{Ci} 分别表示第 i 个简单图形的面积及形心坐标;n 为组成该平面图形的简单图形的个数。

若将式(8-5)代入式(8-3),则得组合图形形心坐标的计算公式:

$$y_C = \frac{\sum\limits_{i=1}^{n} A_i y_{Ci}}{\sum\limits_{i=1}^{n} A_i}, \quad z_C = \frac{\sum\limits_{i=1}^{n} A_i z_{Ci}}{\sum\limits_{i=1}^{n} A_i} \tag{8-6}$$

【例 8-1】 图 8-2 中抛物线的方程为 $z=h\left(1-\dfrac{y^2}{b^2}\right)$。计算由抛物线、$y$ 轴和 z 轴所围成的平面图形对 y 轴和 z 轴的静矩 S_y 和 S_z,并确定图形的形心 C 的坐标。

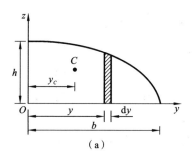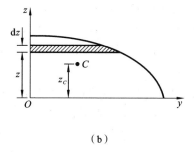

（a）　　　　　　　　　　　　（b）

图 8-2

【解】 取平行于 z 轴、宽为 $\mathrm{d}y$ 的狭长条作为微面积 $\mathrm{d}A$（见图 8-2(a)）,则有

$$\mathrm{d}A = z\mathrm{d}y = h\left(1-\frac{y^2}{b^2}\right)\mathrm{d}y$$

图形的面积及对 z 轴的静矩分别为

$$A = \int_A \mathrm{d}A = \int_0^b h\left(1-\frac{y^2}{b^2}\right)\mathrm{d}y = \frac{2bh}{3}$$

$$S_z = \int_A y\mathrm{d}A = \int_0^b yh\left(1-\frac{y^2}{b^2}\right)\mathrm{d}y = \frac{b^2 h}{4}$$

代入式(8-3),得

$$y_C = \frac{S_z}{A} = \frac{3}{8}b$$

取平行于 y 轴、宽为 $\mathrm{d}z$ 的狭长条作为微面积,如图 8-2(b)所示,仿照上述方法,即可求出

$$S_y = \frac{4bh^2}{15}, \quad z_C = \frac{2}{5}h$$

【例 8-2】 试确定图 8-3 所示平面图形的形心 C 的位置。

【解】 将图形分为 Ⅰ、Ⅱ 两个矩形,按图 8-3 取坐标系。两个矩形的形心坐标及面积分别为

矩形 Ⅰ :

$$y_{C1} = \frac{10}{2}\ \text{mm} = 5\ \text{mm}, \quad z_{C1} = \frac{120}{2}\ \text{mm} = 60\ \text{mm}$$

$$A_1 = 10 \times 120\ \text{mm}^2 = 1200\ \text{mm}^2$$

矩形 Ⅱ :

$$y_{C2} = \left(10 + \frac{70}{2}\right)\ \text{mm} = 45\ \text{mm}, \quad z_{C2} = \frac{10}{2}\ \text{mm} = 5\ \text{mm}$$

$$A_2 = 10 \times 70\ \text{mm}^2 = 700\ \text{mm}^2$$

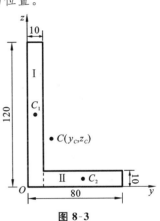

图 8-3

应用式(8-6),得形心 C 的坐标 $(y_C、z_C)$ 为

$$y_C = \frac{A_1 y_{C1} + A_2 y_{C2}}{A_1 + A_2} = \frac{1200 \times 5 + 700 \times 45}{1200 + 700}\ \text{mm} = 19.7\ \text{mm}$$

$$z_C = \frac{A_1 z_{C1} + A_2 z_{C2}}{A_1 + A_2} = \frac{1200 \times 60 + 700 \times 5}{1200 + 700}\ \text{mm} = 39.7\ \text{mm}$$

形心 $C(y_C, z_C)$ 的位置如图 8-3 所示。

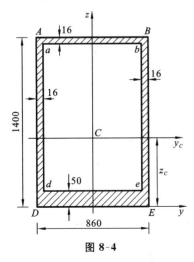

图 8-4

【例 8-3】 某单臂液压机机架的横截面尺寸如图 8-4 所示,试确定截面形心 C 的位置。

【解】 截面有一个铅垂对称轴,其形心必然在这一对称轴上,因而只需确定形心在对称轴上的位置。把截面图形看成是由矩形 $ABED$ 减去矩形 $abed$,并令 $ABED$ 的面积为 A_1,$abed$ 的面积为 A_2。以底边 DE 作为参考坐标轴 y。

$$A_1 = 1.4 \times 0.86\ \text{m}^2 = 1.204\ \text{m}^2$$

$$z_{C1} = \frac{1.4}{2}\ \text{m} = 0.7\ \text{m}$$

$$A_2 = (0.86 - 2 \times 0.016) \times$$
$$(1.4 - 0.05 - 0.016)\ \text{m}^2$$
$$= 1.105\ \text{m}^2$$

$$z_{C2} = \left[\frac{1}{2}(1.4 - 0.05 - 0.016) + 0.05\right] \text{m} = 0.717 \text{ m}$$

由式(8-6)，整个截面图形的形心 C 的坐标 z_C 为

$$z_C = \frac{A_1 z_{C1} + A_2 z_{C2}}{A_1 + A_2} = \frac{1.204 \times 0.7 - 1.105 \times 0.717}{1.204 - 1.105} \text{ m} = 0.51 \text{ m}$$

注意：因面积 A_2 是减去的，故上式运算时，A_2 以负值代入。

8.2　惯性矩和惯性积

1. 惯性矩

任意平面图形如图 8-5 所示，其面积为 A。y 轴和 z 轴为图形所在平面内的一对任意直角坐标轴。在坐标 (y,z) 处取一微面积 $\mathrm{d}A$，$z^2 \mathrm{d}A$ 和 $y^2 \mathrm{d}A$ 分别称为微面积 $\mathrm{d}A$ 对 y 轴和 z 轴的**惯性矩**（moment of inertia），而遍及整个平面图形面积 A 的积分分别定义为平面图形对 y 轴的惯性矩 I_y 和对 z 轴的惯性矩 I_z。

$$I_y = \int_A z^2 \mathrm{d}A, \quad I_z = \int_A y^2 \mathrm{d}A \tag{8-7}$$

在式(8-7)中，由于 y^2、z^2 总是正值，因此 I_y、I_z 也恒为正值。惯性矩的量纲是[长度]^4。

如图 8-5 所示，微面积 $\mathrm{d}A$ 到坐标原点的距离为 ρ，定义

$$I_p = \int_A \rho^2 \mathrm{d}A \tag{8-8}$$

为平面图形对坐标原点的**极惯性矩**（polar moment of inertia），其量纲仍为[长度]^4。由图 8-5 可以看出：

$$I_p = \int_A \rho^2 \mathrm{d}A = \int_A (y^2 + z^2)\mathrm{d}A = \int_A z^2 \mathrm{d}A + \int_A y^2 \mathrm{d}A = I_y + I_z \tag{8-9}$$

所以，图形对于任意一对互相垂直的轴的惯性矩之和，等于它对该两轴交点的极惯性矩。

2. 惯性积、惯性半径

在图 8-6 所示的平面图形中，定义 $yz\mathrm{d}A$ 为微面积 $\mathrm{d}A$ 对 y 轴和 z 轴的**惯性积**（product of inertia）。而积分式

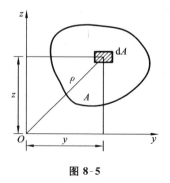

图 8-5

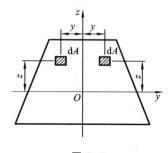

图 8-6

$$I_{yz} = \int_A yz \, dA \tag{8-10}$$

定义为图形对 y 轴和 z 轴的**惯性积**。惯性积的量纲为[长度]^4。由于坐标乘积值 yz 可能为正或负,因此,I_{yz} 的数值可能为正、可能为负,也可能等于零。

若坐标轴 y 或 z 中有一根是图形的对称轴,例如图 8-6 中的 z 轴。这时,如在 z 轴两侧的对称位置处,各取一微面积 dA,显然,两者的 z 坐标相同,y 坐标则数值相等而符号相反。因而两个微面积的惯性积数值相等,而符号相反,它们在积分中相互抵消,最后导致 $I_{yz} = \int_A yz \, dA = 0$。所以,两个坐标轴中只要有一个轴为图形的对称轴,则图形对这一对坐标轴的惯性积等于零。

当截面对某一对正交坐标轴的惯性积等于零时,称此对坐标轴为截面的**主惯性轴**(principal axis of inertia),对主惯性轴的惯性矩称为**主惯性矩**(principal moment of inertia),而通过图形形心的主惯性轴称为**形心主惯性轴**(centroidal principal axis of inertia),截面对形心主惯性轴的惯性矩为**形心主惯性矩**(centroidal principal moment of inertia)。例如,图 8-6 中若 y、z 轴通过截面形心,则它们就是形心主惯性轴,对这两个轴的惯性矩即为形心主惯性矩。

工程上,为方便起见,经常把惯性矩写成图形面积与某一长度平方的乘积,即

$$I_y = A i_y^2, \quad I_z = A i_z^2$$

或改写为

$$i_y = \sqrt{\frac{I_y}{A}}, \quad i_z = \sqrt{\frac{I_z}{A}} \tag{8-11}$$

式中,i_y,i_z 分别称为图形对 y 轴和 z 轴的**惯性半径**(radius of gyration),其量纲为[长度]。

【例 8-4】　试计算矩形对对称轴 y 轴和 z 轴(见图 8-7)的惯性矩。矩形的高为 h,宽为 b。

【解】　先求对 y 轴的惯性矩。取平行于 y 轴的狭长条作为微面积 dA。则

$$dA = b \, dz, \quad I_y = \int_A z^2 \, dA = \int_{-\frac{h}{2}}^{\frac{h}{2}} b z^2 \, dz = \frac{bh^3}{12}$$

用完全相似的方法可以求得

$$I_z = \frac{hb^3}{12}$$

若图形是高为 h、宽为 b 的平行四边形(见图 8-8),则它对形心轴 y 的惯性矩仍然是 $I_y = \dfrac{bh^3}{12}$。

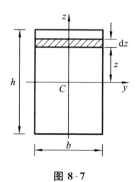

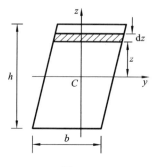

图 8-7   图 8-8

【例 8-5】   计算圆形对其形心轴的惯性矩。

【解】   取图 8-9 中的阴影部分的面积为 $\mathrm{d}A$，则

$$\mathrm{d}A = 2y\mathrm{d}z = 2\sqrt{R^2 - z^2}\,\mathrm{d}z$$

$$I_y = \int_A z^2 \mathrm{d}A = \int_{-R}^{R} 2z^2 \sqrt{R^2 - z^2}\,\mathrm{d}z = \frac{\pi R^4}{4} = \frac{\pi D^4}{64}$$

z 轴和 y 轴都与圆的直径重合，由于对称性，必然有

$$I_z = I_y = \frac{\pi D^4}{64}$$

由公式(8-9)，显然可以求得

$$I_p = I_y + I_z = \frac{\pi D^4}{32}$$

式中：I_p 是圆形对圆心的极惯性矩。

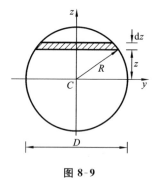

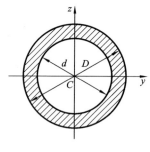

图 8-9   图 8-10

对于图 8-10 所示的环形图形，可以求得

$$I_p = \frac{\pi}{32}(D^4 - d^4)$$

如果令 $\alpha = d/D$，则

$$I_p = \frac{\pi D^4}{32}(1 - \alpha^4)$$

又由公式(8-9)并根据图形的对称性,有

$$I_y = I_z = \frac{1}{2} I_p = \frac{\pi D^4}{64}(1 - \alpha^4)$$

对于例 8-4、例 8-5 的矩形、圆形及环形,y 轴及 z 轴均为其对称轴,所以其惯性积 I_{yz} 均为零。

3. 组合图形的惯性矩及惯性积

根据定义可知,组合图形对某坐标轴的惯性矩等于各个简单图形对同一轴的惯性矩之和;组合图形对于某一对正交坐标轴的惯性积等于各个简单图形对同一对轴的惯性积之和。用公式可表示为

$$\begin{cases} I_y = \sum_{i=1}^{n} (I_y)_i \\[2mm] I_z = \sum_{i=1}^{n} (I_z)_i \\[2mm] I_{yz} = \sum_{i=1}^{n} (I_{yz})_i \end{cases} \tag{8-12}$$

式中:$(I_y)_i$、$(I_z)_i$、$(I_{yz})_i$ 分别为第 i 个简单图形对 y 轴和 z 轴的惯性矩和其对该对坐标轴的惯性积。

例如可以把图 8-10 所示环形图形,看作是由直径为 D 的实心圆减去直径为 d 的圆,由式(8-12),并应用例 8-5 所得结果即可求得

$$I_y = I_z = \frac{\pi}{64}(D^4 - d^4)$$

【例 8-6】　两圆直径均为 d,而且相切于矩形之内,如图 8-11 所示。试求阴影部分对 y 轴的惯性矩。

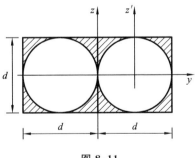

图 8-11

【解】　阴影部分对 y 轴的惯性矩 I_y 等于矩形对 y 轴的惯性矩 $(I_y)_1$ 减去两个圆形对 y 轴的惯性矩 $(I_y)_2$。

$$(I_y)_1 = \frac{2dd^3}{12} = \frac{d^4}{6}, \quad (I_y)_2 = 2 \times \frac{\pi d^4}{64} = \frac{\pi d^4}{32}$$

故得

$$I_y = (I_y)_1 - (I_y)_2 = \frac{(16-3\pi)d^4}{96}$$

一些常用简单图形的几何性质列于表 8-1 中，以便直接查用。

表 8-1 常用简单图形的几何性质

截　面	惯　性　矩	抗弯截面系数	惯性半径
	$I_y = \dfrac{bh^3}{12}$ $I_z = \dfrac{hb^3}{12}$	$W_y = \dfrac{bh^2}{6}$ $W_z = \dfrac{hb^2}{6}$	$i_y = \dfrac{h}{\sqrt{12}}$ $i_z = \dfrac{b}{\sqrt{12}}$
	$I_y = I_z = \dfrac{\pi D^4}{64}$ $I_p = \dfrac{\pi D^4}{32}$	$W_y = W_z = \dfrac{\pi D^3}{32}$ $W_p = \dfrac{\pi D^3}{16}$	$i_y = i_z = \dfrac{D}{4}$
	$I_y = I_z = \dfrac{\pi D^4}{64}(1-\alpha^4)$ $I_p = \dfrac{\pi D^4}{32}(1-\alpha^4)$ $\alpha = d/D$	$W_y = W_z = \dfrac{\pi D^3}{32}(1-\alpha^4)$ $W_p = \dfrac{\pi D^3}{16}(1-\alpha^4)$	$i_y = i_z$ $= \dfrac{\sqrt{D^2+d^2}}{4}$
	$I_y = \dfrac{BH^3-bh^3}{12}$ $I_z = \dfrac{B^3H-b^3h}{12}$	$W_y = \dfrac{BH^3-bh^3}{6H}$ $W_z = \dfrac{B^3H-b^3h}{6B}$	$i_y = \sqrt{\dfrac{I_y}{A}}$ $i_z = \sqrt{\dfrac{I_z}{A}}$

续表

截　　面	惯　性　矩	抗弯截面系数	惯性半径
	$I_y \approx \dfrac{\pi D^4}{64} - \dfrac{dD^3}{12}$ $I_z \approx \dfrac{\pi D^4}{64} - \dfrac{d^3 D}{12}$	$W_y \approx \dfrac{\pi D^3}{32} - \dfrac{dD^2}{6}$ $W_z \approx \dfrac{\pi D^3}{32} - \dfrac{d^3}{6}$	$i_y = \sqrt{\dfrac{I_y}{A}}$ $i_z = \sqrt{\dfrac{I_z}{A}}$
	$I_y = \left(\dfrac{\pi}{8} - \dfrac{8}{9\pi} \right) R^4$ $\approx 0.11R$ $I_z = 2\pi R^4$	$W_{y\perp} = 0.191R^3$ $W_{y\top} = 0.259R^3$ $W_z = \pi R^3/8$	$i_y = 0.264R$ $i_z = \dfrac{R}{2}$

8.3　平行移轴公式

　　同一平面图形对于平行的两对不同坐标轴的惯性矩或惯性积虽然不同,但当其中一对轴是图形的形心轴时,它们之间却存在着比较简单的关系。下面推导这种关系的表达式。

　　在图 8-12 中,设任一截面对其形心轴 y_C、z_C 的惯性矩 I_{y_C}、I_{z_C} 已知,有另一对坐标轴 y、z 分别平行 y_C、z_C 轴,间距分别为 a、b。现讨论截面对这两平行坐标轴的惯性矩之间的关系。

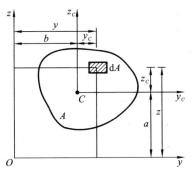

图 8-12

　　根据定义,平面图形对形心轴的惯性矩、惯性积分别为

$$I_{y_C} = \int_A z_C^2 \mathrm{d}A, \quad I_{z_C} = \int_A y_C^2 \mathrm{d}A, \quad I_{y_C z_C} = \int_A y_C z_C \mathrm{d}A$$

同样,平面图形对 y、z 轴的惯性矩、惯性积分别为

$$I_y = \int_A z^2 \mathrm{d}A, \quad I_z = \int_A y^2 \mathrm{d}A, \quad I_{yz} = \int_A yz \mathrm{d}A$$

　　由图 8-12 可见:

$$y = y_C + b, \quad z = z_C + a$$

则平面图形对 y、z 轴的惯性矩、惯性积分别为

$$I_y = \int_A z^2 \mathrm{d}A = \int_A (z_C + a)^2 \mathrm{d}A = \int_A z_C^2 \mathrm{d}A + 2a \int_A z_C \mathrm{d}A + a^2 \int_A \mathrm{d}A$$

$$I_z = \int_A y^2 \mathrm{d}A = \int_A (y_C + b)^2 \mathrm{d}A = \int_A y_C^2 \mathrm{d}A + 2b \int_A y_C \mathrm{d}A + b^2 \int_A \mathrm{d}A$$

$$I_{yz} = \int_A yz \mathrm{d}A = \int_A (y_C + b)(z_C + a) \mathrm{d}A$$

$$= \int_A y_C z_C \mathrm{d}A + a \int_A y_C \mathrm{d}A + b \int_A z_C \mathrm{d}A + ab \int_A \mathrm{d}A$$

因为

$$\int_A z_C^2 \mathrm{d}A = I_{y_C}, \quad \int_A y_C^2 \mathrm{d}A = I_{z_C}, \quad \int_A \mathrm{d}A = A$$

$$\int_A z_C \mathrm{d}A = S_{y_C} = 0, \quad \int_A y_C \mathrm{d}A = S_{z_C} = 0, \quad \int_A y_C z_C \mathrm{d}A = I_{y_C z_C}$$

故平面图形对 y、z 轴的惯性矩、惯性积简化为

$$\begin{cases} I_y = I_{y_C} + a^2 A \\ I_z = I_{z_C} + b^2 A \\ I_{yz} = I_{y_C z_C} + abA \end{cases} \tag{8-13}$$

式(8-13)即为惯性矩和惯性积的**平行移轴公式**(parallel axis formula)。即平面图形对某轴的惯性矩,等于它对与该轴平行的形心轴的惯性矩,加上两轴间距离的平方乘以平面图形的面积;截面对任意正交轴系的惯性积,等于它对与该轴系平行的形心轴系的惯性积,加上两坐标系轴间距的乘积再乘以平面图形的面积。在使用这一公式时,要注意到 b 和 a 是图形的形心在 Oyz 坐标系中的坐标,所以它们是有正负的,故 I_{yz} 可正、可负或为零,利用平行移轴公式可使惯性矩和惯性积的计算得到简化。

【例 8-7】 试计算图 8-11 所示图形阴影部分对 z 轴的惯性矩。

【解】 阴影部分对 z 轴的惯性矩 I_z 等于矩形对 z 轴的惯性矩 $(I_z)_1$ 减去两个圆形对 z 轴的惯性矩 $(I_z)_2$。

$$(I_z)_1 = \frac{d(2d)^3}{12} = \frac{2d^4}{3}$$

由式(8-13)得两个圆形对 z 轴的惯性矩为

$$(I_z)_2 = 2\left[\frac{\pi d^4}{64} + \left(\frac{d}{2}\right)^2 \frac{\pi d^2}{4}\right] = \frac{5\pi d^4}{32}$$

故得阴影部分对 z 轴的惯性矩为

$$I_z = (I_z)_1 - (I_z)_2 = \frac{2d^4}{3} - \frac{5\pi d^4}{32} = \frac{(64 - 15\pi)d^4}{96}$$

【例 8-8】　试计算图 8-13 所示图形对其形心轴 y_C 的惯性矩 I_{y_C}。

【解】　把图形看作由两个矩形 Ⅰ 和 Ⅱ 组成。图形的形心必然在对称轴 z_C 上。为了确定 z,取通过矩形 Ⅱ 的形心且平行于底边的参考轴为 y 轴。

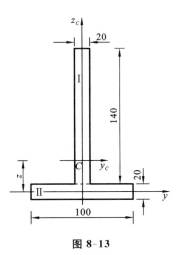

图 8-13

$$z = \frac{A_1 z_1 + A_2 z_2}{A_1 + A_2}$$

$$= \frac{0.14 \times 0.02 \times 0.08 + 0.1 \times 0.02 \times 0}{0.14 \times 0.02 + 0.1 \times 0.02} \text{ m}$$

$$= 0.0467 \text{ m}$$

形心位置确定后,使用平行移轴公式,分别计算出矩形 Ⅰ 和 Ⅱ 对 y_C 轴的惯性矩:

$$(I_{y_C})_1 = \left[\frac{1}{12} \times 0.02 \times 0.14^3 + (0.08 - 0.0467)^2 \times 0.02 \times 0.14 \right] \text{ m}^4$$

$$= 7.68 \times 10^{-6} \text{ m}^4$$

$$(I_{y_C})_2 = \left[\frac{1}{12} \times 0.1 \times 0.02^3 + 0.0467^2 \times 0.1 \times 0.02 \right] \text{ m}^4 = 4.43 \times 10^{-6} \text{ m}^4$$

整个图形对 y_C 轴的惯性矩为

$$I_{y_C} = (I_{y_C})_1 + (I_{y_C})_2 = (7.68 \times 10^{-6} + 4.43 \times 10^{-6}) \text{ m}^4 = 12.11 \times 10^{-6} \text{ m}^4$$

【例 8-9】　计算图 8-14 所示三角形 OBD 对 y、z 轴和形心轴 y_C、z_C 的惯性积。

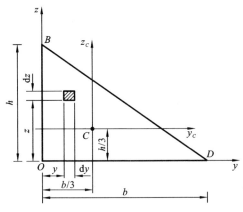

图 8-14

【解】　三角形斜边 BD 的方程式为

$$y = \frac{(h - z)b}{h}$$

取微面积

$$dA = dydz$$

三角形对 y、z 轴的惯性积 I_{yz} 为

$$I_{yz} = \int_A yz\,dA = \int_0^h \left[\int_0^y y\,dy \right] z\,dz = \frac{b^2}{2h^2} \int_0^h z(h-z)^2\,dz = \frac{b^2 h^2}{24}$$

三角形的形心 C 在 Oyz 坐标系中的坐标为 $\left(\dfrac{b}{3}, \dfrac{h}{3} \right)$，由式（8-13）得

$$I_{y_C z_C} = I_{yz} - \left(\frac{b}{3} \right)\left(\frac{h}{3} \right)A = \frac{b^2 h^2}{24} - \frac{b}{3} \cdot \frac{h}{3} \cdot \frac{bh}{2} = -\frac{b^2 h^2}{72}$$

8.4　转轴公式与主惯性轴

1. 转轴公式

当坐标轴绕原点旋转时，平面图形对具有不同转角的各新的坐标轴的惯性矩或惯性积之间存在着确定的关系。下面推导这种关系。

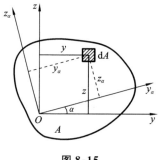

图 8-15

设在图 8-15 中，平面图形对 y、z 轴的惯性矩 I_y、I_z 及惯性积 I_{yz} 均为已知，y、z 轴绕坐标原点 O 转动 α 角（逆时针转向为正角）后得新的坐标轴 y_α、z_α。现在讨论平面图形对 y_α、z_α 轴的惯性矩 I_{y_α}、I_{z_α} 及惯性积 $I_{y_\alpha z_\alpha}$ 与已知 I_y、I_z 及 I_{yz} 之间的关系。

在图 8-15 所示的平面图形中任取微面积 dA，由几何关系可得

$$\begin{cases} y_\alpha = z\sin\alpha + y\cos\alpha \\ z_\alpha = z\cos\alpha - y\sin\alpha \end{cases} \tag{8-14}$$

据定义，平面图形对 y_α 轴的惯性矩为

$$I_{y_\alpha} = \int_A z_\alpha^2\,dA = \int_A (z\cos\alpha - y\sin\alpha)^2\,dA$$

$$= \cos^2\alpha \int_A z^2\,dA + \sin^2\alpha \int_A y^2\,dA - 2\sin\alpha\cos\alpha \int_A yz\,dA \tag{8-15}$$

注意等号右侧三项中的积分分别为

$$I_y = \int_A z^2\,dA, \quad I_z = \int_A y^2\,dA, \quad I_{yz} = \int_A yz\,dA$$

将以上三式代入式（8-15）并考虑到三角函数关系：

$$\cos^2\alpha = \frac{1}{2}(1+\cos2\alpha), \quad \sin^2\alpha = \frac{1}{2}(1-\cos2\alpha), \quad 2\sin\alpha\cos\alpha = \sin2\alpha$$

可以得到

$$I_{y_\alpha} = \frac{I_y + I_z}{2} + \frac{I_y - I_z}{2}\cos2\alpha - I_{yz}\sin2\alpha \tag{8-16}$$

同理,将式(8-14)代入 I_{z_a}、$I_{y_a z_a}$ 的表达式,可得

$$I_{z_a} = \frac{I_y + I_z}{2} - \frac{I_y - I_z}{2}\cos 2\alpha + I_{yz}\sin 2\alpha \qquad (8-17)$$

$$I_{y_a z_a} = \frac{I_y - I_z}{2}\sin 2\alpha + I_{yz}\cos 2\alpha \qquad (8-18)$$

式(8-16)、式(8-17)及式(8-18)即为惯性矩及惯性积的**转轴公式**。

式(8-16)、式(8-17)相加得

$$I_{y_a} + I_{z_a} = I_y + I_z \qquad (8-19)$$

式(8-19)表明,当 α 角改变时,平面图形对互相垂直的一对坐标轴的惯性矩之和始终为一固定值。由式(8-9)可见,这一固定值就是平面图形对坐标原点的极惯性矩 I_p。

【**例 8-10**】　求矩形对轴 y_{a_0}、z_{a_0} 的惯性矩和惯性积,形心在原点 O(见图8-16)。

【**解**】　矩形对 y、z 轴的惯性矩和惯性积分别为

$$I_y = \frac{ab^3}{12}, \quad I_z = \frac{ba^3}{12}, \quad I_{yz} = 0$$

由转轴公式得

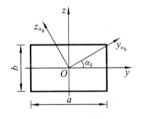

图 8-16

$$
\begin{aligned}
I_{y_{a_0}} &= \frac{I_y + I_z}{2} + \frac{I_y - I_z}{2}\cos 2\alpha_0 - I_{yz}\sin 2\alpha_0 \\
&= \frac{ab(b^2 + a^2)}{24} + \frac{ab(b^2 - a^2)}{24}\cos 2\alpha_0
\end{aligned}
$$

$$I_{z_{a_0}} = \frac{I_y + I_z}{2} - \frac{I_y - I_z}{2}\cos 2\alpha_0 + I_{yz}\sin 2\alpha_0 = \frac{ab(b^2 + a^2)}{24} - \frac{ab(b^2 - a^2)}{24}\cos 2\alpha_0$$

$$I_{y_{a_0} z_{a_0}} = \frac{I_y - I_z}{2}\sin 2\alpha_0 + I_{yz}\cos 2\alpha_0 = \frac{ab(b^2 - a^2)}{24}\sin 2\alpha_0$$

从本例的结果可知,当矩形变为正方形时,即在 $a = b$ 时,惯性矩与角 α_0 无关,其值为常量,而惯性积为零。这个结论可推广于一般的正多边形,即正多边形对形心轴的惯性矩的数值恒为常量,与形心轴的方向无关,并且对以形心为原点的任一对直角坐标轴的惯性积为零。

2. 主惯性轴

当坐标轴绕原点旋转,α 角改变时,I_{y_a}、I_{z_a} 亦随之变化,但其和不变。因此,当 I_{y_a} 变至极大值时,I_{z_a} 必为极小值。

将式(8-16)对 α 求导数,并令其为零:

$$\frac{\mathrm{d}I_{y_a}}{\mathrm{d}\alpha} = -2\left[\frac{I_y - I_z}{2}\sin 2\alpha + I_{yz}\cos 2\alpha\right] = 0$$

用 α_0 表示 I_{y_a} 有极值的 α,得

$$\tan 2\alpha_0 = -\frac{2I_{yz}}{I_y - I_z} \qquad (8-20)$$

由式(8-20)可以求出相差 $90°$ 的两个角 α_0 和 $\alpha_0 \pm 90°$,从而确定了一对坐标轴 y_{α_0} 和 z_{α_0}。平面图形对这一对轴中的一个轴的惯性矩为最大值 I_{max},而对另一个轴的惯性矩为最小值 I_{min}。由式(8-18)容易看出,图形对这两个轴的惯性积为零。惯性矩取得极值,惯性积为零的轴,称为**主惯性轴**,对主惯性轴的惯性矩称为**主惯性矩**。

将式(8-20)用余弦函数和反正切函数表示,即

$$\cos 2\alpha_0 = \pm \frac{1}{\sqrt{1 + \tan^2 2\alpha_0}} = \frac{\pm (I_y - I_z)}{\sqrt{(I_y - I_z)^2 + 4I_{yz}^2}}$$

$$\cos 2\alpha_0 = \mp \frac{1}{\sqrt{1 + \arctan^2 2\alpha_0}} = \frac{\mp 2I_{yz}}{\sqrt{(I_y - I_z)^2 + 4I_{yz}^2}}$$

并代入式(8-16)及式(8-17),得主惯性矩计算公式为

$$\begin{cases} I_{y_\alpha} = \dfrac{I_y + I_z}{2} + \sqrt{\left(\dfrac{I_y - I_z}{2}\right) + I_{yz}^2} \\ I_{z_\alpha} = \dfrac{I_y + I_z}{2} - \sqrt{\left(\dfrac{I_y - I_z}{2}\right)^2 + I_{yz}^2} \end{cases} \tag{8-21}$$

注:这里使 I_{y_α} 对应 I_{max},I_{z_α} 对应 I_{min}。

通过形心的主惯性轴称为**形心主惯性轴**,对形心主惯性轴的惯性矩称为**形心主惯性矩**。

【**例 8-11**】 试确定图 8-17 所示图形的形心主惯性轴的位置,并计算形心主惯性矩。(图中单位:mm)

【**解**】 将图形看作由 Ⅰ、Ⅱ 两个矩形所组成,过两矩形的边缘取参考坐标系如图 8-17 所示。

(1) 求形心 $C(y_C,z_C)$。

$$y_C = \frac{A_1 y_{C1} + A_2 y_{C2}}{A_1 + A_2}$$

$$= \frac{70 \times 10 \times 45 + 10 \times 120 \times 5}{70 \times 10 + 10 \times 120} \text{ mm} = 20 \text{ mm}$$

$$z_C = \frac{A_1 z_{C1} + A_2 z_{C2}}{A_1 + A_2}$$

$$= \frac{70 \times 10 \times 5 + 10 \times 120 \times 60}{70 \times 10 + 10 \times 120} \text{ mm} = 40 \text{ mm}$$

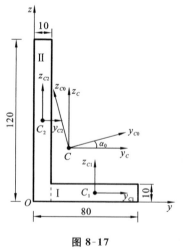

图 8-17

(2) 求图形对形心轴的惯性矩及惯性积。

过形心 C 取 $Cy_C z_C$ 坐标系与 Oyz 坐标系平行,并过两矩形的形心平行于 Oyz 坐标系分别取 $C_1 y_{C1} z_{C1}$ 及 $C_2 y_{C2} z_{C2}$ 坐标系。首先求矩形 Ⅰ、Ⅱ 对 y_C、z_C 轴的惯性矩及惯性积。矩形 Ⅰ、Ⅱ 的形心 C_1、C_2 在 $Cy_C z_C$

坐标系上的坐标分别为

$$y_{C1}=25 \text{ mm}, \quad z_{C1}=-35 \text{ mm}$$

$$y_{C2}=-15 \text{ mm}, \quad z_{C2}=20 \text{ mm}$$

矩形 Ⅰ

$$(I_{y_C})_1=(I_{y_{C1}})_1+z_{C1}^2 A_1=\left[\frac{70\times10^3}{12}+(-35)^2\times700\right] \text{mm}^4=8.63\times10^5 \text{ mm}^4$$

$$(I_{z_C})_1=(I_{z_{C1}})_1+y_{C1}^2 A=\left[\frac{10\times70^3}{12}+25^2\times700\right] \text{mm}^4=7.23\times10^5 \text{ mm}^4$$

$$(I_{y_C z_C})_1=(I_{y_{C1} z_{C1}})_1+z_{C1}y_{C1}A_1=[0+(-35)\times25\times700] \text{mm}^4=-6.13\times10^5 \text{ mm}^4$$

矩形 Ⅱ

$$(I_{y_C})_2=(I_{y_{C2}})_2+z_{C2}^2 A_2$$

$$=\left[\frac{10\times120^3}{12}+20^2\times1200\right] \text{mm}^4=19.2\times10^5 \text{ mm}^4$$

$$(I_{z_C})_2=(I_{z_{C2}})_2+y_{C2}^2 A$$

$$=\left[\frac{120\times10^3}{12}+(-15)^2\times1200\right] \text{mm}^4=2.8\times10^5 \text{ mm}^4$$

$$(I_{y_C z_C})_2=(I_{y_{C2} z_{C2}})_2+z_{C2}y_{C2}A$$

$$=[0+20\times(-15)\times1200] \text{mm}^4=-3.6\times10^5 \text{ mm}^4$$

图形由矩形 Ⅰ、Ⅱ组合而成,因此,图形对 y_C、z_C 轴的惯性矩及惯性积分别为

$$I_{y_C}=(I_{y_C})_1+(I_{y_C})_2=[8.63\times10^5+19.2\times10^5] \text{mm}^4=2.783\times10^6 \text{ mm}^4$$

$$I_{z_C}=(I_{z_C})_1+(I_{z_C})_2=[7.23\times10^5+2.8\times10^5] \text{mm}^4=1.003\times10^6 \text{ mm}^4$$

$$I_{y_C z_C}=(I_{y_C z_C})_1+(I_{y_C z_C})_2=[-6.13\times10^5-3.6\times10^5] \text{mm}^4=-9.73\times10^5 \text{ mm}^4$$

(3) 求形心主惯性轴的位置及形心主惯性矩。

$$\tan2\alpha_0=\frac{-2I_{y_C z_C}}{I_{y_C}-I_{z_C}}=\frac{-2\times(-9.73\times10^5)}{2.783\times10^6-1.003\times10^6}=1.093$$

由此得

$$2\alpha_0=47.6° \quad 或 \quad 227.6°$$

则

$$\alpha_0=23.8° \quad 或 \quad 113.8°$$

即形心主惯性轴 y_{C0} 及 z_{C0} 与 y_C 轴的夹角分别为 23.8° 及 113.8°,如图 8-17 所示。以 α_0 角度值、I_{y_C} 和 I_{z_C} 的值分别代入式(8-16)和式(8-17),求出图形的主惯性矩为

$$I_{y_{C0}}=3.21\times10^6 \text{ mm}^4$$

$$I_{z_{C0}}=5.74\times10^5 \text{ mm}^4$$

也可按式(8-21)求得形心主惯性矩为

$$I_{\max} = \frac{I_{y_C} + I_{z_C}}{2} + \sqrt{\left(\frac{I_{y_C} - I_{z_C}}{2}\right)^2 + I_{y_C z_C}^2}$$

$$= \left[\frac{2.783 \times 10^6 + 1.003 \times 10^6}{2}\right] + \sqrt{\left(\frac{2.783 \times 10^6 - 1.003 \times 10^6}{2}\right)^2 + (-9.73 \times 10^5)^2} \ \mathrm{mm}^4$$

$$= 3.21 \times 10^6 \ \mathrm{mm}^4$$

$$I_{\min} = \frac{I_{y_C} + I_{z_C}}{2} - \sqrt{\left(\frac{I_{y_C} - I_{z_C}}{2}\right)^2 + I_{y_C z_C}^2}$$

$$= 5.74 \times 10^5 \ \mathrm{mm}^4$$

在确定主惯性轴位置时,设 α_0 是由式(8-20)和式(8-21)联合所求出的两角度中的绝对值最小者。若 $I_y > I_z$,则 α_0 是 I_y 与 $I_{\max}$ 之间的夹角;若 $I_y < I_z$,则 α_0 是 I_z 与 $I_{\max}$ 之间的夹角。例如,本例中,由 $\alpha_0 = 23.8°$ 所确定的形心主惯性轴,对应着最大的形心主惯性矩 $I_{\max} = I_{y_{C0}} = 3.21 \times 10^6 \ \mathrm{mm}^4$。

思 考 题

8-1　怎样确定组合截面的形心位置?

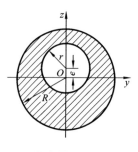

8-2　如图所示管子截面,如何简便地求形心位置?

8-3　在应用平行移轴公式时,有什么条件限制?

8-4　如图所示三角形截面,已知其对 z 轴的惯性矩为 $I_z = \dfrac{bh^3}{12}$,则根据平行移轴公式求得截面对 z_1 轴的惯性矩为 $I_{z_1} = I_z + a^2 A = \dfrac{bh^3}{12} + \dfrac{1}{2}bh\left(\dfrac{2}{3}h\right)^2 = \dfrac{11}{36}bh^3$,结果对吗?为什么?

思考题 8-2 图

8-5　直角三角形截面斜边中点 D 处的一对正交坐标轴 x、y 如图所示,(1) 试问 x、y 是否为一对主惯性轴? (2) 不用积分,计算其 I_x 和 I_{xy} 的值。

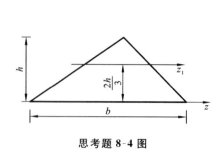

思考题 8-4 图　　　　　　　　　　　　思考题 8-5 图

习　题

8-1　试求图示各截面的阴影面积对 x 轴的静矩（C 为形心）。

8-2　试用积分法求图示半圆形截面对 x 轴的静矩，并确定其形心的坐标。

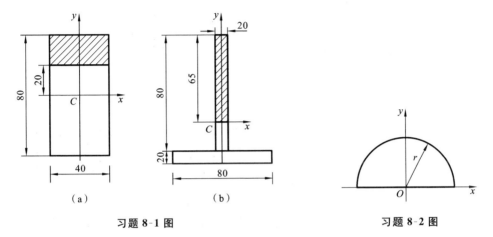

习题 8-1 图　　　　　　　　　　　　习题 8-2 图

8-3　试确定图示各截面的形心位置。

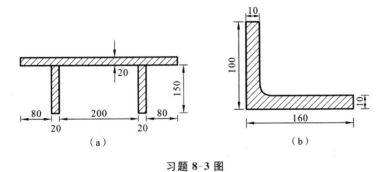

习题 8-3 图

8-4　试求图示四分之一圆形截面对 x 轴和 y 轴的惯性矩 I_x、I_y 及惯性积 I_{xy}。

8-5　图示直径为 $d=200$ mm 的圆形截面，在其上下对称地切去两个高为 $\delta=20$ mm 的弓形，试用积分法求余下阴影部分对其对称轴 x 的惯性矩。

8-6　试求图示正方形截面对其对角线的惯性矩。

8-7　试分别求图示环形和箱形截面对其对称轴 x 的惯性矩。

8-8　试求图示三角形截面对通过顶点 A 并平行于底边 BC 的 x 轴的惯性矩。

8-9　试求图示 $r=1$ m 的半圆形截面对 x 轴的惯性矩，其中 x 轴与半圆形的底边平行，相距 1 m。

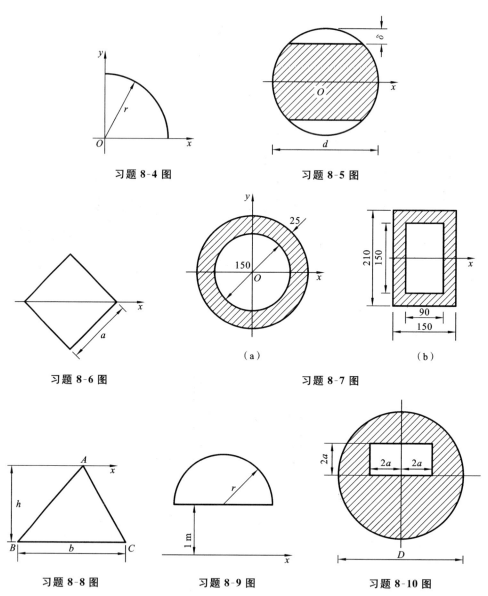

习题 8-4 图　　　　　习题 8-5 图

习题 8-6 图　　　　　习题 8-7 图

习题 8-8 图　　　习题 8-9 图　　　习题 8-10 图

8-10 在直径 $D=8a$ 的圆截面中,开了一个 $2a \times 4a$ 的矩形孔,如图所示,试求截面对其水平形心轴和竖直形心轴的惯性矩 I_x 和 I_y。

力学史上的明星(七)

周培源(1902—1993),著名流体力学家、理论物理学家、教育家和社会活动家,中国共产党党员，中国科学院院士，我国近代力学奠基人和理论物理奠基人之一。主要从事流体力学中的湍流理论和广义相对论中的引力论的研究。奠定了湍流模式理论的基础；研究并初步证实了广义相对论引力论中"坐标有关"的重要论点。培养了几代知名的力学家和物理学家。在教育和科学研究中，一贯重视基础理论，同时关怀和支持新技术的研究。在组织领导我国的学术界活动、推进国内外交流合作方面做出了重要贡献。

在广义相对论方面，周培源一直致力于求解引力场方程的确定解，并将其应用于宇宙论的研究。早在二十世纪二三十年代，他就求得了轴对称静态引力场的若干解，与静止场不同类型的严格解，并于 1939 年证实：在球对称膨胀宇宙中，若物质和辐射处于热平衡态，则宇宙必为弗里德曼宇宙。20 世纪 70 年代末，他又把严格的谐和条件作为一个物理条件添加进引力场方程，求得一系列静态解、稳态解及宇宙解。他还指导研究生进行了与地面平行和垂直的光速比较实验，以探求史瓦西解和郎曲斯解哪一个更符合静态球对称引力场的客观实际。初步结果已显示出，郎曲斯解与实际相符。20 世纪 80 年代，周培源致力于研究广义相对论的基本问题，即经过坐标变换联系起来的几个解，究竟应该是一个解还是几个解。他对照流体力学中保角变换，认为这种情形应该是几个解而不是一个解，产生这种不确定的原因在于爱因斯坦方程缺少必要的坐标条件。

在引力理论方面，他提出了"谐和条件是物理条件"的重要观点，并且提出和指导了中科院高能物理研究所李永贵同志等的"地球引力场中光速各向同性检验"实验，在世界上首次获得地球表面水准方向和竖直方向传播速度的相对差值在 10、11 量级上相同的结果，这一结果有可能使人们对爱因斯坦引力论的认识产生重大影响。

在湍流理论方面，20 世纪 30 年代初，他认识到湍流场和边界条件关系密切，后来参照广义相对论中把品质作为积分常数的处理方法，求出了雷诺应力等所满足的微分方程，并希望能把边界的影响通过边界条件引入雷诺应力的运算式中。1940 年，他写出了第一篇论述湍流的论文，该文在国际上第一次提出湍流脉动方程，并用求剪应力和三元速度关联函数满足动力学方程的方法建立了普通湍流理论，从而奠定了湍流模式理论的基础。1945 年，他在美国的《应用数学季刊》上，发表了题为《关于速度关联和湍流涨落方程的解》的重要论文，提出了两种求解湍流运动的方法，立即在国际上引起广泛注意，进而在国际上形成了一个"湍流模式理论"流派,对推动流体力学尤其是湍流理论的研究产生了深远的影响。

　　周培源从事高等教育工作 60 多年,培养了几代知名的力学家和物理学家。早期学生中王竹溪、彭桓武、林家翘、胡宁等都成为著名的科学家。周培源在教育和科学研究中,形成了自己的教书育人风格和办学思想、办学理念。其中最突出的是他的学识、见解和治学、做人之道,被人们称为"桃李满园的一代宗师"。

第9章 扭 转

9.1 概述

在工程实际中,有很多构件,如车床的光杆、搅拌机轴、汽车传动轴等,都是受扭构件。还有一些轴类零件,如电动机主轴、水轮机主轴、机床传动轴等,除扭转变形外还有弯曲变形,这些属于组合变形。组合变形将在第 14 章中进行研究。为了说明扭转变形,以汽车方向盘下的转向轴 AB 和用丝锥攻丝中的钢杆(见图 9-1)受力为例,受力特点是:在杆件两端作用大小相等、方向相反,且作用面垂直于杆件轴线的力偶。在这样一对力偶的作用下,杆件的变形特点是:杆件的任意两个横截面围绕其轴线相对转动。杆件的这种变形形式称为**扭转**。扭转时杆件两个横截面相对转动的角度,称为**扭转角**,一般用 φ 表示(见图 9-2)。以扭转变形为主的杆件通常称为**轴**。截面形状为圆形的轴称为**圆轴**,圆轴在工程上是常见的一种受扭转的杆件。

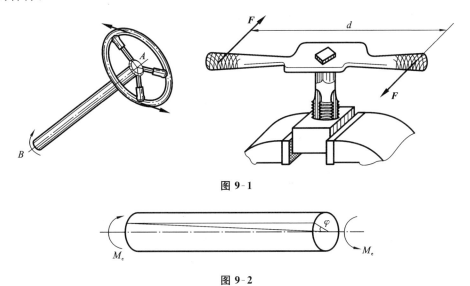

图 9-1

图 9-2

本章主要讨论圆轴扭转时的应力、变形、强度及刚度计算等问题。

轴扭转时的外力,通常用外力偶矩 M_e 表示。但工程上许多受扭构件,如传动轴等,往往并不直接给出其外力偶矩,而是给出轴所传递的功率和转速,这时可用下述方法计算作用于轴上的外力偶矩。

设某轴传递的功率为 P(单位为 W),转速为 n(单位为 r/min),由理论力学可知,该轴的力偶矩 M_e 为

$$M_e = \frac{P}{\omega}$$

其中,ω 为该轴的角速度(rad/s)。

$$\omega = 2\pi \times \frac{n}{60}$$

若 P 的单位为千瓦(kW),则

$$M_e = 9549 \frac{P}{n} \quad (\text{N} \cdot \text{m}) \tag{9-1}$$

若 P 的单位为马力(1 hp≈735.5 W),则

$$M_e = 7024 \frac{P}{n} \quad (\text{N} \cdot \text{m}) \tag{9-2}$$

应当指出,外界输入的主动力矩,其方向与轴的转向一致,而阻力矩的方向与轴的转向相反。

9.2　扭转时的内力

作用在轴上的外力偶矩 M_e 确定之后,即可用截面法研究其内力。现以图 9-3 (a)所示圆轴为例,假想地将圆轴沿 n—n 截面分成左、右两部分,保留左部分作为研究对象,如图 9-3(b)所示。由于整个轴是平衡的,因此左部分也处于平衡状态,

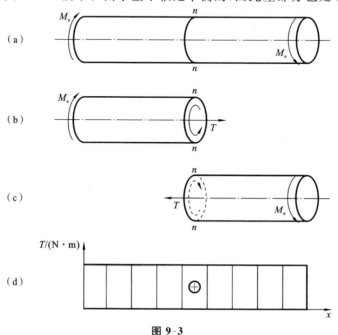

图 9-3

这就要求截面 n — n 上的内力系必须合成为一个内力偶矩 T，且由左部分的平衡方程有

$$T - M_e = 0$$

得

$$T = M_e$$

力偶矩 T 称为截面 n — n 上的**扭矩**，是左、右两部分在 n — n 截面上相互作用的分布内力系的合力偶矩。扭矩的符号规定如下：若按右手螺旋法则把 T 表示为矢量，当矢量方向与截面的外法线方向一致时，T 为正；反之为负（见图 9-4）。按照这一符号规定，图 9-3(b) 中所示扭矩 T 的符号为正。当保留右部分时，如图 9-3(c) 所示，所得扭矩的大小、符号将与按保留左部分计算结果相同。

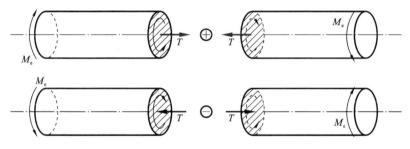

图 9-4

若作用于轴上的外力偶多于两个，也与拉伸（压缩）问题中画轴力图一样，往往用图线来表示各横截面上的扭矩沿轴线变化的情况。图中以横轴表示横截面的位置，纵轴表示相应横截面上的扭矩。这种图线称为**扭矩图**。图 9-3(d) 为图 9-3(a) 所示受扭圆轴的扭矩图。

【例 9-1】　传动轴如图 9-5(a) 所示，主动轮 A 输入功率 $P_A = 36.77$ kW，从动轮 B、C、D 输出功率分别为 $P_B = P_C = 11.03$ kW，$P_D = 14.71$ kW，轴的转速为 $n = 300$ r/min，试画出轴的扭矩图。

【解】　按公式 (9-2) 计算出作用于各轮上的外力偶矩：

$$M_{eA} = 9549 \times \frac{36.77}{300} \text{ N·m} = 1170 \text{ N·m}$$

$$M_{eB} = M_{eC} = 9549 \times \frac{11.03}{300} \text{ N·m} = 351 \text{ N·m}$$

$$M_{eD} = 9549 \times \frac{14.71}{300} \text{ N·m} = 468 \text{ N·m}$$

从受力情况看出，轴在 BC、CA、AD 三段内，各截面上的扭矩值是不相等的。现在用截面法，根据平衡方程计算各段内的扭矩。

在 BC 段内，以 T_1 表示 1—1 截面上的扭矩，并假设 T_1 的方向为正向，如图

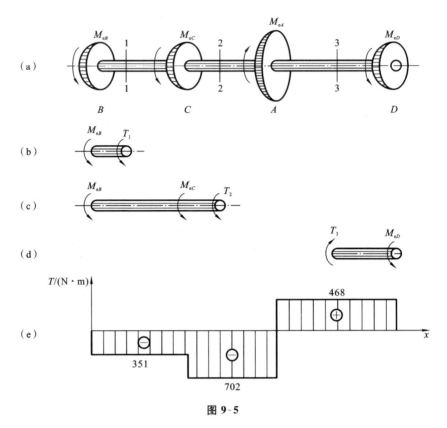

图 9-5

9-5(b)所示。由平衡方程

$$T_1 + M_{eB} = 0$$

得

$$T_1 = -M_{eB} = -351 \text{ N} \cdot \text{m}$$

等号右边的负号说明,在图 9-5(b)中对 T_1 所假定的方向与 1—1 截面上的实际扭矩方向相反。在 BC 段内,各截面上的扭矩不变,皆为 $-351 \text{ N} \cdot \text{m}$。所以在这一段内扭矩图为一水平线,如图 9-5(e)所示。在 CA 段内,由图 9-5(c),

$$T_2 + M_{eC} + M_{eB} = 0$$

得

$$T_2 = -M_{eC} - M_{eB} = -702 \text{ N} \cdot \text{m}$$

在 AD 段内,由图 9-5(d),得

$$T_3 - M_{eD} = 0$$

$$T_3 = M_{eD} = 468 \text{ N} \cdot \text{m}$$

　　根据所得数据,把各截面上的扭矩沿轴线变化的情况,用图 9-5(e)表示出来,就是扭矩图。从图中看出,最大扭矩发生于 CA 段内,且 $T_{max} = 702 \text{ N} \cdot \text{m}$。

对于本例中的轴,若把主动轮 A 安置于轴的一端,例如放在右端,则轴的扭矩图将如图 9-6 所示。这时,轴的最大扭矩是 $T_{max}=1170$ N・m。可见,传动轴上主动轮和从动轮安置的位置不同,轴所承受的最大扭矩也就不同。两者相比,显然图 9-5(a)所示布局比较合理。

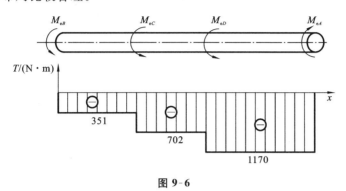

图 9-6

9.3　纯剪切

在讨论圆轴扭转的应力和变形之前,为了研究切应力和切应变的规律及两者之间的关系,先考察薄壁圆筒的扭转。

9.3.1　薄壁圆筒扭转时的切应力

图 9-7(a)所示为一等厚薄壁圆筒,受扭前在表面上画上等间距的圆周线和纵向线。实验结果表明,扭转变形后由于截面 $q—q$ 对截面 $p—p$ 的相对转动,圆周线和纵向线所形成的方格的左、右两边发生相对错动,但圆筒轴线及周线的长度都没有变化。于是可设想,薄壁圆筒扭转变形后,横截面保持为形状、大小均无改变的平面,相邻两横截面只是绕圆筒轴线发生相对转动。因此,圆筒横截面和包含轴的纵向截面上都没有正应力,横截面上各点只有切应力 τ,且切应力的方向必与圆周相切。圆筒两端截面之间相对转动的角度,称为**扭转角**,用 φ 表示,如图 9-7(b)所示,而圆筒表面上每个格子的直角都改变了相同的角度 γ,见图 9-7(b)(c),这种直角的改变量 γ,称为**切应变**。由相邻两圆周线间每个格子的直角改变量相等的现象,并根据材料是均匀连续的假设,可以推知,沿圆周各点处切应力的方向与圆周相切,且数值相等,同时,由于筒壁的厚度 t 很小,可以认为沿筒壁厚度切应力不变,见图 9-7(c)。这样,横截面上内力系组成与外加扭转力偶矩 M_e 相平衡的内力系。由 $q—q$ 截面以左的部分圆筒的平衡方程 $\sum M_x = 0$,得

$$M_e = \int_A \tau \mathrm{d}A \cdot r = 2\pi r^2 t \cdot \tau$$

$$\tau = \frac{M_e}{2\pi r^2 t} \tag{9-3}$$

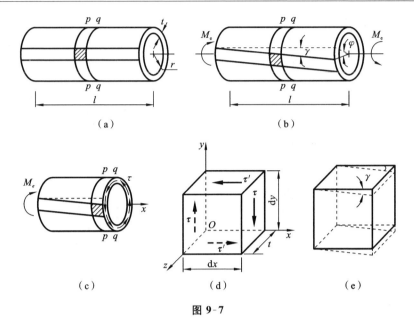

图 9-7

这里 r 是圆筒的平均半径。

　　式(9-3)是基于前面的假设而得到的近似公式,可以证明,当 $t \leqslant r/10$ 时,该公式足够精确,其误差不超过 5%。

9.3.2　切应力互等定律

　　用相距很近的两个横截面和相距很近的两个纵向平面,从薄壁圆筒中取出一个单元体,它在三个方向的尺寸分别为 $\mathrm{d}x$、$\mathrm{d}y$ 和 t,将其放大为图 9-7(d)。单元体的左右两侧面是薄壁圆筒横截面的一部分,所以在这两个侧面上,没有正应力,只有切应力。这两个面上的切应力皆由式(9-3)计算,数值相等,但方向相反,其力偶矩为 $(\tau \cdot t \cdot \mathrm{d}y)\mathrm{d}x$。因为单元体是平衡的,由 $\sum F_x = 0$ 知,它的上、下两个侧面上存在大小相等、方向相反的切应力 τ',于是又组成力偶矩为 $(\tau' \cdot t \cdot \mathrm{d}x)\mathrm{d}y$ 的力偶,与上述力偶平衡。这样,由单元体的平衡条件 $\sum M_z = 0$,得

$$(\tau \cdot t \cdot \mathrm{d}y)\mathrm{d}x = (\tau' \cdot t \cdot \mathrm{d}x)\mathrm{d}y$$

由此求得

$$\tau = \tau' \tag{9-4}$$

　　式(9-4)表明,在单元体相互垂直的两个平面上,切应力必然成对存在,且数值相等;两者都垂直于两个平面的交线,方向则共同指向或共同背离这一交线。这就是**切应力互等定理**,也称为切应力双生定理。

9.3.3　切应变、剪切胡克定律

　　在上述单元体的上、下、左、右四个侧面上,只有切应力而无正应力,这种应力

状况称为**纯剪切**。纯剪切常用图 9-8 所示的平面图形表示。薄壁圆筒扭转时,筒壁各处都处于纯剪切状况。

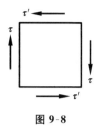

图 9-8

在纯剪切情况下,单元体的相对两侧面将发生微小的相对错动(见图 9-7(e)),使原来相互垂直的两个棱边的夹角改变了一个微量 γ,这就是**切应变**。由图 9-7(b)可以看出,若 φ 为薄壁圆筒两端截面的扭转角,l 为圆筒的长度,则切应变应为

$$\gamma = \frac{r\varphi}{l} \tag{9-5}$$

式中:r 为薄壁圆筒的平均半径。

利用上述薄壁圆筒的扭转,可以实现材料的剪切性能测试。试验结果表明,当切应力不超过材料的剪切比例极限 τ_p 时,扭转角 φ 与扭转力偶矩 M_e 成正比。由式(9-3)和式(9-5)可以看出,φ 与 γ 只相差一个比例常数,而 M_e 与 τ 也只差一个比例常数。所以由上述试验结果可推断:当切应力不超过材料的剪切比例极限 τ_p 时,切应变 γ 与切应力 τ 成正比(见图 9-9)。这就是材料的**剪切胡克定律**,可以写成

$$\tau = G\gamma \tag{9-6}$$

式中:G 为比例常数,称为材料的**切变模量**。因为 γ 没有量纲,所以 G 的量纲与 τ 的量纲相同,常用单位是 GPa。钢的 G 值约为 80 GPa。

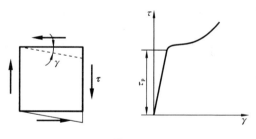

图 9-9

在讨论拉伸和压缩时,曾引进材料的两个弹性常数:弹性模量 E 和泊松比 μ。现在又引进一个新的弹性常数:切变模量 G。对各向同性材料,可以证明,三个弹性常数 E、G、μ 之间存在下列关系:

$$G = \frac{E}{2(1+\mu)} \tag{9-7}$$

可见,三个弹性常数中只要知道任意两个,另一个就可确定,即三个弹性常数中只有两个是独立的。

9.4 圆轴扭转时的应力

9.3 节中讨论的薄壁圆筒的扭转,因为圆筒壁厚很小,可以近似认为横截面上的剪应力沿壁厚是均匀分布的,而对于工程中常见的实心或空心圆轴扭转,这一结

论不再成立。确定其应力分布是一个超静定问题,必须综合考虑变形几何关系、物理关系和静力学关系。现在以实心圆轴受扭为例来推导横截面上应力计算公式。

1. 变形几何关系

为了建立圆轴扭转时的变形几何关系,首先通过试验观察圆轴扭转变形时的变形现象。与薄壁圆筒受扭一样,在圆轴表面上作圆周线和纵向线(在图 9-10(a)中,变形前的纵向线由虚线表示)。在扭转力偶矩 M_e 作用下,可以观察到:各圆周线绕轴线相对地旋转了一个角度,但大小、形状和相邻圆周线间的距离不变。在小变形的情况下,纵向线仍近似地是一条直线,只是倾斜了一个微小的角度。变形前表面上的矩形方格,变形后错动成平行四边形。

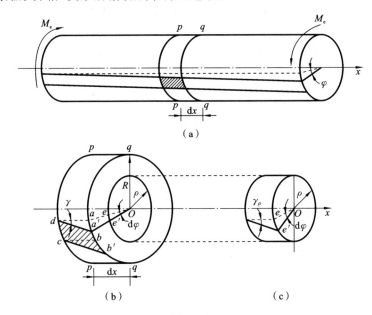

图 9-10

根据观察到的圆轴表面变形现象,可以假设圆轴由一系列刚性平截面(横截面)组成,在扭转过程中,相邻两刚性横截面只是绕轴线发生相对转动,因此可作下述基本假设:圆轴扭转变形前原为平面的横截面,变形后仍保持为平面,形状和大小不变,半径仍保持为直线,且相邻两横截面间的距离不变。这就是圆轴扭转的**平面假设**。以平面假设为基础导出的应力和变形计算公式,符合试验结果,且与弹性力学的分析一致,这都足以说明假设是正确的。

在图 9-10(a)中,φ 表示圆轴两端截面**扭转角**。扭转角用弧度来度量。用相邻的横截面 $p—p$ 和 $q—q$ 从轴中取出长为 $\mathrm{d}x$ 的微段,其放大图为图 9-10(b)。若截面 $p—p$ 和 $q—q$ 的相对转角为 $\mathrm{d}\varphi$,则根据平面假设,横截面 $q—q$ 像刚性平面一样,相对于 $p—p$ 绕轴线旋转了一个角度 $\mathrm{d}\varphi$,半径 Oa 转到了 Oa'。于是,表面矩

形方格 $abcd$ 的 ab 边相对于 cd 边发生了微小的错动,错动的距离是

$$\overline{aa'}=R\mathrm{d}\varphi$$

因而引起原为直角的 $\angle adc$ 的角度发生改变,改变量为

$$\gamma=\frac{\overline{aa'}}{\overline{ad}}=R\frac{\mathrm{d}\varphi}{\mathrm{d}x} \tag{9-8}$$

这就是圆截面边缘上 a 点的切应变。显然,γ 发生在垂直于半径 Oa 的平面内。

根据变形后横截面仍为平面、半径仍为直线的假设,用相同的方法,并参考图 9-10(c),可以求得距圆心为 ρ 处的切应变为

$$\gamma_\rho=\rho\frac{\mathrm{d}\varphi}{\mathrm{d}x} \tag{9-9}$$

与式(9-8)中的 γ 一样,γ_ρ 也发生在垂直于半径 Oa 的平面内。在式(9-8)、式(9-9)两式中,$\frac{\mathrm{d}\varphi}{\mathrm{d}x}$ 是扭转角 φ 沿 x 轴的变化率。对一个给定截面上的各点来说,它是常量。故式(9-9)表明,横截面上任意一点的切应变与该点到圆心的距离 ρ 成正比。

2. 物理关系

以 τ_ρ 表示横截面上距圆心为 ρ 处的切应力,由剪切胡克定律知:

$$\tau_\rho=G\gamma_\rho \tag{9-10}$$

将式(9-9)代入上式,得

$$\tau_\rho=G\rho\frac{\mathrm{d}\varphi}{\mathrm{d}x} \tag{9-11}$$

这表明,横截面上任意一点的切应力 τ_ρ 与该点到圆心的距离 ρ 成正比。因为 γ_ρ 发生在垂直于半径的平面内,所以 γ_ρ 也与半径垂直。如再注意到切应力互等定理,则在横截面和过轴线的纵向截面上,切应力沿半径的分布如图 9-11 所示。

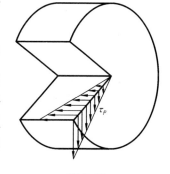

图 9-11

因为公式(9-11)中的 $\frac{\mathrm{d}\varphi}{\mathrm{d}x}$ 尚未求出,所以仍不能用它计算切应力,这就要用静力学关系来解决。

3. 静力学关系

在横截面内,按极坐标取微面积 $\mathrm{d}A=\rho\mathrm{d}\theta\mathrm{d}\rho$ (见图 9-12)。$\mathrm{d}A$ 上的微内力 $\tau_\rho\mathrm{d}A$,对圆心的力矩为 $\rho\cdot\tau_\rho\mathrm{d}A$。积分得横截面上内力系对圆心的力矩为 $\int_A\rho\cdot\tau_\rho\mathrm{d}A$。可见,这里求出的内力系对圆心的力矩就是横截面上的扭矩,即

$$T=\int_A\rho\tau_\rho\mathrm{d}A \tag{9-12}$$

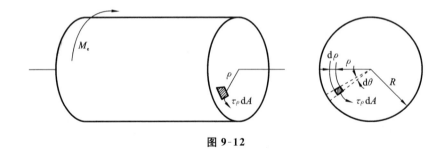

图 9-12

将式(9-11)代入式(9-12),并注意到在给定的横截面上,$\dfrac{\mathrm{d}\varphi}{\mathrm{d}x}$为常量,于是有

$$T = \int_A \rho\tau_\rho \mathrm{d}A = G\frac{\mathrm{d}\varphi}{\mathrm{d}x}\int_A \rho^2 \mathrm{d}A \tag{9-13}$$

以 I_p 表示上式右端中的积分,即

$$I_\mathrm{p} = \int_A \rho^2 \mathrm{d}A \tag{9-14}$$

I_p 称为横截面对圆心 O 点的**极惯性矩**。这样,式(9-13)便可写成

$$T = GI_\mathrm{p}\frac{\mathrm{d}\varphi}{\mathrm{d}x} \tag{9-15}$$

从公式(9-11)和公式(9-15)中消去 $\dfrac{\mathrm{d}\varphi}{\mathrm{d}x}$,得

$$\tau_\rho = \frac{T\rho}{I_\mathrm{p}} \tag{9-16}$$

由以上公式,可以算出横截面上距圆心为 ρ 的任意点的切应力。

在圆截面边缘上,ρ 为最大值 R,得最大切应力为

$$\tau_{\max} = \frac{TR}{I_\mathrm{p}} \tag{9-17}$$

令

$$W_\mathrm{t} = \frac{I_\mathrm{p}}{R} \tag{9-18}$$

W_t 称为**抗扭截面系数**,便可把公式(9-17)写成

$$\tau_{\max} = \frac{T}{W_\mathrm{t}} \tag{9-19}$$

以上切应力的推导过程是建立在平面假设基础之上的,试验结果表明,只有等截面圆轴,平面假设才是正确的。因此这些公式只适用于等直圆杆。对圆截面沿杆轴线变化缓慢的圆杆,也可近似采用这些公式进行计算。值得注意的是,推导以上公式过程中采用了剪切胡克定律,因此圆轴上的最大剪应力 $\tau_{\max}$ 必须小于材料的剪切比例极限。

考虑实心圆轴(见图 9-12),计算截面极惯性矩 I_p 和抗扭截面系数 W_t。将 $\mathrm{d}A$

$=\rho\mathrm{d}\theta\mathrm{d}\rho$ 代入式(9-14)：

$$I_{\mathrm{p}} = \int_A \rho^2 \mathrm{d}A = \int_0^{2\pi}\int_0^R \rho^3 \mathrm{d}\rho\mathrm{d}\theta = \frac{\pi R^4}{2} = \frac{\pi D^4}{32} \qquad (9\text{-}20)$$

式中：D 为圆截面的直径。再由式(9-18)求出：

$$W_{\mathrm{t}} = \frac{I_{\mathrm{p}}}{R} = \frac{\pi R^3}{2} = \frac{\pi D^3}{16} \qquad (9\text{-}21)$$

考虑空心圆轴(见图 9-13)，由于截面的空心部分没有内力，因此式(9-13)和式(9-14)的定积分也不应包括空心部分，于是

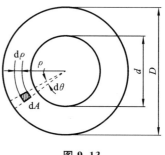

图 9-13

$$\begin{cases} I_{\mathrm{p}} = \displaystyle\int_A \rho^2 \mathrm{d}A = \int_0^{2\pi}\int_{d/2}^{D/2} \rho^3 \mathrm{d}\rho\mathrm{d}\theta \\[2mm] \quad = \dfrac{\pi}{32}(D^4 - d^4) = \dfrac{\pi D^4}{32}(1-\alpha^4) \\[3mm] W_{\mathrm{t}} = \dfrac{I_{\mathrm{p}}}{R} = \dfrac{\pi}{16D}(D^4 - d^4) = \dfrac{\pi D^3}{16}(1-\alpha^4) \end{cases} \qquad (9\text{-}22)$$

式中：D 和 d 分别为空心圆截面的外径和内径；R 为外半径；$\alpha = d/D$。

【例 9-2】 一钢制阶梯状圆轴如图 9-14(a)所示，已知 $M_{\mathrm{e}1}=10\ \mathrm{kN\cdot m}$，$M_{\mathrm{e}2}=7\ \mathrm{kN\cdot m}$，$M_{\mathrm{e}3}=3\ \mathrm{kN\cdot m}$，试计算其最大切应力。

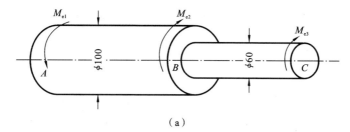

（a）

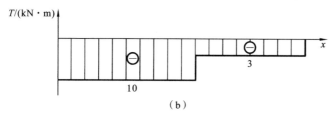

（b）

图 9-14

【解】 (1) 作扭矩图。

用截面法求出 AB 及 BC 段横截面上的扭矩分别为

$$T_{AB} = -M_{\mathrm{e}1} = -10\ \mathrm{kN\cdot m}$$

$$T_{BC} = -M_{\mathrm{e}3} = -3\ \mathrm{kN\cdot m}$$

扭矩图如图 9-14(b)所示。

(2) 求最大切应力。

由图 9-14(b),可见最大扭矩发生在 AB 段,但 AB 段横截面直径大,因此,为求最大切应力,需分别计算 AB 段及 BC 段横截面上最大切应力,并进行比较。

$$\tau_{\max AB} = \frac{T_{AB}}{W_{tAB}} = \frac{10 \times 10^3 \times 16}{\pi \times 100^3 \times 10^{-9}} \text{ Pa} = 50.9 \text{ MPa}$$

$$\tau_{\max BC} = \frac{T_{BC}}{W_{tBC}} = \frac{3 \times 10^3 \times 16}{\pi \times 60^3 \times 10^{-9}} \text{ Pa} = 70.7 \text{ MPa}$$

可见,最大切应力发生在 BC 段轴的横截面的外边缘,其值为 $\tau_{\max} = 70.7$ MPa。

9.5　圆轴扭转时的变形

圆轴扭转变形是由横截面间的扭转角进行度量的。由公式(9-15),得

$$\mathrm{d}\varphi = \frac{T}{GI_\mathrm{p}} \mathrm{d}x$$

$\mathrm{d}\varphi$ 表示相距为 $\mathrm{d}x$ 的两个横截面之间的扭转角,见图 9-10(b)。沿轴线 x 积分,即可求得距离为 l 的两个横截面之间的扭转角为

$$\varphi = \int_l \mathrm{d}\varphi = \int_0^l \frac{T}{GI_\mathrm{p}} \mathrm{d}x \tag{9-23}$$

(1) 若受扭等直圆轴在两横截面之间的 T 值不变,即式(9-23)中 $\dfrac{T}{GI_\mathrm{p}}$ 为常量,这时式(9-23)转化为

$$\varphi = \frac{Tl}{GI_\mathrm{p}} \tag{9-24}$$

显然,GI_p 越大,则扭转角 φ 越小,故 GI_p 称为圆轴的**抗扭刚度**。

(2) 若受扭圆轴在各段的 T 并不相同,或各段 I_p 不同,例如阶梯轴。这时就应该分段计算各段的扭转角,然后按代数值相加,得两端截面的扭转角为

$$\varphi = \sum_{i=1}^n \frac{T_i l_i}{GI_{\mathrm{p}i}} \tag{9-25}$$

轴类零件除应满足强度要求外,还应满足刚度要求,即不应有过大的扭转变形。例如,若车床丝杆扭转角过大,会影响车刀进给,降低加工精度;发动机的凸轮轴扭转角过大,会影响气阀开关时间;镗床的主轴或磨床的传动轴如扭转角过大,将引起扭转振动,影响工件的精度和粗糙度。因此,要提高受扭构件的刚度,限制某些轴的扭转变形。

由公式(9-24)表示的扭转角与轴的长度 l 有关,为消除长度的影响,用 φ 对 x 的变化率 $\dfrac{\mathrm{d}\varphi}{\mathrm{d}x}$ 来表示扭转变形的程度。用 φ' 表示变化率 $\dfrac{\mathrm{d}\varphi}{\mathrm{d}x}$,由公式(9-15)得出

$$\varphi' = \frac{\mathrm{d}\varphi}{\mathrm{d}x} = \frac{T}{GI_p} \tag{9-26}$$

φ 的变化率 φ' 是相距为 1 单位长度的两截面的相对转角,称为**单位长度扭转角**,单位为弧度/米(rad/m)。若在轴长为 l 的范围内 T 为常量,且圆轴的截面不变,则 $\frac{T}{GI_p}$ 为常量,由式(9-24)和式(9-26)得

$$\varphi' = \frac{T}{GI_p} = \frac{\varphi}{l} \tag{9-27}$$

【例 9-3】 两端固定的圆轴,在 C 处受外力偶矩 M_e 作用,如图 9-15(a)所示。试求两固定端处的支反力偶矩,并绘轴的扭矩图。

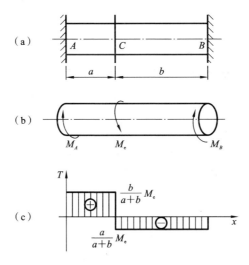

图 9-15

【解】 解除 A、B 两端的约束,代以支反力偶矩 M_A 及 M_B(见图 9-15(b))。AB 轴只能列出一个独立的平衡方程 $\sum M_x = 0$,而未知的支反力偶矩有两个,因此是一次静不定问题。

(1) 静力学关系　由 $\sum M_x = 0$,得

$$M_A + M_B - M_e = 0 \tag{a}$$

(2) 变形几何关系　因为两端均为固定端,所以 B 截面相对 A 截面的扭转角 $\varphi_{BA} = 0$,即

$$\varphi_{BA} = \varphi_{BC} + \varphi_{CA} = 0 \tag{b}$$

(3) 物理关系

$$\varphi_{BC} = -\frac{M_B b}{GI_p}, \quad \varphi_{CA} = \frac{M_A a}{GI_p} \tag{c}$$

将式(c)代入式(b),得补充方程:

$$-M_B b + M_A a = 0 \qquad\qquad\qquad (d)$$

联立求解式(a)、式(d),得

$$M_A = \frac{b}{a+b} M_e, \quad M_B = \frac{a}{a+b} M_e$$

扭矩图如图 9-15(c)所示。

9.6　圆轴扭转时的强度和刚度计算

9.6.1　圆轴扭转时的强度条件

圆轴扭转时横截面上的最大工作切应力 τ_{max} 不得超过材料的许用切应力 $[\tau]$,即

$$\tau_{max} \leqslant [\tau] \qquad\qquad\qquad (9-28)$$

式(9-28)称为圆轴扭转时的**强度条件**。

对于等截面圆轴,从轴的受力情况或由扭矩图可以确定最大扭矩 T_{max},最大切应力 τ_{max} 发生于 T_{max} 所在截面的边缘上。因而强度条件可改写为

$$\tau_{max} = \frac{T_{max}}{W_t} \leqslant [\tau] \qquad\qquad\qquad (9-29)$$

对变截面杆,如阶梯轴、圆锥形杆等,W_t 不是常量,τ_{max} 并不一定发生在扭矩为极值 T_{max} 的截面上,这要综合考虑扭矩 T 和抗扭截面系数 W_t 两者的变化情况,从而确定 τ_{max}。

在静载荷情况下,扭转许用切应力 $[\tau]$ 与许用拉应力 $[\sigma]$ 之间有如下关系:

钢　　$[\tau] = (0.5 \sim 0.6)[\sigma]$

铸铁　$[\tau] = (0.8 \sim 1.0)[\sigma]$

轴类零件由于考虑到动载荷等原因,所取许用切应力一般比静载荷下的许用切应力还要小。

【例 9-4】　由无缝钢管制成的汽车传动轴 AB(见图 9-16),外径 $D = 90$ mm,壁厚 $t = 2.5$ mm,材料为 Q235。使用时的最大扭矩为 $T = 1.5$ kN·m。如材料的许用切应力 $[\tau] = 60$ MPa,试校核 AB 轴的强度。

【解】　由 AB 轴的几何尺寸计算其抗扭截面系数:

$$\alpha = \frac{d}{D} = \frac{90 - 2 \times 2.5}{90} = 0.944$$

$$W_t = \frac{\pi D^3}{16}(1 - \alpha^4) = \frac{\pi \times 90^3}{16}(1 - 0.944^4)\ mm^3 = 29469\ mm^3$$

轴的最大切应力为

$$\tau_{max} = \frac{T}{W_t} = \frac{1.5 \times 10^3}{29469 \times 10^{-9}}\ Pa = 51\ MPa < [\tau]$$

所以 AB 轴满足强度条件。

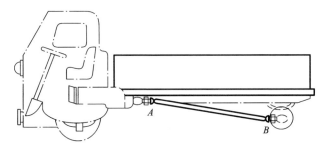

图 9-16

【例 9-5】 如把例 9-4 中的传动轴改为实心轴，要求它与原来的空心轴强度相同。试确定其直径，并比较空心轴和实心轴的重量。

【解】 因为要求与例 9-4 中的空心轴强度相同，故实心轴的最大切应力也应为 51 MPa。若设实心轴的直径为 D_1，则

$$\tau_{\max}=\frac{T}{W_t}=\frac{1.5\times10^3}{\dfrac{\pi}{16}D_1^3}\text{ Pa}=51\text{ MPa}$$

$$D_1=\left(\frac{1.5\times10^3\times16}{\pi\times51\times10^6}\right)^{\frac{1}{3}}\text{ m}=0.0531\text{ m}$$

实心轴横截面面积为

$$A_1=\frac{\pi D_1^2}{4}=\frac{\pi\times0.0531^2}{4}\text{ m}^2=22.1\times10^{-4}\text{ m}^2$$

空心轴横截面面积为

$$A_2=\frac{\pi(D^2-d^2)}{4}=\frac{\pi}{4}\times(90^2-85^2)\times10^{-6}\text{ m}^2=6.87\times10^{-4}\text{ m}^2$$

在两轴长度相等、材料相同的情况下，两轴重量之比等于横截面面积之比：

$$\frac{A_2}{A_1}=\frac{6.87\times10^{-4}}{22.1\times10^{-4}}=0.31$$

可见在相同的条件下，空心轴的重量只为实心轴的 31%，其减轻重量、节约材料的效果是非常明显的。这是因为横截面上的切应力沿半径按线性规律分布，圆心附近的应力很小，材料没有充分发挥作用。若把轴心附近的材料向边缘移置，使其成为空心轴，就会增大 I_p 和 W_t，从而提高了轴的强度。

9.6.2 圆轴扭转时的刚度条件

用 φ' 表示单位长度扭转角，有

$$\varphi'=\frac{\mathrm{d}\varphi}{\mathrm{d}x}=\frac{T}{GI_p}$$

为保证轴的刚度，通常规定单位长度扭转角的最大值 $\varphi'_{\max}$ 不得超过许用单位长度扭转角 $[\varphi']$，即

$$\varphi'_{\max} = \left(\frac{T}{GI_{\mathrm p}}\right)_{\max} \leqslant [\varphi'] \tag{9-30}$$

式(9-30)称为圆轴扭转时的**刚度条件**。式中 φ' 的单位为 rad/m。工程中,$[\varphi']$ 的单位习惯上用(°)/m 给出。为此,将式(9-30)改写为

$$\varphi'_{\max} = \left(\frac{T}{GI_{\mathrm p}}\right)_{\max} \times \frac{180°}{\pi} \leqslant [\varphi'] \tag{9-31}$$

$[\varphi']$ 的数值可由有关手册查出。下面给出几个参考数据:

精密机器的轴,$[\varphi'] = 0.25\ °/\text{m} \sim 0.50\ °/\text{m}$;

一般传动轴,$[\varphi'] = 0.5\ °/\text{m} \sim 1.0\ °/\text{m}$;

精度要求不高的轴,$[\varphi'] = 1.0\ °/\text{m} \sim 2.5\ °/\text{m}$。

【**例 9-6**】　图 9-17(a)为某组合机床主轴箱内第 4 轴的示意图。轴上有 Ⅱ、Ⅲ、Ⅳ 三个齿轮,动力由 5 轴经齿轮 Ⅲ 输送到 4 轴,再由齿轮 Ⅱ 和 Ⅳ 带动 1、2 和 3 轴。1 和 2 轴同时钻孔,共消耗功率 0.756 kW;3 轴扩孔,消耗功率 2.98 kW。若 4

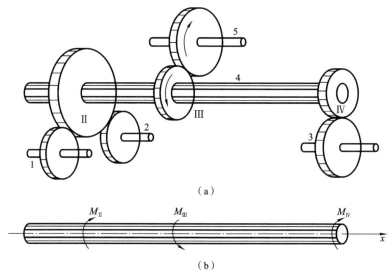

(a)

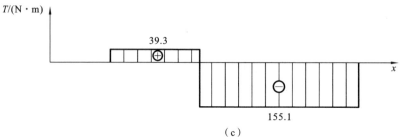

(b)

(c)

图 9-17

轴的转速为 183.5 r/min,材料为 Q235,$G=80$ GPa,取$[\tau]=40$ MPa,$[\varphi']=1.5°/m$,试设计轴的直径。

【解】　为了分析 4 轴的受力情况,先由公式(9-1)计算作用于齿轮 Ⅱ 和 Ⅳ 上的外力偶矩:

$$M_{\text{Ⅱ}}=9549\frac{P_{\text{Ⅱ}}}{n}=9549\times\frac{0.756}{183.5}\text{ N}\cdot\text{m}=39.3\text{ N}\cdot\text{m}$$

$$M_{\text{Ⅳ}}=9549\frac{P_{\text{Ⅳ}}}{n}=9549\times\frac{2.98}{183.5}\text{ N}\cdot\text{m}=155.1\text{ N}\cdot\text{m}$$

$M_{\text{Ⅱ}}$ 和 $M_{\text{Ⅳ}}$ 同为阻抗力偶矩,故转向相同。若 5 轴经齿轮 Ⅲ 传给 4 轴的主动力偶矩为 $M_{\text{Ⅲ}}$,则 $M_{\text{Ⅲ}}$ 的转向应该与上述阻抗力偶矩的转向相反,如图 9-17(b)所示。于是由平衡方程 $\sum M_x=0$,得

$$M_{\text{Ⅲ}}-M_{\text{Ⅱ}}-M_{\text{Ⅳ}}=0$$

$$M_{\text{Ⅲ}}=M_{\text{Ⅱ}}+M_{\text{Ⅳ}}=(39.3+155.1)\text{ N}\cdot\text{m}=194.4\text{ N}\cdot\text{m}$$

根据作用于 4 轴上的 $M_{\text{Ⅱ}}$、$M_{\text{Ⅲ}}$、$M_{\text{Ⅳ}}$ 的数值,作扭矩图如图 9-17(c)所示。从扭矩图看出,在齿轮 Ⅲ 和 Ⅳ 之间,轴的任一横截面上的扭矩皆为最大值,且

$$T_{\max}=155.1\text{ N}\cdot\text{m}$$

由强度条件

$$\tau_{\max}=\frac{T_{\max}}{W_t}=\frac{16T_{\max}}{\pi D^3}\leqslant[\tau]$$

得

$$D\geqslant\left(\frac{16T_{\max}}{\pi[\tau]}\right)^{\frac{1}{3}}=\left(\frac{16\times155.1}{\pi\times40\times10^6}\right)^{\frac{1}{3}}\text{ m}=0.0270\text{ m}=27.0\text{ mm}$$

其次,由刚度条件

$$\varphi'_{\max}=\frac{T_{\max}}{GI_p}\times\frac{180°}{\pi}=\frac{32T_{\max}\times180°}{G\pi^2D^4}\leqslant[\varphi']$$

得

$$D\geqslant\left(\frac{32T_{\max}\times180°}{G\pi^2[\varphi']}\right)^{\frac{1}{4}}=\left(\frac{32\times155.1\times180}{80\times10^9\times\pi^2\times1.5}\right)^{\frac{1}{4}}\text{ m}=0.0295\text{ m}=29.5\text{ mm}$$

根据以上计算,为了同时满足强度和刚度要求,选定轴的直径 $D=30$ mm。可见,刚度条件是决定 4 轴直径的控制因素。由于刚度是大多数机床传动轴的主要矛盾,因此用刚度作为控制因素的轴是相当普遍的。

【例 9-7】　设有 A、B 两个凸缘的圆轴如图 9-18(a)所示。在扭转力偶矩 M_e 作用下,该轴已发生了变形。这时把一个薄壁圆筒与轴的凸缘焊接在一起,然后解除 M_e,如图 9-18(b)所示。设轴和筒的抗扭刚度分别为 G_1I_{p1} 和 G_2I_{p2},试求轴内和筒内的扭矩。

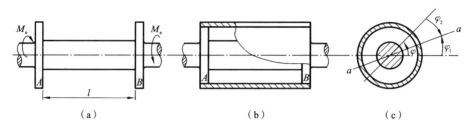

图 9-18

【解】　由于筒与轴的凸缘焊接在一起,外加扭转力偶矩 M_e 解除后,圆轴必然力图消除其扭转变形,而圆筒则阻碍其恢复,这就使得在轴内和筒内分别出现扭矩 T_1 和 T_2。假想把轴与筒切开,因这时已无外力偶矩,得

$$T_1 = T_2 \tag{a}$$

仅由式(a)不能解出两个扭矩,所以这是一个静不定问题,应再寻求一个补充方程。

焊接前,轴在 M_e 作用下的扭转角为

$$\varphi = \frac{M_e l}{G_1 I_{p1}} \tag{b}$$

这就是图 9-18(c)所示的凸缘 B 的水平直径相对于 A 转过的角度。在筒与轴相焊接并解除 M_e 后,因受筒的阻抗,轴的上述变形不能完全恢复,最后协调的位置为 aa。这时圆轴余留的扭转角为 φ_1,而圆筒的扭转角为 φ_2。显然

$$\varphi_1 + \varphi_2 = \varphi \tag{c}$$

利用式(9-24)和式(b),由式(c)得

$$\frac{T_1 l}{G_1 I_{p1}} + \frac{T_2 l}{G_2 I_{p2}} = \frac{M_e l}{G_1 I_{p1}} \tag{d}$$

从式(a)、式(d)可以解出

$$T_1 = T_2 = \frac{M_e G_2 I_{p2}}{G_1 I_{p1} + G_2 I_{p2}}$$

【例 9-8】　实心阶梯圆轴 AB 两端固定(见图 9-19(a)),受外力偶矩 $M = 4.5$ kN·m 作用。若 $d_1 = 70$ mm, $d_2 = 55$ mm, $l_1 = 1$ m, $l_2 = 1.5$ m,材料的 $G = 80$ GPa,$[\tau] = 60$ MPa,$[\varphi'] = 1.5$ °/m,试进行强度和刚度校核。

【解】　(1)列平衡方程(见图 9-19(b)):

$$\sum M_x = 0 \quad \Rightarrow \quad M_A + M_B - M = 0$$

(2)由变形几何关系有

$$\varphi_{AB} = \varphi_{AC} + \varphi_{CB} = 0$$

(3)由物理关系有

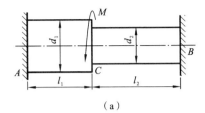 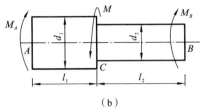

（a）　　　　　　　　　　　　（b）

图 9-19

$$\varphi_{AC} = \frac{T_1 l_1}{GI_{\text{p}1}} = \frac{M_A l_1}{GI_{\text{p}1}}, \quad \varphi_{CB} = \frac{T_2 l_2}{GI_{\text{p}2}} = -\frac{M_B l_2}{GI_{\text{p}2}}$$

代入变形几何关系,得

$$\frac{M_A l_1}{GI_{\text{p}1}} - \frac{M_B l_2}{GI_{\text{p}2}} = 0$$

（4）与平衡方程联立,并代入相关数据,解得支反力矩为

$$M_A = T_1 = \frac{Ml_2 I_{\text{p}1}}{l_1 I_{\text{p}2} + l_2 I_{\text{p}1}} = 3.59 \text{ kN} \cdot \text{m}, \quad M_B = T_2 = \frac{Ml_1 I_{\text{p}2}}{l_1 I_{\text{p}2} + l_2 I_{\text{p}1}} = 0.91 \text{ kN} \cdot \text{m}$$

（5）强度校核:分段计算最大切应力。

AC 段:

$$\tau_{1\max} = \frac{T_1}{W_{\text{t}1}} = \frac{3.59 \times 10^3}{\dfrac{\pi \times 70^3}{16}} \times 10^9 \text{ Pa} = 53.3 \text{ MPa}$$

CB 段:

$$\tau_{2\max} = \frac{T_2}{W_{\text{t}2}} = \frac{0.91 \times 10^3}{\dfrac{\pi \times 55^3}{16}} \times 10^9 \text{ Pa} = 27.9 \text{ MPa}$$

轴的最大切应力为

$$\tau_{\max} = 53.3 \text{ MPa} < [\tau]$$

（6）刚度校核:分段计算单位长度扭转角。

AC 段:

$$I_{\text{p}1} = \frac{\pi d_1^4}{32} = \frac{\pi \times 70^4}{32} \text{ mm}^4 = 2.36 \times 10^6 \text{ mm}^4$$

$$\varphi_1' = \frac{T_1}{GI_{\text{p}1}} \times \frac{180}{\pi} = \frac{3.59 \times 10^3 \times 180}{80 \times 10^9 \times 2.36 \times 10^{-6} \times \pi} \text{ (°)/m} = 1.09°/\text{m}$$

CB 段:

$$I_{\text{p}2} = \frac{\pi d_2^4}{32} = \frac{\pi \times 55^4}{32} \text{ mm}^4 = 8.98 \times 10^5 \text{ mm}^4$$

$$\varphi'_2 = \frac{T_2}{GI_{p2}} \times \frac{180°}{\pi} = \frac{-0.91 \times 10^3 \times 180}{80 \times 10^9 \times 8.98 \times 10^{-7} \times \pi} \ (°)/m = -0.73°/m$$

轴的单位长度扭转角最大值为

$$\varphi'_{max} = 1.09°/m < [\varphi'] = 1.5°/m$$

故该轴满足强度、刚度条件。

思　考　题

9-1　轴的转速、所传功率与扭力偶矩之间有何关系？该公式是如何建立的？

9-2　在变速箱中，为何低速轴的直径比高速轴的直径大？

9-3　从强度方面考虑，为什么空心圆截面轴比实心圆截面轴合理？空心圆截面轴的壁厚是否越薄越好？

9-4　如何求解扭转超静定问题？如何建立补充方程？

9-5　为什么受扭的轴往往是圆截面较多，而不用矩形截面？它们的扭转应力有何特点？

习　　题

9-1　试作图示各杆的扭矩图（图中数字的单位均为 kN · m，$\overline{M}_e$ 的单位为 N · m/m）。

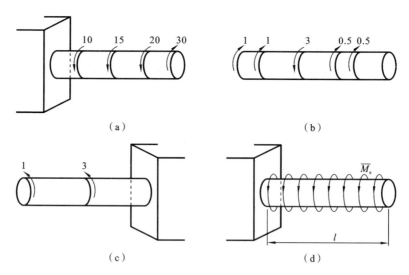

习题 9-1 图

9-2　空心圆轴外径 $D = 80$ mm，内径 $d = 62.5$ mm，扭矩 $T = 1$ kN · m，$G = 80$ GPa。试作出横截面上的切应力分布图，并求出最大切应力和单位长度扭转角。

9-3　实心圆轴的直径 $d=50$ mm,扭矩 $T=1$ kN·m,$G=82$ GPa。试求 $\rho=d/4$ 处的切应力和切应变,并求最大切应力及单位长度扭转角。

9-4　圆轴的直径 $d=50$ mm,转速 $n=120$ r/min。若轴的最大切应力 $\tau_{max}=60$ MPa,$G=80$ GPa,试求此轴所传递的功率(kW)及单位长度扭转角。

9-5　阶梯圆轴如图所示,$G=82$ GPa,试求最大切应力及扭转角 φ_{AB} 与 φ_{AC}。

9-6　在图(a)所示圆轴内,用横截面 ABE、DCF 和径向截面 $ABCD$ 切出一部分 $ABCDEF$,如图(b)所示。试画出其各截面上的切应力分布图,并分析该部分是如何平衡的。

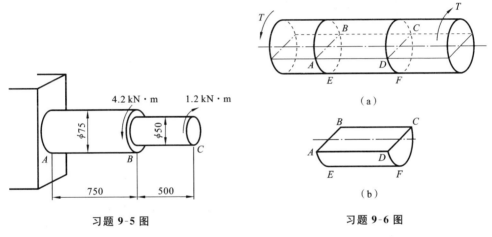

习题 9-5 图　　　　　　　　　　　习题 9-6 图

9-7　直径 $d=25$ mm 的实心圆轴,受轴向拉力 $F=60$ kN 作用时,在标距 $s=0.2$ m 的长度上伸长了 $\Delta s=0.113$ mm;受转矩 $M_e=0.2$ kN·m 作用时,相距 $l=0.15$ m 的两横截面相对扭转了 $\varphi=0.55°$,试求材料的弹性常数 E,G 和 μ。

9-8　套管 1 与空心轴 2 借助两端的刚性平板固联在一起,如图所示。已知两种材料的切变模量分别为 $G_1=40$ GPa,$G_2=80$ GPa,转矩 $M_e=2$ kN·m,试求二者所受的扭矩及其横截面上的最大切应力。

9-9　试推导图(a)所示圆轴($\overline{M}_e$ 为均布力偶的集度)与图(b)所示锥形轴扭转角的计算公式。设 G 为已知。

9-10　试计算习题 9-9 图(a)所示圆轴自由端部的扭转角。

9-11　实心轴与空心轴通过牙嵌离合器连接在一起,如图所示。已知轴的转速 $n=100$ r/min,传递功率 $P_k=10$ kW,许用应力 $[\tau]=80$ MPa,试确定实心轴直径 D_0 和内外径比值 $d/D=0.6$ 的空心轴外径 D。

9-12　如图所示,A 轴转速 $n=120$ r/min,B 轮输入功率 $P=44.13$ kW,其中

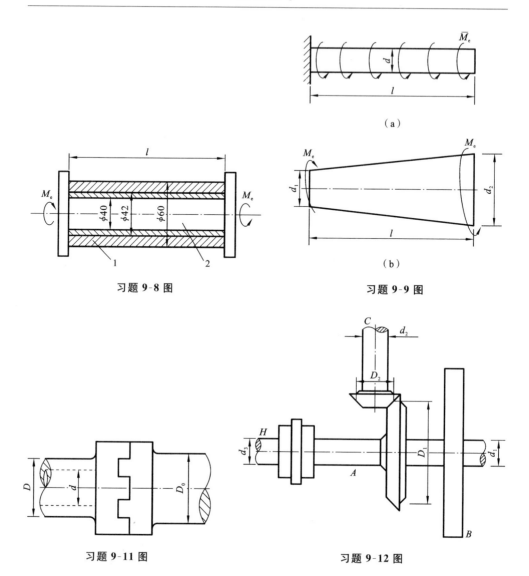

习题 9-8 图　　　　　　　　　　　习题 9-9 图

习题 9-11 图　　　　　　　　　　　习题 9-12 图

一半由 C 轴输出,另一半由 H 轴输出。已知 $D_1 = 600$ mm, $D_2 = 240$ mm, $d_1 = 100$ mm, $d_2 = 60$ mm, $d_3 = 80$ mm, $[\tau] = 20$ MPa,试判断哪一轴危险,并校核其强度。

9-13 平均直径 $D = 200$ mm 的圆筒,由厚度 $t = 8$ mm 的钢板卷成,并用铆钉铆接,如图所示。已知铆钉的 $d = 20$ mm, $[\tau] = 60$ MPa, $[\sigma_{bs}] = 160$ MPa,筒两端受转矩 $M_e = 30$ kN·m 作用,试求铆钉间距 s。

9-14 如图所示钻杆的外径 $D = 60$ mm,内径 $d = 50$ mm,功率 $P = 7.355$ kW,转速 $n = 180$ r/min,钻杆入土深度 $l = 40$ m, $[\tau] = 40$ MPa。假设土壤对钻杆的阻力沿 l 均匀分布,其集度为 $\overline{M}_e$,试求 M_e,并校核钻杆强度。

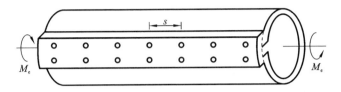

习题 9-13 图

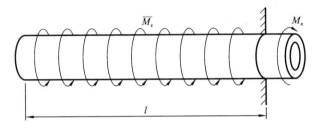

习题 9-14 图

9-15 如图所示,实心阶梯圆轴的转速 $n=200$ r/min,轮 1 输入功率 $P_{k1}=30$ kW,轮 3 输出功率 $P_{k3}=13$ kW。已知 $d_1=70$ mm,$d_2=40$ mm,$[\tau]=60$ MPa,$[\varphi']=2°$/m,$G=80$ GPa,试校核轴的强度与刚度。

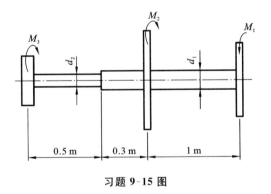

0.5 m　0.3 m　1 m

习题 9-15 图

力学史上的明星(八)

西奥多·冯·卡门(1881—1963),匈牙利犹太人,1936 年入美国籍,是 20 世纪最伟大的美国工程学家之一,开创了数学和基础科学在航空和航天及其他技术领域的应用,被誉为"航空航天时代的科学奇才"。他所在的加利福尼亚理工学院实验室后来成为美国国家航空和航天喷气推进实验室,我国著名科学家钱伟长、钱

学森、郭永怀都是他的亲传弟子。

德国火箭科学家冯·布劳恩曾说："冯·卡门是航空和航天领域最杰出的一位元老，远见卓识、敏于创造、精于组织……正是他独具的特色。"鉴于冯·卡门在科学、技术及教育事业等方面的卓著贡献，美国国会授予他第一枚"国家科学勋章"。

卡门幽默风趣，爽朗而又健谈，他还善于把享乐和事业结合起来。他有一种特殊能力，表面上从事某种活动，脑海里却进行着自己的科学思考。他常在聚会中溜走一两个小时，去推导一个方程或拟写一篇论文，然后再若无其事地回来，重拾他的话题。卡门这种开朗奔放、无拘无束的性格也反映在他的教书育人上。他认为，师生之间没有贵贱之分，只是贡献和学历上的差别，而且教与学是相长的。在教学方法上，他主张采用简单直观的方式，略去次要细节，抓住本质，采用形象的比拟和直观的图解，并根据学生的平均水平进行讲解。据说，卡门在推导公式时，常会先陷进自己故意设置的死胡同，然后再以高度技巧从困境中摆脱出来。学生们时而屏息无声，时而惊呼叫绝。在学生看来，他就像在耍木偶，把死东西玩活了。卡门就是在这种活泼紧张的气氛中把知识传授给了学生。此外，卡门还倡导自由讨论的民主学风，鼓励自由创造：人们围坐在一起，下棋，聊天，更重要的是交流学术思想，洁白的桌布上往往写满了数学方程式，而许多创造性的思想也就在这种无拘无束的氛围中孕育而成。卡门倡导的这种学术讨论，不仅开阔了学生的思路，也激发了学生的创造热情。

卡门的教学方法在他 1929 年出任 GALCIT（加利福尼亚理工学院古根海姆航空实验室的简称）主任时得到了淋漓尽致的发挥，并收到了极好的效果。有人曾把他和文艺复兴时期的达·芬奇相提并论，认为达·芬奇创造了新奇的机件，而卡门则培育出大批杰出的人才。他的学生遍及五大洲，人称之为"卡门科班"，他为教育事业做出了杰出的贡献。

冯·卡门无疑是位名副其实的科学奇才。他在航空事业上的卓越成就是无可辩驳的。航空学和航天学上一些最光辉的理论、概念都是以他的名字命名，月球上也有一个名为冯·卡门的陨石坑。而航空史上令人瞩目的里程碑，如齐柏林飞艇、风洞、滑翔机、火箭……可以说 20 世纪的一切实际飞行和模拟飞行的成功都与他有密切的关系。他在航天技术中乘风扶摇，大展才略，掀开了航天史上一页页新篇章。卡门事业上的成功令人崇拜，而他的思想个性和为人处世一样为人们所敬仰。

晚年的他虽有些虚荣，但他并不专横，也不老朽，在年过七旬之后仍然频繁地周游列国，为世界和人类的进步而工作着。而他培养的"卡门科班"也会让世人永远谨记。如今，这位一代风流式的人物已离我们远去。然而，那蓝天白云里的飞行物体将会铭刻着那个名字——西奥多·冯·卡门。

第10章 弯曲内力

10.1 弯曲的概念

在工程实际中,桥式起重机的横梁(见图 10-1(a))、房屋建筑中的阳台挑梁(见图 10-1(b)),都是弯曲变形的构件。作用于这些杆件的外力位于杆件轴线所在的某个平面内且垂直于其轴线,使其原有直线的轴线变形为曲线。这种形式的变形就叫弯曲变形。以弯曲变形为主要变形的杆件叫作梁。

工程中常见的梁,其横截面一般都具有对称轴,全梁具有通过梁轴线和横截面对称轴的纵向对称面,并且所有外力都作用在该对称面内(见图 10-2)。梁的轴线变形为一条平面曲线。这种弯曲变形称为对称平面弯曲。

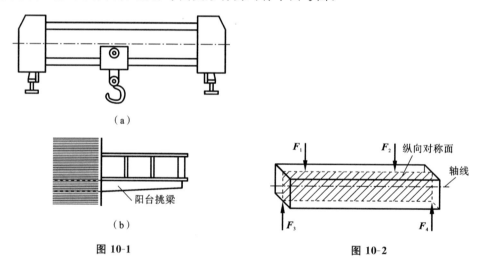

（a）

阳台挑梁

（b）

图 10-1

图 10-2

10.2 静定梁的基本形式

根据梁的支承情况,工程实际中常见梁分为以下三种类型。

(1)简支梁。梁的一端为固定铰支座,另一端为活动铰支座,如图 10-3(a)所示。

(2)外伸梁。梁由一个固定铰支座和一个活动铰支座支承,其一端或两端伸出支座之外,如图 10-3(b)所示。

(3)悬臂梁。梁的一端固定,另一端自由,如图 10-3(c)所示。

图 10-3(a)所示简支梁的 A 支座为固定铰支座,对 AB 梁的 A 铰的作用是水

平和铅垂两个方向的分力,其效果是限制 A 截面的左右与上下的移动。B 支座是活动铰支座。它限制了 B 截面的上下运动。连杆支座等价于图 10-3(b)中 B 支座。

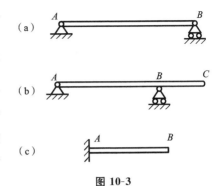

图 10-3(c)所示悬臂梁的 A 支座叫固定端支座,受其约束,截面 A 既不能向任何方向移动,也不能向任何方向转动。这种约束力通常用两个大小未知的正交分力和一个力偶来表示。

图 10-3

这些梁在其载荷确定后,梁上的约束反力及内力可以由静力平衡方程完全解出来,这些梁都称为静定梁。约束反力及内力不能由静力平衡方程完全确定的梁称为静不定梁,这里不讨论。

10.3 剪力和弯矩

通常,梁的弯曲内力指截面上的剪力和弯矩。为求梁的弯曲内力,首先由静力学平衡方程求出梁的支座反力。梁的弯曲内力计算则仍然采用截面法。

设一简支梁 AB,受集中力 F 作用,如图 10-4(a)所示。

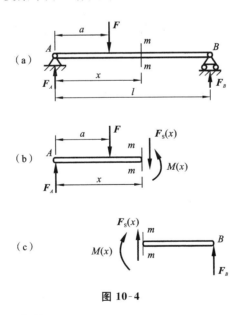

图 10-4

由静力学平衡方程求得

$$F_A = \frac{l-a}{l}F, \quad F_B = \frac{a}{l}F$$

　　过 m—m 截断梁为左右两部分,保留左边,则暴露左段梁右截面,画上要求的内力剪力 $\boldsymbol{F}_S(x)$ 和弯矩 $M(x)$,如图 10-4(b)所示。

　　由静力学平衡方程求解未知量:

$$\sum F_y = 0 \Rightarrow F_A - F - F_S(x) = 0$$

$$F_S(x) = F_A - F$$

$$\sum M_C = 0 \Rightarrow M(x) - F_A x + F(x-a) = 0$$

$$M(x) = F_A x - F(x-a)$$

　　上面力矩平衡方程中的 C,指的是截面 m—m 上的形心。

　　同样也可取右段梁为研究对象(见图 10-4(c)),对其建立平衡方程,求出横截面 m—m 上的内力 $F_S(x)$ 和 $M(x)$。它们与上面取左段梁为研究对象时求得的内力 $F_S(x)$ 和 $M(x)$,大小相等但方向相反。

　　为了使两段梁在同一截面算得的剪力及弯矩,不仅数值相等而且符号相同,对梁的内力符号作如下规定:

　　正的剪力对作用段上任意一点之矩的方向均为顺时针,反之为负的剪力,如图 10-5(a)所示。

　　正的弯矩对作用段梁产生向下凹的变形,反之为负,如图 10-5(b)所示。

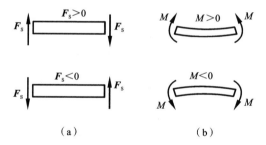

图 10-5

　　根据弯曲内力符号的定义,图 10-4(a)(b)所示 m—m 截面上的内力都是正号,它们的符号不会因为作用力与反作用力方向相反的性质而改变。

　　习惯上,对截面上的未知内力往往假设为正号。这种方法简称为设正法。

　　通过对求内力平衡方程的分析,可以得到快速求梁的剪力及弯矩的公式:

$$F_S(x) = \sum F_i \tag{10-1}$$

$$M(x) = \sum M(F_i) + \sum M_e \tag{10-2}$$

$F_S(x)$:指定截面的剪力,默认为正号。

$\sum F_i$:脱离体上所有外力的代数和。符号按"左上右下"为正,反之为负。

$M(x)$:指定截面的弯矩,默认为正号。

$\sum M(F_i)$：脱离体上所有外力对截面形心 C 的矩。无论是取左边的脱离体还是取右边的脱离体计算内力时，向上的力产生的力矩都取正号，反之都取负号。

$\sum M_e$：脱离体上所有外力偶的代数和。符号按"左顺右逆"为正，反之为负。

上述的左，指的是取左边脱离体计算内力时；右是指取右边脱离体计算内力时。

【例 10-1】 简支梁如图 10-6(a)所示，求 D 截面的内力。

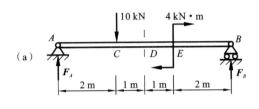

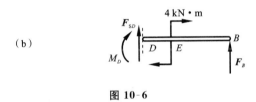

图 10-6

【解】 首先求支座反力。由平衡方程得
$$F_A = 6 \text{ kN}, \quad F_B = 4 \text{ kN}$$

然后，求 D 截面内力：

截开 D 截面，保留右段梁，在右段左截面上内力设正，如图 10-6(b)所示。由式(10-1)、式(10-2)得

$$F_{SD} = -4 \text{ kN}(\downarrow)$$
$$M_D = (4 \times 3 - 4 \times 1) \text{ kN} \cdot \text{m} = 8 \text{ kN} \cdot \text{m}$$

从例 10-1 可见，求截面上的内力时，关心的是保留部分梁段上的外力。截面上的内力默认设为正。当熟练了的时候，图 10-6(b)可以不画了。

梁上载荷发生突变的截面，截面内力在该截面发生突变，则该截面的内力不连续而称为奇点。为便于标记，在奇点的左右邻域加一个负号和正号。如图 10-6(a)中，有这样的标识截面的标记：$A+，C-，C+，E-，E+，B-$。

10.4 弯曲内力方程与内力图

一般受力情形下，梁内剪力和弯矩将随横截面位置的改变而发生变化。沿梁的轴线方向设为 x 坐标，横截面上的内力可以表示为 x 的函数：

$$F_S = F_S(x)$$
$$M = M(x)$$

上述函数表达式就是梁的剪力方程和弯矩方程。

就像前面绘制轴力图和扭矩图一样,表示剪力和弯矩沿梁轴线方向变化的图线,分别称为剪力图和弯矩图。

根据剪力方程和弯矩方程,在 F_S-x 和 M-x 坐标系中首先标出剪力方程和弯矩方程定义域两个端点的剪力值和弯矩值,得到相应的点;然后按照剪力和弯矩的类型,绘制出相应的图线,便得到所需要的剪力图和弯矩图。

【例 10-2】　求作图 10-7(a)所示简支梁的内力图。

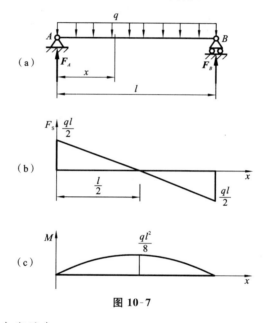

图 10-7

【解】　(1)求支座反力。

$$F_A = F_B = \frac{ql}{2}$$

(2)写内力方程。

$$F_S(x) = F_A - qx = \frac{ql}{2} - qx \quad (0 < x < l)$$

$$M(x) = F_A x - \frac{qx^2}{2} = \frac{ql}{2}x - \frac{qx^2}{2} \quad (0 \leqslant x \leqslant l)$$

(3)求控制点内力。

观察上述剪力方程和弯矩方程,分别为一次和二次函数。

在载荷发生突变处、支座处,皆为控制点。控制点还包括弯矩极值点。

$$F(0+)=ql, \quad F(l-)=-\frac{ql}{2}$$

$$M(0)=M(l)=0$$

由 $\dfrac{\mathrm{d}M}{\mathrm{d}x}=\dfrac{ql}{2}-qx=0$ 得极值点

$$x_0=\frac{l}{2}$$

故

$$M_{\lim}=M(x_0)=\frac{ql^2}{8}$$

（4）画内力图。

建立 F_S-x 和 M-x 坐标系，与载荷图即图 10-7（a）对齐，在剪力图中描点 $\left(0+,\dfrac{ql}{2}\right)$，$\left(l-,-\dfrac{ql}{2}\right)$，连这两点，从两控制点画垂线至 x 轴封闭。标注驻点到前一个控制点 A 的距离 $\dfrac{l}{2}$。（注意：驻点方程正好是剪力方程函数值为零时。）这样，剪力图就完成了，如图 10-7（b）所示。

在弯矩图中描点 $(0,0)$，$\left(\dfrac{l}{2},\dfrac{ql^2}{8}\right)$，$(l,0)$。弯矩方程为二次函数，应该用曲线连三个控制点。但是凹凸如何呢？由 $\dfrac{\mathrm{d}^2 M}{\mathrm{d}x^2}=-q<0$ 可知，曲线上凸。这样，就得到了弯矩图，如图 10-7（c）所示。

（5）给出内力最大值。

$$|F_\mathrm{S}|_{\max}=\frac{ql}{2}, \quad |M|_{\max}=\frac{ql^2}{8}$$

注意，控制点的内力值要标注在控制点位置，对内力值为零的控制点不标注。

由于载荷图的力系为静力平衡力系，因此内力图一定是从零出发，最后回到零线。这种特性叫"封闭性"。如果要在内力图中画阴影线，阴影线一定是垂直于零线的，因为是用这些线长来表示横截面内力的大小的。另外，内力图应该和载荷图对齐。

【例 10-3】　求作图 10-8（a）所示梁的内力图。

【解】　（1）求支反力。

$$F_A=ql=2\times5\ \mathrm{kN}=10\ \mathrm{kN}$$

$$M_A=-\frac{1}{2}ql^2=-\frac{1}{2}\times2\times5^2\ \mathrm{kN\cdot m}=-25\ \mathrm{kN\cdot m}$$

（2）写内力方程。

$$F_\mathrm{S}(x)=F_A-qx=10-2x\ (\mathrm{kN}) \quad (0<x\leqslant l)$$

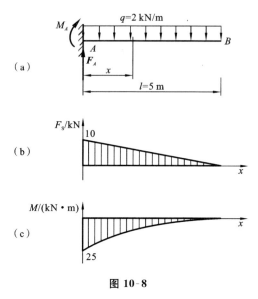

图 10-8

$$M(x) = M_A + F_A x - \frac{1}{2} q x^2 = -25 + 10x - x^2 \text{(kN · m)} \quad (0 < x \leqslant l)$$

（3）求控制点内力。

$$F_S(0+) = 10 \text{ kN}, \quad F_S(5) = 0$$

$$M(0) = -25 \text{ kN · m}, \quad M(5) = 0$$

由 $\dfrac{\mathrm{d}M}{\mathrm{d}x} = 10 - 2x = 0$ 得

$$x_0 = 5 \text{ m}$$

则

$$M(5) = 0$$

由 $\dfrac{\mathrm{d}^2 M}{\mathrm{d}x^2} = -2 < 0$ 可知，M 曲线上凸。

（4）画内力图。

建立 F_S-x 和 M-x 坐标系，在 F_S-x 坐标系描点 $(0+, 10)$，$(5, 0)$，直线连两个控制点，如图 10-8(b)所示。在 M-x 坐标系描点 $(0+, -25)$，$(5, 0)$，并注意到 $(5, 0)$ 为极值点，用上凸抛物线连两控制点，如图 10-8(c)所示。

（5）给出内力最大值。

$$|F_S|_{\max} = 10 \text{ kN}, \quad |M|_{\max} = 25 \text{ kN · m}$$

【例 10-4】　求作图 10-9(a)所示简支梁的内力图。

【解】　$F_A = 6 \text{ kN}, F_B = 4 \text{ kN}$

由于有 4 个控制点，因此内力中弯矩方程有 3 段。

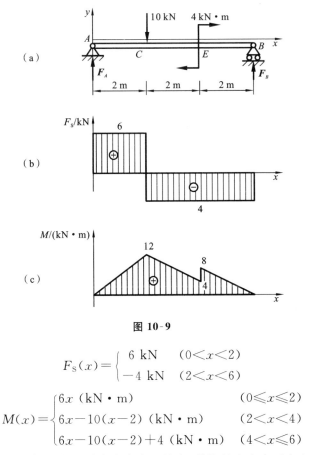

图 10-9

$$F_{\mathrm{S}}(x)=\begin{cases} 6\ \mathrm{kN} & (0<x<2) \\ -4\ \mathrm{kN} & (2<x<6) \end{cases}$$

$$M(x)=\begin{cases} 6x\ (\mathrm{kN}\cdot\mathrm{m}) & (0\leqslant x\leqslant 2) \\ 6x-10(x-2)\ (\mathrm{kN}\cdot\mathrm{m}) & (2<x<4) \\ 6x-10(x-2)+4\ (\mathrm{kN}\cdot\mathrm{m}) & (4<x\leqslant 6) \end{cases}$$

将控制点的 x 坐标值代入对应的内力函数式,得控制点内力列表如表 10-1 所示。

表 10-1　控制点内力具体值

x/m	$0+$	$2-$	$2+$	$4-$	$4+$	$6-$
$F_{\mathrm{S}}/\mathrm{kN}$	6	6	-4	-4	-4	-4
$M/\mathrm{kN}\cdot\mathrm{m}$	0	12	12	4	8	0

按控制点值在剪力坐标系和弯矩坐标系描点,连线,得到如图 10-9(b)(c)所示剪力图和弯矩图。

易可知内力最大值:

$$|F_{\mathrm{S}}|_{\max}=6\ \mathrm{kN}, \quad |M|_{\max}=12\ \mathrm{kN}\cdot\mathrm{m}$$

工程中常有杆件连接成为折杆,这种折杆在转折处由刚节点连接,这类结构称为刚架。刚节点等价于固定端连接,截面间既不容许相对移动,也不容许相对转动,使被连接的杆件在刚节点处的角度保持不变。

画刚架内力图时轴力和剪力的符号规定没有变化,弯矩图画在受压的一侧,没有正负之分。对于刚架的立柱,试想把它水平放置,便于运用剪力和弯矩的符号规定。

【例 10-5】 试作图 10-10(a)所示刚架弯矩图。

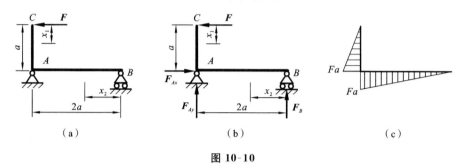

图 10-10

【解】 (1)求支座反力。

$$F_B = -\frac{F}{2}, \quad F_{Ay} = \frac{F}{2}, \quad F_{Ax} = F$$

(2)写弯矩方程。

CA 段:

$$M(x_1) = -Fx_1 \quad (0 \leqslant x_1 \leqslant a)$$

AB 段:

$$M(x_2) = F_B x_2 = -\frac{1}{2}Fx_2 \quad (0 \leqslant x_2 \leqslant 2a)$$

(3)画弯矩图。

刚架内力图的零线坐标就是刚架轴线。试想 CA 立杆水平放置,刚架 CAB 的弯矩图和水平放置的 CAB 梁的弯矩图是一样的。弯矩图画在受压的一侧,没有正负标注。

将控制点的 x 坐标值代入对应的内力函数式,得控制点内力列表如表 10-2 所示。

表 10-2 控制点内力

控制点	C+	A−	B−	A+
M	0	Fa	0	Fa

两段弯矩方程都是线性函数,按控制点值在刚架轴线上描点,连线,可得到如图 10-10(c)所示弯矩图。

通过上述例题,可以得到弯曲内力图有如下几个特性。

(1)封闭性。由于载荷是平衡力系,内力图图线总是从零线出发最后自动回到零线。利用封闭性特性,可以检查所作的内力图正确与否。

（2）对应特性。内力图的零线对应着梁的轴线,内力图线上一点到零线的垂直距离线长对应载荷图上横截面上的内力。这就要求内力图与载荷图对齐。

（3）跳跃性。载荷图上集中力作用处,剪力图发生跳跃,跳跃值就是集中力的大小;跳跃的方向,自左至右,集中力向上正跳,反之负跳。载荷图上有集中力偶,弯矩图在这一点发生跳跃,跳跃的值就是集中力偶的大小;跳跃的方向,自左至右,集中力偶顺时针正跳,反之负跳。

（4）"针锋相对"。载荷图中有集中力作用处,弯矩图发生转折,折锋和集中力矢量方向相向。但是,载荷图中集中力偶作用处,对剪力图没有影响。

10.5 载荷集度与剪力和弯矩三者之间的关系

轴线为直线的梁的示意图如图 10-11(a)所示。以轴线为 x 轴,y 轴向上为正。考察 dx 微段的受力与平衡,如图 10-11(b)所示。设微段中无集中力或集中力偶。微段左截面上所设正内力与截面以左部分外力的等效。同理,微段右截面上的内力也设正,相对左截面上的内力有剪力增量 $dF_S(x)$ 和弯矩增量 $dM(x)$。

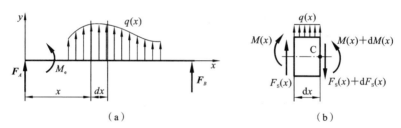

图 10-11

对于分布载荷,与 y 轴正向一致的分布载荷为正,反之为负。由微段的平衡方程,有

$$\sum F_y = 0 \Rightarrow F_S(x) - [F_S(x) + dF_S(x)] + q(x)dx = 0$$

$$\sum M_C = 0 \Rightarrow -M(x) + [M(x) + dM(x)] - F_S(x)dx - q(x)dx \cdot \frac{dx}{2} = 0$$

忽略第二式中的高阶无穷小量项 $q(x)dx \cdot \dfrac{dx}{2}$,则由上述方程式可得到

$$\frac{dF_S(x)}{dx} = q(x) \tag{10-3}$$

$$\frac{dM(x)}{dx} = F_S(x) \tag{10-4}$$

式(10-3)和式(10-4)就是直梁微段的平衡微分方程。对式(10-4)两边求导并注意式(10-3)所示关系,有

$$\frac{d^2 M}{dx^2} = \frac{dF_S(x)}{dx} = q(x) \tag{10-5}$$

以上三式反映了载荷集度 $q(x)$，剪力 $F_S(x)$ 和弯矩 $M(x)$ 三者之间的导数关系。

根据上述微分方程，可以推论出以下几何关系。这些几何关系是内力图具有的特性。在画梁的内力图时，运用这些内力图特性，可以不写内力方程。

（1）切线斜率。

由式（10-3）可知，x 截面载荷集度 $q(x)$ 是 $F_S(x)$ 曲线在该点的切线斜率。由式（10-4）可知，x 截面的剪力 $F_S(x)$ 是 $M(x)$ 曲线在该点的切线斜率。

（2）单调性。

由式（10-3）可知，若 x 截面的载荷集度 $q(x) > 0$，即方向向上，则 $F_S(x)$ 曲线在该点单调递增；若 $q(x) < 0$，即方向向下，则 $F_S(x)$ 曲线在该点单调递减；若一个区间内 $q(x) = 0$，则 $F_S(x)$ 曲线在该区间为常数。由式（10-4）可知，若 x 截面的剪力 $F_S(x) > 0$，则 $M(x)$ 曲线在该点单调递增；若 x 截面的剪力 $F_S(x) < 0$，则 $M(x)$ 曲线在该点单调递减；若 x 截面的剪力 $F_S(x) = 0$，则 $M(x)$ 曲线在该点切线为水平线。

（3）极值点。

由式（10-4）可知，若剪力 $F_S(x) = 0$ 的截面 x_0 不是奇点，则在该截面弯矩 $M(x_0) = M_{lim}$ 获得极值。

（4）凹凸性。

由式（10-5）可知，若 x 截面的载荷集度 $q(x) > 0$，即方向向上，则 $M(x)$ 曲线在该点下凹；若 $q(x) < 0$，即方向向下，则 $M(x)$ 曲线在该点上凸。

（5）阶级性。

在一段梁上，若载荷集度 $q(x)$ 是常数，则剪力 $F_S(x)$ 为一阶函数，弯矩 $M(x)$ 为二阶函数。由此类推：$q(x)$，$F_S(x)$，$M(x)$ 的函数的阶级是依次上升的。

（6）面积增量。

由式（10-3）和式（10-4）微分关系，得到在相邻两控制点区间 $(0, a)$ 内的积分式

$$F_S(a) - F_S(0) = \int_0^a q(x) \mathrm{d}x \tag{10-6}$$

$$M(a) - M(0) = \int_0^a F_S(x) \mathrm{d}x \tag{10-7}$$

式（10-6）的左边表示的是在相邻两控制点区间 $(0, a)$ 内剪力增量，右边表示的是在相邻两控制点区间 $(0, a)$ 内载荷集度 $q(x)$ 与 x 所围的面积，分别用符号 $\Delta F_S(0, a)$ 和 $A_q(0, a)$ 表示。那么式（10-6）可表示为

$$\Delta F_S(0, a) = A_q(0, a) \tag{10-8}$$

由式（10-7）同理有

$$\Delta M(0, a) = A_{F_s}(0, a) \tag{10-9}$$

式（10-8）和式（10-9）可以简单地表达为：内力函数增量等于比它低一阶函数

所围面积。换句话说,就是:在没有集中力作用的情况下,两相邻控制截面之间的剪力增量等于载荷图中两截面间分布载荷与零线所围的面积;在没有集中力偶作用的情况下,两相邻控制截面之间的弯矩增量等于弯矩图中两截面间剪力与零线所围的面积。

"面积增量"这一特性,是用简易法作图的一项核心特性。

内力图特性还有上一节所叙述的4项:封闭性,对称特性,跳跃性,"针锋相对"。

内力图的几何特性可从图 10-12 所示平衡段梁的内力示意图一览之。这里,以从左到右的顺序画内力图。载荷图中,集中力向上对应剪力图曲线向上跳跃,集中力向下对应剪力图曲线向下跳跃。力偶顺时针对应弯矩图曲线向上跳跃,力偶逆时针对应弯矩图曲线向下跳跃。

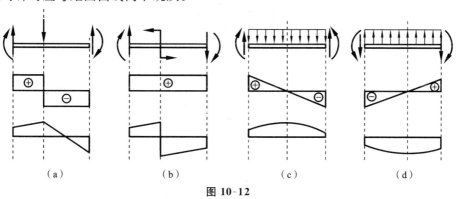

图 10-12

【例 10-6】 试用简易法画图 10-13(a)所示外伸梁剪力图和弯矩图。

【解】 (1)求支座反力。

$$F_A = 13 \text{ kN}, \quad F_B = 3 \text{ kN}$$

(2)画剪力图。

先建立 $F_s\text{-}x$ 和 $M\text{-}x$ 坐标系;然后,一边按表 10-3 求控制点剪力,一边描点,一边连线。得到的剪力图自行封闭,如图 10-13(c)所示。

表 10-3 控制点剪力

	C−	C+	A−	A+	F−	F+	D−	D+	E−	E+	B−	B+
F_s	−4	−4	−4	9	0	0	−3	−3	−3	−3	−3	0
M	0	0	−8	−8	12.25	12.25	10	10	4	6	0	0

观察剪力图,发现一个极值点——F 点。计算前一个控制点 $A+$ 到极值点 F 之间的距离 x_0。由相似三角形对应边成比例,得到

$$\frac{9}{3} = \frac{x_0}{6 - x_0}$$

$$x_0 = 4.5 \text{ m}$$

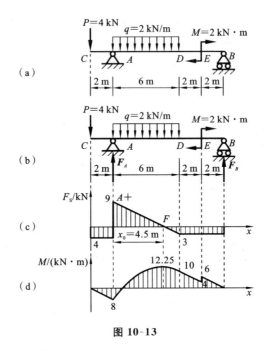

图 10-13

（3）画弯矩图。

弯矩图控制点计算见表 10-3。最后绘出的弯矩图如图 10-13(d) 所示。

注意到剪力图在 D 点左右邻域函数值相等，根据 $\dfrac{\mathrm{d}M}{\mathrm{d}x}=F_S$，弯矩图在 D 点左右邻域的抛物线切线和斜直线在 D 点斜率相同，图线具有光滑性（光滑性是内力图在这种条件下的一项特性）。

（4）给出内力最大值。

$$|F_S|_{\max}=9\ \mathrm{kN},\quad |M|_{\max}=12.25\ \mathrm{kN\cdot m}$$

10.6　平面曲杆的弯曲内力

工程中具有纵向对称截面的某些构件的轴线为一平面曲线，当外力作用在该平面内时，构件主要产生弯曲变形，该构件称为平面曲杆或平面曲梁。平面曲杆横截面上的内力是移去部分外载荷向留下部分截面形心简化的结果。主矢的两个分量是轴力 F_N，剪力 F_S；主矩就是弯矩。轴力和剪力的符号定义和水平梁的轴力和剪力的符号定义相同，只是弯矩 M 符号有所变化。弯矩 M 符号是以使曲杆的曲率增大为正号，反之为负号。而曲杆的弯矩图画在受压的一侧，不要标注正负号。

【例 10-7】　画图 10-14(a) 所示平面曲杆弯矩图。

【解】　建立图 10-14(a) 所示极坐标。极角为 φ 的横截面（φ 截面）舍弃左边如

图 10-14(b)所示。保留右边,在右段左截面上内力设正如图 10-14(c)所示。

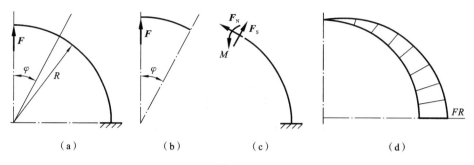

（a）　　　　　（b）　　　　　（c）　　　　　　　　（d）

图 10-14

将左段曲梁上的外载荷向截面形心简化,比较设正内力符号,得内力方程:

$$F_N = F\sin\varphi \tag{10-10}$$

$$F_S = F\cos\varphi \tag{10-11}$$

$$M = -FR\sin\varphi \tag{10-12}$$

根据上述方程(10-12)式画弯矩图并作出标注如图 10-14(d)所示。画弯矩图时,弯矩画在受压的一侧。

也可根据上述式(10-10)、式(10-11)分别画出轴力图和剪力图,但这里不再详细讨论了。

思 考 题

10-1 在写梁的内力方程时,试问需在何处进行分段?

正确答案是_____。

10-2 如图所示四种情况中,截面上弯矩 M 为正,剪力 F_S 为负的是_____。

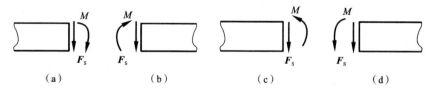

（a）　　　　　（b）　　　　　（c）　　　　　（d）

思考题 10-2 图

10-3 对于如图所示承受均布载荷 q 的简支梁,其弯矩图凸凹性与哪些因素相关?试判断下列四种答案中哪几种是正确的。

正确答案是_____。

10-4 已知梁的剪力图及 a、e 截面上的弯矩 M_a 和 M_e,如图所示。为确定 b、d 二截面上的弯矩 M_b, M_d,现有下列四种答案,试分析哪一种是正确的。

（A） $M_b = M_a + A_{a-b}(F_S)$, $M_d = M_e + A_{e-d}(F_S)$

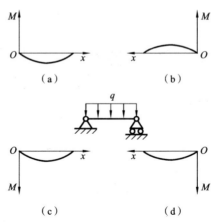

思考题 10-3 图

(B) $M_b=M_a-A_{a-b}(F_S)$，$M_d=M_e-A_{e-d}(F_S)$

(C) $M_b=M_a+A_{a-b}(F_S)$，$M_d=M_e-A_{e-d}(F_S)$

(D) $M_b=M_a-A_{a-b}(F_S)$，$M_d=M_e+A_{e-d}(F_S)$

上述各式中：$A_{a-b}(F_S)$ 为截面 a、b 之间剪力图的面积，以此类推。正确答案是_____。

10-5 简支梁 AD 是否可能得出如图所示的剪力图？如有可能，请说明梁上的载荷情况。

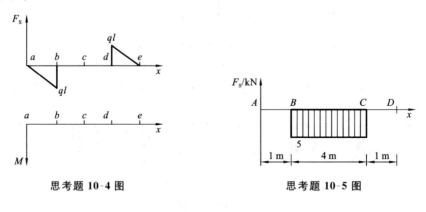

思考题 10-4 图   思考题 10-5 图

习　题

10-1　试求图示各梁中截面 $C-$，$C+$，$D-$，$D+$ 上的剪力和弯矩，这些截面无限接近于截面 C 或截面 D。设 P、q、a 均为已知。

10-2　设已知图所示各梁的载荷 P、q、M 和尺寸 a，(1) 列出梁的剪力方程和弯矩方程；(2) 作剪力图和弯矩图；(3) 确定 $|F_S|_{max}$ 及 $|M|_{max}$。

10-3　试用简易法画图示梁的剪力图和弯矩图，并求 $|F_S|_{max}$ 和 $|M|_{max}$。

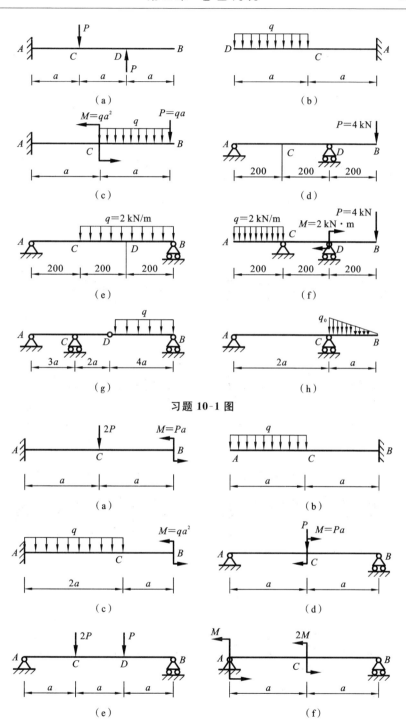

习题 10-1 图

习题 10-2 图

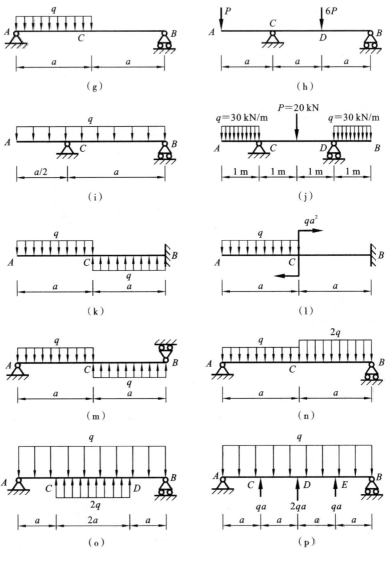

续习题 10-2 图

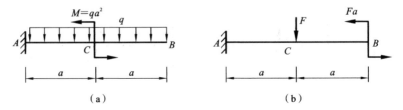

习题 10-3 图

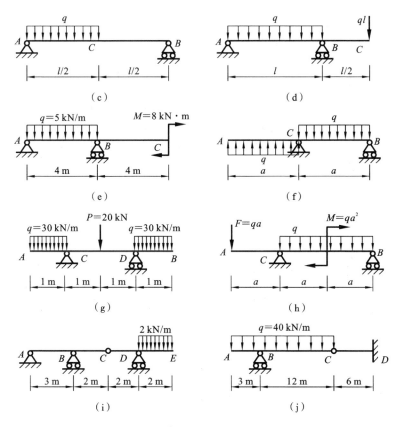

续习题 10-3 图

10-4 作图所示刚架的弯矩图。

10-5 桥式起重机的自重为集度为 q 的均布载荷,起吊的重量为 P。以此为例,试说明作弯矩图的叠加法。

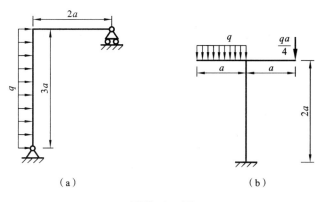

习题 10-4 图

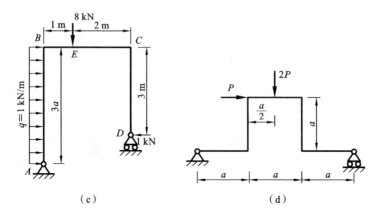

（c）　　　　　　　　　　　　　　（d）

续习题 10-4 图

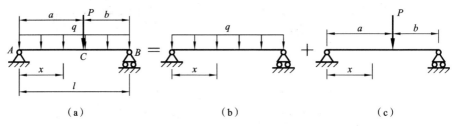

（a）　　　　　　　　　　（b）　　　　　　　　　　（c）

习题 10-5 图

10-6　用叠加法绘出下列各梁的弯矩图。

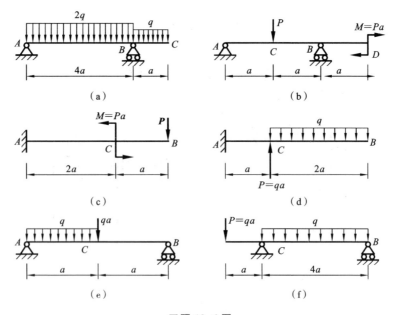

习题 10-6 图

拓展阅读

力学史上的明星（九）

　　郭永怀（1909—1968），中国共产党的优秀党员，中国科学院力学研究所原副所长，国际著名的力学家、应用数学家，中国科学院学部委员（院士），我国近代力学事业的奠基人之一。他长期从事航空工程研究，发现了上临界马赫数，发展了奇异摄动理论中的变形坐标法（PLK 法），倡导了中国的高超声速流、电磁流体力学、爆炸力学的研究，为我国"两弹一星"事业做出了重要贡献，1999 年被追授"两弹一星"功勋奖章。郭永怀是一位爱国者，始终与党和国家的发展同向同行。1956 年 10 月，时任美国康奈尔大学终身教授的郭永怀与夫人李佩携幼女郭芹，冲破层层阻力举家回到祖国。他说："我作为一个中国人，有责任回到自己的祖国，和人民一道，共同建设我们的美丽的山河。"郭永怀十分重视人才培养，甘为人梯、教书育人。他与钱伟长一起创办了清华大学力学研究班，并成为中科大早期的创始人之一。

　　1958 年春，郭永怀同钱学森等提出力学所要办一所"星际航行学院"。戏剧性的一幕出现了，在中科院院务大会上，力学所话音刚落，各个研究所就纷纷表示自己也急需培养后备军。因此郭沫若当机立断："咱们就办一个中国科学技术大学！"经不到半年的准备，赶在秋季招生前，学校由中央批准成立。钱学森、华罗庚、赵忠尧、贝时璋、赵九章、郭永怀等 13 位中科院研究所所长、副所长亲自披挂上阵，兼任中科大 13 个系首任系主任，打造了"全院办校、所系结合"的无间配合。郭永怀也因提议成立中科大，而一直被中科大尊为创始者之一。

　　1968 年 12 月，郭永怀和往常一样，率领着攻关队伍在青海高原上夜以继日地工作着。经过大量计算和反复推敲，一组准确的数据终于被测算出来。由于这组数据直接关系到第二代导弹核武器的成功与否，因此郭永怀亟须赶回北京。其实那时候为了保证科学家的安全，周总理是不允许这些大科学家轻易乘坐飞机的。但为了赶时间，郭永怀还是登上了夜航的飞机。郭永怀说，他最喜欢夜航了，因为夜航打个盹儿就到了，不会耽误第二天的工作。可是谁也没有想到，这次夜航过后，他却再也无法回到令他牵念的工作中去了，我国航天史上留下了无尽的遗憾。

　　1968 年 12 月 5 日凌晨，郭永怀乘坐的飞机抵达北京机场时，发生了意外，不幸坠毁。飞机残骸散落一地，十几具遗体被烧得面目全非。通过残破的手表，工作人员辨认出了郭永怀的遗体。找到遗体时，在场的每一个人都失声痛哭，他们看到了令人震惊的一幕——郭永怀与警卫员牟方东紧紧抱在一起！费了很大力气将他们分开后，人们赫然发现那个装有绝密资料的公文包，就夹在两人中间，数据资料完好无损。在生命将尽的最后时刻，郭永怀想到的只是用身体来保护对国家有重要价值的科技资料！8天后，人民日报发表讣告；20天后，内务部授予郭永怀烈士称号。22天后，我国第一颗热核导弹成功试爆，氢弹的武器化得以实现。

斯人已逝，英雄不朽，"两弹一星"精神永存！

第11章 弯曲应力

11.1 梁弯曲时的正应力

1. 纯弯曲

一般情况下,具有纵向对称面的梁在受到面内的外力作用而发生平面弯曲时,横截面上将同时存在两种内力分量:弯矩和剪力。如图 11-1 所示,简支梁 AB 受力后,在其剪力图和弯矩图中观察到,AC、DB 两段梁内,横截面上同时存在弯矩 M 和剪力 F_s,这种弯曲称为横力弯曲或剪切弯曲。在 CD 段梁内,横截面上弯矩 M 不为零而剪力 F_s 为零,这种弯曲称为纯弯曲。

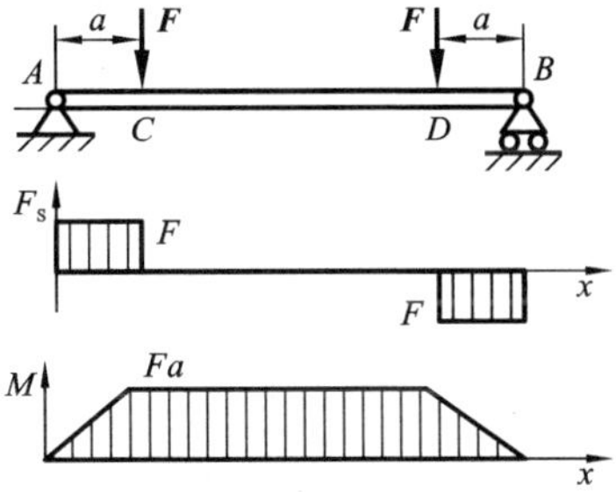

弯矩 M 由分布于横截面上的法向内力元素 σdA 所组成,剪力 F_s 则只能由切向内力元素

图 11-1

τdA 组成。梁弯曲时,横截面上一般同时存在正应力 σ 和切应力 τ。但当梁比较细长时,正应力往往是支配梁强度的主要因素。梁纯弯曲时,横截面上只有正应力无切应力作用。因此,可以取纯弯曲的一段梁来研究横截面上的正应力。

2. 纯弯曲时的正应力

取一梁段,在梁的表面作与轴线平行的纵向线和与纵向线垂直的横向线。在梁的两端施加力偶 M,使梁发生纯弯曲变形,如图 11-2(a) 和 11-2(b) 所示,可以观察到:纵向线弯曲成曲线,且靠近底面的纵向线伸长,靠近顶面的纵向线缩短,位于其间的某一位置的一条纵向线 OO_1,长度不变;横向线 ab、cd 变形后仍为直线,且仍与变形后的纵向线垂直,只是相对转动了一个角度。

根据梁表面的这些变形现象,我们提出以下假设:梁纯弯曲变形后,其横截面要发生转动,但仍然保持为平面,并仍与变形后梁的轴线垂直。这个假设称为平面假设。又假设:与轴线平行的所有纵向纤维互相无挤压,都是轴向拉伸或压缩。这些假设之所以成立,是因为以其为基础而导出的关于弯曲应力和变形的公式为实验所证实。

根据平面假设,梁纯弯曲时两相近的横截面将作相对的转动。可以设想,梁由一束纵向纤维组成,这时在两横截面间的纵向纤维将产生伸长或缩短。靠近凸边的纤维 bd 伸长,靠近凹边的纤维 ac 缩短。由于变形的连续性,各层纤维的变形是

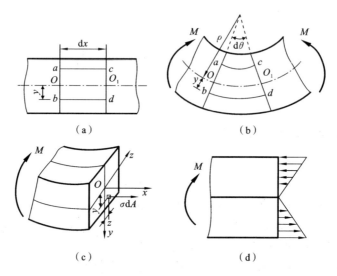

图 11-2

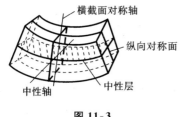

图 11-3

由伸长逐渐过渡到缩短的,其间必然存在一层既不伸长也不缩短的纤维,因而纤维不受拉或压,这一层纤维称为中性层,中性层与横截面的交线称为中性轴,如图 11-3 所示。对于具有对称横截面的梁,在平面弯曲的情况下,由于载荷都作用于梁的纵向对称面内,梁的变形也都对称于纵向对称面,因此中性轴必与横截面的对称轴垂直。

下面来推导梁纯弯曲时横截面上的正应力。类似于拉伸与压缩和扭转,需要考虑变形几何关系、物理关系和静力学关系三个方面。

(1) 变形几何关系　下面根据平面假设,通过几何关系,找出纵向线应变沿梁高度方向变化的规律。长为 $\mathrm{d}x$ 的微段梁,其纯弯曲变形后的情况如图 11-2(b)所示。取横截面的对称轴为 y 轴,并取 z 轴与横截面中性轴重合,至于中性轴的确切位置,暂未确定,如图 11-2(c)所示。现研究距中性层为 y 处纵向纤维 bd 的变形。

设梁变形后该微段梁两端相对转动了一个角度 $\mathrm{d}\theta$,弧线 $\overset{\frown}{OO_1}$ 所在中性层的曲率半径为 ρ,因中性层在梁弯曲后的长度不变,所以有

$$\rho\mathrm{d}\theta=\mathrm{d}x$$

又坐标为 y 的纵向纤维变形前的长度为 $bd=\mathrm{d}x=\rho\mathrm{d}\theta$,变形后为 $(\rho+y)\mathrm{d}\theta$。故其纵向线应变为

$$\varepsilon=\frac{(\rho+y)\mathrm{d}\theta-\rho\mathrm{d}\theta}{\rho\mathrm{d}\theta}=\frac{y}{\rho} \tag{11-1}$$

在所取定的横截面处，ρ 是中性层弯曲后的曲率半径，也就是梁的轴线弯曲后的曲率半径。因为 $\dfrac{1}{\rho} = \dfrac{\mathrm{d}\theta}{\mathrm{d}x}$，$\rho$ 与 y 坐标无关，所以它为常数。式(11-1)表明纵向纤维的线应变 ε 与纤维的坐标 y 成正比。

（2）物理关系　因假设了纵向纤维是轴向拉伸或压缩，于是在正应力不超过材料的比例极限时，各纤维上的正应力与线应变的关系应服从胡克定律：

$$\sigma = E\varepsilon = \frac{Ey}{\rho} \tag{11-2}$$

这就是纯弯曲梁横截面上正应力分布规律的表达式。此式表明，在取定的横截面处，作用于任意纵向纤维上的正应力 σ 与该纤维的坐标 y 成正比，即横截面上的正应力沿截面高度方向按线性规律变化，如图 11-2(d)所示。这一表达式虽然给出了横截面上的正应力分布，但仍然不能用于计算横截面上各点的正应力，因为有两个问题还没有解决：一是 y 坐标是从中性轴开始计算的，而中性轴的位置还没有确定；二是中性层的曲率半径 ρ 也没有确定。这些可以从静力学方面解决。

（3）静力学关系　如图 11-2(c)所示，作用于微面积 $\mathrm{d}A$ 上的法向内力元素为 $\sigma\mathrm{d}A$。截面上各处的法向内力元素构成了一个空间力系，它们只可能简化成三个内力分量：平行于 x 轴的轴力 F_N、对 y 轴的力偶矩 M_y 和对 z 轴的力偶矩 M_z。它们分别为

$$F_\mathrm{N} = \int_A \sigma\mathrm{d}A, \quad M_y = \int_A \sigma z\,\mathrm{d}A, \quad M_z = \int_A \sigma y\,\mathrm{d}A$$

横截面上的这些内力应与截面左侧外力平衡。纯弯曲时，以下三个关系式成立：

$$F_\mathrm{N} = \int_A \sigma\mathrm{d}A = 0 \tag{11-3}$$

$$M_y = \int_A \sigma z\,\mathrm{d}A = 0 \tag{11-4}$$

$$M_z = \int_A \sigma y\,\mathrm{d}A = M \tag{11-5}$$

下面讨论由此三式得到的结论。

将式(11-2)代入式(11-3)，得

$$\int_A \frac{Ey}{\rho}\mathrm{d}A = \frac{E}{\rho}\int_A y\,\mathrm{d}A = 0 \tag{11-6}$$

式中：$\int_A y\,\mathrm{d}A = y_C \cdot A = S_z$，为截面图形对 z 轴的静矩。由于 $\dfrac{E}{\rho}$ 不可能为零，为满足上式，必须 $S_z = y_C \cdot A = 0$。显然，式中的横截面面积 $A \neq 0$，故必有截面形心的坐标 $y_C = 0$。这说明：中性轴必然通过横截面的形心。因此，中性轴的位置就确定了。中性轴就是截面的形心轴。

将式(11-2)代入式(11-4)，得

$$\int_A \frac{Eyz}{\rho} \mathrm{d}A = \frac{E}{\rho} \int_A yz \, \mathrm{d}A = 0 \qquad (11\text{-}7)$$

式中的积分 $\int_A yz \, \mathrm{d}A$ 称为横截面对 y、z 轴的惯性积,通常以字符 I_{yz} 表示,只要截面图形对称于 y、z 轴中的任一轴,其值必为零。由于 y 轴为横截面的对称轴,因此式(11-7)自然满足。

将式(11-2)代入式(11-5),得

$$\int_A \frac{Ey^2}{\rho} \mathrm{d}A = \frac{E}{\rho} \int_A y^2 \, \mathrm{d}A = M \qquad (11\text{-}8)$$

式中的积分

$$\int_A y^2 \, \mathrm{d}A = I_z$$

称为横截面对 z 轴(截面的形心轴)的惯性矩,是一个仅与横截面的形状及尺寸有关的几何量,代表横截面的一个几何性质,单位为 m^4 或 mm^4。则式(11-8)又可表示为

$$\frac{EI_z}{\rho} = M$$

由此得梁弯曲时中性层的曲率为

$$\frac{1}{\rho} = \frac{M}{EI_z} \qquad (11\text{-}9)$$

此式为梁弯曲变形的基本公式。它表明:在指定的横截面处,中性层的曲率 $\frac{1}{\rho}$ 与该截面上的弯矩 M 成正比,与 EI_z 成反比。EI_z 称为梁的抗弯刚度,反映梁抵抗弯曲变形能力的大小。

再将式(11-9)代入式(11-2),得纯弯曲时梁横截面上任一点处正应力的计算公式:

$$\sigma = \frac{My}{I_z} \qquad (11\text{-}10)$$

式中:σ 为横截面上任一点处的正应力;M 为横截面上的弯矩;y 为横截面上任一点的纵坐标;I_z 为横截面对形心轴的惯性矩。

式(11-10)表明:横截面上的正应力与该截面上的弯矩 M 成正比,与横截面的惯性矩成反比,正应力沿截面高度方向呈线性分布;在中性轴上,各点处的正应力为零,离中性轴越远处的正应力越大;中性轴的上下两侧,一侧为拉应力,另一侧为压应力。为了简单起见,拉应力和压应力可根据由弯矩决定的弯曲变形来判断,以中性轴为界,凹入一侧受压,凸出一侧受拉。

3. 横力弯曲时的正应力

公式(11-10)是根据纯弯曲的情形推出来的。大多数弯曲问题是横力弯曲,此时横截面上正应力和切应力同时存在,纯弯曲的平面假设和纵向纤维无挤压的

假设不再成立。即使如此,该公式也可以足够精确地计算横力弯曲时的正应力。

11.2 梁弯曲时的正应力强度计算

由式(11-10)知等截面梁的最大正应力发生在最大弯矩横截面的上、下边缘处,对于关于中性轴也对称的截面,其值为

$$\sigma_{max} = \frac{M_{max} y_{max}}{I_z} = \frac{M_{max}}{W} \tag{11-11}$$

式中:W 为抗弯截面系数(有时记作 W_z,以区别于对另一坐标轴 y 的抗弯截面系数 W_y。在下标省略时,W 通常表示 W_z),是只取决于横截面的形状及尺寸的几何量。对尺寸为 $b \times h$ 的矩形截面:

$$W_z = \frac{I_z}{h/2} = \frac{bh^3/12}{h/2} = \frac{bh^2}{6} \quad 或 \quad W_y = \frac{I_y}{b/2} = \frac{hb^3/12}{b/2} = \frac{hb^2}{6}$$

对直径为 d 的圆形截面:

$$W = \frac{I_z}{d/2} = \frac{\pi d^4/64}{d/2} = \frac{\pi d^3}{32}$$

对于各种轧制型钢,其惯性矩和抗弯截面系数可以查阅附录型钢表。

求出最大正应力后,梁弯曲的正应力强度条件为

$$\sigma_{max} = \frac{M_{max} y_{max}}{I_z} \leqslant [\sigma] \tag{11-12}$$

其中,$[\sigma] = \dfrac{\sigma_s}{n}$(塑性材料)或 $\dfrac{\sigma_b}{n}$(脆性材料),σ_s 是塑性材料的屈服极限,σ_b 是脆性材料的强度极限,都由拉伸实验确定,n 为大于 1 的安全系数。

需要强调的是,对于拉、压强度相同的材料(如碳钢),只要绝对值最大的正应力不超出许用应力即可。对于拉、压强度不同的材料(如铸铁),最大拉应力和最大压应力都不应超出相应的许用拉应力和许用压应力,即

$$\begin{cases} \sigma_{t,max} \leqslant [\sigma_t] \\ |\sigma_c|_{max} \leqslant [\sigma_c] \end{cases} \tag{11-13}$$

【例 11-1】 受均布载荷作用的矩形截面简支梁如图 11-4(a)所示,已知 $q = 60$ kN/m,梁长 $l = 3$ m,试求:(1) 1—1 截面上的最大正应力;(2) 全梁的最大正应力;(3) 已知 $E = 200$ GPa,求变形后梁轴线在 1—1 截面处的曲率半径。

【解】 (1)由静力学平衡方程求得支座处的约束反力为

$$F_A = F_B = \frac{ql}{2} = \frac{1}{2} \times 60 \times 3 \text{ kN} = 90 \text{ kN}$$

(2)画弯矩图。

1—1 截面弯矩为

$$M_1 = \left(F_A x - \frac{q x^2}{2} \right) \bigg|_{x=1} = \left(90 \times 1 - \frac{1}{2} \times 60 \times 1^2 \right) \text{ kN} \cdot \text{m} = 60 \text{ kN} \cdot \text{m}$$

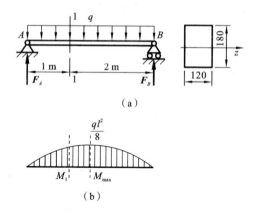

（a）

（b）

图 11-4

最大弯矩发生在梁中点截面上，为

$$M_{max}=ql^2/8=60\times3^2/8 \text{ kN}\cdot\text{m}=67.5 \text{ kN}\cdot\text{m}$$

（3）求最大正应力。

先计算截面的变形几何特性：

$$I_z=\frac{bh^3}{12}=\frac{1}{12}\times120\times10^{-3}\times(180\times10^{-3})^3 \text{ m}^4=5.832\times10^{-5} \text{ m}^4$$

$$W=\frac{bh^2}{6}=\frac{1}{6}\times120\times10^{-3}\times(180\times10^{-3})^2 \text{ m}^3=6.48\times10^{-4} \text{ m}^3$$

在 1—1 截面上，最大拉应力和最大压应力数值相等，分别发生在下上边缘各点处，值为

$$\sigma_{1max}=\frac{M_1}{W}=\frac{60\times10^3}{6.48\times10^{-4}} \text{ Pa}=92.6 \text{ MPa}$$

全梁最大正应力发生在弯矩最大的面上，最大拉应力和最大压应力数值相等，分别发生在中截面下边缘和上边缘各点处，值为

$$\sigma_{max}=\frac{M_{max}}{W}=\frac{67.5\times10^3}{6.48\times10^{-4}} \text{ Pa}=104.2 \text{ MPa}$$

（4）求梁轴线在 1—1 截面处的曲率半径。

$$\rho_1=\frac{EI_z}{M_1}=\frac{200\times10^9\times5.832\times10^{-5}}{60\times10^3} \text{ m}=194.4 \text{ m}$$

【例 11-2】 图 11-5（a）所示铸铁梁，其横截面如图 11-5（b）所示，载荷 F 可沿梁 AC 水平移动，其活动范围为 $0<a<3l/2$。已知材料的许用拉应力 $[\sigma_t]=35$ MPa，许用压应力 $[\sigma_c]=140$ MPa，$l=1$ m，试确定载荷 F 的许可值。

【解】 （1）建立坐标系，按图 11-5（b）确定横截面的形心及计算形心主矩如下：

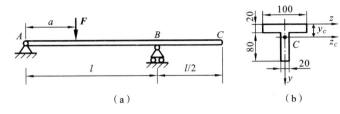

图 11-5

$$y_C = \frac{0.100 \times 0.020 \times 0.010 + 0.080 \times 0.020 \times 0.060}{0.100 \times 0.020 + 0.080 \times 0.020} \text{ m} = 0.03222 \text{ m}$$

$$I_{z_C} = \left[\frac{0.100 \times 0.020^3}{12} + 0.100 \times 0.020 \times 0.02222^2 + \frac{0.020 \times 0.080^3}{12} \right.$$

$$\left. + 0.020 \times 0.080 \times (0.060 - 0.03222)^2 \right] \text{ m}^4$$

$$= 3.142 \times 10^{-6} \text{ m}^4$$

（2）确定危险截面的弯矩值。

分析可知，可能的危险截面及相应弯矩如下：

当 F 作用在 AB 段时，

$$a = \frac{l}{2}, \quad M_{max}^+ = \frac{Fl}{4}$$

最大正弯矩发生在梁跨 AB 中点截面上；

当 F 作用在 BC 段时，

$$a = \frac{3l}{2}, \quad |M_{max}^-| = \frac{Fl}{2}$$

最大负弯矩发生在 B 截面上。

（3）确定载荷的许用值。

由危险截面 B 的压应力强度要求

$$\sigma_{c,max} = \frac{|M_{max}^-|}{I_{z_C}}(0.100 - y_C) = \frac{Fl}{2I_{z_C}}(0.100 - y_C) \leqslant [\sigma_c]$$

得

$$F \leqslant \frac{2I_{z_C}[\sigma_c]}{l(0.100 - y_C)} = \frac{2 \times 3.142 \times 10^{-6} \times 140 \times 10^6}{1.000 \times (0.100 - 0.03222)} \text{ N}$$

$$= 1.298 \times 10^4 \text{ N} = 12.98 \text{ kN}$$

由截面 B 的拉应力强度要求

$$\sigma_{t,max} = \frac{|M_{max}^-|}{I_{z_C}} y_C = \frac{Fl}{2I_{z_C}} y_C \leqslant [\sigma_t]$$

得

$$F \leqslant \frac{2I_{z_C}[\sigma_t]}{l y_C} = \frac{2 \times 3.142 \times 10^{-6} \times 35 \times 10^6}{1.000 \times 0.03222} \text{ N} = 6.83 \times 10^3 \text{ N} = 6.83 \text{ kN}$$

由梁跨 AB 中点截面的拉应力强度要求

$$\sigma_{t,\max} = \frac{M_{\max}^+}{I_{z_C}}(0.100 - y_C) = \frac{Fl}{4I_{z_C}}(0.100 - y_C) \leqslant [\sigma_t]$$

得

$$F \leqslant \frac{4I_{z_C}[\sigma_t]}{l(0.100 - y_C)} = \frac{4 \times 3.142 \times 10^{-6} \times 35 \times 10^6}{1.000 \times (0.100 - 0.03222)} \text{ N}$$
$$= 6.49 \times 10^3 \text{ N} = 6.49 \text{ kN}$$

该面上的最大压应力作用点并不危险,无须考虑。

比较上述计算结果,得载荷的许用值为

$$[F] = 6.49 \text{ kN}$$

11.3 梁弯曲时的切应力及强度计算

梁在横力弯曲的情况下,横截面上除了弯矩还有剪力,相应地在截面上除了正应力还存在切应力。弯曲正应力是支配梁强度的主要因素,然而,对于一些深梁,即跨度短、截面高的梁,切应力的数值会相当大,所以很有必要进行切应力的强度计算。本节简单研究几种常见截面上的弯曲切应力的分布及计算。

1. 矩形截面梁的弯曲切应力

矩形截面梁中关于弯曲切应力的分布作以下几点假设:

(1) 矩形横截面上任一点的弯曲切应力方向与剪力 F_S 方向平行;

(2) 切应力沿截面宽度均匀分布。

以假设为基础求得的切应力有足够的精度。

从受到任意载荷作用,宽 b 高 h 的矩形截面梁中截取微段 $\mathrm{d}x$ 来研究。微段端面受力情况和应力情况分别如图 11-6(a)和 11-6(b)所示。用一水平截面将微段截开,取下部分研究,如图 11-6(c)所示。

根据切应力互等定理,研究对象的顶面上将存在切应力 $\tau' = \tau$。用 F_{N1} 和 F_{N2} 分别代表研究对象左右侧面上法向内力的总和,如图 11-6(d)所示,由 x 方向的平衡条件得

$$\sum F_x = F_{N2} - F_{N1} - \tau' b \mathrm{d}x = 0 \tag{11-14}$$

式中:

$$F_{N1} = \int_{A_1} \sigma \mathrm{d}A = \frac{M}{I_z} \int_{A_1} y \mathrm{d}A = \frac{MS_z^*}{I_z}$$

$$F_{N2} = \int_{A_1} \sigma \mathrm{d}A = \frac{(M + \mathrm{d}M)}{I_z} \int_{A_1} y \mathrm{d}A = \frac{(M + \mathrm{d}M)S_z^*}{I_z}$$

其中,A_1 是横截面上距中性轴 z 为 y 处横线以下部分面积,如图 11-6(e)所示;$\int_{A_1} y \mathrm{d}A$(即 S_z^*)为该面积对中性轴的静矩。对该矩形截面有

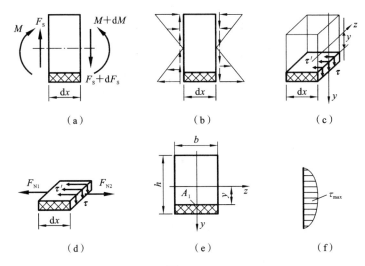

图 11-6

$$S_z^* = \int_y^{h/2} by\,\mathrm{d}y = \frac{b}{2}\left(\frac{h^2}{4} - y^2\right)$$

将 F_{N1} 和 F_{N2} 代入式(11-14),得

$$\tau' = \frac{\mathrm{d}M}{\mathrm{d}x} \cdot \frac{S_z^*}{I_z b} = \frac{F_S S_z^*}{I_z b} \tag{11-15}$$

结合静矩及切应力互等定理,整理可得

$$\tau = \frac{F_S}{2I_z}\left(\frac{h^2}{4} - y^2\right) \tag{11-16}$$

此式说明,矩形截面梁横截面上的切应力沿梁的高度方向按二次抛物线规律分布。在截面的上下边缘处 $y = \pm\dfrac{h}{2}$,$\tau = 0$;而在中性轴上 $y = 0$,切应力有最大值,如图 11-6(f)所示。

$$\tau_{\max} = \frac{F_S h^2}{8I_z}$$

又 $I_z = \dfrac{bh^3}{12}$,则

$$\tau_{\max} = \frac{3F_S}{2bh} = \frac{3F_S}{2A} = 1.5\tau_{\mathrm{avg}} \tag{11-17}$$

其中,A 是横截面的面积,τ_{avg} 是横截面上的平均切应力。

2. 工字形截面梁的弯曲切应力

工字形截面梁由上下翼缘和中间的腹板组成,如图 11-7(a)所示。

腹板是一个狭长的矩形,关于矩形截面上切应力分布的两个假设仍然适用,用类似方法可得到与矩形截面相同的弯曲切应力计算公式。

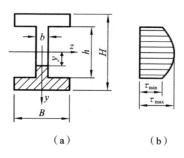

图 11-7

$$\tau = \frac{F_S S_z^*}{I_z b}$$

其中,S_z^* 为图 11-7(a)所示阴影部分面积对中性轴的静矩:

$$S_z^* = B\left(\frac{H}{2} - \frac{h}{2}\right)\left[\frac{h}{2} + \frac{1}{2}\left(\frac{H}{2} - \frac{h}{2}\right)\right] + b\left(\frac{h}{2} - y\right)\left[y + \frac{1}{2}\left(\frac{h}{2} - y\right)\right]$$

$$= \frac{B}{8}(H^2 - h^2) + \frac{b}{2}\left(\frac{h^2}{4} - y^2\right)$$

于是,可得腹板上弯曲切应力的计算公式:

$$\tau = \frac{F_S}{I_z b}\left[\frac{B}{8}(H^2 - h^2) + \frac{b}{2}\left(\frac{h^2}{4} - y^2\right)\right] \tag{11-18}$$

此式说明,切应力沿腹板的高度方向也是按二次抛物线规律分布,如图 11-7(b)所示。以 $y = \pm\frac{h}{2}$ 和 $y = 0$ 分别代入公式(11-18),可得腹板上的最大和最小切应力分别为

$$\tau_{max} = \frac{F_S}{I_z b}\left[\frac{BH^2}{8} - (B - b)\frac{h^2}{8}\right]$$

$$\tau_{min} = \frac{F_S}{I_z b}\left[\frac{BH^2}{8} - \frac{Bh^2}{8}\right]$$

因为腹板宽度 b 远小于翼缘宽度 B,故最大切应力 τ_{max} 和最小切应力 τ_{min} 实际上相差不大,可以认为在腹板上切应力均匀分布,其近似计算公式为

$$\tau = \frac{F_S}{bh} \tag{11-19}$$

在翼缘上,也有平行于剪力的切应力,因为其分布情况较复杂,而且其值很小,一般远小于腹板上的切应力,没有很大实际意义,通常并不计算。实际上,翼缘的全部面积都在离中性轴最远处,每一点的正应力数值都比较大,所以翼缘承受了截面上的大部分弯矩。

3. 圆形及环形截面梁的弯曲切应力

对于圆形截面,假设在距中性轴为 y 处的弦 AB 上各点的切应力均指向过 A

和 B 两点切线的交点 D，并假设其 y 轴方向的分量 τ_y 沿 AB 均匀分布，如图 11-8 所示。

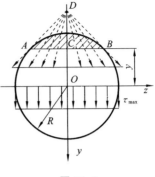

根据这些假设，近似应用式(11-15)计算横截面上任一点处的 τ_y。即

$$\tau_y = \frac{F_S S_z^*}{I_z b} \qquad (11-20)$$

其中，b 是弦 AB 的长度；S_z^* 为阴影部分面积对中性轴的静矩。

在中性轴上，各点的切应力为最大值 τ_{max}，且都平行于剪力 F_S。对中性轴上的点，

$$b = 2R, \quad S_z^* = \frac{\pi R^2}{2} \cdot \frac{4R}{3\pi} = \frac{2}{3}R^3$$

且

$$I_z = \frac{\pi R^4}{4}$$

图 11-8

代入式(11-20)，最后得出

$$\tau_{max} = \frac{F_S S_z^*}{I_z b} = \frac{4}{3}\frac{F_S}{\pi R^2} = \frac{4}{3}\tau_{avg}$$

式中：τ_{avg} 是横截面上的平均切应力。

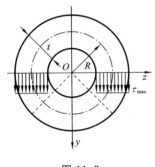

环形截面的最大切应力也在中性轴上，如图 11-9所示。

类似方法算得

$$\tau_{max} = \frac{F_S}{\pi R t} = 2\frac{F_S}{A} = 2\tau_{avg}$$

式中：R 为圆环的平均半径；A 为圆环形截面的面积，$A = 2\pi R t$。其最大切应力是平均切应力的 2 倍。

此外，对于箱形截面、T 字形截面等，都可以采用式(11-15)计算横截面上的切应力。

图 11-9

4. 梁的弯曲切应力强度条件

在对梁进行强度计算时，应同时满足正应力和切应力强度条件。通常先根据正应力强度条件对梁的横截面进行初步设计，再对切应力进行校核，最终确定设计结果。一般情况下，梁的强度主要取决于正应力，在有些情况下，比如梁跨度短或支座附近有较大的集中载荷，导致梁中弯矩小而剪力大时，此时切应力也可能对强度起重要的控制作用。弯曲切应力的强度条件是

$$\tau_{max} \leqslant [\tau] \qquad (11-21)$$

【例 11-3】　梁截面如图 11-10 所示，剪力 $F_S = 200$ kN，并位于 y-z 平面内。

试计算腹板上与翼缘(或盖板)交界处的弯曲切应力。

【解】 截面形心至其顶边的距离为

$$y_C = \frac{0.020 \times 0.100 \times 0.010 + 0.120 \times 0.010 \times 2 \times 0.080}{0.020 \times 0.100 + 0.120 \times 0.010 \times 2} \text{ m}$$

$$= 0.04818 \text{ m}$$

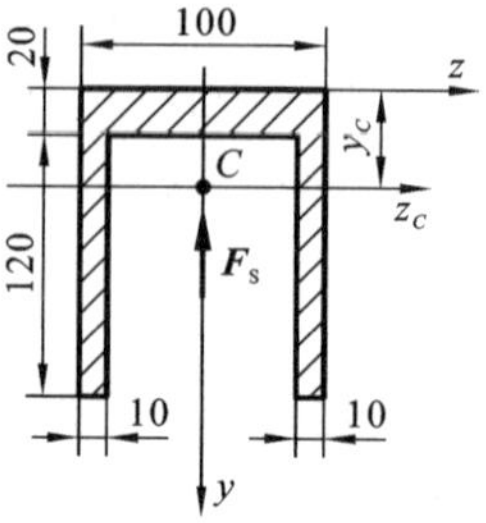

惯性矩和截面静矩分别为

$$I_{z_C} = \left[\frac{0.100 \times 0.020^3}{12} + 0.100 \times 0.020 \right.$$

$$\times (0.04818 - 0.010)^2 + 2 \times \frac{0.010 \times 0.120^3}{12}$$

$$\left. + 2 \times 0.010 \times 0.120 \times (0.08 - 0.04818)^2 \right] \text{ m}^4$$

$$= 8.29 \times 10^{-6} \text{ m}^4$$

$$S_{z_C} = 0.100 \times 0.020 \times (0.04818 - 0.010) \text{ m}^3 = 7.636 \times 10^{-5} \text{ m}^3$$

腹板与翼缘交界处的弯曲切应力则为

$$\tau = \frac{F_S S_{z_C}}{I_{z_C} b} = \frac{200 \times 10^3 \times 7.636 \times 10^{-5}}{8.29 \times 10^{-6} \times 0.020} \text{ Pa} = 92.11 \text{ MPa}$$

图 11-10

【例 11-4】 图 11-11 所示为左端固定、右端用螺栓联结的悬臂梁(加螺栓后,上、下两梁可近似地视为一整体)。尺寸为 $l = 1$ m, $a = 20$ mm, $b = 15$ mm,梁上作用均布载荷 $q = 30$ kN/m。已知螺栓的许用切应力为 $[\tau] = 80$ MPa,试求螺栓的直径。(不考虑两梁间的摩擦。)

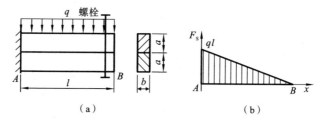

图 11-11

【解】 因为任意截面上的剪力为 $F_S(x) = q(l-x)$,所以任意截面的最大切应力发生在截面的中性轴上,为

$$\tau_{\max}(x) = \frac{3F_S(x)}{2A} = \frac{3q(l-x)}{4ba}$$

根据切应力互等定理,可得两梁间沿轴向的切应力为

$$\tau' = \tau_{\max}$$

螺栓的横截面剪力近似为

$$F_\mathrm{s} = \int_0^l \frac{3q(l-x)}{4ba} b\,\mathrm{d}x = \frac{3ql^2}{8a}$$

对螺栓应用切应力强度条件

$$\tau = \frac{F_\mathrm{s}}{A_q} = \frac{3ql^2}{8a} \cdot \frac{\pi d^2}{4} = \frac{3ql^2}{2\pi d^2 a} \leqslant [\tau]$$

有

$$d \geqslant 94.6 \text{ mm}$$

则设计螺栓的直径 $d=94$ mm(未超允许值 5%)。

11.4　提高梁弯曲强度的措施

一般情况下,弯曲正应力是控制梁强度的主要因素。由梁的弯曲正应力强度条件

$$\sigma_\mathrm{max} = \frac{M_\mathrm{max}}{W} \leqslant [\sigma]$$

可知,要提高梁的强度,可以从两个方面考虑:一方面是合理安排梁的受力,减小最大弯矩;另一方面是选用合理的截面形状以提高抗弯截面系数 W 的数值,充分发挥材料的承载能力。下面分几点进行讨论和说明。

1. 合理安排梁的受力

合理安排梁的受力可以从以下方面具体体现。

(1) 合理放置支座　如图 11-12(a)所示,在均布载荷 q 作用下的简支梁,最大弯矩为 $0.125ql^2$。若将两端支座各向中点移动 $0.2l$,则最大弯矩减小为 $0.025ql^2$,如图 11-12(b)所示,只有最初的 1/5。也就是说,按照这种方法放置支座,可以承受的载荷增加了 4 倍。工程中常见的门式起重机大梁(见图 11-13)、密闭柱形容器(见图 11-14)等,其支撑点略向中间移动,都可以很明显地降低最大弯矩,提高强度。

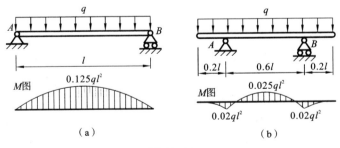

图 11-12

(2) 合理布置载荷　一般在保证总载荷不变的情况下,将力分散可以显著地减小最大弯矩。如图 11-15(a)所示,当集中力在简支梁的中点时,最大弯矩

为 $Fl/4$；如果将集中力如图 11-15(b)所示分散，则最大弯矩降为 $Fl/8$，增大承载能力、提高强度的效果比较明显。工程中常用这种设置辅梁的方式来分散较大的集中力。

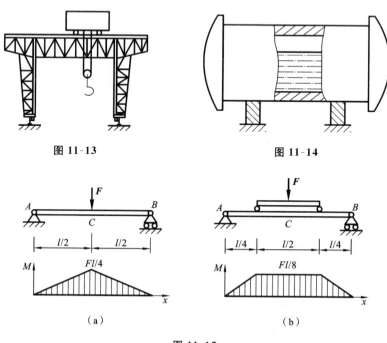

图 11-13　　　　　　　　　　图 11-14

图 11-15

（3）增加约束变成超静定梁　在很多工程问题中，通常通过在静定梁的支座之间增加中间支座变成超静定梁来明显减小弯矩的最大值，从而达到提高梁强度的目的。

2. 选择梁截面的合理形状

将梁的弯曲正应力强度条件改写为

$$M_{\max} \leqslant [\sigma]W$$

可知，梁能承担的最大弯矩与抗弯截面系数 W 成正比，W 越大越有利。W 的值与截面的高度及截面的面积分布有关。截面的高度愈大，面积分布得离中性轴愈远，W 的值就愈大；反之，截面的高度愈小，面积分布得离中性轴愈近，W 的值就愈小。所以，选择合理截面形状的基本原则是尽可能地增大截面的高度，并使大部分的面积布置在距中性轴较远的地方。这个原则的合理性也可从梁横截面上的正应力的分布规律来说明。因此，在工程实际中，经常采用工字形、环形、箱形等截面形状。同时，用材的多少和梁的自重与截面面积 A 有关，A 越小越经济、越轻巧。所以，合理的截面形状应该具有较大的 W 和较小的 A。更进一步，一般用 $\dfrac{W}{A}$ 的值来衡量截面形状的合理性。在保持面积相等的情况下,常见的几种截面中,矩形截面和正方形截面比圆形截面合理,而工字形截面又比矩形截面合理。另外,空心的截面也比实心的同形状截面合理。表 11-1 给出了几种常见截面的 W 和 A 的比值,便于大家简单判断不同截面的相对合理性。

表 11-1 几种常见截面的 W 和 A 的比值

截面形状	矩形	圆形	槽钢	工字钢
$\dfrac{W}{A}$	$0.167h$	$0.125d$	$(0.27\sim0.31)h$	$(0.27\sim0.31)h$

当然,梁截面形状的合理与否,很多时候还应该结合材料的性能来考虑。对于抗拉和抗压强度相等的材料(如碳钢),宜采用对中性轴对称的截面形状,如矩形、圆形、工字形等。这样的截面可以使截面上、下边缘处的最大拉、压应力数值相等,同时接近许用应力,充分发挥材料的拉压承载能力。对于抗拉和抗压强度不相等的材料(如铸铁),宜采用中性轴靠近受拉一侧的截面形状,如图 11-16 中所示的截面图形。对于这类截面,如果能使 y_1 和 y_2 之比接近于下列关系:

$$\frac{\sigma_{t,max}}{\sigma_{c,max}} = \frac{\dfrac{M_{max}y_1}{I_z}}{\dfrac{M_{max}y_2}{I_z}} = \frac{y_1}{y_2} = \frac{[\sigma_t]}{[\sigma_c]} \tag{11-22}$$

式中$[\sigma_t]$和$[\sigma_c]$分别表示拉伸和压缩的许用应力,则截面上的最大拉应力和最大压应力就可以同时接近许用应力,材料的抗拉和抗压性能就能得到充分发挥。

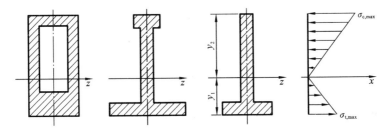

图 11-16

3. 等强度梁

前面讨论的梁都是等截面梁,W＝常数。一般情况下,梁截面上的弯矩随截面位置而变化。只有在弯矩最大的截面上,最大正应力才可能等于许用应力,材料的性能得以充分发挥,而在其他截面上,弯矩均小于最大值,其最大正应力不可能等于许用应力,材料的性能没有充分发挥。为了节约材料、减轻梁的自重,可以改变截面的尺寸,使抗弯截面系数随弯矩而变化。在大弯矩处采用大截面,小弯矩处采用小截面。这种横截面沿着梁轴线变化的梁,称为变截面梁。

最理想的变截面梁,是使梁的各个截面上的最大正应力同时达到材料的许用应力,即

$$\sigma_{\max} = \frac{M(x)}{W(x)} = [\sigma]$$

使每个截面上的最大正应力都相等且等于许用应力的变截面梁称为**等强度梁**。

由 $\sigma_{\max} = \dfrac{M(x)}{W(x)} = [\sigma]$ 得等强度梁的截面沿梁轴线变化的规律:

$$W(x) = \frac{M(x)}{[\sigma]}$$

若图 11-17(a)所示悬臂梁为等强度梁,截面为矩形,等高度 h,宽度 b 为截面位置 x 的函数 $b = b(x)$,则任意截面上的弯矩为

$$M(x) = F(x - l)$$

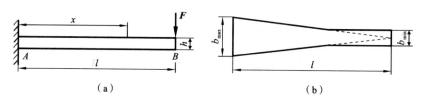

图 **11-17**

由

$$W(x) = \frac{b(x)h^2}{6} = \frac{|M(x)|}{[\sigma]} = \frac{F(l-x)}{[\sigma]}$$

得出

$$b(x) = \frac{6F}{[\sigma]h^2}(l - x)$$

还要按切应力强度条件确定截面宽度的最小值 $b_{\min}$:

$$\tau_{\max} = \frac{3}{2}\frac{F_S}{b_{\min}h} = \frac{3}{2}\frac{F}{b_{\min}h} = [\tau]$$

$$b_{\min} = \frac{3F}{2h[\tau]}$$

画出梁的横截面示意图如图 11-17(b)所示。

为了避免使用上的不便,常把上述等强度梁截成若干窄条,然后叠放起来,并使其略微拱起,就成为车辆上经常使用的叠板弹簧,如图 11-18 所示。另外,为降低加工成本,也通常将变截面梁加工成阶梯状,如图 11-19 所示,这就是阶梯轴。

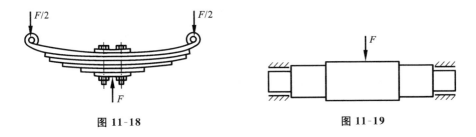

图 11-18 图 11-19

思 考 题

11-1 纯弯曲与横力弯曲有何不同?

11-2 如何判断梁的危险截面? 弯矩最大的截面,一定是梁最危险的截面吗?

11-3 在以下几种情况下,T 形截面的铸铁梁,是正置还是倒置合理? 为什么?

(1) 全梁弯矩 $M > 0$;

(2) 全梁弯矩 $M < 0$。

11-4 中性轴和中性层位置如何确定?

11-5 截面形状和尺寸完全相同的两根静定梁,所受载荷相同,一根是木材,一根是低碳钢。请问它们横截面应力分布规律相同吗? 对应点的纵向线应变相等吗?

11-6 梁的强度由什么力学量最终确定?

习 题

11-1 如图所示,矩形截面钢梁在两端受到 $100 \text{ kN} \cdot \text{m}$ 的力偶作用,试求梁中的最大弯曲正应力,并指出弯曲正应力沿截面高度的变化情况。

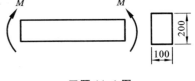

习题 11-1 图

11-2 习题 11-1 中,梁的许用正应力 $[\sigma] = 160 \text{ MPa}$,分别校核以下两种情况:(1) 使梁 200 mm 的边竖直放置;(2) 使梁 100 mm 的边竖直放置。

11-3 图示传动装置,传送带的横截面为梯形,截面形心至上、下边缘的距离分别为 c 与 d,材料的弹性模量为 E。试求胶带内的最大弯曲拉应力与最大弯曲压应力(忽略胶带自身的张力)。

11-4 图中所示为某梁的横截面,由两根型号为 18 号的工字钢组合而成,分别按两种方式摆放,试计算抗弯截面系数 W_y。

11-5 一钢梁的横截面是直径为 d 的圆截面,现需切取成一矩形截面。问:

如欲使所切矩形截面梁的弯曲强度最高,h 和 b 应分别为何值?

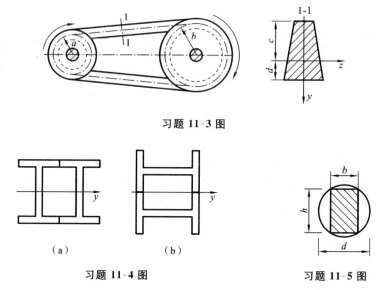

习题 11-3 图

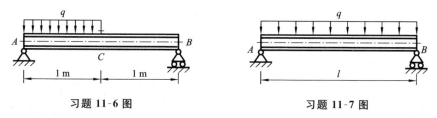

（a）　　　　　　　　　（b）

习题 11-4 图　　　　　　　　习题 11-5 图

11-6　图中所示简支梁,由 18 号工字钢制成,弹性模量 $E=200\ \text{GPa}$。在均布载荷 q 作用下,测得截面 C 顶边处的纵向线应变为 $\varepsilon=-3.0\times10^{-4}$,试计算梁内的最大弯曲正应力。

11-7　图示简支梁,承受均布载荷 q 作用。已知抗弯截面系数为 W_z,弹性模量为 E,试计算梁顶边沿轴向的变形量。

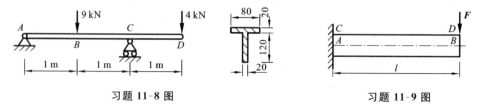

习题 11-6 图　　　　　　　　习题 11-7 图

11-8　求图示 T 形截面梁的最大弯曲正应力。

11-9　图中所示为矩形截面悬臂梁。现用纵截面 AB 与横截面 AC 将梁的上部切出,试绘 $CABD$ 各表面上的应力分布图。

11-10　梁截面如图所示,剪力 $F_\text{s}=200\ \text{kN}$,并位于 Cyz 平面内。试计算腹

板上的最大弯曲切应力,以及腹板与翼缘(或盖板)交界处的弯曲切应力。

11-11 图示简支梁,已知$[\sigma]=160$ MPa,$[\tau]=100$ MPa,横截面为工字形,试选择工字钢型号。

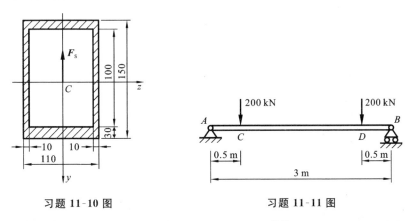

习题 11-10 图　　　　　　　　　习题 11-11 图

11-12 图示简支梁由两根槽钢焊接而成,已知$[\sigma]=160$ MPa,试按弯曲正应力强度条件选择槽钢的型号。

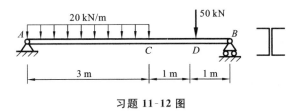

习题 11-12 图

11-13 图示四轮吊车起重机下的梁为一根工字钢,设吊车自重$P=50$ kN,最大起重量$F=10$ kN。梁的许用应力$[\sigma]=160$ MPa,许用切应力$[\tau]=80$ MPa。在不考虑梁自重的情况下,试选择工字钢型号。

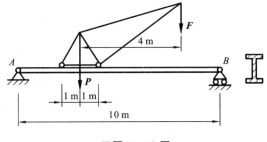

习题 11-13 图

11-14 图示简支梁,由三块尺寸相同的木板胶接而成。已知载荷$F=4$ kN,梁跨度$l=500$ mm,截面宽度$b=60$ mm,高度$h=80$ mm,木板的许用应力$[\sigma]=7$ MPa,许用切应力$[\tau]=3$ MPa;胶缝的许用切应力$[\tau_{胶}]=2$ MPa,试校核梁的强度。

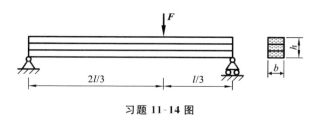

习题 11-14 图

11-15 图示简支梁,由两根 20a 工字钢经铆钉连接而成,铆钉的直径 $d=20$ mm,许用切应力 $[\tau]=90$ MPa,梁的许用应力 $[\sigma]=160$ MPa。试确定梁的许用载荷 $[q]$ 及铆钉的相应间距 e。(提示:按最大剪力确定间距。)

11-16 图示截面铸铁梁,已知许用压应力为许用拉应力的 3 倍,即 $[\sigma_c]=3[\sigma_t]$,试从强度方面考虑,确定宽度 b 的最佳值。

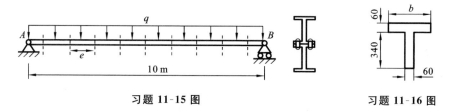

习题 11-15 图　　　　　　　　　　　　习题 11-16 图

11-17 当载荷 F 直接作用在悬臂梁 AB 的自由端 B 端时,梁内最大弯曲正应力超过许用应力 30%。为了消除此种过载,配置一辅助梁 CB,使载荷作用在辅梁的中点,试求辅助梁的最小长度 a。

11-18 图示简支梁承受集中载荷 F 作用。已知许用应力为 $[\sigma]$,许用切应力为 $[\tau]$,若横截面的宽度 b 保持不变,试设计一等强度梁,确定截面高度随截面位置变化的规律。

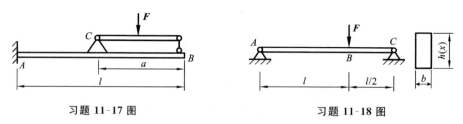

习题 11-17 图　　　　　　　　　　　　习题 11-18 图

11-19 某车间用两台起吊能力分别为 150 kN 和 200 kN 的吊车,借助一根梁共同起吊重量为 300 kN 的设备,如图所示。

(1) 重量距 200 kN 吊车的距离 x 在什么范围内,才能保证两台吊车都不超载?(忽略梁的自重。)

(2) 若用工字钢作梁,$[\sigma]=160$ MPa,试选择工字钢型号。

11-20 图所示为铸造用的铁水包。试根据耳轴的弯曲正应力强度条件确定铁水包装填铁水后允许的总重量$[G]$。已知耳轴材料的许用应力为$[\sigma]=100$ MPa，截面为圆形，直径为 $d=200$ mm。

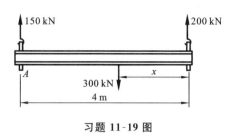

习题 11-19 图

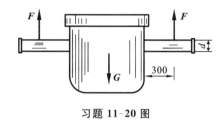

习题 11-20 图

拓展阅读

力学史上的明星（十）

钱伟长(1912—2010)，江苏无锡人，中国近代力学之父，世界著名的科学家、教育家，杰出的社会活动家，中国民主同盟的卓越领导人，中国人民政治协商会议第六届、七届、八届、九届全国委员会副主席，中国民主同盟第五届、六届、七届中央委员会副主席，第七届、八届、九届名誉主席，中国科学院资深院士，上海大学校长，南京大学、暨南大学、南京航空航天大学、江南大学名誉校长，耀华中学名誉校长；钱伟长院士在应用数学、物理学、中文信息学等学科上著述甚丰，特别在弹性力学、变分原理、摄动方法等领域有重要成就。

钱伟长的早期工作是物理学的光谱分析，有 3 篇论文发表在《中国物理学报》(1937—1939 年)上。钱伟长的成名之作是专著《弹性板壳的内禀理论》。

在第二次世界大战期间，航空事业取得突飞猛进的发展，喷气式飞机是争夺制空权的法宝，导弹被视为下一代的武器，航天计划处在摇篮中。从而力学，如飞行器动力学、飞行器结构力学、高速空气动力学，以及喷气发动机工程热物理和工程控制论等都成为热门学科，取得蓬勃的发展。欧洲的一批科学家在战乱中移居北美，形成了一些活跃的科学研究中心。钱伟长先后师从应用数学家辛格教授和应用力学大师冯·卡门，在飞行器结构力学、高速空气动力学和飞行器动力学方面做出多项成就，其中最有名的是和辛格合作，用微分几何与张量分析方法，从一般弹性理论出发，给出的薄板薄壳非线性内禀方程。他因此作为冯·卡门 60 寿辰祝寿文集中最年轻的中国作者，从而跻身于一批世界上最知名的学者之中。钱伟长以"弹性板壳的内禀理论"为题目的博士论文，分成几部分发表后，一时间成为北美力学研究生的必读材料,被当作理性力学的开山之作。1980 年,美国理性力学权威 A. C. 爱林根(Eringen)访问中国,特意到清华大学的照澜院拜见钱伟长,他说,当年他花了几个月时间拜读钱伟长的板壳内禀统一理论,从而开始了自己在理性力学方面的开创性工作,他把钱伟长认作自己的前辈。

　　钱伟长在流体力学方面也做出积极贡献。在 20 世纪 40 年代,他用一种巧妙的摄动展开法,给出高速空气动力学超声速锥型流的渐近解,大大改进冯·卡门和 N. B·摩尔(Moore)给出的线性化近似解,与 G. I·泰勒(Taylor)和 J. W·麦科尔(Maccoll)的数值结果相吻合。并且,他在相关论文中证明了卡门-摩尔的线性解仅在圆锥角很小时适用。过去,人们在渐近序列中一般是采用幂级数,钱伟长拓宽了渐近序列的范围,采用幂级数-对数函数的混合序列。这对摄动法是一项重大突破,20 世纪 50 年代之后,才被人们认识和接受。

　　以人为本,就是以人的发展作为衡量一切进步的最终标准。钱伟长教育思想的核心就是要促进学生的全面发展。"一个全面的人,是一个爱国者,一个辩证唯物主义者,一个有文化艺术修养、道德品质高尚、心灵美好的人;其次,才是一个拥有学科、专业知识的人,一个未来的工程师、专门家",这句教育史上的名言是钱校长最常对学生说的话语。

第12章 弯曲变形

12.1 弯曲变形概述

第11章讨论了梁的强度计算。工程中对某些受弯杆件除强度要求外,往往还有刚度要求,即要求它变形不能过大。以摇臂钻床(见图12-1)为例,如不能保证其立柱和摇臂具有足够的刚度,则将直接影响其所加工出钻孔的垂直度等加工精度。机械加工行业的一句俗语——"车工怕车细长轴"——也是指加工细长轴过程中,工件会产生较大的弯曲变形,从而在很大程度上影响加工精度和效率。

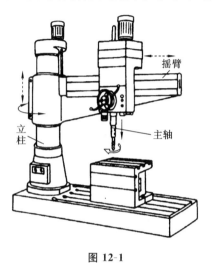

图 12-1

然而,在有些情况下,却需要杆件有较大的弯曲变形来达到某种特殊要求。例如,钓鱼竿由粗到细的分段是不同程度弯曲变形的,越细的分段弯曲变形越大,由于变形的累加,在杆末端最细的部位就基本只受轴向拉力,从而增强了钓鱼竿的承载力(见图12-2)。支承车辆的叠板弹簧(见图12-3)也要有较大的变形,才可以更好地起到减振缓冲作用。

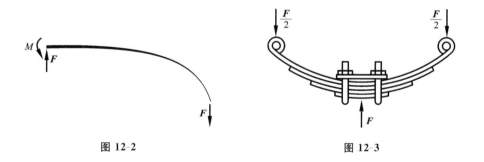

图 12-2   图 12-3

对于工程实际问题中弯曲变形的设计与计算,以及与杆件弯曲变形有关的超静定问题的解决,就是本章接下来要讨论的内容。

12.2　挠曲线近似微分方程及其求解

1. 挠度和转角

为研究杆件的弯曲变形，这里首先讨论如何度量和描述梁的弯曲变形。

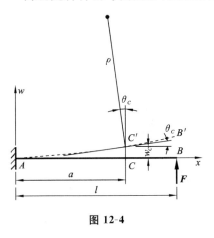

图 12-4

当梁受到垂直于轴线的横向载荷（包括力和力偶）作用时，其轴线将弯曲成一条连续而且光滑的曲线 AB'（见图 12-4），在平面弯曲的情况下，这是一条位于载荷所在平面内的平面曲线，我们把这条曲线叫作梁的**挠曲线**（deflection curve）。伴随着挠曲线的形成，梁的横截面产生两种形式的位移。

1）线位移

梁轴线上的任一点 C（取为梁横截面的形心）在梁变形后将移至 C' 点，因而有线位移 CC'。由于梁的变形很小，C 点沿变形前轴线方向的位移可以忽略，因此可以认为 CC' 垂直于梁变形前的轴线。梁轴线上的一点在垂直于梁变形前轴线方向的线位移，称为该点的**挠度**，用 w 来表示。图 12-4 中的 w_C 即为 C 点的挠度。

2）角位移

梁弯曲变形时，不仅有其横截面形心的线位移，而且，整个横截面还将绕其中性轴转动一个角度，因而又有角位移。梁上任一横截面绕其中性轴转动的角度称为该截面的**转角**，用 θ 来表示。因为挠曲线上任一点的切线总与该点所在的横截面垂直，因此梁上任一横截面的转角既可以用变形前后轴线在该点的垂线的夹角表达，也可以用变形前后轴线在该点的切线的夹角来表达。图 12-4 中的 θ_C 即为 C 点的转角。

挠度和转角是反映梁的变形结果的两个基本位移量。

现在再来讨论挠度 w 和转角 θ 的几何关系。以变形前的梁的轴线为 x 轴，垂直向上的轴为 w 轴，这样，在此直角坐标系中，变形后梁轴线上任一点的挠度就可以用 w 来表示，即挠度代表挠曲线上横坐标为 x 的任意点的纵坐标 w。挠度 w 和转角 θ 是随截面位置 x 而变化的，即 w 和 θ 均为 x 的函数，这就是挠曲线方程和转角方程：

$$w = w(x) \tag{12-1}$$

$$\theta = \theta(x) \tag{12-2}$$

其中挠曲线方程也称为挠度方程。由微分学知识可知，过挠曲线上任一点的切线与 x 轴夹角的正切就是挠曲线在该点的斜率，即

$$\tan\theta = \frac{\mathrm{d}w}{\mathrm{d}x} = w' \tag{12-3}$$

在实际工程中,一般是小变形,梁的转角 θ 很小,故有

$$\tan\theta \approx \theta \tag{12-4}$$

因而可以认为

$$\theta = \frac{\mathrm{d}w}{\mathrm{d}x} = w' \tag{12-5}$$

即梁任一截面的转角 θ 等于该截面处挠度 w 对 x 的一阶导数。这样,只要能知道梁的挠曲线方程,就可以确定梁轴线上任一点的挠度和任一截面的转角。

挠度 w 和转角 θ 的正负号,根据所选取的坐标系而定。与 w 轴正方向一致的挠度为正,反之为负;挠曲线上某点处的斜率为正时,则该处横截面的转角为正,反之为负。因此,在图 12-4 所选的坐标系中,挠度向上时为正,向下时为负;转角逆时针转向时为正,顺时针转向时为负。

2. 挠曲线的近似微分方程

在第 11 章建立纯弯曲正应力公式时,我们已经得到用梁中性层曲率表示的弯曲变形公式(11-9):

$$\frac{1}{\rho} = \frac{M}{EI}$$

上式中省略了 I 的下标 z。如果忽略剪力对梁变形的影响,则上式也可用于一般非纯弯曲。根据前面对挠度的讨论,梁中性层在某处的曲率,即为挠曲线在该处的曲率。由于弯矩 M 与曲率半径 ρ 均为 x 的函数,上式变为

$$\frac{1}{\rho(x)} = \frac{M(x)}{EI} \tag{12-6}$$

即挠曲线上任一点的曲率 $1/\rho(x)$ 与该点所在横截面上的弯矩 $M(x)$ 成正比,而与该截面的弯曲刚度 EI 成反比。

由高等数学可知,平面曲线 $w=w(x)$ 上任一点的曲率为

$$\frac{1}{\rho(x)} = \pm \frac{\dfrac{\mathrm{d}^2 w}{\mathrm{d}x^2}}{\left[1 + \left(\dfrac{\mathrm{d}w}{\mathrm{d}x}\right)^2\right]^{3/2}} \tag{12-7}$$

将其代入梁的弯曲变形公式(12-6),得

$$\frac{\dfrac{\mathrm{d}^2 w}{\mathrm{d}x^2}}{\left[1 + \left(\dfrac{\mathrm{d}w}{\mathrm{d}x}\right)^2\right]^{3/2}} = \pm \frac{M(x)}{EI} \tag{12-8}$$

式(12-8)称为梁的**挠曲线微分方程**。这是一个二阶非线性常微分方程,求解较难。但在工程实际中,梁的变形一般都较小,挠曲线为一平坦的曲线,转角 θ 即 $\dfrac{\mathrm{d}w}{\mathrm{d}x}$ 为一很小的量,故 $(\mathrm{d}w/\mathrm{d}x)^2$ 更是高阶小量,与 1 相比可以忽略不计,因而式(12-8)

可简化为

$$\frac{\mathrm{d}^2 w}{\mathrm{d}x^2} = \pm \frac{M(x)}{EI} \tag{12-9}$$

式(12-9)的正负号取决于弯矩正负号的规定及坐标系的选取。如弯矩的正负号按以前的规定(见第 10 章),并取 w 轴向上,则式(12-9)应取正号。因为当弯矩为正时,梁的挠曲线呈凹形,由微分学关系知,对于凹曲线 $w = w(x)$,$\mathrm{d}^2 w / \mathrm{d}x^2$ 在所选坐标系中也为正值(见图 12-5(a));同样,当弯矩为负时,梁的挠曲线呈凸形,由微分学关系知,对于凸曲线 $w = w(x)$,$\mathrm{d}^2 w / \mathrm{d}x^2$ 在所选坐标系中也为负值(见图 12-5(b)),弯矩与 $\mathrm{d}^2 w / \mathrm{d}x^2$ 符号总是相同的,故式(12-9)可表示为

$$\frac{\mathrm{d}^2 w}{\mathrm{d}x^2} = \frac{M(x)}{EI} \tag{12-10}$$

式(12-10)称为梁的**挠曲线近似微分方程**。其之所以说近似,有两方面原因:一是忽略了剪力对变形的影响;二是略去了式(12-8)中的 $(\mathrm{d}w / \mathrm{d}x)^2$。实践表明,根据此方程计算所得的挠度和转角在工程应用中是足够精确的。

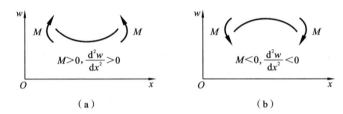

图 12-5

应当指出,由于 x 轴的方向既不影响弯矩的正负,也不影响 $\mathrm{d}^2 w / \mathrm{d}x^2$ 的正负,因此式(12-10)同样适用于 x 轴向左的坐标系。

3. 位移边界条件与连续条件

将挠曲线近似微分方程(12-10)相继积分两次,依次得

$$\theta = \frac{\mathrm{d}w}{\mathrm{d}x} = \int \frac{M(x)}{EI} \mathrm{d}x + C \tag{12-11}$$

$$w = \iint \frac{M(x)}{EI} \mathrm{d}x\mathrm{d}x + Cx + D \tag{12-12}$$

式中:C 与 D 为积分常数。

上述积分常数,可通过梁支承处或某些截面的已知位移条件来确定,这些条件称为边界条件。例如,简支梁在两端支座处的挠度为零(见图 12-6(a)),即在 $x = 0$ 处,$w_A = 0$;在 $x = l$ 处,$w_B = 0$。又如悬臂梁固定端的挠度和转角均为零(见图12-6(b)),即在 $x = 0$ 处,$w_A = 0$,$\theta_A = 0$。这些就是确定式(12-11)和式(12-12)中积分常数所需的边界条件。

当整个梁的弯矩方程需要分段建立时,由式(12-10)知各梁段的挠度方程和

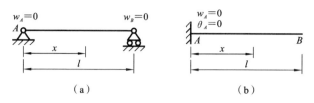

图 12-6

转角方程也将不同,但由于挠曲线应是连续而且光滑的曲线,即不会出现图 12-7(a)和(b)中所呈现的不连续和不光滑的情形,因此在相邻梁段的交接处,分别从两边无限靠近相连截面位置应具有相同的挠度(即挠曲线连续)和相同的转角(即挠曲线光滑)。分段处挠曲线应满足的连续、光滑条件,称为梁位移的连续性条件。

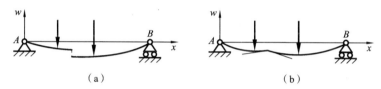

图 12-7

由以上分析可知,梁的位移不仅与梁的弯曲刚度及弯矩有关,而且与梁的位移边界条件和连续性条件有关。将已知的边界条件及连续性条件代入式(12-11)和式(12-12)中,即可确定积分常数 C 和 D。将已确定的积分常数再分别代回式(12-11)和式(12-12)中,就可得到梁的转角方程和挠曲线方程(即挠度方程),并由此可确定梁任意截面的挠度和转角。这种求梁变形的方法称为积分法。下面通过例题来说明。

【例 12-1】 一等截面悬臂梁 AB,截面弯曲刚度为 EI,在自由端 B 作用一集中力 F,如图 12-8 所示。试求梁的转角方程和挠度方程,并确定最大转角 $|\theta|_{\max}$ 和最大挠度 $|w|_{\max}$。

【解】 以梁左端 A 为原点,取一直角坐标系,令 x 轴向右,w 轴向上。
(1) 列弯矩方程。

$$M(x) = -F(l-x) = Fx - Fl \quad \text{(a)}$$

(2) 列挠曲线微分方程并进行积分。
将弯矩方程(a)代入式(12-10)中,有

$$\frac{\mathrm{d}^2 w}{\mathrm{d}x^2} = \frac{1}{EI}(Fx - Fl) \quad \text{(b)}$$

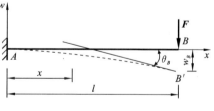

图 12-8

通过两次积分,并考虑是等截面梁,弯曲刚度 EI 不随 x 坐标变化,得

$$\theta = \frac{\mathrm{d}w}{\mathrm{d}x} = \frac{1}{EI}\left(\frac{1}{2}Fx^2 - Flx + C\right) \quad \text{(c)}$$

$$w = \frac{1}{EI}\left(\frac{1}{6}Fx^3 - \frac{1}{2}Flx^2 + Cx + D\right) \tag{d}$$

（3）确定积分常数。

悬臂梁的位移边界条件为：在 $x=0$ 处，

$$w_A = 0 \tag{e}$$

$$\theta_A = w'_A = 0 \tag{f}$$

将这两个边界条件代入式（c）和式（d），得

$$C = 0, \quad D = 0$$

（4）建立转角方程和挠度方程。

将求得的积分常数代入式（c）和式（d），得转角方程和挠度方程分别为

$$\theta = \frac{\mathrm{d}w}{\mathrm{d}x} = \frac{1}{EI}\left(\frac{1}{2}Fx^2 - Flx\right) \tag{g}$$

$$w = \frac{1}{EI}\left(\frac{1}{6}Fx^3 - \frac{1}{2}Flx^2\right) \tag{h}$$

（5）求最大转角和最大挠度。

分析式（g）和式（h）所表达的转角方程和挠度方程的单调性可知，当 x 在整个梁上取得最大值，即在 $x=l$ 的自由端 B 处，挠度和转角的绝对值均为最大。将 $x = l$ 代入式（g）和式（h），可得

$$\theta_B = -\frac{Fl^2}{2EI}, \quad 即 \ |\theta|_{\max} = \frac{Fl^2}{2EI}$$

$$w_B = -\frac{Fl^3}{3EI}, \quad 即 \ |w|_{\max} = \frac{Fl^3}{3EI}$$

所得的 θ_B 为负值，说明横截面 B 作顺时针方向转动；w_B 为负值，说明横截面 B 的挠度向下。

【例 12-2】　一简支梁 AB 如图 12-9 所示，截面弯曲刚度 EI 为已知常数，在 C 处受一集中力 F 作用。试求此梁的最大转角 $|\theta|_{\max}$ 和最大挠度 $|w|_{\max}$。

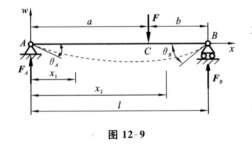

图 12-9

【解】　以梁左端 A 为原点，取一直角坐标系，令 x 轴向右，w 轴向上。

（1）列弯矩方程。

由静力学的平衡方程 $\sum M_B = 0$ 和 $\sum M_A = 0$，可得梁的支座反力为

$$F_A = \frac{Fb}{l}, \quad F_B = \frac{Fa}{l}$$

力 F 的作用点 C 将梁的弯矩方程分为两段表达：

$$AC \ 段 \qquad M_1(x_1) = \frac{Fb}{l}x_1 \quad (0 \leqslant x_1 \leqslant a) \tag{a1}$$

CB 段 $\qquad M_2(x_2) = \dfrac{Fb}{l} x_2 - F(x_2 - a) \quad (a \leqslant x_2 \leqslant l)$ \hfill (a2)

（2）列挠曲线微分方程并进行积分。

由于 AC 和 CB 两段的弯矩方程不同，因此两段的近似微分方程也应分别列出，并分别积分。结果见表 12-1。

表 12-1 两段梁的挠曲线近似微分方程及其二次积分

AC 段 $(0 \leqslant x_1 \leqslant a)$		CB 段 $(a \leqslant x_2 \leqslant l)$	
$\dfrac{d^2 w_1}{dx^2} = \dfrac{1}{EI} \dfrac{Fb}{l} x_1$	(b1)	$\dfrac{d^2 w_2}{dx^2} = \dfrac{1}{EI} \left[\dfrac{Fb}{l} x_2 - F(x_2 - a) \right]$	(b2)
$\theta_1 = \dfrac{dw_1}{dx} = \dfrac{1}{EI} \left(\dfrac{Fb}{2l} x_1^2 + C_1 \right)$	(c1)	$\theta_2 = \dfrac{dw_2}{dx} = \dfrac{1}{EI} \left[\dfrac{Fb}{2l} x_2^2 - \dfrac{F}{2}(x_2 - a)^2 + C_2 \right]$	(c2)
$w_1 = \dfrac{1}{EI} \left(\dfrac{Fb}{6l} x_1^3 + C_1 x_1 + D_1 \right)$	(d1)	$w_2 = \dfrac{1}{EI} \left[\dfrac{Fb}{6l} x_2^3 - \dfrac{F}{6}(x_2 - a)^3 + C_2 x_2 + D_2 \right]$	(d2)

（3）确定积分常数。

积分结果中出现了四个积分常数，需要四个位移条件来确定。首先根据挠曲线的连续性条件，该梁的挠曲线是一条光滑且连续的曲线，因此在 AC 和 CB 两段的交界 C 截面处，由左侧 AC 段的式(c1)和式(d1)确定的转角和挠度应分别等于由右侧 CB 段的式(c2)和式(d2)确定的转角和挠度，即

$x_1 = x_2 = a$ 处，

$$\theta_1 = \theta_2 \tag{e}$$

$$w_1 = w_2 \tag{f}$$

将 $x_1 = x_2 = a$ 代入式(c1)和式(c2)，并代入光滑条件式(e)，即

$$\frac{Fb}{2l} a^2 + C_1 = \frac{Fb}{2l} a^2 - \frac{F}{2}(a-a)^2 + C_2$$

得

$$C_1 = C_2$$

再以 $x_1 = x_2 = a$ 代入式(d1)和式(d2)，并代入连续条件式(f)，即

$$\frac{Fb}{6l} a^3 + C_1 a + D_1 = \frac{Fb}{6l} a^3 - \frac{F}{6}(a-a)^3 + C_2 a + D_2$$

考虑 $C_1 = C_2$，则又得

$$D_1 = D_2$$

又由支座 A、B 处的位移边界条件：

在 $x = 0$ 处，$\qquad w_1 = w_A = 0$ \hfill (g)

在 $x = l$ 处，$\qquad w_2 = w_B = 0$ \hfill (h)

以条件式(g)代入式(d1),得

$$D_1 = D_2 = 0$$

再以条件式(h)代入式(d2),有

$$\frac{Fb}{6l}l^3 - \frac{F}{6}(l-a)^3 + C_2 l = 0$$

由此可得

$$C_1 = C_2 = -\frac{Fb}{6l}(l^2 - b^2)$$

(4) 建立转角方程和挠度方程。

将求得的积分常数代入式(c1)、式(c2)、式(d1)和式(d2),得两段梁的转角方程和挠度方程,如表 12-2 所示。

表 12-2　两段梁的转角方程和挠度方程

AC 段($0 \leqslant x_1 \leqslant a$)		CB 段($a \leqslant x_2 \leqslant l$)	
$\theta_1 = -\dfrac{Fb}{6lEI}(l^2 - b^2 - 3x_1^2)$	(i1)	$\theta_2 = -\dfrac{Fb}{6lEI}\left[l^2 - b^2 - 3x_2^2 + \dfrac{3l}{b}(x_2-a)^2\right]$	(i2)
$w_1 = -\dfrac{Fbx}{6lEI}(l^2 - b^2 - x_1^2)$	(j1)	$w_2 = -\dfrac{Fb}{6lEI}\left[(l^2 - b^2)x_2 - x_2^3 + \dfrac{l}{b}(x_2-a)^3\right]$	(j2)

(5) 求最大转角和最大挠度。

最大转角:结合图 12-9 并考虑两段的转角方程均为单调递增性(两段的弯矩始终为正,$\dfrac{\mathrm{d}^2 w}{\mathrm{d}x^2} = \dfrac{\mathrm{d}\theta}{\mathrm{d}x} > 0$),可知梁的最大转角必发生在 A 端或 B 端。以 $x=0$ 和 $x=l$ 分别代入式(i1)和式(i2),得

$$\theta_A = -\frac{Fb(l^2 - b^2)}{6EIl} = -\frac{Fab(l+b)}{6EIl} \tag{k}$$

$$\theta_B = \frac{Fab(l+a)}{6EIl} \tag{1}$$

当 $a > b$ 时,绝对值最大的转角为 θ_B。

最大挠度:同样考虑 $\theta = \dfrac{\mathrm{d}w}{\mathrm{d}x}$ 的单调递增性,且 $\theta_A < 0$、$\theta_B > 0$,可知梁上的挠度绝对值最大必发生在 w 取得极小值处,即 $\theta = \dfrac{\mathrm{d}w}{\mathrm{d}x} = 0$ 时。又因为截面 $C(x_1 = a)$ 的转角为

$$\theta_C = \frac{Fab(a-b)}{3EIl}$$

当 $a > b$ 时,$\theta_C > 0$,此时 $\theta = \dfrac{\mathrm{d}w}{\mathrm{d}x} = 0$ 处,即最大挠度必发生在 AC 段。可令式(i1)等

于零,得

$$l^2 - b^2 - 3x_0^2 = 0$$

$$x_0 = \sqrt{\frac{l^2 - b^2}{3}} \qquad\qquad (\text{m})$$

x_0 即挠度绝对值为最大值的截面横坐标。以 x_0 代入式(j1),求得绝对值最大挠度为

$$|w|_{\max} = |w(x_0)| = \frac{Fb}{9\sqrt{3}EIl}\sqrt{(l^2 - b^2)^3} \qquad\qquad (\text{n})$$

（6）讨论。

由式(m)可看出,当力 $\boldsymbol{F}$ 无限靠近 B 端支座,即 $b \to 0$ 时,

$$x_0 \to \frac{l}{\sqrt{3}} = 0.577l \qquad\qquad (\text{o})$$

这说明,即使载荷非常靠近梁端支座,梁最大挠度的所在位置仍与梁的跨度中点非常靠近。因此,为计算上的方便,可以近似地以梁跨度中点的挠度来代替梁的实际最大挠度。现以 $x = \frac{1}{2}l$ 代入式(j1),得梁跨度中点的挠度为

$$\left|w\left(\frac{l}{2}\right)\right| = \frac{Fb}{48EI}(3l^2 - 4b^2) \qquad\qquad (\text{p})$$

在前述极端的情况下,即集中力 $\boldsymbol{F}$ 无限靠近 B 端支座,有

$$\left|w\left(\frac{l}{2}\right)\right| \approx \frac{Fb}{48EI}3l^2 = \frac{Fbl^2}{16EI}$$

这时,用 $\left|w\left(\dfrac{l}{2}\right)\right|$ 代替 $|w|_{\max}$ 所引起的误差为

$$\frac{|w|_{\max} - \left|w\left(\dfrac{l}{2}\right)\right|}{|w|_{\max}} \times 100\% = 2.65\%$$

可见在简支梁中,只要挠曲线上无拐点,总可以用跨度中点的挠度代替最大挠度,并且不会引起很大误差。

积分法是求梁变形的一种基本方法,其优点是可以直接运用数学方法求得梁的转角方程和挠度方程。但由上例可看出,对于必须分段列出的弯矩方程,用积分法时也要分段进行二次积分,这样在每个分段中就产生两个待定的积分常数。如梁上截荷复杂,写出弯矩方程时分段愈多,积分常数也愈多,确定积分常数的计算就十分冗繁。当只需求梁上某个特定截面的挠度和转角时,积分法就显得过于累赘。

为了应用上的方便,一般设计手册已将常用梁的挠度和转角的有关计算公式列成表格,以备查用。表 12-3 给出了简单截荷作用下常见梁的挠度和转角。

表 12-3　简单载荷作用下常见梁的挠度和转角

序号	梁的简图	挠曲线方程	端截面转角	最大挠度
1		$w = -\dfrac{M_e x^2}{2EI}$	$\theta_B = -\dfrac{M_e l}{EI}$	$w_B = -\dfrac{M_e l^2}{2EI}$
2		$w = -\dfrac{Fx^2}{6EI}(3l - x)$	$\theta_B = -\dfrac{Fl^2}{2EI}$	$w_B = -\dfrac{Fl^3}{3EI}$
3		$w = -\dfrac{Fx^2}{6EI}(3a - x)\ (0 \leqslant x \leqslant a)$ $w = -\dfrac{Fa^2}{6EI}(3x - a)\ (a \leqslant x \leqslant l)$	$\theta_B = -\dfrac{Fa^2}{2EI}$	$w_B = -\dfrac{Fa^2}{6EI}(3l - a)$
4		$w = -\dfrac{qx^2}{24EI}(x^2 - 4lx + 6l^2)$	$\theta_B = -\dfrac{ql^3}{6EI}$	$w_B = -\dfrac{ql^4}{8EI}$
5		$w = -\dfrac{M_e x}{6EIl}(l^2 - x^2)$	$\theta_A = -\dfrac{M_e l}{6EI}$ $\theta_B = \dfrac{M_e l}{3EI}$	$x = \dfrac{l}{\sqrt{3}}$, $w'_{max} = -\dfrac{M_e l^2}{9\sqrt{3}EI}$; $x = \dfrac{l}{2}$, $w_{\frac{l}{2}} = -\dfrac{M_e l^2}{16EI}$

续表

序号	梁的简图	挠曲线方程	端截面转角	最大挠度
6		$w = \dfrac{M_e x}{6EIl}(l^2 - 3b^2 - x^2) \quad (0 \le x \le a)$ $w = -\dfrac{M_e(l-x)}{6EIl}[l^2 - 3a^2 - (l-x)^2]$ $(a \le x \le l)$	$\theta_A = \dfrac{M_e}{6EIl}(l^2 - 3b^2)$ $\theta_B = \dfrac{M_e}{6EIl}(l^2 - 3a^2)$	
7		$w = -\dfrac{Fx}{48EI}(3l^2 - 4x^2)$ $(0 \le x \le l/2)$	$\theta_A = -\theta_B = -\dfrac{Fl^2}{16EI}$	$w_{max} = -\dfrac{Fl^3}{48EI}$
8		$w = -\dfrac{Fbx}{6EIl}(l^2 - x^2 - b^2)$ $(0 \le x \le a)$ $w = -\dfrac{Fb}{6EIl}\left[\dfrac{l}{b}(x-a)^3 + (l^2 - b^2)x - x^3\right]$ $(a \le x \le l)$	$\theta_A = -\dfrac{Fab(l+b)}{6EIl}$ $\theta_B = \dfrac{Fab(l+a)}{6EIl}$	若 $a > b$, 在 $x = \sqrt{\dfrac{l^2 - b^2}{3}}$ 处, $w_{max} = -\dfrac{Fb(l^2 - b^2)^{3/2}}{9\sqrt{3}EIl}$ 在 $x = \dfrac{l}{2}$ 处, $w_{\frac{l}{2}} = -\dfrac{Fb(3l^2 - 4b^2)}{48EI}$
9		$w = -\dfrac{qx}{24EI}[l^3 - 2lx^2 + x^3]$	$\theta_A = -\theta_B = -\dfrac{ql^3}{24EI}$	$w_{max} = -\dfrac{5ql^4}{384EI}$

12.3　用叠加法求梁的弯曲变形

1. 载荷叠加

当梁处于小变形、材料线弹性的条件下,挠曲线近似微分方程为

$$\frac{\mathrm{d}^2 w}{\mathrm{d}x^2} = \frac{M(x)}{EI}$$

它是一个线性微分方程,说明梁的位移与弯矩成线性比例关系;又由弯曲内力一章的分析可知,梁的弯矩与所受外载荷亦成线性比例关系。因此,当梁上同时作用几个载荷时,由挠曲线近似微分方程所求得的挠度和转角,必等于各载荷单独作用时的线性组合。这就是计算弯曲变形的叠加法。因上述叠加是只考虑载荷分解作用后的叠加,故在此称为分解载荷叠加法。

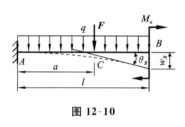

图 12-10

如对于图 12-10 所示的悬臂梁,若载荷 q、F 和 M_e 单独作用时截面 B 的挠度分别为 w_{Bq}、w_{BF} 和 w_{BM_e},转角分别为 θ_{Bq}、θ_{BF} 和 θ_{BM_e},则它们共同作用下该截面的挠度为

$$w_B = w_{Bq} + w_{BF} + w_{BM_e}$$

转角为

$$\theta_B = \theta_{Bq} + \theta_{BF} + \theta_{BM_e}$$

2. 分段变形叠加

同样,当梁处于小变形、材料线弹性的条件下,根据线弹性材料的基本变形规律,即构件的整体变形是其微段变形累加的结果,梁在某一截面的挠度和转角,可由梁各分段单独变形所引起该截面的位移进行叠加而求得,这又是一种求梁位移的叠加法,称为分段变形叠加法,亦称逐段分析求和法或逐段刚化法。

应用分段变形叠加法的具体做法是,每次只考虑一段梁有变形,其余各段均视为刚体(即刚化),此时可轻易得到所求截面的位移,再依次考虑其余各段变形,分别求得该截面相应位移,最后将各位移进行代数求和(即叠加),即得整个梁变形后引起的所求截面位移。

例如,为了计算图 12-11(a)所示外伸梁截面 C 的挠度,可将梁看作由简支梁 AB(即刚化 BC 段,只允许 AB 段变形,如图 12-11(b)所示)和固定端在截面 B 的悬臂梁 BC(即刚化 AB 段,只允许 BC 段变形,

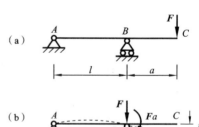

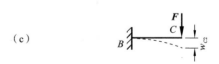

图 12-11

如图 12-11(c)所示)所组成。当简支梁 AB 与悬臂梁 BC 变形时,均在截面 C 引起挠度,二者代数求和即得该截面的最终挠度。

此例是分两段的变形叠加,所以具体叠加过程主要有以下几步:首先为了分析简支梁 AB 的变形,将载荷 F 平移到截面 B(此时视 BC 段为刚体),得到作用于该截面的集中力 F 和矩为 Fa 的附加力偶(见图 12-11(b)),于是得截面 B 的转角为

$$\theta_B = -\frac{Fal}{3EI}$$

并由此求得截面 C 的相应挠度:

$$w_{C1} = \theta_B a = -\frac{Fa^2 l}{3EI}$$

接下来,在载荷 F 作用下(见图 12-11(c)),悬臂梁 BC 的自由端 C 的挠度为

$$w_{C2} = -\frac{Fa^3}{3EI}$$

最后,将上面两种情况下所得截面 C 的挠度代数求和,即得截面 C 的总挠度为

$$w_C = w_{C1} + w_{C2} = -\frac{Fa^2}{3EI}(l+a)$$

负号表明方向向下。

下面,就这两类叠加法,分别通过例题来说明。

【例 12-3】 桥式起重机大梁的自重可视作载荷集度为 q 的均布载荷。作用于跨度中点的吊重为集中力 F(见图 12-12(a))。试求大梁跨度中点 C 的挠度 w_C。

【解】 大梁的变形是由两部分载荷,即均布载荷 q 和集中力 F 共同作用下引起,可应用载荷叠加,求出大梁跨度中点 C 的挠度 w_C。

(1) 分解载荷,画载荷分解后的挠曲线,标出相应的位移。

分别根据均布载荷 q 和集中力 F 的单独作用下大梁的弯矩及简支梁的位移约束条件,大致画出两种载荷作用下的变形曲线,并标明相应位移 w_{Cq} 和 w_{CF},如图 12-12

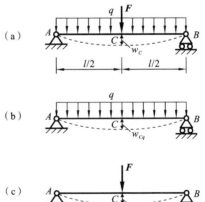

图 12-12

(b)(c)所示。w_{Cq} 和 w_{CF} 分别为均布载荷 q 和集中力 F 单独作用下大梁跨度中点 C 的挠度。

(2) 求出各部分载荷单独作用时的位移。

查表 12-3 第 9 行及第 7 行,可得

$$w_{Cq} = -\frac{5ql^4}{384EI}$$

$$w_{CF} = -\frac{Fl^3}{48EI}$$

（3）叠加求得相应截面的总挠度。

叠加以上结果，求得在均布载荷 q 和集中力 $\boldsymbol{F}$ 共同作用下，大梁跨度中点 C 的挠度是

$$w_C = w_{Cq} + w_{CF} = -\frac{5ql^4}{384EI} - \frac{Fl^3}{48EI}$$

【例 12-4】　在悬臂梁 AB 的部分梁段 CD 上作用着载荷集度为 q 的均布载荷，如图 12-13（a）所示。试求该梁自由端 B 的挠度 w_B。

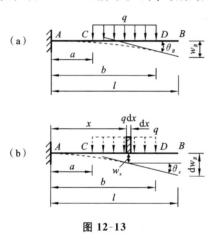

图 12-13

【解】　此问题若用积分法求解，需将梁分为三段分别积分，比较烦琐。此处用叠加法，可将梁段 CD 上作用的均布载荷分解为无穷个微段上作用的集中力，根据集中力在自由端 B 引起的挠度，应用积分叠加求和即得所求。

（1）分解载荷，画载荷分解后的挠曲线，标出相应的挠度。

由 CD 上作用的均布载荷分解出作用于微段 $\mathrm{d}x$ 的一部分，可视为集中力，大小为 $q\mathrm{d}x$，其单独作用下梁 AB 在 B 端的挠度为 $\mathrm{d}w_B$（见图 12-13（b））。

（2）求出分解载荷单独作用时的挠度。

查表 12-3 第 2 行，可得

$$w_x = -\frac{qx^3}{3EI}\mathrm{d}x, \quad \theta_x = -\frac{qx^2}{2EI}\mathrm{d}x$$

从而有

$$\mathrm{d}w_B = w_x + \theta_x \cdot (l-x) = -\frac{qx^3}{3EI}\mathrm{d}x - \frac{qx^2}{2EI}\mathrm{d}x \cdot (l-x) = -\frac{qx^2(3l-x)}{6EI}\mathrm{d}x$$

此结果亦可直接由表 12-3 第 3 行查得。

（3）叠加求总位移。

按照叠加法，悬臂梁 AB 在 CD 段上的均布载荷作用下（见图 12-13（a）），B 端的最终挠度应为 $\mathrm{d}w_B$ 的积分，即

$$w_B = \int_{CD} \mathrm{d}w_B = -\int_a^b \frac{qx^2(3l-x)}{6EI}\mathrm{d}x = -\frac{q}{24EI}\left[4l(b^3-a^3)-(b^4-a^4)\right]$$

【**例 12-5**】　阶梯形悬臂梁如图 12-14(a)所示,BC 段弯曲刚度为 EI,AB 段弯曲刚度为 $2EI$,当自由端 C 处受集中力 F 作用时,求该截面的挠度 w_C 和转角 θ_C。

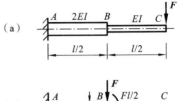

【**解**】　由于梁 AB 段和 BC 段弯曲刚度不同,因此需用分段变形的叠加,即分别考虑 AB 段和 BC 段单独变形时对自由端 C 位移的影响。

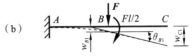

（1）AB 段变形,刚化 BC 段。

此时由于 BC 段视作刚体,因此可将原作用于 C 截面的集中力 F 平移至 B 截面,同时产生了矩为 $Fl/2$ 的附加力偶,从而与原载荷对 AB 段的作用等效(见图 12-14(b))。

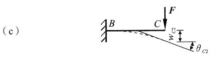

图 12-14

查表 12-3 第 2 行和第 1 行,并应用分解载荷的叠加,叠加作用于 B 截面的集中力和力偶,可得

$$w_{B1} = -\frac{F\left(\dfrac{l}{2}\right)^3}{3 \times 2EI} - \frac{\left(F\dfrac{l}{2}\right)\left(\dfrac{l}{2}\right)^2}{2 \times 2EI} = -\frac{5Fl^3}{96EI}$$

$$\theta_{B1} = -\frac{F\left(\dfrac{l}{2}\right)^2}{2 \times 2EI} - \frac{\left(F\dfrac{l}{2}\right)\dfrac{l}{2}}{2EI} = -\frac{3Fl^2}{16EI}$$

从而有

$$w_{C1} = w_{B1} + \theta_{B1} \cdot \frac{l}{2} = -\frac{5Fl^3}{96EI} - \frac{3Fl^2}{16EI} \cdot \frac{l}{2} = -\frac{14Fl^3}{96EI}$$

$$\theta_{C1} = \theta_{B1} = -\frac{3Fl^2}{16EI}$$

（2）BC 段变形,刚化 AB 段。

由于 AB 段视作刚体,B 截面的挠度和转角均为零,因此该截面可视为固定端约束(见图 12-14(c)),查表 12-3 第 2 行则有

$$w_{C2} = -\frac{F\left(\dfrac{l}{2}\right)^3}{3EI} = -\frac{Fl^3}{24EI}$$

$$\theta_{C2} = -\frac{F\left(\dfrac{l}{2}\right)^2}{2EI} = -\frac{Fl^2}{8EI}$$

（3）叠加求总位移。

将以上分段变形在自由端 C 引起的挠度和转角分别进行叠加,得

$$w_C = w_{C1} + w_{C2} = -\frac{14Fl^3}{96EI} - \frac{Fl^3}{24EI} = -\frac{3Fl^3}{16EI}$$

$$\theta_C = \theta_{C1} + \theta_{C2} = -\frac{3Fl^2}{16EI} - \frac{Fl^2}{8EI} = -\frac{5Fl^2}{16EI}$$

其中,挠度为负,表明方向向下;转角为负,表明是顺时针方向。

由本例可以看出,在用叠加法进行求解时,常常将上述两类叠加法联合应用。

12.4　梁的刚度校核

在工程实际中,对弯曲构件的刚度要求是其最大挠度和转角(或某特定截面的挠度和转角)不得超过某一规定的限度,即

$$|w|_{max} = [w] \tag{12-13}$$

$$|\theta|_{max} = [\theta] \tag{12-14}$$

式中:$[w]$——构件的许用挠度;

　　　$[\theta]$——构件的许用转角。

式(12-13)和式(12-14)称为弯曲构件的刚度条件。式中的许用挠度和许用转角对不同的构件有不同的规定,可从有关的设计规范中查得,例如:对于桥式起重机梁,其许用挠度为

$$[w] = \frac{l}{500} \sim \frac{l}{400}$$

对于一般用途的轴,其许用挠度为

$$[w] = \frac{3l}{10000} \sim \frac{5l}{10000}$$

而刚度要求较高的轴,其许用挠度为

$$[w] = \frac{2l}{10000}$$

式中的 l 为支承间的跨距。

在机械设计规范中,对轴的许用转角有如下规定:

在安装齿轮或滑动轴承处,

$$[\theta] = 0.001 \text{ rad}$$

在圆柱滚子轴承处,

$$[\theta] = 0.0025 \text{ rad}$$

在向心轴承处,

$$[\theta] = 0.005 \text{ rad}$$

【例 12-6】　车床主轴如图 12-15(a)所示。在图示平面内,已知工件上所受切削力 $F_1 = 2$ kN,齿轮上所受啮合力 $F_2 = 1$ kN;主轴的外径 $D = 80$ mm,内径 $d = 40$

mm,$l=400$ mm,$a=200$ mm;切削部位 C 处的许用挠度 $[w]=0.0001l$,轴承 B 处的许用转角 $[\theta]=0.001$ rad;材料的弹性模量 $E=210$ GPa。试校核其刚度。

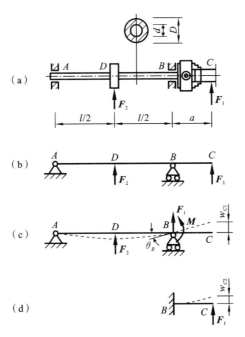

图 12-15

【解】 将主轴简化为图 12-15(b)所示的外伸梁,外伸部分的抗弯刚度近似地视为与主轴相同。

主轴横截面的惯性矩为

$$I=\frac{\pi}{64}(D^4-d^4)=\frac{\pi}{64}\big[(80\times10^{-3}\ \text{m})^4-(40\times10^{-3}\ \text{m})^4\big]=1885\times10^{-9}\ \text{m}^4$$

(1)计算变形。

将外伸梁 AC 整体变形后引起的 B 截面转角和 C 截面挠度看作 AB 和 BC 两段分别独自变形后叠加而成。

当 AB 段独自变形时,BC 段刚化,可将作用于 C 截面的 $\boldsymbol{F}_1$ 平移至 B 截面,从而有力偶 $M=F_1a$(见图 12-15(c))。再应用分解载荷的叠加,当只有力偶 M 作用时,查表 12-3 第 5 行得

$$\theta_{BM}=\frac{Ml}{3EI}=\frac{F_1al}{3EI}=\frac{(2\times10^3\ \text{N})\times(200\times10^{-3}\ \text{m})\times(400\times10^{-3}\ \text{m})}{3\times(210\times10^9\ \text{Pa})\times(1885\times10^{-9}\ \text{m}^4)}$$
$$=0.1347\times10^{-3}\ \text{rad}$$

当只有集中力 $\boldsymbol{F}_2$ 作用时,查表 12-3 第 7 行得

$$\theta_{BF_2}=-\frac{F_2l^2}{16EI}=-\frac{(1\times10^3\ \text{N})\times(400\times10^{-3}\ \text{m})^2}{16\times(210\times10^9\ \text{Pa})\times(1885\times10^{-9}\ \text{m}^4)}$$

$$= -0.0253 \times 10^{-3} \text{ rad}$$

此时作用于支座 B 上的 F_1 直接由该支座上约束抵消,不产生变形。

最后叠加得 B 截面转角为

$$\theta_B = \theta_{BM} + \theta_{BF_2} = 0.1347 \times 10^{-3} \text{ rad} - 0.0253 \times 10^{-3} \text{ rad} = 0.1094 \times 10^{-3} \text{ rad}$$

而此时 C 截面挠度则应为

$$w_{C1} = \theta_B a = (0.1094 \times 10^{-3} \text{ rad}) \times (200 \times 10^{-3} \text{ m}) = 0.0219 \text{ mm}$$

当 BC 段独自变形时,AB 段刚化,整个外伸梁可视为固定端在 B 截面的悬臂梁(见图 12-15(d))。此时 B 截面转角为零,可查表 12-3 第 2 行得 C 截面挠度:

$$w_{C2} = \frac{F_1 a^3}{3EI} = \frac{(2 \times 10^3 \text{ N}) \times (200 \times 10^{-3} \text{ m})^3}{3 \times (210 \times 10^9 \text{ Pa}) \times (1885 \times 10^{-9} \text{ m}^4)}$$

$$= 0.0135 \text{ mm}$$

外伸梁整体变形后,叠加以上结果得最终变形量

$$w_C = w_{C1} + w_{C2} = 0.0219 \text{ mm} + 0.0135 \text{ mm} = 0.0354 \text{ mm}$$

$$\theta_B = 0.1094 \times 10^{-3} \text{ rad}$$

(2)校核刚度。

该主轴的许用挠度和许用转角分别为

$$[w] = 0.0001l = 0.0001 \times 400 \text{ mm} = 0.04 \text{ mm}$$

$$[\theta] = 0.001 \text{ rad} = 1 \times 10^{-3} \text{ rad}$$

而

$$w_C = 0.0354 \text{ mm} < [w] = 0.04 \text{ mm}$$

$$\theta_B = 0.1094 \times 10^{-3} \text{ rad} < [\theta] = 1 \times 10^{-3} \text{ rad}$$

故主轴满足刚度条件。

12.5 简单超静定梁

由前面章节对超静定结构的讨论可知,超静定问题产生的根本原因是结构中存在相对于静定结构的多余约束,解决超静定问题需三个根本要素:(1)平衡方程(静力学关系);(2)几何方程(变形协调关系);(3)物理方程(力与变形间的关系)。

对于超静定梁,以上的讨论结果仍适用,只是在解超静定问题时要分析的结构变形主要是针对梁的弯曲变形,与之相对应的一些方程的具体形式也发生了改变。例如在车床上加工细长杆件时,车刀上径向力 F 的作用,会使加工中的杆件产生过大的挠度,影响加工精度。为此,常在工件的自由端用尾架上的顶尖顶紧(见图 12-16(a))。在不考虑水平方向的支反力时,这相当于增加了一个滑动铰支座,简化模型如图 12-16(b)所示。这样,问题就由原来静定的悬臂梁变为了有多余约束的超静定梁。如将 B 端滑动铰支座的支反力 F_B 定为多余约束,相应的基本静定梁

则是悬臂梁（支反力 F_B 也视为主动力，如图 12-16(c)所示），此时的几何方程是该悬臂梁在 B 端的位移边界条件：

在 $x=l$ 处，

$$w_B = 0 \qquad\qquad (12\text{-}15)$$

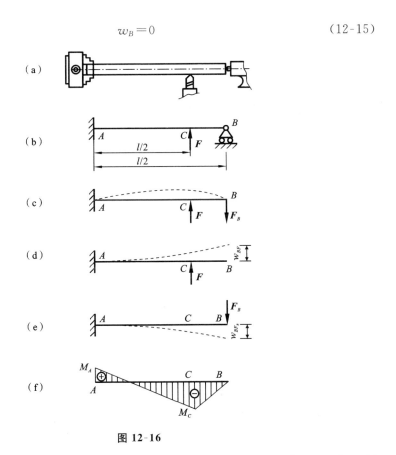

图 12-16

该悬臂梁在 C 截面的切削径向力 F 和 B 端的支反力 F_B 共同作用下，在 B 端的挠度可查表 12-3 并应用叠加法求得（见图 12-16(d)(e)）：

$$w_B = w_{BF} + w_{BF_B} = \frac{Fa^2}{6EI}(3l-a) - \frac{F_B l^3}{3EI} \qquad\qquad (12\text{-}16)$$

这就是解该超静定问题的物理方程。

将式(12-16)代入式(12-15)即可解出

$$F_B = \frac{F}{2}\left(\frac{3a^2}{l^2} - \frac{a^3}{l^3}\right) \qquad\qquad (12\text{-}17)$$

有了全部的约束反力，即可应用与静定结构相同的方法，作出该超静定梁的内力图，其弯矩图如图 12-16(f)所示。接下来也与静定结构同法，可进一步完成该超静定梁的强度、刚度计算，此处不再赘述。

以上应用变形叠加法求解超静定梁的方法，也称为变形比较法。

【例 12-7】 图 12-17(a)所示为三支点单梁吊车。梁长 $l=8$ m,由 40a 工字钢制成,许用应力为 $[\sigma]=140$ MPa,吊车起吊重量为 $F=100$ kN,梁的自重不计。试按电葫芦行至 CB 段中点时的情况,校核梁的强度。

【解】 吊车梁的简化模型如图 12-17(b)所示,其上有四个支座反力,但只能列出三个平衡方程,故该梁为一次超静定梁,需要一个补充方程。

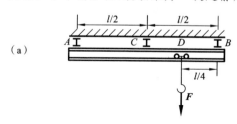

(a)

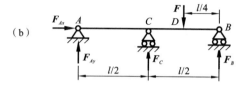

(b)

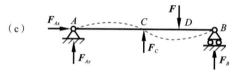

(c)

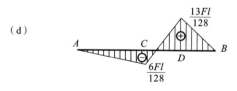

(d)

图 12-17

(1) 取基本静定梁,列变形协调条件。

选取 C 点的支座为多余约束,F_C 为多余支座反力,则相应的基本静定梁为一简支梁。其上受载荷 F 和多余支座反力 F_C 的作用(见图 12-17(c))。相应的变形协调条件为

$$w_C = w_{CF} + w_{CF_C} = 0$$

式中:w_{CF} 和 w_{CF_C} 分别为简支梁单独受 F 和 F_C 作用时在 C 点的挠度。

(2) 建立补充方程。

由表 12-3 查得

$$w_{CF} = -\frac{F\frac{l}{4}}{48EI}\left[3l^2 - 4\left(\frac{l}{4}\right)^2\right] = -\frac{11Fl^3}{768EI}$$

$$w_{CF_C} = \frac{F_C l^3}{48EI}$$

将 w_{CF} 和 w_{CF_C} 代入变形协调条件,得补充方程:

$$w_C = -\frac{11Fl^3}{768EI} + \frac{F_C l^3}{48EI} = 0$$

(3) 解出支座反力。

由补充方程解得

$$F_C = \frac{11}{16}F$$

再列出平衡方程:

$$\sum F_x = 0, \quad F_{Ax} = 0$$

$$\sum M_A = 0, \quad F_B l - F \cdot \frac{3l}{4} + F_C \cdot \frac{l}{2} = 0$$

$$\sum F_y = 0, \quad F_{Ay} + F_C - F + F_B = 0$$

以解得的 F_C 之值代入,解得

$$F_B = \frac{13}{32}F, \quad F_{Ay} = -\frac{3}{32}F$$

其中 F_{Ay} 为负值,表明实际方向与原设方向相反。

（4）校核强度。

作梁的弯矩图如图 12-17(d)所示,最大弯矩在梁中点,其绝对值为

$$|M|_{max} = \frac{13}{128}Fl = \frac{13}{128}(100 \times 10^3 \text{ N}) \times (8 \text{ m}) = \frac{13}{16} \times 10^5 \text{ N} \cdot \text{m}$$

由型钢表查得 40a 工字钢的抗弯截面系数为

$$W = 1091 \times 10^{-6} \text{ m}^3$$

则梁的最大弯曲正应力为

$$\sigma_{max} = \frac{|M|_{max}}{W} = \frac{\frac{13}{16} \times 10^5 \text{ N} \cdot \text{m}}{1091 \times 10^{-6} \text{ m}^3} = 74.5 \times 10^6 \text{ Pa}$$
$$= 74.5 \text{ MPa} < [\sigma] = 140 \text{ MPa}$$

故知:梁满足强度条件。

讨论:若吊车梁在 C 处没有中间支座,为一静定的简支梁,当电葫芦行至中点 C 时,梁在 C 处横截面上的弯矩最大,其绝对值为

$$|M|_{max} = \frac{1}{4}Fl = \frac{(100 \times 10^3 \text{ N}) \times (8 \text{ m})}{4} = 200 \times 10^3 \text{ N} \cdot \text{m}$$

则此时梁的最大弯曲正应力为

$$\sigma_{max} = \frac{|M|_{max}}{W} = \frac{200 \times 10^3 \text{ N} \cdot \text{m}}{1091 \times 10^{-6} \text{ m}^3} = 183.3 \times 10^6 \text{ Pa}$$
$$= 183.3 \text{ MPa} > [\sigma] = 140 \text{ MPa}$$

显然梁不满足强度条件了。

由此例可以看出,增加了支座的超静定梁相对于原来的静定梁,梁内的应力有了减小,从而提高了梁的强度;同样,采用超静定的梁也能提高梁的刚度,因此超静定梁在工程实际中应用广泛。尽管如此,同所有超静定结构一样,超静定梁也会引起装配应力和温度应力,因此对制造精度、装配技术等有较高的要求。以三轴承的传动轴为例,由于加工误差,三个轴承孔的中心线难以保证重叠为一条直线。这就等于轴的三个支座不在同一直线上（见图 12-18）。当传动轴装进这样的三个轴承孔时,必将造成轴的弯曲变形,引起装配应力。静定结构则不会出现此类问题。

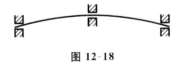

图 12-18

12.6 提高梁弯曲刚度的措施

从挠曲线的近似微分方程及其积分可以看出,有三个因素影响了梁的弯曲变

形：(1) 梁所受的弯矩,这由梁所受横向外力确定；(2) 位移约束条件,这由梁的支座状况确定；(3) 梁的弯曲刚度 EI,这与梁横截面的惯性矩 I 和材料的弹性模量 E 有关。因此在工程实际中,为减少弯曲变形的影响,提高梁的弯曲刚度,往往从上述因素入手,采取相应的合理措施。

1. 合理安排梁的约束与加载方式,减小弯矩

弯矩是引起梁弯曲变形的主要因素,合理安排梁的约束,改善梁的结构形式,可有效减小弯矩,从而减小了梁的弯曲变形。

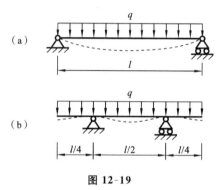

图 12-19

例如,图 12-19(a)所示跨度为 l 的简支梁,承受均布载荷 q 作用,如果将梁两端的铰支座各向内移动少许,例如移动 $l/4$ (见图 12-19(b)),则最大挠度将仅为前者的 8.75%。

又如传动轴在两侧外伸端分别安装有带轮和齿轮(见图 12-20(a)),两轮上均作用有径向的传动力(简化模型如图 12-20(b)所示),在结构允许的条件下,应使轴上的带轮、齿轮尽可能地靠近支座,即减小 a 及 b 的数值,以减小轮上的传动力 $\boldsymbol{F}_1$ 和 $\boldsymbol{F}_2$ 对传动轴弯曲变形的影响。

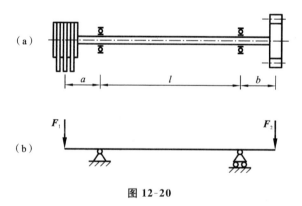

图 12-20

把集中力分散成分布力,也可以取得减小弯矩和弯曲变形的效果。例如跨度为 l 的简支梁在跨度中点作用集中力 $\boldsymbol{F}$ 时,最大挠度为 $w_{\max} = \dfrac{Fl^3}{48EI}$(见表 12-3 第 7 行)。如以均布载荷替代集中力 $\boldsymbol{F}$,且使 $ql = F$,则最大挠度 $w_{\max} = \dfrac{5Fl^3}{384EI}$,仅为前者的 62.5%。

另外,缩小跨度也是减小弯曲变形的有效方法。如对于简单的悬臂梁或简支

梁结构,当其上分别作用集中力偶、集中力和均布载荷时,挠度分别正比于跨度 l 的二次方、三次方和四次方(见表 12-3)。如跨度缩短一半,则挠度分别减为原来的 $\frac{1}{4}$、$\frac{1}{8}$ 和 $\frac{1}{16}$,变形的减小是非常显著的。因此,工程上在车削加工细长工件时,除了用尾架外,有时还加装跟刀架(见图 12-21(a))或中心架(见图 12-21(b))。当然,此时为减小加工杆件的弯曲变形而增加的支承,将使杆件由静定梁变为超静定梁。

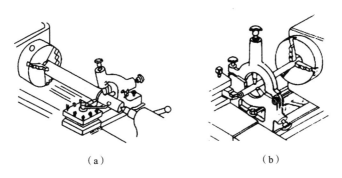

（a）　　　　　　　　　　　　（b）

图 12-21

2. 合理选择截面形状

影响梁强度的截面几何性质是抗弯截面系数 W,而影响梁刚度的截面几何性质则是惯性矩 I。不同形状的截面,尽管面积相等,但惯性矩却不一定相等。所以,从梁的刚度方面考虑,比较合理的截面形状,是使用较小的截面面积 A 却能获得较大惯性矩 I 的截面。例如,工字形、箱形、槽形、T 形及空心圆截面都比面积相等的矩形和实心圆截面有更大的惯性矩。所以,桥式起重机大梁一般采用工字形或箱形截面;建筑工地的脚手架支承杆一般采用空心钢管。

3. 合理选择材料

影响梁强度的材料性能是极限应力 σ_b 或 σ_s,而影响梁刚度的材料性能则是弹性模量 E,E 值越大弯曲变形越小。所以,从提高梁的刚度方面考虑,应选择 E 值较大的材料。但要注意的是,各种钢材(或各种铝合金)的极限应力虽然差别很大,但它们的弹性模量却十分接近。因此,在设计中若选用普通钢材已经满足强度要求,如为进一步提高梁的刚度而改用优质钢材,显然是不明智的。

4. 合理设计梁的强度

梁的强度与梁内的最大弯曲正应力有关,它只由危险截面的弯矩与抗弯截面系数决定;而梁的位移,则与梁内所有微段的弯曲变形有关。因此,对于梁的危险区采用局部加强的措施,可有效提高梁的整体强度,但以此来缩小由梁各微段变形累加形成的梁上任一截面的位移,则是杯水车薪。为了提高梁的刚度,必须在更大范围内增加梁的弯曲刚度。

思 考 题

12-1 梁的变形与弯矩有什么关系？正弯矩产生正转角，负弯矩产生负转角；弯矩最大的地方转角最大，弯矩为零的地方转角为零。这些说法对吗？

12-2 梁的变形与由变形产生的位移有什么关系？是否梁变形最严重的地方，挠度和转角也最大？整体有变形与位移的梁上是否存在不变形的微段？该微段上截面的挠度和转角是否也为零？

12-3 度量梁的变形都有哪些量？它们的几何意义如何？与弯矩的关系如何？材料和截面相同的两梁，若它们的弯矩图也完全相同，则它们的变形是否相同？挠曲线形状是否相同？对应截面的挠度或转角是否相同？

12-4 梁所受弯矩的正负对其挠曲线形状有何影响？试画出图中各梁的挠曲线的大致形状，并分析其原因。

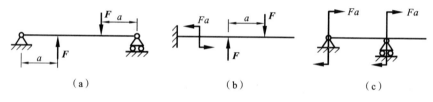

（a）　　　　　　　　　　（b）　　　　　　　　　　（c）

思考题 12-4 图

12-5 图中两梁的 B 端分别由刚度系数为 k 的弹簧和拉压刚度为 EA 的弹性杆支承，试写出它们的边界条件。

12-6 图所示组合梁由两段梁 AB 和 BC 在 B 处由铰链连接而成，试写出该组合梁的边界条件和连续性条件。

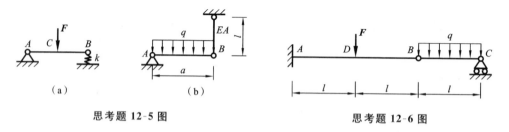

（a）　　　　　　　　（b）

思考题 12-5 图　　　　　　　　思考题 12-6 图

12-7 简支梁受载荷作用如图所示。若要应用积分法求解其挠曲线方程，应分几段进行积分？要确定的积分常数有几个？

12-8 如图所示简支梁，在左、右两端各作用一个力偶矩分别为 M_1 与 M_2 的力偶。如欲使挠曲线的拐点出现在距 A 端 $l/3$ 处，M_1 与 M_2 的关系应如何？

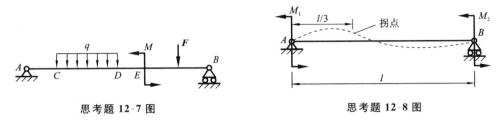

思考题 12-7 图　　　　　　　　　　　思考题 12-8 图

习　　题

12-1　试用积分法求以下各梁的转角方程和挠曲线方程，并求指定截面的转角和挠度。各梁弯曲刚度 EI 为已知常数。

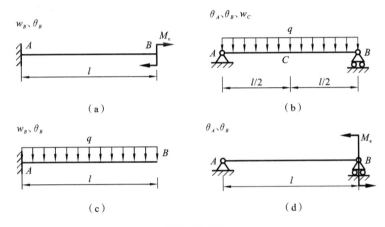

习题 12-1 图

12-2　试用积分法求以下各梁的转角方程和挠曲线方程，并求指定截面的转角和挠度。各梁弯曲刚度 EI 为已知常数。

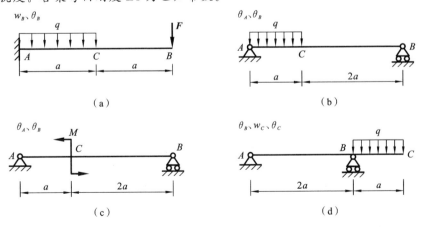

习题 12-2 图

12-3 试用叠加法求以下各梁指定截面的转角和挠度。各梁弯曲刚度 EI 为已知常数。

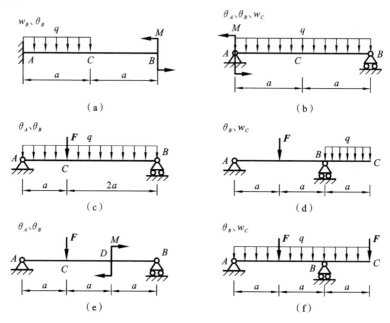

习题 12-3 图

12-4 试用叠加法求下面两简支梁跨度中点 C 截面的挠度。各梁弯曲刚度 EI 为已知常数。

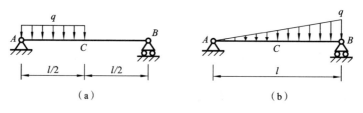

习题 12-4 图

12-5 已知各段弯曲刚度的变截面梁如图所示,试用叠加法求各梁的最大转角和最大挠度。

12-6 如图所示,组合梁由两段梁 AB 和 BC 在 B 处由铰链连接而成,已知各梁段弯曲刚度均为 EI,试用叠加法求截面 E 的挠度。

12-7 如图所示,弯曲刚度为 EI 的梁 AB 受均布载荷作用,在 B 端被拉压刚度为 EA 的杆 BC 通过铰链约束,试用叠加法求梁 AB 中点 D 的挠度。

12-8 如图所示平面刚架,已知各段弯曲刚度 EI 和拉压刚度 EA 为常数,试求该刚架自由端 B 的挠度。

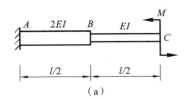
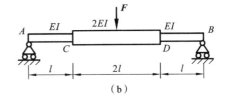

（a）　　　　　　　　　　　　　　　　　（b）

习题 12-5 图

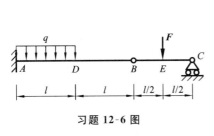
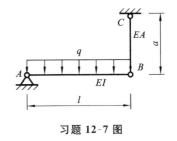

习题 12-6 图　　　　　　　　　　　　　习题 12-7 图

12-9　平面组合刚架受集中力 **F** 作用如图所示。已知各段弯曲刚度 EI 和拉压刚度 EA 为常数，试求该刚架上 E 点的挠度。

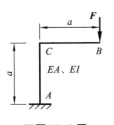
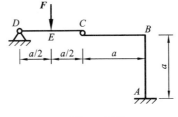

习题 12-8 图　　　　　　　　　　　　习题 12-9 图

12-10　如图所示桥式起重机的额定载荷为 $W = 20\ \text{kN}$。该起重机大梁为 32a 工字钢，自重为 $q = 520\ \text{N/m}$，材料的弹性模量 $E = 210\ \text{GPa}$，$l = 8\ \text{m}$。规定 $[w] = \dfrac{l}{500}$，试校核该起重机大梁的刚度。

12-11　图示等截面实心圆轴，两端用轴承支承，承受载荷 $F = 10\ \text{kN}$，若轴承处的许用转角 $[\theta] = 0.001\ \text{rad}$，材料的弹性模量 $E = 200\ \text{GPa}$，试根据刚度要求确定轴径 d。

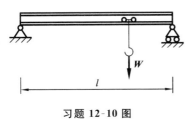
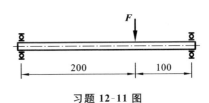

习题 12-10 图　　　　　　　　　　　　习题 12-11 图

12-12 试求图示各梁的支反力,并作弯矩图。设各梁弯曲刚度 EI 为已知常数。

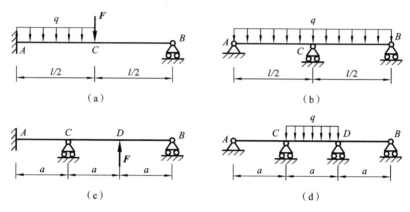

习题 **12-12** 图

12-13 图示刚架,各段弯曲刚度 EI 和拉压刚度 EA 为已知常数,试作其弯矩图。

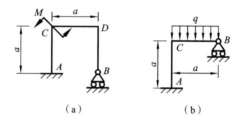

习题 **12-13** 图

12-14 图示传动轴,已知载荷 $F_1 = 3$ kN, $F_2 = 10$ kN,轴径 $d = 50$ mm,试计算轴内的最大弯曲正应力。若 B 处无轴承,则最大弯曲正应力又为何值?

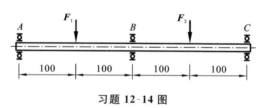

习题 **12-14** 图

12-15 悬臂梁 AB 受均布载荷作用,因强度和刚度不足,用一根长度为 a 的短梁 CD 和一根长度为 l 的杆 DE 加固,梁的弯曲刚度 EI 和杆的拉压刚度 EA 已知,试问:(1) 杆 DE 的拉力多大? (2) 此时梁 AB 的最大弯矩和 B 截面的挠度较加固前减小了多少?

12-16 单位长度重量为 q,截面弯曲刚度为 EI 的等截面均质直杆放置在水平刚性平台上,如图所示。若在截面 A 作用一铅直向上的力 F,此时将杆提起的高度 h 为多高?

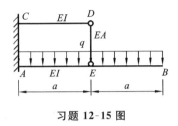

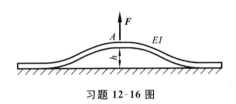

习题 12-15 图　　　　　　习题 12-16 图

拓展阅读

力学史上的明星(十一)

茅以升(1896—1989),字唐臣,江苏镇江人。土木工程学家、桥梁专家、工程教育家,中国科学院院士,美国工程院院士。茅以升 1916 年毕业于唐山工业专门学校(现为西南交通大学),1917 年获美国康奈尔大学硕士学位,1919 年获美国卡耐基理工学院(现为卡内基梅隆大学)博士学位。1955 年选聘为中国科学院院士。茅以升曾主持修建了中国人自己设计并建造的第一座现代化大型桥梁——钱塘江大桥。该桥成为中国铁路桥梁史上的一块里程碑。新中国成立后,他又参与设计了武汉长江大桥。晚年,他编写了《中国桥梁史》《中国的古桥和新桥》等。

茅以升从小好学上进,善于独立思考。6 岁读私塾,7 岁就读于 1903 年在南京创办的国内第一所新型小学——思益学堂,1905 年进入江南商业学堂。茅以升 10 岁那年过端午节,家乡举行龙舟比赛,看比赛的人都站在文德桥上,而他因为肚子疼没有去。桥上由于人太多把桥压塌了,砸死、淹死不少人。这一不幸事件沉重地压在茅以升心里。他暗下决心:长大了一定要造出最结实的桥。从此,茅以升只要看到桥,不管它是石桥还是木桥,他总是从桥面到桥柱仔细观察。茅以升上学读书后,从书本上看到有关桥的文章、段落,就把它抄在本子上,遇到有关桥的图画就剪贴起来,时间长了,足足积攒了厚厚的几本。

1933 年至 1937 年,茅以升任钱塘江大桥工程处处长,主持修建我国第一座公路铁路兼用的现代化大桥——钱塘江大桥。他采用射水法、沉箱法、浮运法等,解决了建桥中的一个个技术难题。钱塘江大桥开工于 1934 年,建桥遇到的第一个困难是打桩。为了使桥基稳固,需要穿越 41 米厚的泥沙在 9 个桥墩位置打入 1440 根木桩,木桩立于石层之上。沙层又厚又硬,打轻了下不去,打重了断桩。茅以升从浇花壶水把土冲出小洞中受到启发,采用抽江水在厚硬泥沙上冲出深洞再打桩的射水法,使原来一昼夜只打 1 根桩,提高到可以打 30 根桩,大大加快了工程进度。建桥遇到的第二个困难是水流湍急,难以施工。茅以升发明了沉箱法:将钢筋混凝土做成的箱子口朝下沉入水中罩在江底,再用高压气挤走箱里的水,工人在箱里挖沙作业,使沉箱与木桩逐步结为一体,沉箱上再筑桥墩。放置沉箱很不容易,开始时,一只沉箱,一会儿被江水冲向下游,一会儿被潮水顶到上游,上下乱窜。后来把 3 吨重的铁锚改为 10 吨重,沉箱问题才得以解决。第三个困难是架设钢梁。茅以升采用了巧妙利用自然力的浮运法,潮涨时用船将钢梁运至两墩之间,潮落时钢梁便落在两墩之上,省工省时,进度大大加快。

钱塘江大桥是一座经受了抗日战火洗礼的桥。建桥末期,淞沪抗战正紧,日军飞机经常来轰炸。有一次,茅以升正在 6 号桥墩的沉箱里和几个工程师商量问题,忽然沉箱里电灯全灭。原来因日军飞机轰炸,工地关闭了所有的电灯。钱塘江大桥冒着敌人的轰炸,终于在 1937 年 9 月 26 日建成通车。然而,由于抗日战争的全面爆发,钱塘江大桥注定命途多舛。1937 年 11 月 11 日,上海沦陷。为了防止钱塘江大桥落入日军之手,为日军运送军用物资,南京方面决定炸掉钱塘江大桥。11 月 16 日,茅以升接到密令,对钱塘江大桥实施爆破。12 月 23 日下午 5 点,茅以升亲自点燃了预埋在 14 号桥墩的炸药,对这座大桥实施爆破。1945 年抗战胜利后,茅以升回到了杭州,主持钱塘江大桥的修复工作。1948 年 5 月,在茅以升的主持下,钱塘江大桥被成功修复。

钱塘江大桥既是我国桥梁建筑史上的一座里程碑,又是我国桥梁工程师的摇篮。茅以升把工地办成学校,吸收大批土木工程专业的学生参加工程实践,为国家培养了一批桥梁工程人才。我国一些重要桥梁工程,如武汉长江大桥、南京长江大桥的一些负责人都曾经历过钱塘江大桥建设的洗礼。

钱塘江大桥向全世界展示了中国科技工作者的聪明才智,展示了中华民族有自立于世界民族之林的能力。以茅以升为首的我国桥梁工程界的先驱在钱塘江大桥建设中所显示出的伟大的爱国主义精神,敢为人先的科技创新精神,排除一切艰难险阻、勇往直前的奋斗精神,永远是鼓舞我们为祖国的繁荣富强不懈奋斗的宝贵精神财富。

第 13 章　应力状态和强度理论

13.1　应力状态基本概念

前几章中讨论杆件在拉压、扭转和弯曲等几种基本受力与变形形式下横截面上的应力，建立了只有正应力或切应力作用时的强度条件，但在实际工程中，却存在以下问题。

（1）横截面上既有正应力又有切应力。如牙轮钻杆，同时存在压缩和扭转变形，此时横截面上不仅有正应力，还有切应力；又如梁横力弯曲时，横截面上既有弯矩，又有剪力，则其中的某点 A，如图 13-1 所示，既有正应力，又有切应力。它们的强度计算将不能用基本变形时的强度条件分别对正应力和切应力进行强度计算，因为截面上的正应力和切应力并不是分别对构件的破坏起作用，而是有所联系，应考虑它们的综合影响。

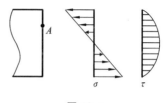

图 13-1

（2）仅根据横截面上的应力判断强度，无法解释杆件在斜截面上的破坏。例如铸铁圆轴扭转时，沿 45° 螺旋面断开，铸铁压缩时的破坏也是沿 45° 斜截面破坏，但破坏面又与扭转时不一样，这些发生在斜截面上的现象用以前的知识就无法判断，因此，不仅要研究横截面上的应力，而且要研究斜截面上的应力。

根据横截面上正应力和切应力的分析结果，同一面上不同点的应力可能各不相同，此为**应力的点的概念**；同一点不同方向面上的应力也各不相同，此为**应力的面的概念**。因此，应力应指明是哪一个面上的哪一点的应力，或者是哪一点哪一个面上的应力。

构件内一点不同方向面上应力的集合，称之为这一点的**应力状态**（state of stress of a given point）。

由于构件内的应力分布一般是不均匀的，因此在分析各个不同方向截面上的应力时，不宜截取构件的整个截面来研究，而是在构件中的危险点处，截取一个微小的正六面体，即单元体（element）来分析，以此单元体的应力来表达一点的应力状态。在截取单元体时，一般也让此六面体的一个面处于已知应力的截面（比如之前分析的简单变形杆件之横截面）上。例如，图 13-2（a）所示轴向拉伸杆中，为分析 A 点应力状态，可以过 A 点沿杆的横截面和纵切面截出一个单元体来分析。由于拉伸杆的横截面上有均匀分布的正应力，因此这个单元体只在垂直于杆轴的面

上有正应力 $\sigma_x = \dfrac{F}{A}$，在其他面上没有应力。图 13-2(b)所示受弯的梁中，在图示横
截面的 B 点和 B' 点处，也可截出类似的单元体来分析此两点的应力状态。因为此
两点所在的横截面受纯弯曲，故表达两点应力状态的单元体只在垂直于梁轴的面
上有正应力 σ_x。图 13-2(c)所示受扭的圆轴中，在 C 点截取单元体，则在垂直于轴
线的面上有切应力 τ_{xy}；再根据切应力互等定理，在平行于轴线的面上又有大小相
等、正负号相反的切应力 τ_{yx}。图 13-2(d)所示同时受弯曲和扭转的圆截面杆中，
在 D 点截取单元体，则在相应的面上既有因弯曲而产生的正应力 σ_x，又有因扭转
而产生的切应力 τ_{xy} 和 τ_{yx}。

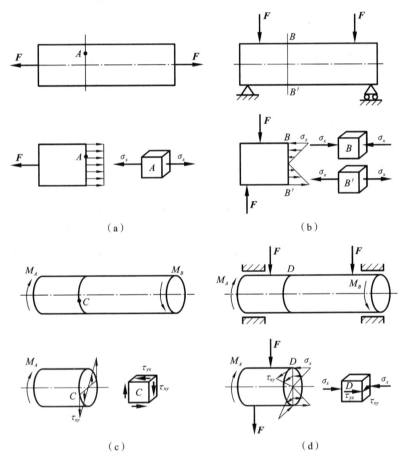

（a）　　　　　　　　　　　　　　（b）

（c）　　　　　　　　　　　　　　（d）

图 13-2

　　上述这些单元体，都是从受力构件中取出的，因为所截取的边长很小，所以可
以认为：(1)单元体上的应力是均匀分布的；(2)单元体相互平行的截面上应力相
同，且同等于通过所研究的点的平面上的应力。若令单元体的边长趋于零，则单元

体上各截面的应力情况就代表了这一点的应力状态。研究方法:研究一点的应力,
就是研究该点处单元体各截面上的应力情况。由于在一般工作条件下,构件平衡,
显然从构件中截取的单元体也是平衡的,单元体的任意一局部也必然是平衡的,因
此当单元体三对互相垂直面上的应力已知时,就可以应用假想截面将单元体从任
意方向面处截开,考虑截开后的任意一部分的平衡,由平衡条件就可以求得任意方
向面上的应力。换句话说,通过单元体及其三对互相垂直的面上的应力,就可以描
述一点的应力状态。

　　围绕构件的某一点,可以截取无数多个单元体。为了确定一点的应力状态,在
截取单元体时,应尽量使得截取的单元体三对面上的应力为已知或容易确定(称为
已知单元体)。

　　三向(空间)应力状态(three-dimensional state of stress):单元体三对面上都
有应力作用,如图 13-3 所示。σ_x 和 τ_{xy}、τ_{xz} 是法线与 x 轴平行的面上的正应力和
切应力;σ_y 和 τ_{yx}、τ_{yz} 是法线与 y 轴平行的面上的正应力和切应力;σ_z 和 τ_{zx}、τ_{zy} 是
法线与 z 轴平行的面上的正应力和切应力。其中,切应力 τ_{xy} 有两个角标,第一个
角标 x 表示切应力作用平面的法线的方向,第二个角标表示切应力的方向平行于
y 轴,其余依此类推。

　　平面(二向)应力状态(plane state of stress):单元体三对面中有一对面上无应
力,因而其他面上所有应力作用线都处于同一平面内的应力状态,如图 13-4 所示。

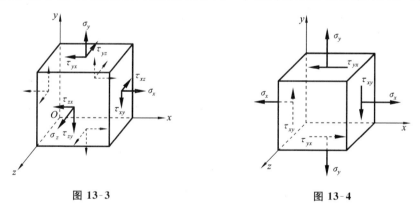

图 13-3　　　　　　　　　　　　　　　　　　图 13-4

　　单向应力状态(one-dimensional state of stress):单元体只受一个方向正应力
作用的应力状态,如图 13-5 所示。

　　纯剪切应力状态(shearing state of stress):单元体只在两对面上受同一组切
应力作用的应力状态,如图 13-6 所示。

　　空间应力状态的特例为平面应力状态,它们统称为复杂应力状态。单向应力
状态和纯剪切应力状态为平面应力状态的特例。本书主要讨论平面应力状态及空
间应力状态的某些特例。

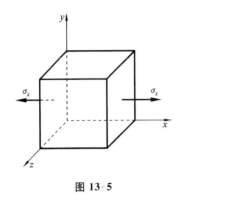

图 13-5

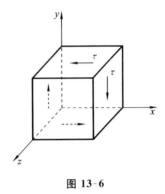

图 13-6

13.2　平面应力状态分析——解析法

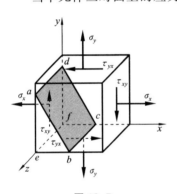

图 13-7

　　当单元体三对面上的应力已经确定时,为求某个斜面(又称方向面)上的应力,可用一假想截面将单元体从所考察的斜面处截为两部分,考察其中任意一部分的平衡,即可由平衡条件求得该斜截面上的正应力和切应力。这是分析单元体斜截面上应力的基本方法,称为解析法。应力符号规定:对于正应力,拉应力为正,压应力为负;对于切应力,使单元体或其局部产生顺时针方向转动趋势为正,反之为负。按此规定,图 13-7 所示的 σ_x、σ_y 及 τ_{xy} 均为正,而 τ_{yx} 则为负。

　　取任意平行于 z 轴的斜截面 $abcd$,如图 13-8(a)所示,其外法线 n 与 x 轴的夹角 α 称为**方向角**。α 符号规定:由 x 轴正向逆时针转到截面外法线方向为正;反之为负。斜截面 $abcd$ 把单元体分成两部分,现在研究 $abcdef$ 部分的平衡情况。斜截面上的应力由正应力和切应力来表示,假定任意方向面上的正应力 σ_α 和切应力 τ_α 均为正方向。若斜截面 $abcd$ 的面积为 dA,则 $ebcf$ 的面积为 $dA\sin\alpha$,$efda$ 的面积为 $dA\cos\alpha$,如图 13-8(b)所示。将空间问题沿 z 轴负向朝 Oxy 平面投影,变成平面问题,如图 13-8(c)所示。

1. 斜截面上的应力

　　斜截面上的应力根据力的平衡方程可以写出。需要注意的是,参加平衡的量是力而不是应力,因此,应力必须乘以它作用平面的面积,才能参加平衡计算,如图 13-8(b)所示。于是,根据平衡条件,可列出以下平衡方程:

$$\sum F_x = 0$$

$$\Rightarrow -\sigma_x \cdot dA\cos\alpha + \tau_{yx} \cdot dA\sin\alpha + \sigma_\alpha \cdot dA \cdot \cos\alpha + \tau_\alpha \cdot dA \cdot \sin\alpha = 0$$

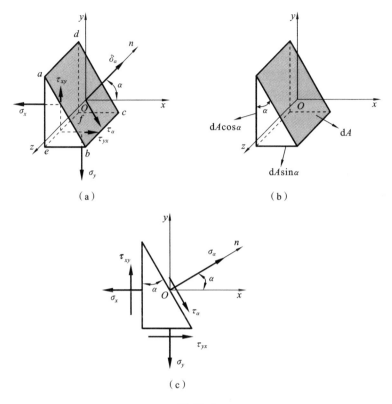

图 13-8

即

$$-\sigma_x + \tau_{yx}\tan\alpha + \sigma_a + \tau_a\tan\alpha = 0 \tag{a}$$

$$\sum F_y = 0$$

$$\Rightarrow -\sigma_y \cdot \mathrm{d}A\sin\alpha + \tau_{xy} \cdot \mathrm{d}A\cos\alpha + \sigma_a \cdot \mathrm{d}A \cdot \sin\alpha - \tau_a \cdot \mathrm{d}A \cdot \cos\alpha = 0$$

即

$$-\sigma_y\tan\alpha + \tau_{xy} + \sigma_a\tan\alpha - \tau_a = 0 \tag{b}$$

根据切应力互等定理,τ_{xy} 和 τ_{yx} 在数值上相等,将 τ_{yx} 换为 τ_{xy},则根据上面两个平衡方程式(a)和式(b)可得出

$$\sigma_a = \sigma_x\cos^2\alpha + \sigma_y\sin^2\alpha - 2\tau_{xy}\sin\alpha\cos\alpha \tag{c}$$

$$\tau_a = (\sigma_x - \sigma_y)\sin\alpha\cos\alpha + \tau_{xy}(\cos^2\alpha - \sin^2\alpha) \tag{d}$$

进一步化简,可得

$$\sigma_a = \frac{\sigma_x + \sigma_y}{2} + \frac{\sigma_x - \sigma_y}{2}\cos2\alpha - \tau_{xy}\sin2\alpha \tag{13-1}$$

$$\tau_a = \frac{\sigma_x - \sigma_y}{2}\sin2\alpha + \tau_{xy}\cos2\alpha \tag{13-2}$$

这样,利用式(13-1)、式(13-2)就可以从单元体上的已知应力 σ_x、σ_y、τ_{xy},求得任意斜截面上的正应力 σ_α 和切应力 τ_α。并且从这两式出发,还可求得单元体的极值正应力和极值切应力。所以,这两个方程也称为**应力变换方程**。

运用公式进行计算时,须注意各自符号的规定,将其正负号代入计算。

【**例 13-1**】 一单元体应力状态如图 13-9 所示,试求在 $\alpha = 30°$ 的斜截面上的应力。

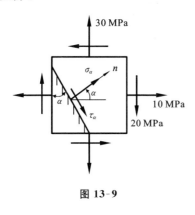

图 13-9

【**解**】 按应力和方向角的符号规定,可得
$$\sigma_x = +10 \text{ MPa}, \quad \sigma_y = +30 \text{ MPa}$$
$$\tau_{xy} = +20 \text{ MPa}, \quad \alpha = +30°$$
将它们代入式(13-1)、式(13-2)中,可得斜截面上的正应力为
$$\sigma_\alpha = \left(\frac{10+30}{2} + \frac{10-30}{2}\cos60° - 20\sin60° \right) \text{ MPa}$$
$$= -2.32 \text{ MPa}$$
$$\tau_\alpha = \left(\frac{10-30}{2}\sin60° + 20\cos60° \right) \text{ MPa}$$
$$= +1.34 \text{ MPa}$$

所得的正应力为负值,表明它是压应力;切应力为正值,其方向则如图所示。

2. 极值正应力

由应力转换方程可以看出,斜截面上的应力 σ_α 和 τ_α 是随方向角 α 连续变化的。在分析构件的强度时,工程中往往关心的是在哪一个截面上的应力为极值,以及它们的大小。由于 σ_α 和 τ_α 是 α 的连续函数,因此,可以利用高等数学中求极值的方法来确定应力极值及其所在截面的位置。现先求极值正应力。

根据式(13-1),令 $\dfrac{\mathrm{d}\sigma_\alpha}{\mathrm{d}\alpha}=0$,得
$$\frac{\mathrm{d}\sigma_\alpha}{\mathrm{d}\alpha} = \frac{\sigma_x - \sigma_y}{2}(-2\sin2\alpha) - \tau_{xy}(2\cos2\alpha) = 0 \tag{e}$$
即
$$\frac{\sigma_x - \sigma_y}{2}\sin2\alpha + \tau_{xy}\cos2\alpha = 0 \tag{13-3}$$

比较式(13-2)与式(13-3)可知,极值正应力所在的平面,就是切应力 τ_α 为零的平面。这个切应力等于零的平面,称为**主平面**(principal plane)。主平面上的正应力,称为**主应力**(principal stress)。主平面法线方向即主应力作用线方向,称为**主方向**(principal direction)。

若以 α_0 表示主方向角,由式(13-3)可得
$$\tan2\alpha_0 = -\frac{2\tau_{xy}}{\sigma_x - \sigma_y} \tag{13-4}$$

式(13-4)可确定 α_0 的两个数值,即 α_0 和 $\alpha'_0 = \alpha_0 + 90°$,这表明,两个主平面是相互垂直的;同样,两个主应力也必相互垂直。

下面推导这两个主应力的值。注意,τ_{xy} 和 τ_{yx} 在数值上相等,将 τ_{yx} 换为 τ_{xy}。

因为 $\tau_\alpha = 0$,将其代入式(a)、式(b),得

$$-\sigma_x + \tau_{xy}\tan\alpha_0 + \sigma_{\alpha_0} + 0 \cdot \tan\alpha_0 = 0 \tag{f}$$

$$-\sigma_y\tan\alpha_0 + \tau_{xy} + \sigma_{\alpha_0}\tan\alpha_0 - 0 = 0 \tag{g}$$

由式(f)可得 $\sigma_{\alpha_0} = \sigma_x - \tau_{xy}\tan\alpha_0$,即

$$\tan\alpha_0 = \frac{\sigma_x - \sigma_{\alpha_0}}{\tau_{xy}} \tag{h}$$

将其代入式(g)可得

$$-\sigma_y \cdot \frac{\sigma_x - \sigma_{\alpha_0}}{\tau_{xy}} + \tau_{xy} + \sigma_{\alpha_0} \cdot \frac{\sigma_x - \sigma_{\alpha_0}}{\tau_{xy}} = 0$$

$$\sigma_{\alpha_0}^2 - (\sigma_x + \sigma_y)\sigma_{\alpha_0} + \sigma_x\sigma_y - \tau_{xy}^2 = 0$$

$$\sigma_{\alpha_0} = \frac{\sigma_x + \sigma_y}{2} \pm \sqrt{\left(\frac{\sigma_x - \sigma_y}{2}\right)^2 + \tau_{xy}^2} \tag{i}$$

即两主平面上的最大正应力和最小正应力为

$$\left.\begin{array}{r}\sigma_{\max} \\ \sigma_{\min}\end{array}\right\} = \frac{\sigma_x + \sigma_y}{2} \pm \sqrt{\left(\frac{\sigma_x - \sigma_y}{2}\right)^2 + \tau_{xy}^2} \tag{13-5}$$

很明显地可以看出:

$$\sigma_{\max} + \sigma_{\min} = \sigma_x + \sigma_y \tag{13-6}$$

需要指出的是,在平面应力状态中,切应力等于零的平面,除 $\sigma_{\max}$ 和 $\sigma_{\min}$ 所在的主平面外,还有两个平面,即单元体内垂直于 z 轴的两个平面,其上既没有正应力,也没有切应力,切应力为零,因此它们也是主平面,并且与另外两个主平面互相垂直。因此,平面应力状态有一个主应力为零。在三个主平面上的主应力通常用 σ_1、σ_2 和 σ_3 来表示,并按代数值的大小顺序排列,即 $\sigma_1 \geqslant \sigma_2 \geqslant \sigma_3$,此时得注意 $\sigma_{\max}$ 和 $\sigma_{\min}$ 的正负性。

现在可依据式(h),运用"单角法则",分别求两极值应力对应的方位角:

$$\tan\alpha_{01} = \frac{\sigma_x - \sigma_{\max}}{\tau_{xy}} \quad \text{或} \quad \tan\alpha_{02} = \frac{\sigma_x - \sigma_{\min}}{\tau_{xy}} \tag{13-7}$$

此时,α_{01} 为与 $\sigma_{\max}$ 对应的主方向角,α_{02} 为与 $\sigma_{\min}$ 对应的主方向角。

3. 极值切应力

令 $\dfrac{\mathrm{d}\tau_\alpha}{\mathrm{d}\alpha} = (\sigma_x - \sigma_y)\cos 2\alpha - 2\tau_{xy}\sin 2\alpha = 0$,得

$$\tan 2\alpha_1 = \frac{\sigma_x - \sigma_y}{2\tau_{xy}} \tag{13-8}$$

式(13-8)也确定互成 90°的两个值，即 α_1 和 $\alpha'_1 = \alpha_1 + 90°$。

比较式(13-4)和式(13-8)，可见

$$\tan 2\alpha_1 = -\cot 2\alpha_0 = \tan(2\alpha_0 + 90°) \Rightarrow \alpha_1 = \alpha_0 + 45° \tag{j}$$

即 α_1 与 α_0 相差 45°，这说明极值切应力所在平面与主平面成 45°角。

由式(13-8)求出 α_1 后，代入式(13-2)可求得最大切应力和最小切应力为

$$\left.\begin{array}{r}\tau_{\max} \\ \tau_{\min}\end{array}\right\} = \pm\sqrt{\left(\frac{\sigma_x - \sigma_y}{2}\right)^2 + \tau_{xy}^2} \tag{13-9}$$

很显然，式(13-9)也可写成

$$\left.\begin{array}{r}\tau_{\max} \\ \tau_{\min}\end{array}\right\} = \pm\frac{\sigma_{\max} - \sigma_{\min}}{2} \tag{13-10}$$

按式(13-8)取 $2\alpha_1$ 为主值，若 $\tau_{xy} \geqslant 0$，则 α_1 角对应 $\tau_{\max}$ 作用面；若 $\tau_{xy} < 0$，则 α_1 角对应 $\tau_{\min}$ 作用面。极值切应力作用面与极值正应力作用面的关系为：由 $\sigma_{\max}$ 作用面逆时针转 45°至 $\tau_{\max}$ 作用面，顺时针转 45°至 $\tau_{\min}$ 作用面。$\tau_{\max}$ 与 $\tau_{\min}$ 分别作用在相互垂直的平面上，大小相等，方向相反，符合切应力互等定理。

上述切应力极值仅对垂直于 Oxy 坐标面的各方向面而言，因而称为面内最大切应力与面内最小切应力。二者不一定是过一点的所有方向面中切应力的最大和最小值。比较各方向面内的极值切应力，则有过一点的所有方向面中切应力的最大值为

$$\tau_{\max} = \frac{\sigma_1 - \sigma_3}{2} \tag{13-11}$$

【例 13-2】　求例 13-1 中所示单元体的主应力和面内最大切应力。

【解】　(1) 求主应力。

已知 $\sigma_x = +10$ MPa，$\sigma_y = +30$ MPa，$\tau_{xy} = +20$ MPa，将它们代入式(13-5)中，得主应力之值为

$$\left.\begin{array}{r}\sigma_{\max} \\ \sigma_{\min}\end{array}\right\} = \frac{\sigma_x + \sigma_y}{2} \pm \sqrt{\left(\frac{\sigma_x + \sigma_y}{2}\right)^2 + \tau_{xy}^2} = \left(\frac{10 + 30}{2} \pm \sqrt{\left(\frac{10 - 30}{2}\right)^2 + 20^2}\right) \text{ MPa}$$

$$= \begin{cases} +42.4 \text{ MPa（拉应力）} \\ -2.4 \text{ MPa（压应力）} \end{cases}$$

$$\sigma_1 = \sigma_{\max} = 42.4 \text{ MPa}, \quad \sigma_2 = 0, \quad \sigma_3 = \sigma_{\min} = -2.4 \text{ MPa}$$

不难得到，$\sigma_{\max} + \sigma_{\min} = \sigma_x + \sigma_y = 40$ MPa，利用这个关系可以校核计算结果的正确性。

现在确定主平面的位置。由式(13-7)有

$$\tan\alpha_{01} = \frac{\sigma_x - \sigma_{\max}}{\tau_{xy}} = \frac{10 - 42.4}{20} = -1.62$$

$$\alpha_{01} = -58.3°$$

即将 x 轴正向顺时针旋转 $58.3°$ 至 $\sigma_{\max}$ 作用面外法线方向。最后得由主平面表示的单元体如图 13-10(a)所示。

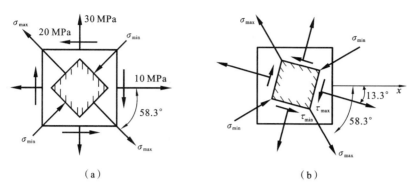

图 13-10

（2）求面内极值切应力。

将 $\sigma_x = +10$ MPa, $\sigma_y = +30$ MPa, $\tau_{xy} = +20$ MPa 代入式(13-9)中,得

$$\left.\begin{array}{c}\tau_{\max}\\\tau_{\min}\end{array}\right\} = \pm\sqrt{\left(\frac{\sigma_x-\sigma_y}{2}\right)^2+\tau_{xy}^2} = \pm\sqrt{\left(\frac{10-30}{2}\right)^2+20^2} = \pm22.4 \text{ MPa}$$

故

$$\tau_{\max} = 22.4 \text{ MPa}$$

如用式(13-10)计算,也可得到同样的结果。

再确定极值切应力的作用面。由式(13-8)得

$$\tan2\alpha_1 = \frac{\sigma_x-\sigma_y}{2\tau_{xy}} = \frac{10-30}{2\times20} = -0.5$$

$$\alpha_1 = -13.3°$$

因为 $\tau_{xy} = 20$ MPa>0,所以由 x 轴顺时针转 $13.3°$ 至 $\tau_{\max}$ 作用面的外法线方向,如图 13-10(b)所示。

验证:由 $\sigma_{\max}$ 作用面外法线方向逆时针转 $45°$ 恰好至 $\tau_{\max}$ 作用面方向。

13.3　平面应力状态分析——图解法

1. 应力圆方程

由上节平面应力状态分析的解析法可知,平面应力状态下,斜截面上的应力由式(13-1)和式(13-2)来确定。它们皆为 α 的函数,把 α 看作参数,为消去 α,将两式改写成

$$\sigma_\alpha - \frac{\sigma_x+\sigma_y}{2} = \frac{\sigma_x-\sigma_y}{2}\cos2\alpha - \tau_{xy}\sin2\alpha$$

$$\tau_\alpha = \frac{\sigma_x-\sigma_y}{2}\sin2\alpha + \tau_{xy}\cos2\alpha$$

将这两式两边平方,然后相加,并应用 $\sin^2 2\alpha + \cos^2 2\alpha = 1$,便可得到一圆方程

$$\left(\sigma_a - \frac{\sigma_x + \sigma_y}{2}\right)^2 + \tau_a^2 = \left(\frac{\sigma_x - \sigma_y}{2}\right)^2 + \tau_{xy}^2 \tag{13-12}$$

对于所研究的单元体,σ_x、σ_y、τ_{xy} 是常量,σ_a、τ_a 是变量(随 α 的变化而变化),故式(13-12)是一个以 σ_a 和 τ_a 为变量的圆方程。

令 $x = \sigma_a, y = \tau_a, a = \dfrac{\sigma_x + \sigma_y}{2}, R = \sqrt{\left(\dfrac{\sigma_x - \sigma_y}{2}\right)^2 + \tau_{xy}^2}$,则式(13-12)变为如下形式:

$$(x - a)^2 + y^2 = R^2$$

由解析几何可知,上式代表的是圆心坐标为 $(a, 0)$,半径为 R 的圆。若取 σ 为横坐标,τ 为纵坐标,则该圆的圆心是 $\left(\dfrac{\sigma_x + \sigma_y}{2}, 0\right)$,半径等于 $\sqrt{\left(\dfrac{\sigma_x - \sigma_y}{2}\right)^2 + \tau_{xy}^2}$。这个圆称为**应力圆**。因应力圆是德国学者莫尔(O. Mohr)于 1882 年最先提出的,所以又叫**莫尔圆**。

因为应力圆方程是从式(13-1)和式(13-2)导出的,所以,单元体某斜截面上的应力 σ_a 和 τ_a 对应着应力圆圆周上的一个点。反之,应力圆圆周上的任一点也对应着单元体某一斜截面的应力 σ_a 和 τ_a,即它们之间有着一一对应的关系。

2. 应力圆的画法

以图 13-11(a)所示的平面应力状态为例来说明应力圆的作法。单元体各面上应力正负号的规定与解析法一致。按一定的比例尺量取横坐标 $\overline{OA} = \sigma_x$,纵坐标 $\overline{AD} = \tau_{xy}$,确定 D 点(见图 13-11(b))。D 点的坐标代表单元体以 x 为法线的面上的应力。量取 $\overline{OB} = \sigma_y$,$\overline{BD'} = \tau_{yx}$,确定 D' 点。因 τ_{yx} 为负,故 D' 点在横坐标轴 σ 轴的下方。D' 点的坐标代表以 y 为法线的面上的应力。连接 D 和 D',与横坐标轴交于 C 点。由于 $|\tau_{xy}| = |\tau_{yx}|$,因此三角形 CAD 全等于三角形 CBD',从而 $\overline{CD}$ 等于 $\overline{CD'}$。以 C 点为圆心,以 $\overline{CD}$(或 $\overline{CD'}$)为半径作圆,如图 13-11(b)所示。此圆的圆心横坐标和半径分别为

$$\overline{OC} = \overline{OB} + \frac{1}{2}(\overline{OA} - \overline{OB}) = \frac{1}{2}(\overline{OA} + \overline{OB}) = \frac{1}{2}(\sigma_x + \sigma_y)$$

$$\overline{CD} = \sqrt{\overline{CD}^2 + \overline{AD}^2} = \sqrt{\left(\frac{\sigma_x - \sigma_y}{2}\right)^2 + \tau_{xy}^2}$$

所以,这个圆即应力圆。

若确定图 13-11(a)所示斜截面上的应力,则在应力圆上,从 D 点(代表以 x 轴为法线的面上的应力)也按逆时针方向沿应力圆圆周移到 E 点,且使 DE 弧所对的圆心角为实际单元体转过的 α 角的两倍,则 E 点的坐标就代表以 n 为法线的斜

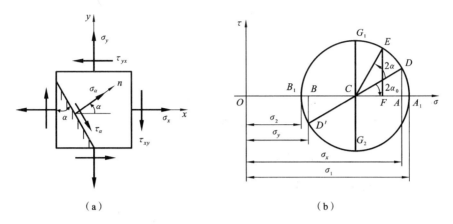

（a）　　　　　　　　　　　　　（b）

图 13-11

截面上的应力。现证明如下：

E 点的横、纵坐标分别为

$$\overline{OF}=\overline{OC}+\overline{CE}\cos(2\alpha_0+2\alpha)=\overline{OC}+\overline{CE}\cos2\alpha_0\cos2\alpha-\overline{CE}\sin2\alpha_0\sin2\alpha$$

$$\overline{FE}=\overline{CE}\sin(2\alpha_0+2\alpha)=\overline{CE}\sin2\alpha_0\cos2\alpha+\overline{CE}\cos2\alpha_0\sin2\alpha$$

由于 $\overline{CE}$ 和 $\overline{CD}$ 同为应力圆的半径，可以互相代替，因此有

$$\overline{CE}\cos2\alpha_0=\overline{CD}\cos2\alpha_0=\overline{CA}=\frac{\sigma_x-\sigma_y}{2}$$

$$\overline{CE}\sin2\alpha_0=\overline{CD}\sin2\alpha_0=\overline{AD}=\tau_{xy}$$

将以上结果代入 $\overline{OF}$ 和 $\overline{FE}$ 的表达式中，并注意到 $\overline{OC}=\dfrac{1}{2}(\sigma_x+\sigma_y)$，得

$$\overline{OF}=\frac{\sigma_x+\sigma_y}{2}+\frac{\sigma_x-\sigma_y}{2}\cos2\alpha-\tau_{xy}\sin2\alpha$$

$$\overline{FE}=\frac{\sigma_x-\sigma_y}{2}\sin2\alpha+\tau_{xy}\cos2\alpha$$

与式(13-1)和式(13-2)比较，可见

$$\overline{OF}=\sigma_\alpha,\qquad\overline{FE}=\tau_\alpha$$

即 E 点的坐标代表法线倾角为 α 的斜截面上的应力。

通过上述证明，不难得到平面应力状态坐标和相对应的应力圆以下几种对应关系。

（1）点面对应：应力圆上某一点的坐标值对应着单元体某一方向面上的正应力和切应力值。

（2）转向对应：应力圆半径旋转时，半径端点的坐标随之改变，对应于单元体上方向面的外法线亦沿相同方向旋转，这样保证某一方向面上的应力与应力圆上半径端点的坐标相对应。

（3）倍角对应：应力圆上半径转过的角度等于单元体上对应方向面外法线旋转角度的 2 倍。

3. 应力圆应用

（1）确定主应力和主平面。

应力圆上 A_1 点的横坐标（正应力）大于所有其他点的横坐标，而纵坐标（切应力）等于零，所以 A_1 点代表最大主应力，即

$$\sigma_{\max} = \sigma_1 = \overline{OA_1} = \overline{OC} + \overline{CA_1} = \frac{\sigma_x + \sigma_y}{2} + \sqrt{\left(\frac{\sigma_x - \sigma_y}{2}\right)^2 + \tau_{xy}^2}$$

同理，B_1 点代表最小主应力，即

$$\sigma_{\min} = \sigma_2 = \overline{OB_1} = \overline{OC} - \overline{CB_1} = \frac{\sigma_x + \sigma_y}{2} - \sqrt{\left(\frac{\sigma_x - \sigma_y}{2}\right)^2 + \tau_{xy}^2}$$

这得到了式（13-5）。

在应力圆上由 D 点（代表法线为 x 轴的平面）到 A_1 点所对圆心角为顺时针转向的 $2\alpha_0$，在单元体中，由 x 轴也按顺时针转向量取 α_0，这就确定了 σ_1 所在主平面的法线的位置。按照关于 α 的符号规定，顺时针转向的 α_0 是负的，$\tan 2\alpha_0$ 应为负值，由图 13-11(b) 可看出

$$\tan 2\alpha_0 = -\frac{\overline{AD}}{\overline{CA}} = -\frac{2\tau_{xy}}{\sigma_x - \sigma_y}$$

这得到了式（13-4）。

（2）确定斜截面上的应力。

为求 x 轴逆时针旋转 α 角至 x' 轴位置时单元体方向面上的应力，只需将应力圆上的半径 CD 按相同方向旋转 2α，得到点 E，则点 E 的坐标值即为面上的应力值。这得到了式（13-1）。

（3）确定最大切应力。

应力圆上 G_1 和 G_2 两点的纵坐标分别是最大和最小值，分别代表最大和最小切应力。因为 $\overline{CG_1}$ 和 $\overline{CG_2}$ 都是应力圆的半径，故有

$$\left.\begin{array}{c}\tau_{\max}\\[4pt]\tau_{\min}\end{array}\right\} = \pm\sqrt{\left(\frac{\sigma_x - \sigma_y}{2}\right)^2 + \tau_{xy}^2}$$

这就是式（13-9）。又因为应力圆的半径也等于 $\dfrac{\sigma_{\max} - \sigma_{\min}}{2}$，故又可写成

$$\left.\begin{array}{c}\tau_{\max}\\[4pt]\tau_{\min}\end{array}\right\} = \pm\frac{\sigma_{\max} - \sigma_{\min}}{2}$$

这就是式（13-10）。

在应力圆上，由 A_1 到 G_1，所对圆心角为逆时针转向的 $\dfrac{\pi}{2}$；在单元体内，由 $\sigma_{\max}$

所在主平面的法线转到 τ_{max} 所在平面的法线应为逆时针转向的 $\dfrac{\pi}{4}$。

【**例 13-3**】　已知单元体的应力状态如图 13-12(a)所示。$\sigma_x = 40$ MPa，$\sigma_y = -60$ MPa，$\tau_{xy} = -60$ MPa，$\tau_{yx} = 60$ MPa。试用图解法求主应力，并确定主平面的位置。

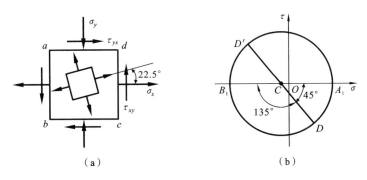

图 13-12

【**解**】　(1) 作应力圆。按选定的比例尺，以 $\sigma_x = 40$ MPa，$\tau_{xy} = -60$ MPa 为坐标，确定 D 点(见图 13-12(b))。以 $\sigma_y = -60$ MPa，$\tau_{yx} = 60$ MPa 为坐标，确定 D' 点。连接 D 和 D' 点，与横坐标轴交于 C 点。以 C 为圆心，以 $\overline{CD}$ 为半径作应力圆，如图 13-12(b)所示。

(2) 求主应力及主平面的位置。在图 13-12(b)所示的应力圆上，A_1 和 B_1 点的横坐标即主应力值，按所用比例尺量出

$$\sigma_1 = \sigma_{max} = \overline{OA_1} = 60.7 \text{ MPa}, \quad \sigma_3 = \sigma_{min} = \overline{OB_1} = -80.7 \text{ MPa}$$

这里另一个主应力 $\sigma_2 = 0$。

在应力圆上，由 D 点至 A_1 点为逆时针转向，且 $\angle DCA_1 = 2\alpha_0 = 45°$，所以，在单元体中，从 x 轴以逆时针转向量取 $\alpha_0 = 22.5°$，确定了 σ_1 所在主平面的法线，从而可确定主单元体。

【**例 13-4**】　用图解法定性讨论图 13-13(a)(b)(c)所示 3、4、5 点的应力状态。

【**解**】　点 3 的应力状态是纯剪切应力状态。根据单元体以 x 为法线的截面上的应力情况($\sigma_x = 0$，$\tau_{xy} = \tau$)在坐标系中确定的 D 点在 τ 轴上，而根据以 y 轴为法线的截面上的应力情况($\sigma_y = 0$，$\tau_{yx} = -\tau$)确定的 D' 点也在 τ 轴上，但它为负值。点 D 与 D' 的连线与 σ 轴交于原点 O，以 O 为圆心，以 $\overline{OD}$(或 $\overline{OD'}$)为半径，作出应力圆如图 13-13(d)所示。由此可见，该应力圆的特点是应力圆圆心与坐标系原点重合。从图 13-13(d)看出：

$$\sigma_1 = \tau, \quad \sigma_2 = 0, \quad \sigma_3 = -\tau, \quad \tau_{max} = \tau$$

对于 4 点的应力状态，同样根据 $\sigma_x = \sigma$，$\tau_{xy} = \tau$，在坐标系中确定 D 点，而根据

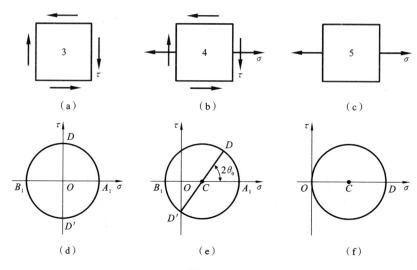

图 13-13

$\sigma_y = 0, \tau_{yx} = -\tau$, 确定的 D' 点在 τ 轴上, 连接点 D 和 D' 交 σ 轴于 C 点, 以 C 为圆心, 以 $\overline{CD}$ 为半径, 作出应力圆如图 13-13(e) 所示。可见, 该应力圆的特点是应力圆总是与 τ 轴相割, 故必然有 $\sigma_1 > 0, \sigma_2 = 0, \sigma_3 < 0$。根据解析法, 求得三个主应力分别为

$$\left.\begin{array}{c}\sigma_1 \\ \sigma_3\end{array}\right\} = \frac{\sigma}{2} \pm \sqrt{\left(\frac{\sigma}{2}\right)^2 + \tau^2}, \quad \sigma_2 = 0$$

5 点的应力状态是单向应力状态, $\sigma_x = \sigma, \sigma_y = 0, \tau_{xy} = \tau_{yx} = 0$, 作出应力圆如图 13-13(f) 所示。其特点是该应力圆与 τ 轴相切。

13.4　三向应力状态

应用主应力的概念, 三个主应力均不为零的应力状态, 即三向应力状态。前面已经提到, 平面应力状态也有三个主应力, 只是其中有一个或两个主应力等于零。所以, 平面应力状态是三向应力状态的特例。

1. 三向应力圆

考察三个主平面均为已知及三个主应力($\sigma_1 \geqslant \sigma_2 \geqslant \sigma_3$)均不为零的情形, 如图 13-14 所示。与这种应力状态对应的应力圆是怎样的? 从应力圆上又可以得到什么结论?

因为三个主平面和主应力均为已知, 故可以将这种应力状态分解为三种平面应力状态, 分析平行于三个主应力方向的三组特殊方向面上的应力。

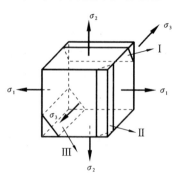

图 13-14

（1）平行于主应力 σ_1 方向的方向面。

若用平行于 σ_1 的任意方向面从单元体中截出一局部，不难看出，与 σ_1 相关的力自相平衡，因而对该方向面上的应力无影响。这时可将其视为只有 σ_2 和 σ_3 作用的平面应力状态，如图 13-15(a) 所示。

（2）平行于主应力 σ_2 方向的方向面。

这些方向面上的应力与 σ_2 无关，这时可将其视为只有 σ_1、σ_3 作用的平面应力状态，如图 13-15(b) 所示。

（3）平行于主应力 σ_3 方向的方向面。

研究这组方向面上的应力时，可将其视为只有 σ_1 和 σ_2 作用的平面应力状态，如图 13-15(c) 所示。

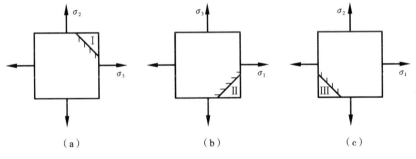

图 13-15

根据图 13-15(a)(b)(c) 中所示的平面应力状态，可作出三个与此对应的应力圆 I、II、III，如图 13-16 所示。三个应力圆上的点分别对应三向应力状态中三组特殊方向面上的应力。这三个圆统称为**三向应力状态应力圆**。

还可以证明，三向应力状态中任意方向面上的应力对应着上述三个应力圆共同包络之区域（图 13-16 中阴影线部分）内某一点的坐标值。这已超出本课程所涉及范围，故不赘述。

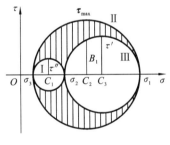

图 13-16

2. 最大切应力

对于一般情形下的三向应力状态，都可以找到它的三个主应力，因而也都可以作出类似的三向应力状态应力圆。结果表明，单元体内的最大切应力发生在平行于 σ_2 的那组方向面内，与这一方向面对应的是最大应力圆（由 σ_1 和 σ_3 作出）的最高和最低点。于是，一点处应力状态中的**最大切应力**为

$$\tau_{\max}=\frac{\sigma_1-\sigma_3}{2} \tag{13-13}$$

在 σ_1 与 σ_2 及 σ_2 与 σ_3 组成的应力圆上,其最高点与最低点纵坐标所对应的切应力只是平行于 σ_3 和 σ_1 的那两组方向面中最大值,此即前面所提到的平面应力状态中的"面内最大切应力"。

一般平面应力状态作为三向应力状态的特例,即两个非零的主应力和一个为零的主应力,也应该可以作出三个应力圆。同样由 σ_1、σ_3 作出的应力圆的最高与最低点之纵坐标值,即为平面应力状态的最大切应力,其表达式与式(13-13)相同。

其余两个面内最大切应力分别用 τ'、τ'' 表示,其值为

$$\tau' = \frac{\sigma_1 - \sigma_2}{2} \tag{13-14}$$

$$\tau'' = \frac{\sigma_2 - \sigma_3}{2} \tag{13-15}$$

13.5　平面应变状态分析

1. 任意方向应变的解析表达式

一点处沿不同方向的线应变和切应变,称为该点的**应变状态**。分析一点的应力状态是通过单元体进行研究的,同理,分析一点的应变状态也要通过单元体来进行研究。

取任一单元体及建立坐标系如图 13-17 所示,设 x 和 y 方向的线应变 ε_x 和 ε_y 及 xy 平面内的切应变(直角改变量)γ_{xy} 皆为已知量。这里规定,线应变以伸长为正,压缩为负;切应变以使直角增大为正,反之为负。

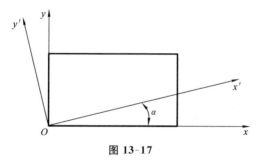

图 13-17

将坐标系旋转 α 角,且规定逆时针的 α 为正,得到新的坐标系 $Ox'y'$(见图 13-17),通过几何关系计算,可以证明:单元体 α 方向的线应变 ε_α 及 $x'y'$ 平面内的切应变 γ_α 可通过下式求得

$$\varepsilon_\alpha = \frac{\varepsilon_x + \varepsilon_y}{2} + \frac{\varepsilon_x - \varepsilon_y}{2}\cos2\alpha - \frac{\gamma_{xy}}{2}\sin2\alpha \tag{13-16}$$

$$\frac{\gamma_\alpha}{2} = \frac{\varepsilon_x - \varepsilon_y}{2}\sin2\alpha + \frac{\gamma_{xy}}{2}\cos2\alpha \tag{13-17}$$

2. 主应变及主应变方向

将式(13-16)、式(13-17)分别与式(13-1)、式(13-2)进行比较,可看出这两组

公式形式是相同的。在平面应变状态分析中的 ε_x、ε_y、和 ε_a 相当于平面应力状态中的 σ_x、σ_y 和 σ_a。而平面应变状态分析中的 $\dfrac{\gamma_{xy}}{2}$ 和 $\dfrac{\gamma_a}{2}$，相当于平面应力状态中的 τ_{xy} 和 τ_a。所以，在平面应力状态中由式(13-1)和式(13-2)导出的那些结论，在平面应变状态分析中，必然也可以得到。

与主应力和主平面相对应，在平面应变状态中，通过一点一定存在两个相互垂直的方向，在这两个方向上，线应变为极值，而切应变为零。这样的极值线应变称作主应变。主应变的方向称作主方向。

在式(13-4)和式(13-5)中，以 ε_x、ε_y 和 $\dfrac{\gamma_{xy}}{2}$ 分别取代 σ_x、σ_y 和 τ_{xy}，得到应变状态的主方向和主应变分别为

$$\tan 2\alpha_0 = -\frac{\gamma_{xy}}{\varepsilon_x - \varepsilon_y} \tag{13-18}$$

$$\left.\begin{array}{c}\varepsilon_{\max}\\[4pt]\varepsilon_{\min}\end{array}\right\} = \frac{\varepsilon_x + \varepsilon_y}{2} \pm \sqrt{\left(\frac{\varepsilon_x - \varepsilon_y}{2}\right)^2 + \left(\frac{\gamma_{xy}}{2}\right)^2} \tag{13-19}$$

可以证明，对于各向同性材料，当变形很小，且在线弹性范围内时，主应变的方向与主应力的方向重合。

3. 应变圆

在平面应力状态中，曾用图解法进行平面应力状态分析。基于上述的相似关系，在应变状态分析中也可采用图解法。作图时，以线应变 ε 为横坐标，以 $1/2$ 的切应变即 $\dfrac{\gamma}{2}$ 为纵坐标，作出的圆称作应变圆。由于该过程与平面应力状态的图解法极为相似，因此，对应变圆不再作进一步讨论。图解法的具体应用，可参见例 13-3 及例 13-4。

最后指出，以上对平面应变状态的分析，未曾涉及材料的性质，只是纯几何上的关系。所以，在小变形条件下，无论是对线弹性变形还是非线弹性变形，各向同性材料还是各向异性材料，结论都是正确的。

【例 13-5】　已知构件某点处的应变为 $\varepsilon_x = 1000 \times 10^{-6}$，$\varepsilon_y = -266.7 \times 10^{-6}$，$\gamma_{xy} = 1617 \times 10^{-6}$，试分别利用解析法和图解法求该点的主应变及主方向。

【解】　(1) 解析法求解主应变及主方向。

将 ε_x、ε_y 和 γ_{xy} 代入公式(13-18)，得

$$\tan 2\alpha_0 = -\frac{\gamma_{xy}}{\varepsilon_x - \varepsilon_y} = -\frac{1617 \times 10^{-6}}{[1000 - (-266.7)] \times 10^{-6}} = -1.28$$

求得主应变的方位角为

$$\alpha_0 = -26° \quad \text{或} \quad \alpha_0 = 64°$$

将 ε_x、ε_y 和 γ_{xy} 的值及 $\alpha_0 = -26°$ 代入公式(13-19)，得

$$\left.\begin{matrix}\varepsilon_{max}\\\varepsilon_{min}\end{matrix}\right\} = \frac{\varepsilon_x + \varepsilon_y}{2} \pm \sqrt{\left(\frac{\varepsilon_x - \varepsilon_y}{2}\right)^2 + \left(\frac{\gamma_{xy}}{2}\right)^2}$$

$$= \frac{1}{2} \times 10^{-6} \times \left[(1000 - 266.7) \pm \sqrt{(1000 + 266.7)^2 + 1617^2}\right]$$

$$= \begin{cases} 1394 \times 10^{-6} \\ -660 \times 10^{-6} \end{cases}$$

（2）图解法求解主应变及主方向。

建立坐标系如图 13-18 所示。D 点横坐标是 x 方向的线应变 ε_x，纵坐标是直角 $\angle xOy$ 的切应变的二分之一即 $\frac{\gamma_{xy}}{2}$。D' 点的横坐标是 y 方向的线应变 ε_y，纵坐标是直角 $\angle yOx_1$ 的切应变的二分之一即 $\frac{\gamma_{yx}}{2}$，且有 $\frac{\gamma_{yx}}{2} = -\frac{\gamma_{xy}}{2}$（在公式（13-17）中，令 $\alpha = \frac{\pi}{2}$，即可证明 $\frac{\gamma_{yx}}{2} = -\frac{\gamma_{xy}}{2}$）。以 $\overline{DD'}$ 为直径作圆，即得到应变圆。在应变圆上，A_1 点的横坐标为 ε_{max}。由 D 点到 A_1 点所转圆心角为 $2\alpha_0 = 52°$，且为顺时针转动，故从 x 方向量起，在 $\alpha_0 = -26°$ 的方向上有 ε_{max}。

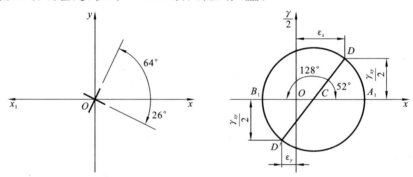

图 13-18

13.6　广义胡克定律

在讨论轴向拉伸和压缩时，由实验结果得到了线弹性范围内应力和应变的关系，也就是胡克定律如下：

$$\sigma = E\varepsilon \quad 或 \quad \varepsilon = \frac{\sigma}{E} \tag{13-20}$$

同时，轴向变形也会引起横向尺寸的变化，横向应变 ε' 为

$$\varepsilon' = -\mu\varepsilon = -\mu\frac{\sigma}{E} \tag{13-21}$$

对纯剪切的情况，当切应力在线弹性范围内时，切应力和切应变间也服从剪切胡克定律，即

$$\tau = G\gamma \quad \text{或} \quad \gamma = \frac{\tau}{G} \qquad (13\text{-}22)$$

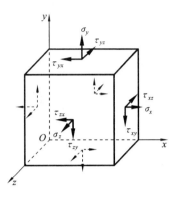

最一般的情形,描述一点的应力状态需要图 13-19 所示的 9 个应力分量。根据切应力胡克定律,τ_{xy},τ_{yz},τ_{zx} 分别和 τ_{yx},τ_{zy},τ_{xz} 相等。这样,单元体中原来的 9 个应力分量中只有 6 个是独立的。这种普遍的应力状态,可以看成三组单向应力状态和三组纯剪切应力状态的组合。对各向同性材料,在线弹性小变形范围内,线应变仅与正应力有关,而与切应力无关;切应变仅与切应力有关,而与正应力无关。这样,利用式(13-20)至式

图 13-19

(13-22)求出各应力分量独立作用时产生的应变后,将结果叠加,可以得到一般应力状态时的应变结果。例如,σ_x 单独作用时,在 x 方向引起的线应变为 $\dfrac{\sigma_x}{E}$;σ_y 和 σ_z 单独作用时,在 x 方向引起的线应变分别为 $-\mu\dfrac{\sigma_y}{E}$ 和 $-\mu\dfrac{\sigma_z}{E}$。三个切应力分量均不会在 x 方向引起线应变。将以上结果叠加,得

$$\varepsilon_x = \frac{\sigma_x}{E} - \mu\frac{\sigma_y}{E} - \mu\frac{\sigma_z}{E} = \frac{1}{E}\left[\sigma_x - \mu(\sigma_y + \sigma_z)\right]$$

同理,可以求得沿 y 和 z 方向的线应变 ε_y 和 ε_z。最后得

$$\begin{cases} \varepsilon_x = \dfrac{1}{E}\left[\sigma_x - \mu(\sigma_y + \sigma_z)\right] \\[2mm] \varepsilon_y = \dfrac{1}{E}\left[\sigma_y - \mu(\sigma_z + \sigma_x)\right] \\[2mm] \varepsilon_z = \dfrac{1}{E}\left[\sigma_z - \mu(\sigma_x + \sigma_y)\right] \end{cases} \qquad (13\text{-}23)$$

至于切应变与切应力之间的关系,则分别为

$$\gamma_{xy} = \frac{\tau_{xy}}{G}, \quad \gamma_{yz} = \frac{\tau_{yz}}{G}, \quad \gamma_{zx} = \frac{\tau_{zx}}{G} \qquad (13\text{-}24)$$

式(13-23)和式(13-24)即为一般应力状态下的广义胡克定律。

当单元体的 6 个面均为主平面时,令 x,y,z 轴方向分别与 σ_1,σ_2,σ_3 的方向一致, 则广义胡克定律可表达为

$$\begin{cases} \varepsilon_1 = \dfrac{1}{E}\left[\sigma_1 - \mu(\sigma_2 + \sigma_3)\right] \\[2mm] \varepsilon_2 = \dfrac{1}{E}\left[\sigma_2 - \mu(\sigma_3 + \sigma_1)\right] \\[2mm] \varepsilon_3 = \dfrac{1}{E}\left[\sigma_3 - \mu(\sigma_1 + \sigma_2)\right] \end{cases} \qquad (13\text{-}25)$$

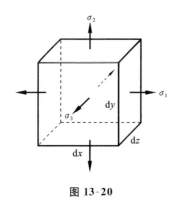

图 13-20

此时,在三个坐标平面内的切应变为零。

构件在受力变形后,通常将引起体积变化。现在以主应力单元体为对象,讨论体积变化与应力间的关系。设图 13-20 所示单元体的 6 个面均为主平面,边长分别为 $\mathrm{d}x$,$\mathrm{d}y$ 和 $\mathrm{d}z$。变形后各边长为

$$\mathrm{d}x + \varepsilon_1 \mathrm{d}x = (1 + \varepsilon_1)\mathrm{d}x$$
$$\mathrm{d}y + \varepsilon_2 \mathrm{d}y = (1 + \varepsilon_2)\mathrm{d}y$$
$$\mathrm{d}z + \varepsilon_3 \mathrm{d}z = (1 + \varepsilon_3)\mathrm{d}z$$

于是变形后的体积为

$$V_1 = (1 + \varepsilon_1)(1 + \varepsilon_2)(1 + \varepsilon_3)\mathrm{d}x\mathrm{d}y\mathrm{d}z$$

将上式展开并略去线应变乘积的高阶量,得

$$V_1 = (1 + \varepsilon_1 + \varepsilon_2 + \varepsilon_3)\mathrm{d}x\mathrm{d}y\mathrm{d}z$$

则单位体积的体积变化量为

$$\theta = \frac{V_1 - V}{V} = \varepsilon_1 + \varepsilon_2 + \varepsilon_3$$

θ 称为**体积应变**。将式(13-25)代入并整理后得到

$$\theta = \varepsilon_1 + \varepsilon_2 + \varepsilon_3 = \frac{1 - 2\mu}{E}(\sigma_1 + \sigma_2 + \sigma_3) \tag{13-26}$$

把式(13-26)改写成以下形式:

$$\theta = \frac{3(1 - 2\mu)}{E} \cdot \frac{\sigma_1 + \sigma_2 + \sigma_3}{3} = \frac{\sigma_\mathrm{m}}{K} \tag{13-27}$$

式中:K 称作体积弹性模量,$K = \dfrac{E}{3(1 - 2\mu)}$;$\sigma_\mathrm{m}$ 为平均应力,是三个主应力的平均值,$\sigma_\mathrm{m} = \dfrac{\sigma_1 + \sigma_2 + \sigma_3}{3}$。公式(13-27)说明,体积应变只与主应力之和有关,只要主应力的和相同,其体积应变就是相同的。该式给出了体积应变和平均应力的关系,此即**体积胡克定律**。

【例 13-6】 已知一体积较大的钢块上有一直径为 50.01 mm 的凹座,凹座内放置一直径为 50 mm 的钢制圆柱(见图 13-21(a))。圆柱受 $F = 300$ kN 的轴向压力。设大钢块为刚性的,试求圆柱体的主应力。已知材料弹性模量 $E = 200$ GPa,泊松比 $\mu = 0.3$。

【解】 圆柱体横截面上的压应力为

$$\sigma_3 = -\frac{F}{A} = -\frac{300 \times 10^3\ \mathrm{N}}{\frac{\pi}{4} \times 50^2 \times 10^{-6}\ \mathrm{m}^2} = -153 \times 10^6\ \mathrm{Pa} = -153\ \mathrm{MPa}$$

圆柱在轴向压力作用下产生横向膨胀,直到其塞满凹座。在圆柱体表面产生径向均匀压强 p(见图 13-21(b))。垂直轴向的横截面内是平面均匀应力状态,柱

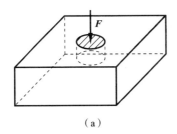
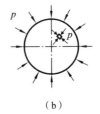

（a）　　　　　　　　　（b）

图 13-21

体中任一点的径向和轴向应力均为 $-p$。又钢块为刚性，所以圆柱体在径向的应变仅有填满缝隙产生的应变，数值为

$$\varepsilon_1 = \varepsilon_2 = \frac{1}{E}[\sigma_1 - \mu(\sigma_2 + \sigma_3)] = \frac{1}{E}[-p - \mu(-p - 153 \times 10^6)]$$

$$= \frac{50.01 - 50}{50} = 0.0002$$

由此解出

$$p = 8.43 \times 10^6 \text{ Pa} = 8.43 \text{ MPa}$$

则圆柱体内各点处的三个主应力分别为

$$\sigma_1 = \sigma_2 = -8.43 \text{ MPa}, \quad \sigma_3 = -153 \text{ MPa}$$

13.7　复杂应力状态下的应变能密度

弹性体受外力作用产生弹性变形时，在弹性体内部将积蓄应变能，单位体积弹性体内所积蓄的应变能称为应变能密度。单向拉伸或压缩时，应变能密度为

$$\upsilon_\varepsilon = \frac{1}{2}\sigma\varepsilon \tag{13-28}$$

在三向应力状态下，弹性应变能仍等于外力所做的功，且应变能只取决于外力和变形的最终值而与加载顺序无关。为便于计算，假定外力加载方式为比例加载，即弹性体上的外力按同一比例由零增加至最后值。在线弹性条件下，每一主应力与相应的主应变之间保持线性关系。同时考虑三个主应力的作用，于是三向应力状态下应变能密度为

$$\upsilon_\varepsilon = \frac{1}{2}\sigma_1\varepsilon_1 + \frac{1}{2}\sigma_2\varepsilon_2 + \frac{1}{2}\sigma_3\varepsilon_3 \tag{13-29}$$

将广义胡克定律，即公式（13-25）代入式（13-29）并整理后得

$$\upsilon_\varepsilon = \frac{1}{2E}[\sigma_1^2 + \sigma_2^2 + \sigma_3^2 - 2\mu(\sigma_1\sigma_2 + \sigma_2\sigma_3 + \sigma_3\sigma_1)] \tag{13-30}$$

一般情况下，单元体将同时发生体积改变和形状改变。若将主应力单元体（见图 13-22（a））分解为图 13-22（b）（c）所示两种单元体的叠加，则图 13-22（b）所示

的单元体在平均应力作用下,形状不变仅发生体积改变,存储有因体积改变而产生的应变能密度(称为体积改变能密度)v_V;图 13-22(c)所示的单元体平均应力为零,体积不变仅发生形状改变,存储有因形状改变而产生的应变能密度(称为畸变能密度)v_d。因此,图(13-22(a))所示单元体的应变能密度 v_ε 被分成两部分,即体积改变能密度 v_V 和畸变能密度 v_d:

$$v_\varepsilon = v_V + v_d \tag{13-31}$$

参考公式(13-30)的应变能计算方法,有

$$v_V = \frac{3(1-2\mu)}{2E}\sigma_m^2 = \frac{1-2\mu}{6E}(\sigma_1 + \sigma_2 + \sigma_3)^2 \tag{13-32}$$

将式(13-30)和式(13-32)代入式(13-31)并整理得

$$v_d = \frac{1+\mu}{6E}\left[(\sigma_1-\sigma_2)^2 + (\sigma_2-\sigma_3)^2 + (\sigma_3-\sigma_1)^2\right] \tag{13-33}$$

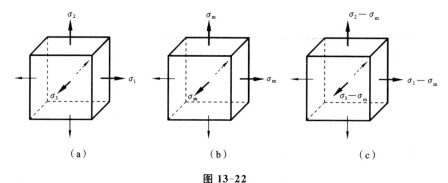

图 13-22

【例 13-7】　试根据应变能密度的知识导出各向同性线弹性材料的弹性常数 E, G, μ 之间的关系。

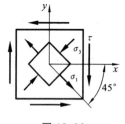

图 13-23

【解】　纯剪切(见图 13-23)时的应变能密度为

$$v_\varepsilon = \frac{\tau^2}{2G}$$

又因为纯剪切应力状态的三个主应力分别为 $\sigma_1 = \tau, \sigma_2 = 0, \sigma_3 = -\tau$。将它们代入公式(13-30)又有应变能密度为

$$v_\varepsilon = \frac{\tau^2(1+\mu)}{E}$$

两种算法算出的应变能密度应相等,于是有

$$\frac{\tau^2}{2G} = \frac{\tau^2(1+\mu)}{E}$$

可求出弹性常数之间的关系为

$$G = \frac{E}{2(1+\mu)}$$

13.8　强度理论概述

为研究材料在三向应力状态下的强度条件,需要寻求导致材料破坏的规律。回顾之前基本变形时的强度条件的建立方法,可以发现其强度条件的建立都是以实验为基础的。例如,可由试验测定塑性材料,如低碳钢,发生明显塑性变形时的屈服极限 σ_s;脆性材料,如铸铁,发生断裂时的强度极限 σ_b。σ_s 和 σ_b 统称为失效应力。以安全系数除失效应力得许用应力 $[\sigma]$,于是可得强度条件

$$\sigma \leqslant [\sigma]$$

对于复杂的应力状态,其实验要比单向应力状态的实验难得多。常用薄壁圆筒加内压 p 进行平面应力状态实验,或者利用轴向拉压和扭转的组合变形实现平面应力状态实验。此外,还有一些其他方法可以实现复杂应力状态。但是,完全复现实际构件危险点的各种复杂应力状态,由于技术困难和工作繁重,往往难以实现。因此对复杂的应力状态,往往是依据部分实验结果,提出一些假说来解释材料失效的原因,并由此建立强度条件。

总结失效现象可以发现,材料发生强度失效的基本形式有屈服和断裂两种。而衡量材料受力和变形程度的力学量又与应力、应变和应变能密度等多个参数有关。通过长期的生产实践和科学研究,人们曾提出过不少关于材料强度失效原因的假说。这些假说认为,无论何种应力状态,引起失效的因素是相同的。这些假说经过了长期实践检验,也称为强度理论。利用这些强度理论,便可依据简单应力状态的实验结果,建立复杂应力状态时的强度条件。

这里主要介绍工程中常用的四种强度理论和莫尔强度理论。强度理论远不止这几种,现有的强度理论也不能圆满解决所有的强度问题,因此强度理论的内容始终有待继续发展。

13.9　四种常用的强度理论

前面已提到,材料破坏的基本形式有两种,即屈服和断裂。针对这两种破坏形式,相应的强度理论也分为两类:第一类是解释断裂失效的,常用的是最大拉应力理论和最大伸长线应变理论;第二类是解释屈服失效的,常用的是最大切应力理论和畸变能密度理论。现依次介绍如下。

最大拉应力理论(第一强度理论)　该理论认为最大拉应力是引起材料断裂的主要因素,即认为不论何种应力状态,只要最大拉应力 σ_1 达到某一极限值,材料就会发生脆性断裂。这里的材料极限值,因与应力状态无关,可通过单轴拉伸试样发生脆断的试验确定。材料在单向拉伸时,当最大拉应力 σ_1 达到强度极限 σ_b 时发生断裂。于是,这一强度理论的失效准则为

$$\sigma_1 = \sigma_b \tag{13-34}$$

将极限应力除以安全系数,得到许用应力,因此,按第一强度理论所建立的强度条件为

$$\sigma_1 \leqslant [\sigma] \tag{13-35}$$

铸铁等脆性材料,单向拉伸时在最大拉应力所在的横截面断裂,扭转时沿最大拉应力所在的螺旋面断裂。这些都与这一理论相符。对于没有拉应力的单向压缩、三向压缩等应力状态,显然不能用第一强度理论来建立强度条件。

最大伸长线应变理论(第二强度理论)　该理论认为最大伸长线应变是引起材料脆性断裂的主要因素,即认为不论何种应力状态,只要最大伸长线应变 ε_1 达到某一极限值,材料就会发生断裂。这里的材料极限值,因与应力状态无关,同样可通过单轴拉伸试样发生脆断的试验确定。单轴拉伸直到断裂时材料都可近似看作线弹性的,即服从胡克定律,因此得此极限值为 σ_b/E。于是,这一强度理论的失效准则为

$$\varepsilon_1 = \frac{\sigma_b}{E} \tag{13-36}$$

根据广义胡克定律:

$$\varepsilon_1 = \frac{1}{E}[\sigma_1 - \mu(\sigma_2 + \sigma_3)]$$

代入式(13-36)得断裂准则为

$$\sigma_1 - \mu(\sigma_2 + \sigma_3) = \sigma_b \tag{13-37}$$

将 σ_b 除以安全系数,得到许用应力,因此,按第二强度理论所建立的强度条件为

$$\sigma_1 - \mu(\sigma_2 + \sigma_3) \leqslant [\sigma] \tag{13-38}$$

实验表明,石料、混凝土等脆性材料在受轴向压缩时沿纵向开裂,与这一理论是一致的。这一理论考虑了三个主应力的影响,形式上似乎较最大拉应力理论更为完善。但实际上,并不一定总是合理的。例如,按这一理论二向受压比单向受压更不易断裂,二向拉伸比单向拉伸更不易断裂,但与实验情况并不相符。由于这一理论在应用上不如最大拉应力理论简便,因此其在工程实践中较少应用。

最大切应力理论(第三强度理论)　该理论认为最大切应力是引起材料屈服的主要因素,即认为不论何种应力状态,只要最大切应力 τ_{max} 达到某一极限值,材料就会发生屈服。这里的材料极限值,因与应力状态无关,同样可通过单轴拉伸试样发生屈服的试验确定。单轴拉伸时材料最大切应力出现在 $45°$ 斜截面上,满足 $\tau_{max} = \sigma_s/2$ 时材料发生屈服。因此,导致材料屈服的最大切应力的极限值就是 $\sigma_s/2$。于是,这一强度理论的失效准则为

$$\tau_{max} = \frac{\sigma_s}{2} \tag{13-39}$$

三向应力状态下,$\tau_{max} = \dfrac{\sigma_1 - \sigma_3}{2}$,代入式(13-39)并整理得屈服断裂准则为

$$\sigma_1 - \sigma_3 = \sigma_s \qquad (13\text{-}40)$$

将 σ_s 除以安全系数,得到许用应力,因此,按第三强度理论所建立的强度条件为

$$\sigma_1 - \sigma_3 \leqslant [\sigma] \qquad (13\text{-}41)$$

最大切应力准则可以用几何图形表示。在平面应力状态时,假定以 σ_1 或 σ_2 都可以表示最大应力或最小应力,且舍弃 $\sigma_1 > \sigma_2$ 的规定,则公式(13-40)对应的屈服准则在以 σ_1 和 σ_2 为坐标轴的坐标系内是一个六边形,如图 13-24 所示。若表示一个应力状态的 M 点落在六边形区域

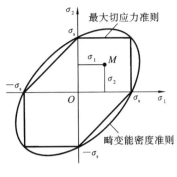

图 13-24

内,则这一点所代表的应力状态不会引起屈服。若 M 点落在六边形边界上,则表示该点代表的应力状态刚好足以使材料开始屈服。

最大切应力理论较为满意地解释了塑性材料的屈服现象。例如,低碳钢轴向拉伸时沿与轴线成 45° 的方向出现的滑移线,就是材料内部沿这一方向滑移的表现。而材料的最大切应力就出现在沿这一方向的斜截面上。

畸变能密度理论(第四强度理论)　该理论认为畸变能密度是引起材料屈服的主要因素,即认为不论何种应力状态,只要畸变能密度达到某一极限值,材料就会发生屈服。这里的材料极限值,因与应力状态无关,同样可通过单轴拉伸试样发生屈服的试验确定。单轴拉伸屈服时,$\sigma_1 = \sigma_s$,$\sigma_2 = \sigma_3 = 0$,畸变能密度由公式(13-33)求出是 $\dfrac{1+\mu}{6E}(2\sigma_s^2)$。于是,这一强度理论的失效准则为

$$v_d = \frac{1+\mu}{6E}(2\sigma_s^2) \qquad (13\text{-}42)$$

将任意应力状态时的畸变能密度的表达式:

$$v_d = \frac{1+\mu}{6E}\left[(\sigma_1-\sigma_2)^2 + (\sigma_2-\sigma_3)^2 + (\sigma_3-\sigma_1)^2\right]$$

代入式(13-42),整理后得该强度理论的屈服准则为

$$\sqrt{\frac{1}{2}\left[(\sigma_1-\sigma_2)^2 + (\sigma_2-\sigma_3)^2 + (\sigma_3-\sigma_1)^2\right]} = \sigma_s \qquad (13\text{-}43)$$

将 σ_s 除以安全系数,得到许用应力,因此,按第四强度理论所建立的强度条件为

$$\sqrt{\frac{1}{2}\left[(\sigma_1-\sigma_2)^2 + (\sigma_2-\sigma_3)^2 + (\sigma_3-\sigma_1)^2\right]} \leqslant [\sigma] \qquad (13\text{-}44)$$

对钢、铜和铝的薄壁试验结果表明,畸变能密度屈服准则与试验结果相当吻合,较最大切应力理论更符合实际。但由于最大切应力理论形式更为简单且结果偏于安全,因此其在工程上应用更为广泛。

式(13-35)、式(13-38)、式(13-41)和式(13-44)所表示的强度条件形式相似,

可统一写为

$$\sigma_r \leqslant [\sigma] \tag{13-45}$$

式中：σ_r 称为相当应力。它是三个主应力的某种组合。按照从第一强度理论到第四强度理论的先后顺序，相当应力分别为

$$\begin{cases} \sigma_{r1} = \sigma_1 \\ \sigma_{r2} = \sigma_1 - \mu(\sigma_2 + \sigma_3) \\ \sigma_{r3} = \sigma_1 - \sigma_3 \\ \sigma_{r4} = \sqrt{\dfrac{1}{2}\left[(\sigma_1 - \sigma_2)^2 + (\sigma_2 - \sigma_3)^2 + (\sigma_3 - \sigma_1)^2\right]} \end{cases} \tag{13-46}$$

以上所介绍的四种强度理论中，对铸铁、石料、混凝土和玻璃等脆性材料，通常发生断裂破坏，宜采用第一和第二强度理论；对碳钢、铜和铝等塑性材料，通常发生屈服破坏，宜采用第三和第四强度理论。

锅炉或其他压力容器，其应力状态是典型的平面应力状态。当这类容器的壁厚 δ 远小于它的直径 D 时（例如 $\delta < D/20$），称它们为薄壁容器。这里以薄壁圆筒为例（见图 13-25），介绍其主应力计算并利用强度理论进行强度校核。

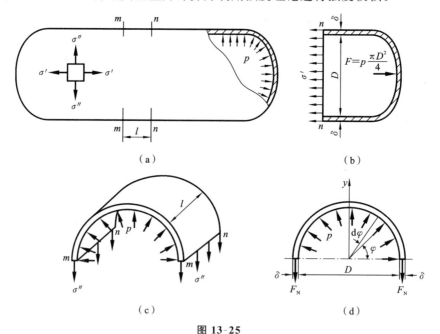

图 13-25

如果封闭的薄壁圆筒内压为 p，沿圆筒轴线作用于筒底的总压力 F（见图 13-25(b)）为

$$F = p\,\frac{\pi D^2}{4}$$

在 F 作用下,圆筒横截面上的轴向应力 σ' 为

$$\sigma'=\frac{F}{A}=\frac{p\,\dfrac{\pi D^2}{4}}{\pi D\delta}=\frac{pD}{4\delta} \tag{13-47}$$

在圆筒上先沿垂直轴向截出长度为 l 的一段,再沿直径所在的纵向平面截取其中一部分(见图 13-25(c)),则在筒壁的纵向截面上存在环向应力 σ'' 和内力 F_N。σ'' 和 F_N 满足

$$F_\mathrm{N}=\sigma''\delta l \tag{13-48}$$

根据平衡条件,纵向截面上的内力应与内压 p 作用在内壁上的合外力大小相等。利用积分方法可以求出此纵向截面上的内力 F_N(见图 13-25(d)):

$$F_\mathrm{N}=\frac{1}{2}\int_0^\pi pl\,\frac{D}{2}\sin\varphi\mathrm{d}\varphi=\frac{plD}{2} \tag{13-49}$$

由式(13-48)和式(13-49)相等求出 σ'' 为

$$\sigma''=\frac{pD}{2\delta} \tag{13-50}$$

可以看出,薄壁圆筒的环向应力 σ'' 是轴向应力 σ' 的 2 倍。

根据对称可知,σ' 和 σ'' 所在的横截面和过轴线的纵向平面内均没有切应力,因此通过壁内任意点的纵横截面上的 σ' 和 σ'' 都是主应力。至于内压 p 或大气压力,因其数值都远小于 σ' 和 σ'',可认为其值为零,于是薄壁圆筒内任意一点为平面应力状态。

【例 13-8】　如图 13-25 所示的某蒸汽锅炉,已知内压 $p=3$ MPa,容器壁厚 $\delta=10$ mm,内径 $D=1$ m,材料为 Q235 钢,许用应力为 $[\sigma]=160$ MPa。试校核其强度。

【解】　由式(13-47)和式(13-50)得

$$\sigma'=\frac{pD}{4\delta}=\frac{3\times10^6\times1}{4\times10\times10^{-3}}\ \mathrm{Pa}=75\times10^6\ \mathrm{Pa}=75\ \mathrm{MPa}$$

$$\sigma''=\frac{pD}{2\delta}=\frac{3\times10^6\times1}{2\times10\times10^{-3}}\ \mathrm{Pa}=150\times10^6\ \mathrm{Pa}=150\ \mathrm{MPa}$$

考虑到薄壁容器还存在一个约为 0 的主应力,于是可得锅炉内壁任意点的三个主应力分别为

$$\sigma_1=\sigma''=150\ \mathrm{MPa},\quad \sigma_2=\sigma'=75\ \mathrm{MPa},\quad \sigma_3\approx0$$

对于 Q235 这样的碳钢,宜采用第四强度理论进行校核。由公式(13-44)有

$$\sqrt{\frac{1}{2}\left[(\sigma_1-\sigma_2)^2+(\sigma_2-\sigma_3)^2+(\sigma_3-\sigma_1)^2\right]}$$

$$=\sqrt{\frac{1}{2}\left[(150-75)^2+(75-0)^2+(0-150)^2\right]}\ \mathrm{MPa}=130\ \mathrm{MPa}<[\sigma]$$

因此,蒸汽锅炉满足第四强度理论的强度条件。

13.10 莫尔强度理论

常用的强度理论除了 13.9 节介绍的四种强度理论外,还有这里介绍的莫尔强度理论。莫尔强度理论不是简单地假设材料是由某一个因素达到极限而导致破坏,而是以针对不同应力状态的破坏试验为基础建立起来的,是具有一定经验性的强度理论。

对于任意应力状态,当其三个主应力按比例增加至破坏时,由其三个主应力可以在 σ-τ 平面内确定三个应力圆。现在只选出直径最大的一个,即由 σ_1 和 σ_3 所确定的应力圆,称这个材料被破坏时的应力状态对应的应力圆为极限应力圆。按照主应力间不同的比例关系,可以由试验得到一系列的这样的极限应力圆,如图 13-26(a) 所示。于是可以作出这些应力圆的包络线 $F'G'$。对于同一种材料,假定该包络线是唯一的;对不同的材料,包络线是不一样的。

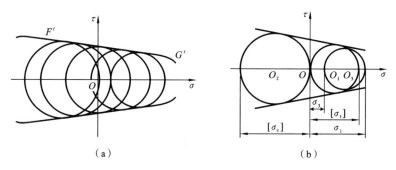

(a)　　　　　　　　　　(b)

图 13-26

对于某一应力状态,若由 σ_1 和 σ_3 所确定的应力圆在上述包络线内,则此时材料不会失效。如与包络线相切,则表明材料已经达到失效状态。

在工程实用中,可用单轴拉伸和单轴压缩两个极限应力圆,再除以安全系数得到两个应力圆 O_1 和 O_2,以这两个应力圆的公切线为依据作出近似包络线,如图 13-26(b) 所示。图中 $[\sigma_t]$ 和 $[\sigma_c]$ 分别表示材料的抗拉许用应力和抗压许用应力。若由 σ_1 和 σ_3 所确定的应力圆 O_3 在包络线范围内或与包络线相切,则认为这样的应力状态是安全的。

利用几何关系,容易得出落在包络线范围内或与包络线相切的应力状态满足

$$\sigma_1 - \frac{[\sigma_t]}{[\sigma_c]}\sigma_3 \leqslant [\sigma_t] \tag{13-51}$$

对于拉压强度相等的材料,有 $[\sigma_c] = [\sigma_t]$,则式(13-51)简化为

$$\sigma_1 - \sigma_3 \leqslant [\sigma] \tag{13-52}$$

此即最大切应力理论的强度条件。由此可见,最大切应力理论是莫尔强度理论在材料拉压强度相等时的特殊情形。

思　考　题

13-1　圆轴受扭时,轴表面各点处于何种应力状态?梁受横力弯曲时,梁顶、梁底及其他各点处于何种应力状态?

13-2　分析铸铁受拉、受压和受扭时破坏形式与应力间的关系。

13-3　铸铁水管冬天结冰时会因冰膨胀而被胀裂,但管内的冰不会破,试简要分析其机理。

13-4　宋代哥窑烧制的瓷器称为哥瓷,哥瓷开片是指瓷器釉面出现裂纹的现象。这种"缺陷美"因巧匠们的化腐朽为神奇而流芳百世,使开片哥瓷成为瓷器中的珍品。开片的美学效果是通过力学原理来实现的,试简要分析开片形成的机理。

13-5　对圆筒形压力容器,其周向应力是轴向应力的 2 倍。如果用传统的各向同性材料,则当容器的壁厚足以使周向应力低于屈服极限时,其轴向的强度就是所需强度的 2 倍,这种做法在优先考虑重量的场合显然是不明智的。试分析,如何不怎么增加重量却能保证满足强度要求的好办法。

习　　题

13-1　构件受力如(a)(b)(c)(d)各图所示。(1) 确定危险点的位置。(2) 用单元体表示危险点的应力状态。

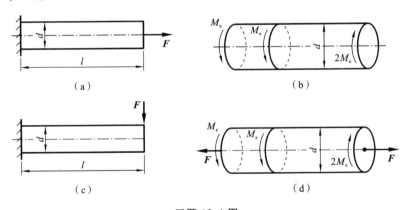

习题 13-1 图

13-2　在图示各单元体中,试用解析法和图解法求斜截面 ab 上的应力。

13-3　已知平面应力状态如图所示,试用解析法及图解法求:(1) 主应力大小,主平面位置;(2)在单元体上绘出主平面位置及主应力方向;(3)面内最大切应力。

13-4　已知某点 A 处截面 AB 与 AC 的应力如图所示,图中应力单位皆为 MPa。试用解析法与图解法计算主应力的大小与主平面的位置。

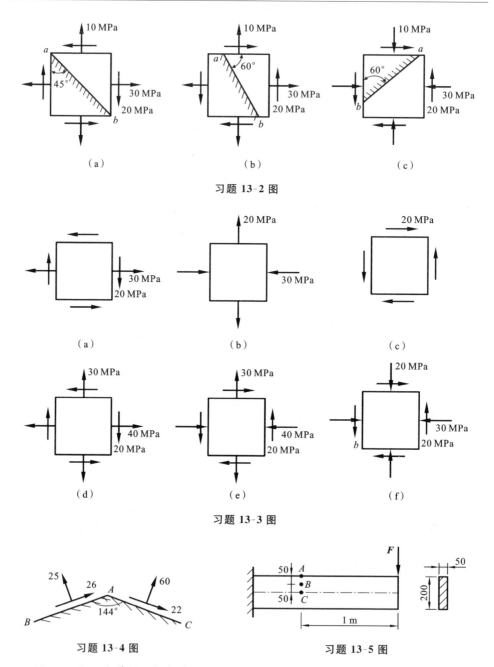

（a）　　　　　　　　　（b）　　　　　　　　　（c）

习题 13-2 图

（a）　　　　　　　　　（b）　　　　　　　　　（c）

（d）　　　　　　　　　（e）　　　　　　　　　（f）

习题 13-3 图

习题 13-4 图　　　　　　　　　习题 13-5 图

13-5　图示悬臂梁,受载荷 $F=20$ kN 作用,试用单元体表达 A、B、C 三点的应力状态,并确定相应的主应力大小和方向。

13-6　锅炉直径 $D=1$ m,壁厚 $\delta=10$ mm,内受蒸汽压力 $p=3$ MPa。试求:(1)壁内主应力 σ_1、σ_2 及极值切应力 $\tau_{\max}$;(2)斜截面 ab 上的正应力及切应力。

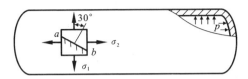

习题 13-6 图

13-7 薄壁圆筒扭转-拉伸试验的示意图如图所示。若 $F=20$ kN, $M_e=600$ N·m, 且 $d=50$ mm, $\delta=2$ mm, 试求:(1) A 点在指定斜截面上的应力;(2) A 点的主应力的大小及方向(用单元体表示)。

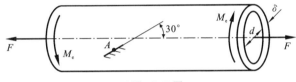

习题 13-7 图

13-8 以绕带焊接成的圆管,焊缝为螺旋线,如图所示。管的内径为 300 mm, 壁厚为 1 mm, 内压 $p=0.5$ MPa。求沿焊缝斜面上的正应力和切应力。

13-9 对图所示平面应力状态,表中所列各题分别给出了某些应力分量(单位为 MPa)或斜面的方位,试求表中空出的未知量,并画单元体的草图,标明主应力的大小和 σ_1 所在主平面的方位(用外法线方向与 x 轴的夹角 α 来表示)。

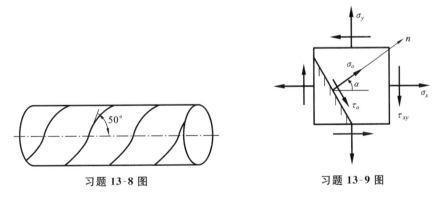

习题 13-8 图　　　　　　　　　　习题 13-9 图

习题 13-9 表

题号	σ_x	σ_y	τ_{xy}	斜面的方位和应力			主应力及主平面位置				τ_{max}
				α	σ_α	τ_α	σ_1	σ_2	σ_3	σ_1 的方向	
13-9(a)	100		0	15°	80						
13-9(b)			−40	30°	−20	20					
13-9(c)	80		63	45°			120				70
13-9(d)	32		60			5			−80		

13-10 试求图所示的各应力状态的主应力及极值切应力(应力单位为 MPa)。

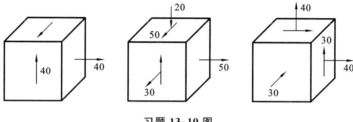

习题 13-10 图

13-11 已知:(a) $\varepsilon_x = -0.00012$, $\varepsilon_y = 0.00132$, $\gamma_{xy} = 0.00020$;(b) $\varepsilon_x = 0.00080$, $\varepsilon_y = -0.00020$, $\gamma_{xy} = -0.00080$。试求主应变及其方向。

13-12 在直角应变花的情况下,如图所示,试证明主应变的数值及方向可用以下公式计算:

$$\left.\begin{array}{c}\varepsilon_{\max}\\\varepsilon_{\min}\end{array}\right\} = \frac{\varepsilon_{0°} + \varepsilon_{90°}}{2} \pm \frac{\sqrt{2}}{2}\sqrt{(\varepsilon_{0°} - \varepsilon_{45°})^2 + (\varepsilon_{45°} - \varepsilon_{90°})^2}$$

$$\tan 2\alpha_0 = \frac{2\varepsilon_{45°} - \varepsilon_{0°} - \varepsilon_{90°}}{\varepsilon_{0°} - \varepsilon_{90°}}$$

13-13 等角应变花如图所示。三个应变片的角度分别为:$\alpha_1 = 0°$, $\alpha_2 = 60°$, $\alpha_3 = 120°$。求证主应变的数值及方向可用以下公式计算:

$$\left.\begin{array}{c}\varepsilon_{\max}\\\varepsilon_{\min}\end{array}\right\} = \frac{\varepsilon_{0°} + \varepsilon_{90°} + \varepsilon_{120°}}{3} \pm \frac{\sqrt{2}}{3}\sqrt{(\varepsilon_{0°} - \varepsilon_{60°})^2 + (\varepsilon_{60°} - \varepsilon_{120°})^2 + (\varepsilon_{120°} - \varepsilon_{0°})^2}$$

$$\tan 2\alpha_0 = \frac{\sqrt{3}(\varepsilon_{60°} - \varepsilon_{120°})}{2\varepsilon_{0°} - \varepsilon_{60°} - \varepsilon_{120°}}$$

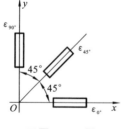

习题 13-12 图

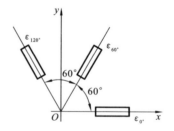

习题 13-13 图

13-14 用广义胡克定律证明弹性常数 E、G、μ 间的关系。

13-15 若已测得等角应变花三个方向的应变分别为 $\varepsilon_{0°} = 0.00040$, $\varepsilon_{60°} = 0.00040$, $\varepsilon_{120°} = -0.00060$,试求主应变及其方向。若材料为碳钢,$E = 200$ GPa, $\mu = 0.25$,试求主应力及其方向。

13-16 列车通过钢桥(模型简图如图所示)时,在钢桥横梁的 A 点用应变仪

量得 $\varepsilon_x = 0.0004$，$\varepsilon_y = -0.00012$。试求 A 点在 x—x 及 y—y 方向的正应力。设 $E = 200\ \text{GPa}$，$\mu = 0.3$。并问这样能否求出 A 点的主应力？

13-17　在一体积较大的钢块上开一贯穿的槽，其宽度和深度都是 10 mm，如图所示。在槽内紧密无隙地嵌入一铝质立方体，它的尺寸是 10 mm×10 mm×10 mm。当铝块受到压力 $F = 6\ \text{kN}$ 的作用时，假设钢块不变形。铝的弹性模量 $E = 70\ \text{GPa}$，$\mu = 0.33$。试求铝块的三个主应力。

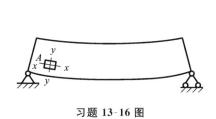

习题 13-16 图

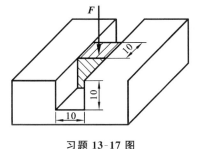

习题 13-17 图

13-18　在平面应力状态下，设已知最大切应变 $\gamma_{\max} = 5 \times 10^{-4}$，并已知两个相互垂直方向的正应力之和为 27.5 MPa。材料的弹性模量常数是 $E = 200\ \text{MPa}$，泊松比 $\mu = 0.25$。试计算主应力的大小。

13-19　在习题 13-10 中的各应力状态下，求单位体积的体积改变 θ、应变能密度 υ_ε、体积改变能密度 υ_V 和畸变能密度 υ_d。设 $E = 200\ \text{GPa}$，$\mu = 0.3$。

13-20　试证明弹性模量 E、切变模量 G 和体积弹性模量 K 之间的关系是 $E = \dfrac{9KG}{3K+G}$。

拓展阅读

力学史上的明星（十二）

钱学森（1911—2009），男，汉族，浙江杭州人。中国共产党优秀党员，忠诚的共产主义战士，享誉海内外的杰出科学家，中国航天事业的奠基人，中国"两弹一星"功勋奖章获得者。曾任美国麻省理工学院和加州理工学院教授及中国人民政治协商会议第六、七、八届全国委员会副主席，中国科学技术协会名誉主席、全国政协副主席。

钱学森在 20 世纪 40 年代就已经成为和其恩师冯·卡门并驾齐驱的航空航天领域内最为杰出的代表人物之一，成为 20 世纪众多学科领域的科学群星中极少数

的巨星之一；钱学森也是为新中国的成长做出无可估量贡献的老一辈科学家团体之中，影响力最大、功勋最为卓著的杰出代表人物，是新中国爱国留学归国人员中最具代表性的国家建设者，是新中国历史上伟大的人民科学家。被誉为"中国航天之父""中国导弹之父""火箭之王""中国自动化控制之父"。中国国务院、中央军委授予其"国家杰出贡献科学家"荣誉称号，和"人民科学家"的荣誉称号，获中共中央、国务院、中央军委颁发的"两弹一星"功勋奖章。

1950 年，钱学森上港口准备回国时，被美国官员拦住，并被关进监狱，而当时美国海军次长丹尼·金布尔（Dan A. Kimball）声称："钱学森无论走到哪里，都抵得上 5 个师的兵力。我宁可把他击毙，也不能让他回到中国。"自此，钱学森在一个月内瘦了 30 斤左右（受到美国政府迫害），同时也失去了宝贵的自由。

1955 年 10 月，经过周恩来总理在与美国外交谈判上的不断努力——甚至包括不惜释放 13 名在朝鲜战争中俘获的美军飞行员作为交换，钱学森终于冲破重重阻力回到了祖国。自 1958 年 4 月起，他长期担任火箭导弹和航天器研制的技术领导职务，为中国火箭和导弹技术的发展提出了极为重要的实施方案——为新中国火箭、导弹和航天事业的发展做出了不可磨灭的巨大贡献。

1956 年参加中国第一次 5 年科学规划的确定，钱学森与钱伟长、钱三强一起，被周恩来称为中国科技界的"三钱"，钱学森受命组建中国第一个火箭、导弹研究所——国防部第五研究院并担任首任院长。他主持完成了"喷气和火箭技术的建立"规划，参与了近程导弹、中近程导弹和中国第一颗人造地球卫星的研制，直接领导和参与制定了用中近程导弹运载原子弹"两弹结合"试验，参与制定了中国第一个星际航空的发展规划，发展建立了工程控制论和系统学等。

在控制科学领域，1954 年，钱学森发表《工程控制论》，引起了控制领域的轰动，并形成了控制科学在 20 世纪 50 年代和 60 年代的研究高潮。1957 年，《工程控制论》获得中国科学院自然科学奖一等奖。同年 9 月，国际自动控制联合会（IFAC）成立大会推举钱学森为第一届 IFAC 理事会常务理事，他成为该组织第一届理事会中唯一的中国人。在系统工程和系统科学领域，钱学森在 20 世纪 80 年代初期提出国民经济建设总体设计部的概念，坚持致力于将航天系统工程概念推广应用到整个国家和国民经济建设，并从社会形态和开放复杂巨系统的高度，论述了社会系统。他发展了系统学和开放的复杂巨系统的方法论。

在喷气推进与航天技术领域，钱学森在 20 世纪 40 年代提出并实现了火箭助推起飞装置，使飞机跑道距离缩短；1949 年，他提出火箭旅客飞机概念和关于核火箭的设想；1962 年，他提出了用一架装有喷气发动机的大飞机作为第一级运载工具。

在思维科学领域，钱学森在 20 世纪 80 年代初提出创建思维科学技术部门。他认为思维科学是处理意识与大脑、精神与物质、主观与客观的科学，推动思维科学研究是计算机技术革命的需要。他主张发展思维科学要同人工智能、智能计算机的工作结合起来,并将系统科学方法应用到思维科学的研究中,提出思维的系统观;此外,在人体科学、科学技术体系等方面,钱学森也做出了重要贡献。他是人体生命科学的开创者和奠基人之一。

　　钱学森于 1954 年加入中国共产党,先后担任了中国科学技术大学近代力学系主任,中国科学院力学研究所所长,第七机械工业部副部长,国防科工委副主任,中国科技协会名誉主席,中国人民政治协商会议第六、七、八届全国委员会副主席,中国科学院数理化学部委员,中国宇航学会名誉理事长,中国人民解放军总装备部科技委高级顾问等重要职务;他还兼任中国自动化学会第一、二届理事长。1991 年10 月,国务院、中央军委授予钱学森"国家杰出贡献科学家"荣誉称号和一级英雄模范奖章。在钱学森心里,"国为重,家为轻,科学最重,名利最轻。五年归国路,十年两弹成"。钱老是知识的宝藏,是科学的旗帜,是中华民族知识分子的典范,是伟大的人民科学家。

第 14 章　组 合 变 形

14.1　组合变形的概念

前面各章分别讨论了杆件的拉伸(压缩)、剪切、扭转和弯曲(平面弯曲)等基本变形问题。但实际工程结构中的许多杆件往往同时产生几种基本变形。例如,图 14-1(a)中所示的传动轴,皮带的紧边张力为 F_1,松边张力为 F_2,向轮心简化后 $F = F_1 + F_2$,$M_e = (F_1 - F_2)R$,得到如图 14-1(b)所示弯曲与扭转的组合。

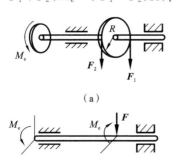

(a)

(b)

图 14-1

构件在外力作用下同时产生两种或两种以上基本变形的情况称为**组合变形**。本章介绍斜弯曲、拉伸或压缩与弯曲组合、弯曲与扭转组合三种常见的组合变形下杆件的强度计算问题。

一般情况下,在求解组合变形问题时,将作用在杆件上的载荷进行平移和分解,使平移和分解后得到的每一个载荷满足基本变形发生的条件。在小变形前提下,每一个载荷所引起的变形和产生的内力不受其他载荷影响的假设通常是成立的,也就是说,所计算的内力、应力、应变和位移等与外力成线性关系。这样,可以采用叠加原理来计算组合变形的应力、应变及变形。

综上所述,求解杆件组合变形问题的基本方法是将组合变形分解为几个基本变形,分别计算出每一个基本变形下的应力与变形,然后再线性叠加进行应力与变形分析,选择合适的强度理论进行强度计算。

工程中常见的组合变形有以下几种:

(1) 两个平面弯曲的组合(两向弯曲),载荷平面和挠曲线平面不重合,即斜弯曲;

(2) 拉伸或压缩与弯曲组合、偏心压缩或拉伸;

(3) 弯曲与扭转的组合。

对于其他情况下的组合变形问题,可以采用同样的思路进行分析。

根据叠加原理,构件组合变形问题的求解步骤如下。

(1) 外力分析,确定基本变形。将作用在构件上的外力向作用力所在截面的弯曲中心处平移并沿形心主惯性轴方向分解,使平移和分解后得到的每一个载荷满足基本变形发生的条件。

（2）内力分析，确定危险截面。计算杆件在每一个基本变形中的内力，并作出内力图，从而确定出危险截面的位置。

（3）应力分析，找出危险点。根据危险截面上的应力分布规律，画出危险点的原始单元体，并分析危险点的应力状态。

（4）强度计算。根据危险点的应力状态和材料的力学性能，分析其破坏形式，选择合适的强度条件进行强度计算。

14.2 斜弯曲

对于截面具有对称轴的梁，当横向外力或外力偶作用在梁的纵向对称面内时，梁变形后的轴线是一条位于外力与变形前的轴线共同确定的平面内的平面曲线。这样的弯曲变形称为**平面弯曲**。但在工程实际中，有时会遇到双对称截面梁在水平和铅垂两纵向对称面内同时承受横向外力作用的情况。如图 14-2 所示，梁在 F_z 和 F_y 作用下，分别在水平纵向对称面（Oxz 平面）和铅垂纵向对称面（Oxy 平面）内发生平面弯曲。在这种情况下，如果变形后梁的轴线不再位于外力与变形前的轴线共同确定的平面内，这种弯曲变形称为**斜弯曲**。

现以矩形截面悬臂梁为例，分析梁斜弯曲时的应力。图 14-2(a)所示矩形截面悬臂梁，长为 l，横截面高为 h、宽为 b，集中载荷 F 作用在自由端平面内且与 y 轴夹角为 φ，坐标系如图 14-2(a)所示。

1. 外力分析，确定基本变形

将集中载荷 F 沿 z 轴和 y 轴进行分解，有

$$F_y = F\cos\varphi, \quad F_z = F\sin\varphi$$

F 作用下梁的弯曲变形可以用两分力 F_y 和 F_z 单独作用下产生的平面弯曲叠加求解。这样，斜弯曲就可以看作两个相互垂直平面内的平面弯曲的组合。

2. 内力分析，确定危险截面

在距离固定端为 x 处的横截面上，分力 F_y 和 F_z 单独作用下所产生的弯矩（绝对值）分别为

$$M_z = F_y(l-x) = F\cos\varphi(l-x) = M\cos\varphi$$
$$M_y = F_z(l-x) = F\sin\varphi(l-x) = M\sin\varphi$$

式中：M 为力 F 作用引起的 x 处横截面上的合成弯矩，$M = F(l-x)$。

计算表明 $x=0$ 处横截面弯矩最大，因此，固定端截面为危险截面。

3. 正应力计算，确定危险点

在 x 处横截面上取任意点 a，如图 14-2(b)所示。在分力 F_y 单独作用下，横截面以 z 轴为中性轴，该截面在 z 轴以上为受拉区、以下为受压区，应力分布规律如图 14-2(c)所示，点 a 的正应力为

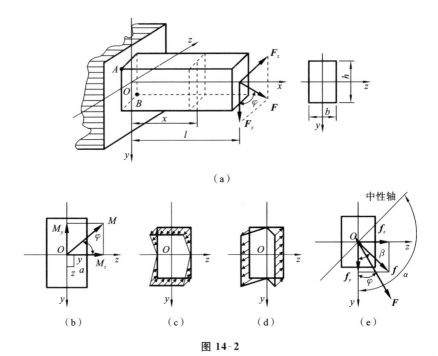

图 14-2

$$\sigma' = -\frac{M_z y}{I_z}$$

同理,在分力 F_z 单独作用下,横截面以 y 轴为中性轴,该截面在 y 轴左侧为受拉区、右侧为受压区,应力分布规律如图 14-2(d)所示,点 a 的正应力为

$$\sigma'' = -\frac{M_y z}{I_y}$$

根据叠加原理,正应力 σ' 和 σ'' 的代数和为该截面上任意点 a 在集中载荷 F 作用下的正应力,即

$$\sigma = \sigma' + \sigma'' = -\frac{M_z y}{I_z} - \frac{M_y z}{I_y}$$

将 $M_z = M\cos\varphi$, $M_y = M\sin\varphi$ 代入,有

$$\sigma = -M\left(\frac{y\cos\varphi}{I_z} + \frac{z\sin\varphi}{I_y}\right) \tag{14-1}$$

式中: I_z、I_y 分别为该截面对 z 轴及 y 轴的惯性矩; y、z 表示 a 点的坐标值。

式(14-1)为斜弯曲时计算任意横截面上任意点正应力的一般公式,正应力的正负号可以通过直接观察由弯矩引起的正应力位于受拉区还是受压区来确定。

根据内力计算确定出危险截面是固定端截面,危险截面上的危险点应该为 M_z 和 M_y 作用下最大应力的点,图 14-2(a)中危险截面上的 A、B 点分别为最大的拉应力与压应力点。由于危险点处于单向应力状态,根据矩形截面的对称性,最大的

拉应力与压应力的绝对值相等,即

$$\sigma_{t,max} = |\sigma_{c,max}| = \frac{M_{z,max}y_{max}}{I_z} + \frac{M_{y,max}z_{max}}{I_y} = \frac{M_{z,max}}{W_z} + \frac{M_{y,max}}{W_y} \tag{14-2}$$

4. 强度计算

由于危险点处于单向应力状态,那么限制最大正应力不超过材料的许用应力就是斜弯曲的强度条件,即

$$\sigma_{max} \leqslant [\sigma] \tag{14-3}$$

由于梁截面是具有外棱角的矩形,因此危险点的位置易于确定。对于没有外棱角的截面,要先确定出中性轴的位置,再根据离中性轴最远的点为危险点的特点来确定。

5. 确定中性轴的位置

中性轴是横截面上的正应力等于零(即 $\sigma = 0$)的各点的连线,称为零线。令 y_0、z_0 代表中性轴上的任意点坐标,将 y_0、z_0 代入式(14-1)后,则

$$\frac{\cos\varphi}{I_z}y_0 + \frac{\sin\varphi}{I_y}z_0 = 0 \tag{14-4}$$

显然,斜弯曲截面的中性轴是一条通过截面形心的直线。设其与 y 轴的夹角为 α,则

$$\tan\alpha = \frac{z_0}{y_0} = -\frac{I_y}{I_z}\cot\varphi \tag{14-5}$$

由于矩形截面 $I_z \neq I_y$,即 $\tan\alpha \cdot \tan\varphi \neq -1$,可见 $\boldsymbol{F}$ 的作用方向与中性轴不垂直。

中性轴把截面划分为受拉区与受压区,当梁截面没有外棱角时,确定中性轴位置后,在中性轴两侧各作一条与中性轴平行且与截面周边相切的直线,这样可以确定出距离中性轴最远点的位置,即危险点的位置,见图 14-3。

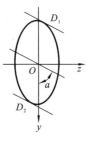

图 14-3

6. 挠度计算

梁在斜弯曲时的变形也可以按叠加原理计算,仍以上述矩形截面悬臂梁为例,在 Oxy 平面内,自由端由 $\boldsymbol{F}_y$ 引起的挠度为

$$f_y = \frac{F_y l^3}{3EI_z} = \frac{Fl^3\cos\varphi}{3EI_z} \tag{14-6}$$

在 Oxz 平面内,自由端由 $\boldsymbol{F}_z$ 引起的挠度为

$$f_z = \frac{F_z l^3}{3EI_y} = \frac{Fl^3\sin\varphi}{3EI_y} \tag{14-7}$$

自由端由集中载荷 $\boldsymbol{F}$ 引起的总挠度 $\boldsymbol{f}$ 是 $\boldsymbol{f}_y$ 和 $\boldsymbol{f}_z$ 的矢量和,其大小为

$$f = \sqrt{f_y^2 + f_z^2} \tag{14-8}$$

设总挠度 $\boldsymbol{f}$ 与 y 轴的夹角为 β(见图 14-2(d)),则

$$\tan\beta=\frac{f_z}{f_y}=\frac{I_z}{I_y}\tan\varphi \tag{14-9}$$

由式(14-9)可知,当 $I_z\neq I_y$ 时,则 $\beta\neq\varphi$。这进一步表明变形后的挠曲线不在集中力 F 与变形前的轴线共同确定的平面内,所以是斜弯曲。当 $I_z=I_y$ 时,即截面为正方形或圆形,则 $\beta=\varphi$,表明变形后的挠曲线在集中力 F 与变形前的轴线共同确定的平面内,即平面弯曲。

另外,对比式(14-5)和式(14-9)可知,$\tan\alpha\cdot\tan\beta=-1$,即 α 角与 β 角相差 $90°$,故中性轴垂直于总挠度所在的平面。

【例 14-1】　如图 14-4 所示,25a 的工字钢悬臂梁,全梁在纵向对称面内作用有均布载荷 $q=5$ kN/m,水平面内在自由端作用有集中载荷 $F=2$ kN。已知材料的弹性模量 $E=200$ GPa。求:(1) 全梁上的最大拉、压应力;(2) 若材料许用应力 $[\sigma]=160$ MPa,校核梁的强度是否安全。

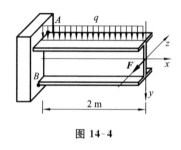

图 14-4

【解】　(1) 由题意,铅垂面内受均布载荷作用,危险截面为固定端的右切面,水平面内在自由端受集中力作用,危险截面也在固定端的右切面,故危险截面为固定端的右切面。

查型钢表,25a 工字钢参数如下:

$$I_z=5020 \text{ cm}^4, \quad W_z=402 \text{ cm}^3$$
$$I_y=280 \text{ cm}^4, \quad W_y=48.3 \text{ cm}^3$$

均布载荷作用下:

$$M_{1,\max}=\frac{ql^2}{2}=\frac{1}{2}\times 5\times 10^3\times 2^2 \text{ N}\cdot\text{m}=1.0\times 10^4 \text{ N}\cdot\text{m}$$

工字钢固定端的右切面上、下缘危险点 A 和 B 处应力:

$$\sigma_{1,\max\pm}=\frac{M_{1,\max}}{W_z}=\frac{10\times 10^3}{402\times 10^{-6}} \text{ Pa}=24.88 \text{ MPa}$$

集中载荷作用下:

$$M_{2,\max}=Fl=2\times 10^3\times 2 \text{ N}\cdot\text{m}=4.0\times 10^3 \text{ N}\cdot\text{m}$$

工字钢固定端的右切面上、下缘危险点 A 和 B 处应力:

$$\sigma_{2,\max\pm}=\frac{M_{2,\max}}{W_y}=\frac{4\times 10^3}{48.3\times 10^{-6}} \text{ Pa}=82.82 \text{ MPa}$$

A 点承受截面最大拉应力:

$$\sigma_{t,\max}=\sigma_{1,\max+}+\sigma_{2,\max+}=107.70 \text{ MPa}$$

B 点承受截面最大压应力:

$$\sigma_{c,\max}=\sigma_{1,\max-}+\sigma_{2,\max-}=-107.70 \text{ MPa}$$

(2) 强度校核。

由上面计算可知:

$$\sigma_{max} < [\sigma]$$

故该梁满足强度要求。

14.3　拉伸或压缩与弯曲的组合

拉伸或压缩与弯曲的组合变形是工程中常见的情况。以图 14-5 所示矩形截面简支梁为例,外力 F 作用于梁的纵向对称面内,与梁轴线 x 轴的夹角为 φ。可将力 F 分解为 F_x 和 F_y,由平衡条件可以得到梁横截面上的内力由轴向拉力和弯矩组成,在这两个分力的作用下,简支梁发生拉伸与弯曲的组合变形。

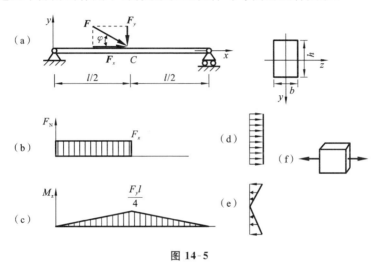

图 14-5

1. 受力分析与截面内力分析

受力分析与截面内力分析的过程与例 14-1 相同。受力分析图如图 14-5(a)所示,在分力 F_x 作用下,C 截面左侧发生轴向拉伸变形,在分力 F_y 作用下,全梁发生弯曲变形。图 14-5(b)所示为轴力图。图 14-5(c)所示为弯矩图。根据内力图可以判断 C 截面的左侧面为危险截面。

2. 正应力计算

轴力 $F_N = F_x$,C 截面左侧发生轴向拉伸变形,横截面上的正应力呈均匀分布,如图 14-5(d)所示,计算式为

$$\sigma' = \frac{F_N}{A} \tag{14-10}$$

简支梁在弯矩的作用下发生弯曲变形,横截面上的正应力在中性轴两侧呈线性分布,如图 14-5(e)所示,计算式为

$$\sigma'' = \frac{M_z y}{I_z} \tag{14-11}$$

应用叠加原理,则梁横截面上任意点的正应力为

$$\sigma=\sigma'+\sigma''=\frac{F_N}{A}+\frac{M_z y}{I_z} \tag{14-12}$$

3. 强度计算

由于梁的横截面的形状与大小不变,因此,梁最大弯矩截面(同时该截面上轴力也是最大)为危险截面。截面上下边缘各点分别有最大弯曲拉应力和最大弯曲压应力,叠加轴向拉伸变形的应力后,梁受拉伸与弯曲组合变形的强度条件为

$$\begin{cases} \sigma_{t,max}=\dfrac{F_N}{A}+\dfrac{|M|_{max} y}{I_z}\leqslant[\sigma_t] \\[3mm] \sigma_{c,max}=\left|\dfrac{F_N}{A}-\dfrac{|M|_{max} y}{I_z}\right|\leqslant[\sigma_c] \end{cases} \tag{14-13}$$

在应用式(14-13)进行强度计算时,弯矩取绝对值。必须指出,在拉弯组合变形中,如果最大弯曲压应力小于轴向拉伸变形的拉压力,则截面为全受拉区域,只需要式(14-13)中上面的公式。同理,在压弯组合变形中,如果截面为全受压区域,则只需要式(14-13)中下面的公式。此外,对拉伸或压缩弯曲组合变形杆件进行应力分析时,通常忽略弯曲切应力的影响。

【例 14-2】 矩形截面简支梁如图 14-5 所示,外力 $F=10$ kN 作用于梁的纵向对称面内,与梁轴线 x 轴的夹角为 $\varphi=30°$,梁长 l 为 $100b$,截面尺寸 $h=2b$。已知材料的弹性模量 $E=200$ GPa,材料许用应力 $[\sigma]=160$ MPa,试设计截面尺寸。

【解】 由题意,梁受轴力为

$$F_N=F\cos30°=10\times10^3\times\cos30°\ \text{N}=8.66\ \text{kN}$$

最大弯曲内力所在的截面为 C 截面,最大弯矩为

$$M_C=\frac{Fl\sin30°}{4}=\frac{10\times10^3\times100b\times\sin30°}{4}=125b\times10^3(\text{N}\cdot\text{m})$$

应用叠加原理,在截面 C 的下边缘有全梁上的最大拉应力,为

$$\sigma=\sigma'+\sigma''=\frac{F_N}{A}+\frac{M_C}{W}=\frac{8.66\times10^3}{2b^2}+\frac{125\times b\times10^3}{\dfrac{b\times(2b)^2}{6}}\leqslant[\sigma]$$

计算得到

$$b\geqslant0.0346\ \text{m}$$

可取宽 b 为 0.035 m,高 h 为 0.07 m。

14.4　偏心压缩与截面核心

14.4.1　偏心压缩

对建筑结构中的立柱来说,当竖向压力的作用点不在截面的形心时,我们称这样的问题为偏心压缩。这里我们讨论横截面具有两对称轴的直杆受偏心压缩的强

度问题。

首先将偏心载荷 **F** 向杆的截面形心平移,得到一个过截面形心的轴力 F_N(F_N = F)和一个附加力偶矩 M(M=Fe),其中 e 是偏心力 **F** 的作用线与杆轴线之间的距离。轴力 F_N 使杆件发生轴向的压缩变形,力偶矩 M 使杆件产生弯曲变形。由此可见,偏心压缩实际上是压弯组合变形。

当偏心压力 **F** 的作用点在杆的某一对称轴上,如图 14-6(a)所示,则力偶矩 M 在杆的对应的形心主惯性平面内。强度条件为

$$\begin{cases} \sigma_{t,max} = -\dfrac{F_N}{A} + \dfrac{M}{W} \leqslant [\sigma_t] \\[3mm] \sigma_{c,max} = \left| -\dfrac{F_N}{A} - \dfrac{M}{W} \right| \leqslant [\sigma_c] \end{cases} \tag{14-14}$$

当偏心压力 **F** 的作用点不在杆的任一对称轴上,如图 14-6(b)所示,需将力平移两次,产生附加力偶矩 M_y 和 M_z。强度条件为

$$\begin{cases} \sigma_{t,max} = -\dfrac{F_N}{A} + \dfrac{M_y}{W_y} + \dfrac{M_z}{W_z} \leqslant [\sigma_t] \\[3mm] \sigma_{c,max} = \left| -\dfrac{F_N}{A} - \dfrac{M_y}{W_y} - \dfrac{M_z}{W_z} \right| \leqslant [\sigma_c] \end{cases} \tag{14-15}$$

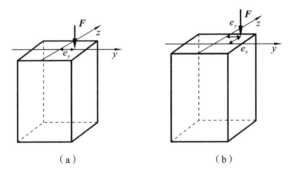

图 14-6

必须指出,在应用式(14-14)和式(14-15)进行强度计算时,两式中下面一个式子中轴力、弯矩均取绝对值。

14.4.2 截面核心

建筑结构中受偏心压缩的砖、石或混凝土短柱,一般要求整个横截面上不出现拉应力区,材料只受压应力作用。这就对偏心载荷的作用位置提出了限制。满足以上条件的受限区域称为截面核心。

偏心压缩实际上是压弯组合变形,横截面满足"不出现拉应力区"条件,轴向压力作用于截面核心区域时,截面的中性轴应与截面相切或远离截面,这样整个横截面就位于受压区。由截面受压区应力公式有

$$\sigma = -\frac{F_N}{A} - \frac{M_y z}{I_y} - \frac{M_z y}{I_z} \qquad (14\text{-}16)$$

把惯性矩与惯性半径的关系 $I_z = A i_z^2$，$I_y = A i_y^2$ 代入式(14-16)，有

$$\sigma = -\frac{F}{A} - \frac{F e_z z}{A i_y^2} - \frac{F e_y y}{A i_z^2} \qquad (14\text{-}17)$$

式中：e_y 和 e_z 分别是力的作用点到 z 轴和 y 轴的距离，如图 14-6(b)所示。

偏心压缩时，令横截面的中性轴线上的点坐标为 (y_0, z_0)，代入式(14-17)，得到中性轴方程

$$\sigma = -\frac{F}{A} - \frac{F e_z z_0}{A i_y^2} - \frac{F e_y y_0}{A i_z^2} = 0 \qquad (14\text{-}18)$$

进一步简化得到

$$1 + \frac{e_z z_0}{i_y^2} + \frac{e_y y_0}{i_z^2} = 0 \qquad (14\text{-}19)$$

可见，中性轴是一条不通过截面形心的直线，如图 14-7 所示。若中性轴在 y 轴和 z 轴上的截距分别为 a_y 和 a_z，则

$$a_y = -\frac{i_z^2}{e_y} \ , \ a_z = -\frac{i_y^2}{e_z} \qquad (14\text{-}20)$$

式(14-20)表明，中性轴与偏心力的作用点总是位于形心的相对两侧，且偏心力作用点离形心越近，中性轴就离形心越远。当偏心力的作用点位于形心附近的一个限界上时，可使得中性轴恰好与横截面的周边相切，这时横截面上只出现压应力。该限界所围成的区域就是截面核心。

要使偏心压力作用下杆件横截面上不出现拉应力，那么中性轴就不能与横截面相交，一般情况下最大极限只能与横截面的周边相切，而在横截面的凹入部分则是与周边外接。截面核心的边界正是利用中性轴与横截面的周边相切及外接时偏心压力作用点的位置来确定的。

例如，如图 14-8 所示的截面，其截面核心的求法如下。

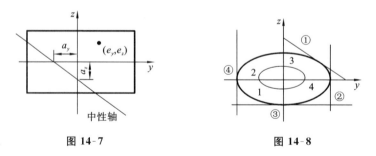

图 14-7　　　　　　　　　　　　　　图 14-8

沿截面边缘作切线①，即中性轴，由截距公式计算出此中性轴对应的偏心压力作用点的坐标

$$e_y = -\frac{i_z^2}{a_y} \quad , \quad e_z = -\frac{i_y^2}{a_z}$$

依次作截面的切线②,③,④,……得到各切线对应的偏心压力作用点的坐标,即点1,点2,点3,……连接后得到一条封闭曲线,即为截面核心的边界。

【例14-3】 若短柱的截面为矩形,如图14-9所示,试确定截面核心。

【解】 矩形截面的对称轴即为形心主惯性轴,且

$$i_y^2 = \frac{b^2}{12} \quad , i_z^2 = \frac{h^2}{12}$$

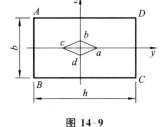

图 14-9

若中性轴与 AB 边重合,则中性轴在坐标轴上的截距分别为

$$a_y = -\frac{h}{2}, \quad a_z = \infty$$

则偏心压力作用点 a 的坐标为($h/6,0$)。

同理,当中性轴与 BC 边重合,则偏心压力作用点 b 的坐标为($0,b/6$)。压力沿 ab 由 a 移动到 b,中性轴由 AB 旋转到 BC。用同样的方法可以确定 c 点和 d 点,最后得到一个菱形的截面核心。

14.5 弯曲与扭转的组合

弯曲与扭转的组合变形是机械传动轴的常见组合变形。以图14-10所示的传动轴为例,圆轴的左端用联轴器与电动机转轴连接,圆柱直齿轮 E 上的啮合力可以分解为切向力 $\boldsymbol{F}$ 和径向力 $\boldsymbol{F}_r$。

1. 外力分析,确定基本变形

电动机与圆柱直齿轮 E 之间的圆轴的变形是由电动机输入的外力偶矩和横力(啮合力)作用下产生的组合变形。传动轴在外力偶矩作用下产生扭转变形,在横力(啮合力)作用下产生弯曲变形,即弯扭组合变形。受力简图如图 14-10(b)所示。

2. 内力分析,确定危险截面

根据轴的计算简图 14-10(b),分别作出轴的扭矩 T 图、铅垂平面内的弯矩 M_y 图和水平平面内的弯矩 M_z 图,如图14-10(d)所示。

扭矩在 AE 段各截面上的值均相等,即

$$T = M_e = \frac{FD}{2}$$

x-z 平面内的弯矩

$$M_{ymax} = \frac{F_r ab}{l}$$

x-y 平面内的弯矩

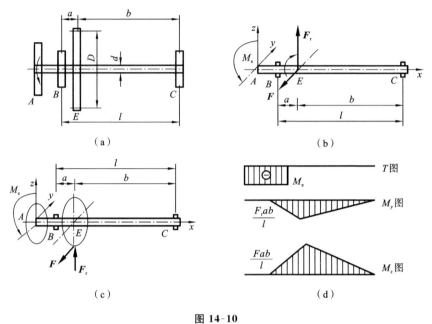

图 14-10

$$M_{zmax} = \frac{Fab}{l}$$

由于截面为圆形,因此包含轴线的任意纵向面都是纵向对称面。把上述两个面内的弯矩合成为合弯矩:

$$M = \sqrt{M_{ymax}^2 + M_{zmax}^2} = \frac{ab}{l}\sqrt{F_r^2 + F^2}$$

合弯矩的作用平面也是轴的纵向对称面,见图 14-11(a)。

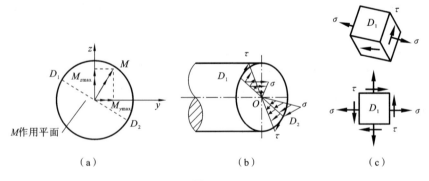

图 14-11

由圆轴的内力分析可以确定危险截面为圆柱直齿轮 E 的左切面。

3. 应力计算,确定危险点

在危险截面上,与扭矩 T 对应的切应力在圆轴横截面边缘各点上达到极大

值,计算式为

$$\tau = \frac{T}{W_t} \tag{14-21}$$

合弯矩对应的弯曲正应力,在 D_1 和 D_2 点达到极大值,其值为

$$\sigma = \frac{M}{W} \tag{14-22}$$

截面切应力分布如图 14-11(b)所示。D_1 和 D_2 点上的扭转切应力与边缘上其他各点的相同,而弯曲正应力为极大值,故这两点为危险点。D_1 点的应力状态如图 14-11(c)所示。

4. 强度计算

若材料为塑性材料,仅需针对一个危险点建立强度条件,可以选用第三和第四强度理论来进行强度计算。根据 D_1 点的应力状态,按第三强度理论的强度条件有

$$\sigma_{r3} = \sqrt{\sigma^2 + 4\tau^2} \leqslant [\sigma] \tag{14-23}$$

将式(14-21)和式(14-22)代入式(14-23),并考虑到圆形截面的几何性质,$W_t = 2W$,可以直接用内力来表示式(14-23)的强度条件:

$$\sigma_{r3} = \frac{\sqrt{M^2 + T^2}}{W} \leqslant [\sigma] \tag{14-24}$$

同理,可以根据第四强度理论建立强度条件:

$$\sigma_{r4} = \sqrt{\sigma^2 + 3\tau^2} = \frac{\sqrt{M^2 + 0.75T^2}}{W} \leqslant [\sigma] \tag{14-25}$$

注意:式(14-24)和式(14-25)也适用于空心圆轴的弯扭组合变形,但不适用于非圆截面杆件的弯扭组合变形。同时,对于拉伸(压缩)、弯曲、扭转组合作用的圆轴,式(14-24)和式(14-25)也不再适用,但依然可以采用 $\sigma_{r3} = \sqrt{\sigma^2 + 4\tau^2}$ 和 $\sigma_{r4} = \sqrt{\sigma^2 + 3\tau^2}$ 来进行强度计算,只需注意式中的正应力为危险点的拉伸(压缩)正应力和弯曲正应力之和即可。

【例 14-4】　图 14-12 所示空心圆轴的外径 $D = 200$ mm,内径 $d = 160$ mm。在自由端作用有集中力 F,作用点 A 位于外圆周上,作用线与外圆周相切。已知:$F = 60$ kN,$[\sigma] = 80$ MPa,$l = 500$ mm。试:(1) 标出危险点的位置;(2) 给出危险点的应力状态;(3) 用第三强度理论和第四强度理论校核该轴的强度。

【解】　(1) 由题意可知,弯曲内力最大的截面为固定端的右切面,且

$$M_{max} = Fl$$

悬臂梁所有横截面上的扭矩均为

$$T_{max} = \frac{1}{2} FD$$

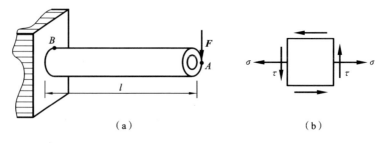

图 14-12

根据危险截面上的应力分布规律,可以确定危险点为固定端右切面上的 B 点,见图 14-12(a)。

(2) 危险点的应力状态如图 14-12(b)所示。

(3) 由于危险点的应力状态符合第三强度理论的强度计算式(14-24),把危险截面的内力代入计算式,有

$$\sigma_{r3}=\frac{\sqrt{M^2+T^2}}{W}=\frac{\sqrt{(Fl)^2+\left(\frac{1}{2}FD\right)^2}}{\frac{\pi D^3}{32}(1-\alpha^4)}$$

$$=\frac{\sqrt{(60\times10^3\times0.5)^2+(0.5\times60\times10^3\times0.2)^2}}{\frac{\pi\times0.2^3}{32}\times\left[1-\left(\frac{160}{200}\right)^4\right]}\text{ Pa}$$

$$=66.01\text{ MPa}<[\sigma]$$

根据第三强度理论,该轴强度安全。

由于危险点的应力状态符合第四强度理论的强度计算式(14-25),把危险截面的内力代入该计算式,有

$$\sigma_{r4}=\frac{\sqrt{M^2+0.75T^2}}{W}=\frac{\sqrt{(Fl)^2+0.75\times\left(\frac{1}{2}FD\right)^2}}{\frac{\pi D^3}{32}(1-\alpha^4)}$$

$$=\frac{\sqrt{(60\times10^3\times0.5)^2+0.75\times(0.5\times60\times10^3\times0.2)^2}}{\frac{\pi\times0.2^3}{32}\times\left(1-\left(\frac{160}{200}\right)^4\right)}\text{ Pa}$$

$$=65.69\text{ MPa}<[\sigma]$$

根据第四强度理论,该轴强度安全。

思 考 题

14-1 什么是组合变形? 当构件发生组合变形时,其强度计算的理论依据是什么?

14-2　斜弯曲与平面弯曲的区别是什么？

14-3　什么是偏心拉伸或压缩？它与轴向拉伸或压缩有何区别？它与拉弯或压弯组合有何区别？

14-4　圆轴双向弯曲时，可将弯矩 M_y 和弯矩 M_z 合成为合弯矩后按平面弯曲公式计算应力。矩形截面梁双向弯曲时，可否将弯矩 M_y 和弯矩 M_z 合成为合弯矩后按平面弯曲公式计算应力？

14-5　一圆截面悬臂梁如图所示，同时受轴向力、横向力和扭转力偶的作用。试指出危险截面和危险点的位置，分析危险点的应力状态，并判断下面两个强度条件中哪个正确？

$$\frac{F}{A}+\sqrt{\left(\frac{M}{W}\right)^2+4\left(\frac{m}{W_t}\right)^2}\leqslant[\sigma]\quad,\quad\sqrt{\left(\frac{F}{A}+\frac{M}{W}\right)^2+4\left(\frac{m}{W_t}\right)^2}\leqslant[\sigma]$$

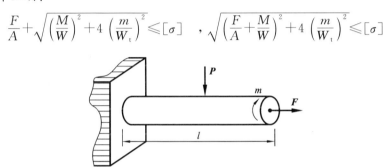

思考题 **14-5** 图

习　题

14-1　悬臂梁一端受横向力 **F** 作用，横截面形状如图所示，且力 **F** 作用线沿着 1—1 线。试分别指出下列各种情况是平面弯曲还是斜弯曲。

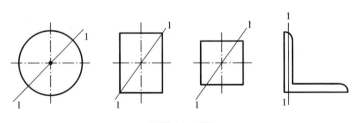

习题 **14-1** 图

14-2　如图所示，悬臂梁上的载荷 $F_1=800$ N，$F_2=1650$ N，$[\sigma]=10$ MPa。若矩形截面 $\dfrac{h}{b}=2$，试确定截面尺寸。

14-3　如图所示工字钢梁，$F=7$ kN，$\varphi=20°$。若材料的 $[\sigma]=160$ MPa，试根据强度条件确定工字钢型号。

14-4　试分别求出如图所示不等截面杆及等截面杆中的最大正应力，并作比较。

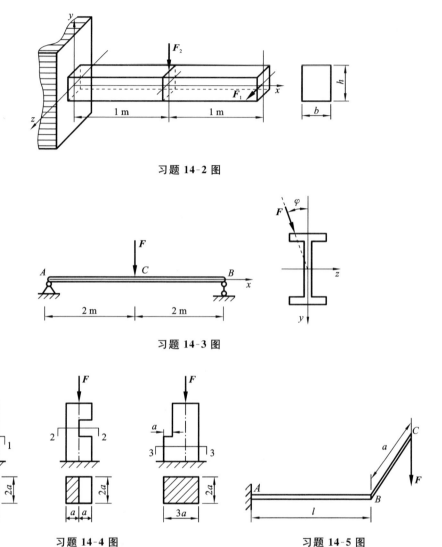

习题 14-2 图

习题 14-3 图

习题 14-4 图　　　　　　　　　　　习题 14-5 图

14-5　如图所示,水平钢折杆 ABC 在自由端受竖向载荷 F 作用。已知 $F=2$ kN,$[\sigma]=100$ MPa,$a=300$ mm,$l=400$ mm。试用第四强度理论设计 AB 段圆轴的直径,并指出危险点及危险点的应力状态。

14-6　材料为灰铸铁 HT15-33 的压力机框架如图所示。许用拉应力 $[\sigma_t]=30$ MPa,许用压应力 $[\sigma_c]=80$ MPa。试校核该框架立柱的强度。

14-7　图示短柱受载荷 F_1 和 F_2 的作用,试求固定端截面上角点 A、B、C 及 D 的正应力,并确定其中性轴的位置。

14-8　短柱的截面形状如图所示,试确定偏心压缩杆件的截面核心。

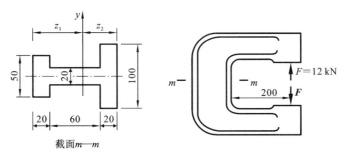

截面*m—m*

习题 14-6 图

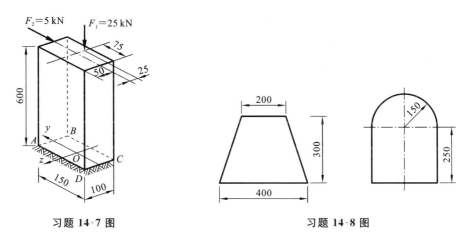

习题 14-7 图

习题 14-8 图

14-9　电动机的功率为 9 kW,转速为 715 r/min,带轮直径 $D=250$ mm,主轴外伸部分长度为 $l=120$ mm,主轴直径 $d=40$ mm。若$[\sigma]=60$ MPa,试用第三强度理论校核该轴的强度。

14-10　图示水平直角折杆受竖直力 **F** 作用,轴直径 $d=100$ mm,$a=400$ mm,$E=200$ GPa,$\mu=0.25$,在 D 截面顶点 K 处测出轴向应变 $\varepsilon=2.75\times10^{-4}$,求该折杆危险点的相当应力 σ_{r3}。

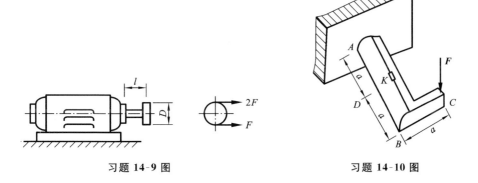

习题 14-9 图

习题 14-10 图

力学史上的明星（十三）

阿尔伯特·爱因斯坦（1879—1955），于 1879 年出生于德国乌尔姆市的一个犹太人家庭（父母均为犹太人），1900 年毕业于苏黎世联邦理工学院，入瑞士国籍。1905 年，爱因斯坦获苏黎世大学物理学博士学位，并提出光子假设，成功解释了光电效应，因此获得 1921 年诺贝尔物理学奖。1905 年创立狭义相对论；1915 年创立广义相对论；1933 年移居美国，在普林斯顿高等研究院任职；1940 年加入美国国籍，同时保留瑞士国籍。1955 年4 月 18 日，爱因斯坦于美国新泽西州普林斯顿市去世，享年 76 岁。

爱因斯坦的理论为核能的开发奠定了理论基础。为帮助对抗纳粹，1939 年他在利奥·西拉德等人的协助下曾致信美国总统富兰克林·罗斯福，直接促成了曼哈顿计划的启动，而二战后他积极倡导和平、反对使用核武器，并签署了《罗素—爱因斯坦宣言》。爱因斯坦开创了现代科学技术新纪元，被公认为是继伽利略之后最伟大的物理学家。1999 年 12 月，爱因斯坦被美国《时代周刊》评选为 20 世纪的"世纪伟人（Person of the Century）"。

以下是爱因斯坦部分生平年表。

1889 年（10 岁）　在医科大学生塔尔梅引导下，读通俗科学读物和哲学著作。

1891 年（12 岁）　爱因斯坦自学欧几里得几何学，对数学感到狂热的喜爱，同时开始自学高等数学。

1895 年（16 岁）　爱因斯坦自学完微积分。同年，爱因斯坦在瑞士苏黎世联邦理工学院的入学考试失败。爱因斯坦开始思考当一个人以光速运动时会看到什么现象，对经典理论的内在矛盾产生困惑。

1896 年（17 岁）　爱因斯坦获阿劳州立中学毕业证书。10 月 29 日，爱因斯坦迁居苏黎世并在联邦理工学院就读。

1900 年（21 岁）　8 月，爱因斯坦毕业于苏黎世联邦理工大学；12 月完成论文《由毛细管现象得到的推论》，次年发表在莱比锡《物理学杂志》上并加入瑞士国籍。

1905 年（26 岁）　3 月，爱因斯坦发表"量子论"，提出光量子假说，解决了光电效应问题。4 月，向苏黎世大学提出论文《分子大小的新测定法》，取得博士学位。5 月，完成论文《论动体的电动力学》，独立而完整地提出狭义相对性原理，开创物理学的新纪元。这一年因此被称为"爱因斯坦奇迹年"。

1915 年(36 岁)　11 月,爱因斯坦提出广义相对论引力方程的完整形式,并且成功地解释了水星近日点运动。

1916 年(37 岁)　3 月,爱因斯坦完成总结性论文《广义相对论的基础》。5 月,爱因斯坦又提出宇宙空间有限无界的假说。8 月,完成论文《关于辐射的量子理论》,总结量子论的发展,提出受激辐射理论。

1917 年(38 岁)　列宁领导的苏联社会主义革命胜利后,爱因斯坦非常支持这个伟大的革命,赞扬这是一次对全世界将有决定性意义的、伟大的社会实践,并表示:"我尊敬列宁,因为他是一位有完全自我牺牲精神,全心全意为实现社会正义而献身的人。我并不认为他的方法是切合实际的,但有一点可以肯定:像他这种类型的人,是人类良心的维护者和再造者。"

第15章 压杆稳定

15.1 压杆稳定概述

1. 稳定性问题

早在 18 世纪中叶,欧拉就提出了关于压杆稳定性的理论,但是这一理论在当时没有受到人们的重视,而且由于最初提出的公式有误,并没有在工程中得到应用,原因是当时常用的工程材料是铸铁、砖石等脆性材料,这些材料不易制成细长压杆、薄板、薄壳。随着冶金工业和钢铁工业的发展,压延的细长杆和薄板开始得到应用。19 世纪末 20 世纪初,欧美各国相继兴建一些大型工程,工程师们在设计时,忽略杆件体系或杆件本身的稳定性问题,从而造成许多严重的工程事故。例如:19 世纪末,瑞士的孟希太因大桥的桁架结构,双机车牵引列车超载导致受压弦杆失稳,从而使桥梁破坏,造成 200 人遇难。这种弦杆的失稳往往具有突然性,使整个工程或结构快速坍塌,造成严重危害。由于工程事故不断发生,因此稳定性问题在工程中引起高度重视。随着现代大跨度超高层钢结构和轻型桁架结构的发展和建设,以及重型、超重型机械在工程上的应用,稳定性问题的研究仍然是工程热点问题之一。

2. 平衡的三种状态

物体受到扰动稍微偏离它原来的平衡位置,在扰动消除后如果它能够回到原来的平衡位置,这种平衡状态叫作**稳定平衡**。若扰动消除后它不能回到原来的平衡位置,这种平衡叫作**不稳定平衡**。在图 15-1 中,均质矩形薄板中间铰分别位于重心的正上方、正下方和重心处。薄板在重力和约束反力的作用下,图 15-1(a)、(b)、(c)所示均处于平衡状态。但是,图 15-1(a)所示的平衡状态是稳定的,图 15-1(b)和(c)所示的平衡状态却是不稳定的。而图 15-1(b)和(c)所示情况又有所不

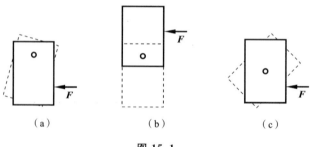

(a)   (b)   (c)

图 15-1

同,其中图 15-1(b)所示薄板最终会在重心最低的位置上平衡,而图 15-1(c)所示薄板却可以在任意位置上平衡,这种平衡叫作**随遇平衡**。它也是稳定平衡与不稳定平衡的分界,并被称为**临界平衡**或**中性平衡**。

3. 弹性压杆的稳定性

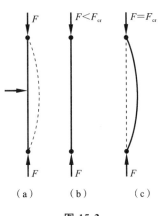

图 15-2

所谓弹性压杆的稳定性,是指弹性压杆在轴向压力作用下保持直线位形的平衡状态的能力。设一等截面细长直杆(理想压杆)受无偏心的轴向压力作用,杆件处于直线形状下的平衡。为判断平衡的稳定性,可以加一横向干扰力,使杆件发生微小的弯曲变形(见图 15-2(a)),然后撤销此横向干扰力。当轴向压力较小时,撤销横向干扰力后杆件能够恢复到原来的直线平衡状态(见图 15-2(b)),则原有的平衡状态是稳定平衡状态;当轴向压力增大到某一极限值时,撤销横向干扰力后杆件不能再恢复到原来的直线平衡状态(见图 15-2(c)),则原有的平衡状态是不稳定平衡状态。压杆由稳定平衡过渡到不稳定平衡时所受轴向压力称为**临界压力**,或简称**临界力**,用 F_{cr} 表示。当 $F = F_{cr}$ 时,压杆处于稳定平衡与不稳定平衡的临界状态,称为临界平衡状态,这种状态的特点是:不受横向干扰时,压杆可在直线位置保持平衡;若受微小横向干扰并将干扰撤销后,压杆又可在微弯位置维持平衡。因此临界平衡状态具有**两重性**。

这类细长压杆比较多,例如:内燃机配气机构中的推杆,当推动摇臂打开气阀时就受压力作用;磨床液压装置的活塞杆,当驱动工作台移动时受到压力作用;图 15-3 所示矿山机械中的液压支架,图 15-4 所示钢结构的某些杆件;建筑物中的立柱;等等。除此之外,还有很多其他形式的工程构件同样存在稳定性问题,例如薄

图 15-3

图 15-4

壁杆件的扭转与弯曲、薄壁容器承受外压及薄拱等都存在稳定性问题。图 15-5 中列举了几种薄壁结构的失稳现象。本章只讨论压杆的稳定性问题。

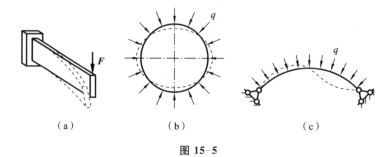

（a） （b） （c）

图 15-5

15.2 两端铰支细长压杆的临界压力

设两端为球铰的细长压杆处于微弯平衡。选取坐标系如图 15-6 所示。

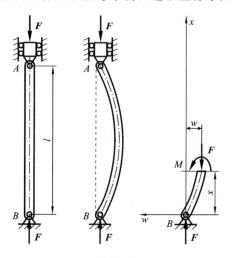

图 15-6

距原点为 x 的任意截面的挠度为 w，弯矩 M 的绝对值为 Fw。若取压力 F 的绝对值计算，则 w 为正时，M 为负；w 为负时，M 为正。即 M 与 w 的符号相反，所以

$$M = -Fw \tag{15-1}$$

对微小的弯曲变形，挠曲线的近似微分方程为

$$\frac{\mathrm{d}^2 w}{\mathrm{d}x^2} = \frac{M}{EI} \tag{15-2}$$

将弯矩方程（15-1）代入挠曲线的近似微分方程（15-2），得

$$\frac{\mathrm{d}^2 w}{\mathrm{d}x^2} = -\frac{Fw}{EI} \tag{15-3}$$

引入

$$k^2 = \frac{F}{EI} \tag{15-4}$$

则有

$$\frac{\mathrm{d}^2 w}{\mathrm{d}x^2} + k^2 w = 0 \tag{15-5}$$

微分方程(15-5)的通解为

$$w = C_1 \cos kx + C_2 \sin kx \tag{15-6}$$

式中:C_1、C_2 为积分常数,由边界条件确定。当 $x=0$ 时,$w=0$,则 $C_1=0$;当 $x=l$ 时,$w=0$,则 $C_2 \sin kl = 0$。显然 $C_2 \neq 0$,因为若 $C_2 = 0$,则 $w=0$,这表示杆件轴线任一点的挠度为零,轴线始终为直线。这与杆件失稳轴线微弯的假设相矛盾。因此只有

$$\sin kl = 0$$

于是

$$kl = 0, \pi, 2\pi, 3\pi, \cdots$$

或

$$kl = n\pi (n = 0, 1, 2, \cdots)$$

故

$$k = \frac{n\pi}{l} \tag{15-7}$$

由

$$k^2 = \frac{F}{EI} = \frac{n^2 \pi^2}{l^2}$$

得

$$F = \frac{n^2 \pi^2 EI}{l^2} \tag{15-8}$$

由此可见:压杆轴线为曲线状态平衡时,压力有多个值满足条件。我们要求的是其中的最小值,但 $n=0$ 时,$F_{cr}=0$,显然无意义. 所以 n 的合理的最小值是 1,于是得到使压杆保持微弯平衡时的**临界压力**为

$$F_{cr} = \frac{\pi^2 EI}{l^2} \tag{15-9}$$

式(15-9)即为两端铰支细长压杆临界压力的**欧拉公式**。该公式是瑞士科学家欧拉(L. Euler)在 1744 年提出的,所以叫作欧拉公式。人们把两端铰支的理想压杆称为**欧拉压杆**。以下作三点讨论。

(1) 截面的惯性矩 I 是多值的,当端部各个方向的约束相同(如球形铰链等)时,式(15-9)中的 I 为杆横截面的最小形心主惯性矩。这是因为压杆失稳时,总是在抗弯能力最小的纵向平面(即最小刚度平面)内弯曲。

（2）式（15-6）中的 $C_1=0$，$k=\dfrac{n\pi}{l}$，于是可得临界状态的弹性曲线方程为

$$w=C_2\sin\frac{n\pi x}{l} \tag{15-10}$$

当 $n=1$ 时，$w=C_2\sin\dfrac{\pi x}{l}$（1 个半波正弦曲线），

$$F_{\mathrm{cr}}=\frac{\pi^2EI}{l^2}$$

当 $n=2$ 时，$w=C_2\sin\dfrac{2\pi x}{l}$（2 个半波正弦曲线），

$$F_{\mathrm{cr}}=\frac{4\pi^2EI}{l^2}$$

……

在高阶临界压力下，压杆轴线变为 2 个、3 个……半波正弦曲线，其形式是不稳定的，只有当中间有约束时，才能转为稳定。

（3）最大的挠度显然发生在杆件的中点处。当 $x=\dfrac{l}{2}$ 时，$w\left(\dfrac{l}{2}\right)=w_0$，于是由式（15-10）得 $C_2=\pm w_0$，所以弹性曲线方程的最后形式为

$$w=w_0\sin\frac{\pi x}{l} \tag{15-11}$$

式中：w_0 是微量，其值视干扰大小而定。这表明：与直线平衡构形无限接近的微弯曲位移是不确定的。这与推导欧拉公式时假定杆件轴线为任意微弯构形相一致，这是小挠度理论中应用了挠曲线近似微分方程所致。

本节求 F_{cr} 的方法叫作**微分方程法**或**临界平衡法**，其思路是：从临界平衡状态的微弯曲线取分离体，建立临界平衡方程，再转换为弹性曲线的微分方程式，在不能让通解的全部积分常数都等于零的条件下得到稳定方程式，从而得出临界压力。

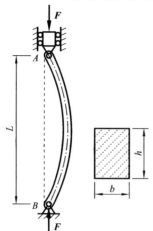

图 15-7

【例 15-1】 试求图 15-7 所示松木压杆的临界压力。已知弹性模量 $E=9\ \mathrm{GPa}$，矩形截面的尺寸为：$b=0.5\ \mathrm{cm}$，$h=3\ \mathrm{cm}$。杆长 $L=1\ \mathrm{m}$。

【解】　先计算横截面的惯性矩：

$$I_{\min}=\frac{hb^3}{12}=\frac{3\times10^{-2}\times(5\times10^{-3})^3}{12}\ \mathrm{m^4}=\frac{1}{32\times10^8}\ \mathrm{m^4}$$

杆的两端可简化为铰支，则由欧拉公式可得其临界压力为

$$F_{\mathrm{cr}}=\frac{\pi^2EI}{L^2}=\frac{\pi^2\times9\times10^9}{1^2\times32\times10^8}\ \mathrm{N}=27.8\ \mathrm{N}$$

所以,当轴向压力达到 27.8 N 时,此杆就会丧失其原有的稳定性。

15.3　其他约束条件下细长压杆的临界压力

　　上节导出的是两端铰支压杆的临界压力公式,当工程实际的压杆约束情况改变时,压杆的挠曲线近似微分方程和挠曲线的边界条件也随之改变,因而临界压力的数值也不相同,但基本分析方法和分析过程却是类似的。现以一端固定一端铰支的压杆(见图 15-8)为例,对其临界压力的计算公式进行推导。

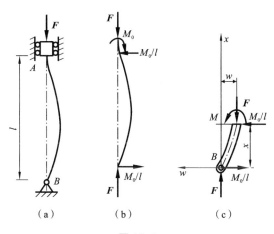

图 15-8

　　设固定端力矩为 M_0,根据杆件的整体平衡条件,两端有水平反力 M_0/l。取 x 截面以下部分为分离体,如图 15-8(c)所示,以 x 截面的形心为矩心建立力矩平衡方程,得

$$M = Fw - M_0 x/l \tag{a}$$

再由 $M = -EIw''$ 得微分方程

$$EIw'' + Fw = M_0 x/l \tag{b}$$

或

$$w'' + k^2 w = \frac{M_0 x}{EIl} \tag{c}$$

式中:$k^2 = \dfrac{F}{EI}$。微分方程(c)的解是

$$w = C_1 \cos kx + C_2 \sin kx + \frac{M_0}{F} \cdot \frac{x}{l} \tag{d}$$

　　由边界条件:

　　(1) 当 $x = 0$ 时,$w = 0$;

　　(2) 当 $x = l$ 时,$\dfrac{\mathrm{d}w}{\mathrm{d}x} = 0$;

得

$$C_1 = 0, \quad C_2 = -\frac{M_0}{F} \cdot \frac{1}{kl\cos kl} \qquad (e)$$

于是

$$w = \frac{M_0}{F}\left(\frac{x}{l} - \frac{\sin kx}{kl\cos kl}\right) \qquad (f)$$

再由边界条件:

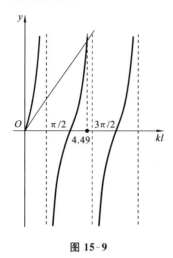

（3）当 $x = l$ 时, $w = 0$；

得稳定方程

$$\tan kl = kl \qquad (g)$$

可用图解法求解此超越方程,如图 15-9 所示。以 kl 为横坐标,作曲线 $y = \tan kl$ 和斜直线 $y = kl$,其中最小非零解为

$$kl = 4.493$$

由此得

$$F_{cr} = \frac{20.2EI}{l^2} = \frac{\pi^2 EI}{(0.7l)^2} \qquad (15\text{-}12)$$

和

$$w = \frac{M_0}{F}\left[\frac{x}{l} + 1.02\sin\left(4.49\,\frac{x}{l}\right)\right] \quad (15\text{-}13)$$

图 15-9

图 15-10 所示几种常见的杆端约束情况的临界压力和弹性曲线形式,都可以由微分方程法推导而得。

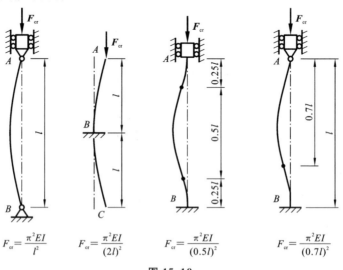

图 15-10

它们的临界压力表达式可统一写成

$$F_{cr} = \frac{\pi^2 EI}{l_0{}^2} \tag{15-14}$$

或

$$F_{cr} = \frac{\pi^2 EI}{(\mu l)^2} \tag{15-15}$$

其中：

$$l_0 = \mu l \tag{15-16}$$

l 是实际长度，μ 叫作**长度系数**。l_0 称为压杆的**计算长度**或**有效长度**，其物理意义可从细长压杆失稳时挠曲线形状的比拟来说明：因压杆失稳时挠曲线上拐点处的弯矩为零，故可设想拐点处有一铰，而将压杆挠曲线上两拐点之间的一段看作两端铰支压杆，并利用两端铰支压杆的欧拉公式得到原支承条件下压杆的临界压力 F_{cr}。这两拐点之间的长度即为原压杆的计算长度。

现把常见四种情况下的长度系数列于表 15-1 中。

表 15-1　四种常见情况下的压杆长度系数

压杆的约束条件	长度系数 μ
两端铰支	1
一端固定一端自由	2
一端固定一端铰支	0.7
两端固定	0.5

实际支承应简化成什么样的计算简图？它的计算长度如何确定？设计时都必须遵循设计规范。

需要注意的是：上述临界压力计算公式，只有在微弯曲状态下压杆仍处于弹性状态时才是成立的。利用欧拉公式计算细长压杆临界压力时，如果杆端在各个方向的约束情况相同（如球形铰等），则 I 应取最小的形心主惯性矩；如果杆端在不同方向的约束情况不同（如柱形铰等），则 I 应取相应的弯曲变形横截面对其中性轴的惯性矩。

15.4　欧拉公式的适用范围及经验公式

1. 柔度的定义

当中心压杆所受压力等于临界压力仍处于直线平衡状态时，其横截面上的压应力称为**临界应力**，以记号 σ_{cr} 表示。设横截面面积为 A，则

$$\sigma_{cr} = \frac{F_{cr}}{A} = \frac{\pi^2 E}{(\mu l)^2} \cdot \frac{I}{A} \tag{15-17}$$

而 $\dfrac{I}{A} = i^2$，i 是横截面的惯性半径，于是得

$$\sigma_{cr}=\frac{\pi^2 E}{\left(\dfrac{\mu l}{i}\right)^2} \tag{15-18}$$

引入

$$\lambda=\frac{\mu l}{i} \tag{15-19}$$

λ 称为压杆的**长细比**或**柔度**,为一个无量纲量,集中反映了压杆的长度、约束条件、横截面尺寸、形状对临界应力的影响。这样欧拉公式也可以表示为

$$\sigma_{cr}=\frac{\pi^2 E}{\lambda^2} \tag{15-20}$$

对同一材料而言,$\pi^2 E$ 是一常数,因此 λ 的值决定着 σ_{cr} 的大小,长细比 λ 越大,临界应力 σ_{cr} 越小。

2. 欧拉公式的适用范围

欧拉公式导出时应用了弯曲变形的挠曲线近似微分方程 $\dfrac{\mathrm{d}^2 w}{\mathrm{d}x^2}=\dfrac{M}{EI}$,而材料服从胡克定律是该微分方程的基本前提条件之一,因此要求

$$\sigma_{cr}\leqslant\sigma_p \tag{15-21}$$

即

$$\frac{\pi^2 E}{\lambda^2}\leqslant\sigma_p \tag{15-22}$$

或

$$\lambda\geqslant\sqrt{\frac{\pi^2 E}{\sigma_p}} \tag{15-23}$$

令

$$\lambda_1=\sqrt{\frac{\pi^2 E}{\sigma_p}} \tag{15-24}$$

则式(15-23)可写成

$$\lambda\geqslant\sqrt{\frac{\pi^2 E}{\sigma_p}}=\lambda_1 \tag{15-25}$$

满足式(15-25)的压杆称为**细长杆**或**大柔度杆**。这就是欧拉公式的适用范围。λ_1 称为第一界限柔度,由公式(15-24)可知它只与材料性质有关,不同的材料,λ_1 的数值是不同的。对于 Q235 钢,$E=206\ \mathrm{GPa}$,$\sigma_p=200\ \mathrm{MPa}$,则

$$\lambda_1=\sqrt{\frac{\pi^2 E}{\sigma_p}}=\sqrt{\frac{\pi^2\times(206\times10^9\ \mathrm{Pa})}{200\times10^6\ \mathrm{Pa}}}\approx100$$

而对于镍钢(含镍 3.5%),$E=215\ \mathrm{GPa}$,$\sigma_p=490\ \mathrm{MPa}$,则

$$\lambda_1=\sqrt{\frac{\pi^2\times(215\times10^9\ \mathrm{Pa})}{490\times10^6\ \mathrm{Pa}}}\approx65.8$$

对于松木，$E = 9$ GPa，$\sigma_p = 20$ MPa，则

$$\lambda_1 = \sqrt{\frac{\pi^2 \times (9 \times 10^9 \text{ Pa})}{20 \times 10^6 \text{ Pa}}} \approx 66.6$$

3. 临界应力总图

若压杆的柔度 $\lambda < \lambda_1$，则临界应力 σ_{cr} 会大于材料的比例极限 σ_p，欧拉公式已不能适用，属于超过比例极限 σ_p 的压杆稳定性问题。常见的压杆，如内燃机的某些连杆、螺旋千斤顶的螺杆等，其柔度 λ 往往较 λ_1 小，此时分两种情况考虑。

第一种情况：工程上处理这类柔度 $\lambda < \lambda_1$ 且具有稳定性问题的压杆，一般采用以试验结果为依据的经验公式。常见的经验公式一般有直线型公式和抛物线型公式两种。

直线型公式根据统计数据将临界应力 σ_{cr} 同压杆的柔度 λ 表示为以下直线方程：

$$\sigma_{cr} = a - b\lambda \qquad (15\text{-}26)$$

式中：a 和 b 是与材料力学性能有关的常数。一些常用材料 a 和 b 的值见表 15-2。

表 15-2 直线型公式中的常数值

材料（σ_b，σ_s 的单位为 MPa）	a/MPa	b/MPa
Q235 钢 $\sigma_s = 235$，$\sigma_b \geqslant 372$	304	1.12
优质碳钢 $\sigma_s = 306$，$\sigma_b \geqslant 471$	461	2.568
硅钢 $\sigma_s = 353$，$\sigma_b \geqslant 510$	578	3.744
铬钼钢	9807	5.296
铸铁	332.3	1.454
铝合金	373	2.15
松木	28.7	0.19

显然临界应力不应该大于材料的极限应力（塑性材料取屈服极限），因此直线型经验公式也有其适用范围。应用式（15-26）时柔度 λ 应有一个最低界限，对于塑性材料

$$\sigma_{cr} = a - b\lambda \leqslant \sigma_s \qquad (15\text{-}27)$$

则

$$\lambda \geqslant \frac{a - \sigma_s}{b} = \lambda_2 \qquad (15\text{-}28)$$

λ_2 是使用直线型公式的最小柔度。所以 $\lambda_2 \leqslant \lambda < \lambda_1$ 的压杆可使用直线型经验公式（15-26）计算其临界应力，这样的压杆称为**中柔度杆**或**中长压杆**。

第二种情况：对于柔度很小的短杆，如受压的金属短柱和建筑水泥块体，受压

时不会发生弯曲变形,而是应力达到了塑性材料的屈服极限,或是脆性材料的强度极限而失效,是一个强度问题。我们将 $\lambda < \lambda_2$ 的压杆称为**小柔度杆**或**短粗杆**。对于小柔度杆,不会因失稳而破坏,只会因压应力达到极限应力而破坏,属于强度破坏,因此小柔度杆的临界应力即为极限应力,即

$$\begin{cases} \sigma_{cr} = \sigma_s \\ \sigma_{cr} = \sigma_b \end{cases} \quad (\lambda \leqslant \lambda_2) \quad\quad (15\text{-}29)$$

综上所述,临界应力 σ_{cr} 随压杆柔度 λ 而不同,即不同的柔度,临界应力 σ_{cr} 应按相应的公式来计算,如表 15-3 所示。

表 15-3　不同压杆临界应力计算公式

杆件性质	适用范围	σ_{cr} 计算公式	λ 及其界值计算公式
大柔杆	$\lambda \geqslant \lambda_1$	$\sigma_{cr} = \dfrac{\pi^2 E}{\lambda^2}$	$\lambda = \dfrac{\mu l}{i}$
中柔杆	$\lambda_2 \leqslant \lambda < \lambda_1$	$\sigma_{cr} = a - b\lambda$	$\lambda_1 = \sqrt{\dfrac{\pi^2 E}{\sigma_p}}, \lambda_2 = \dfrac{a - \sigma_s}{b}$
小柔杆	$\lambda < \lambda_2$	$\sigma_{cr} = \sigma_s$	$\lambda_2 = \dfrac{a - \sigma_s}{b}$

与直线型经验公式相类似的另一个经验公式是抛物线型公式,它将临界应力 σ_{cr} 同压杆的柔度 λ 表示为以下抛物线方程:

$$\sigma_{cr} = a_1 - b_1 \lambda^2 \quad \lambda_2 < \lambda < \lambda_1 \quad\quad (15\text{-}30)$$

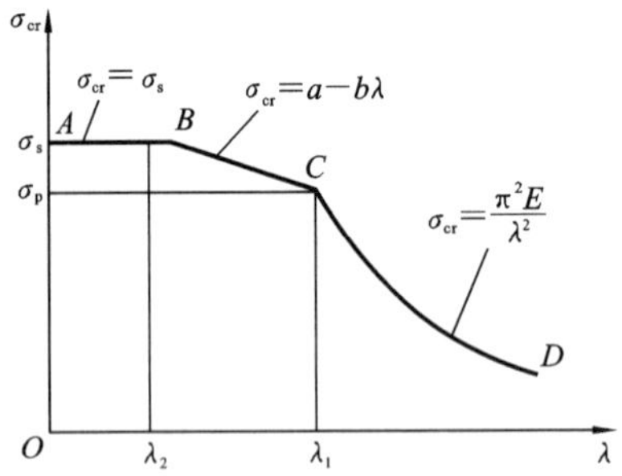

图 15-11

式中:a_1 和 b_1 是与材料力学性能有关的常数。在我国钢结构设计规范中,结构钢、低合金钢等就是对以 σ_s 为极限应力的材料制成的中长杆提出了抛物线型经验公式。

如图 15-11 所示,将临界应力 σ_{cr} 表示成随柔度 λ 变化的图线称为**临界应力总图**。图 15-11 中对于中柔度杆件采用的是直线型经验公式。值得注意的是:失稳是考虑杆的整体变形,局部削弱(如螺钉孔等)对整体变形影响很小,计算 A、I 时可忽略削弱的尺寸。

【例 15-2】 图 15-12 所示结构,AB 杆为圆截面杆,$d = 80$ mm,A 处为固定端,B、C 处为球铰,BC 杆横截面为正方形,边长为 $c = 80$ mm,两杆材料均为 Q235 钢,$E = 206$ GPa,$\sigma_p = 200$ MPa,$\sigma_s = 235$ MPa。若 AB 杆和 BC 杆各自独立变形,

互不影响,试计算其临界压力 F_{cr}。

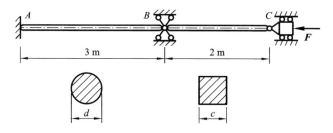

图 15-12

【解】 (1)取 AB 杆为研究对象,一端固定,一端铰支,长度系数 $\mu=0.7$,惯性半径为

$$i=\sqrt{\frac{I}{A}}=\sqrt{\frac{\dfrac{\pi d^4}{64}}{\dfrac{\pi d^2}{4}}}=\frac{d}{4}=\frac{80}{4}\text{ mm}=20\text{ mm}$$

AB 杆件的柔度为

$$\lambda=\frac{\mu l}{i}=\frac{0.7\times3000}{20}=105$$

杆件的材料为 Q235 钢,故第一界限柔度为

$$\lambda_1=\sqrt{\frac{\pi^2 E}{\sigma_p}}=\sqrt{\frac{\pi^2\times206\times10^9}{200\times10^6}}=101$$

因为 $\lambda>\lambda_1$,所以 AB 杆件为大柔度杆,采用欧拉公式

$$\sigma_{cr}=\frac{\pi^2 E}{\lambda^2}=\frac{\pi^2\times206\times10^9}{105^2}\text{ Pa}=184\text{ MPa}$$

$$F_{cr}=\sigma_{cr}A=184\times10^6\times\frac{\pi\times(80\times10^{-3})^2}{4}\text{ N}=925\times10^3\text{ N}=925\text{ kN}$$

(2)取 BC 杆为研究对象,两端铰支,长度系数 $\mu=1$,惯性半径为

$$i=\sqrt{\frac{I}{A}}=\sqrt{\frac{c^4/12}{c^2}}=\frac{c}{\sqrt{12}}=\frac{80}{\sqrt{12}}\text{ mm}=23.1\text{ mm}$$

BC 杆件的柔度为

$$\lambda=\frac{\mu l}{i}=\frac{1\times2000}{23.1}=86.6$$

杆件的材料为 Q235 钢,查表 15-2,故第二界限柔度为

$$\lambda_2=\frac{a-\sigma_s}{b}=\frac{304-235}{1.12}=61.6$$

因为 $\lambda_2<\lambda<\lambda_1$,所以 BC 杆件为中柔度杆,采用直线型公式,查表 15-3 可知:

$$\sigma_{cr} = a - b\lambda = (304 - 1.12 \times 86.6)\ \text{MPa} = 207\ \text{MPa}$$

$$F_{cr} = \sigma_{cr}A = 207 \times 10^6 \times 80^2 \times 10^{-6}\ \text{N} = 1324.8\ \text{kN}$$

比较之后,知临界压力 F_{cr} 为 925 kN。

15.5　压杆的稳定校核

与压杆的强度计算相似,在对压杆进行稳定计算时,不能使压杆的实际工作应力达到临界应力 σ_{cr},需要确定一个适当低于临界应力的**稳定许用应力**$[\sigma_{cr}]$。

$$[\sigma_{cr}] = \frac{\sigma_{cr}}{n_{st}} \tag{15-31}$$

式中:n_{st} 为**稳定安全系数**,其值随压杆的柔度 λ 而变化,一般来说 n_{st} 随着柔度 λ 的增大而增大。工程实际中的压杆都不同程度地存在着某些缺陷,如杆件的初偏心、初弯曲、材料的不均匀和支座缺陷等。这些缺陷都严重地影响了压杆的稳定性,降低了临界压力。因此稳定安全系数一般规定得比强度安全系数要大些。例如对于一般钢构件,其强度安全系数规定为 1.4~1.7,而稳定安全系数规定为 1.5~2.2,甚至更大。关于稳定安全系数 n_{st},一般可以在设计手册或规范中查到。压杆的**稳定条件**是使压杆的实际工作压应力不能超过稳定许用应力$[\sigma_{cr}]$,即

$$\frac{F}{A} \leqslant [\sigma_{cr}] \tag{15-32}$$

通过上面章节的讨论,对于各种柔度的压杆,总可以通过相应的公式求出临界应力,然后乘以横截面面积 A,得到临界压力 F_{cr}。F_{cr} 与工作压力 F 的比值为**工作安全系数**n,显然要使压杆安全,n 应该大于规定的稳定安全系数 n_{st},这样压杆**稳定条件**也可以表示为

$$n = \frac{F_{cr}}{F} \geqslant n_{st} \tag{15-33}$$

稳定性计算同强度计算一样,主要解决稳定性校核、选择横截面、确定许用载荷三方面的问题。正如上节所述,横截面的局部削弱对整个杆件的稳定性影响不大,因此在稳定性计算中横截面面积一般按毛面积进行计算,但需要对该处进行强度校核。

【例 15-3】　一搓丝机连杆,尺寸如图 15-13 所示,材料为 45 号优质钢,$E = 210$ GPa,$\sigma_p = 240$ MPa,$\sigma_s = 400$ MPa,连杆受轴向压力 $F = 120$ kN 作用,若取稳定安全系数 $n_{st} = 3$,试校核连杆的稳定性。

【解】　柱形铰连杆,在两个相互正交的平面内其约束性质是不同的。在摆动平面 Oxy 内,连杆两端简化为铰支;在 Oxz 平面内,连杆两端简化为固定支座。

(1) 在 Oxy 平面内,两端为铰支绕 z 弯曲,$\mu = 1$,则惯性半径和柔度分别为

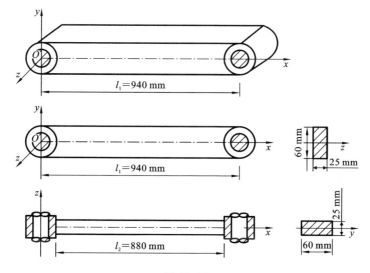

图 15-13

$$i_z = \sqrt{\frac{I_z}{A}} = \sqrt{\frac{bh^3/12}{bh}} = \frac{h}{2\sqrt{3}} = \frac{60}{2\sqrt{3}} \text{ mm} = 17.3 \text{ mm}$$

$$\lambda_z = \frac{\mu l_1}{i_z} = \frac{1 \times 940}{17.3} = 54.3$$

（2）在 Oxz 平面内，两端简化为固定支座，绕 y 轴弯曲，$\mu = 0.5$，则惯性半径和柔度分别为

$$i_y = \sqrt{\frac{I_y}{A}} = \sqrt{\frac{hb^3/12}{bh}} = \frac{b}{2\sqrt{3}} = \frac{25}{2\sqrt{3}} \text{ mm} = 7.22 \text{ mm}$$

$$\lambda_y = \frac{\mu l_2}{i_y} = \frac{0.5 \times 880}{7.22} = 61$$

因为 $\lambda_y > \lambda_z$，所以在 Oxz 平面内连杆较易失稳，即绕 y 轴易失稳。

（3）材料为 45 号钢属优质碳钢，第一界限柔度为

$$\lambda_1 = \sqrt{\frac{\pi^2 E}{\sigma_p}} = \sqrt{\frac{\pi^2 \times 210 \times 10^9}{240 \times 10^6}} = 93$$

查表 15-2 得：$a = 461$ MPa；$b = 2.568$ MPa。第二界限柔度为

$$\lambda_2 = \frac{a - \sigma_s}{b} = \frac{461 - 400}{2.568} = 23.8$$

因为 $\lambda_2 < \lambda_y < \lambda_1$，所以压杆为中柔度杆，故采用直线型公式，临界应力和临界压力分别为

$$\sigma_{cr} = a - b\lambda = (461 - 2.568 \times 61) \text{ MPa} = 304 \text{ MPa}$$

$$F_{cr} = \sigma_{cr} A = 304 \times 10^6 \times 60 \times 10^{-3} \times 25 \times 10^{-3} \text{ N} = 456 \times 10^3 \text{ N} = 456 \text{ kN}$$

工作安全系数为

$$n = \frac{F_{cr}}{F} = \frac{456}{120} = 3.8 > n_{st} = 3$$

所以满足稳定性要求。

我国钢结构设计规范中，对于轴心受压的杆件，其稳定条件是

$$\frac{F_N}{\varphi A} \leqslant f \qquad\qquad (15-34)$$

式中：F_N 为压杆轴力；f 为材料强度设计值，与材料有关；φ 称为**折减系数**或**稳定系数**。φ 定义如下：

$$\varphi = \frac{[\sigma_{cr}]}{[\sigma]} \qquad\qquad (15-35)$$

因 σ_{cr} 和 n_{st} 均随压杆的柔度而变化，因此 φ 是 λ 的函数，与压杆的材料、截面形状和尺寸有关，其值在 0～1 内。在压杆的截面设计过程中，f 和 φ 可从规范里查到，但不能通过稳定条件求得两个未知量，因此通常采用试算法。由于涉及与规范有关的内容较多，这里就不再举例。

15.6　提高压杆稳定性的措施

要想提高压杆的稳定性，就得设法提高压杆的临界压力。压杆的临界压力是从稳定状态过渡到不稳定状态的极限载荷。临界压力数值越大，则压杆的稳定性越好。因此，如果想提高压杆的稳定性，就需从影响临界压力的因素出发，探讨提高压杆稳定性的措施，设法提高其临界压力的数值。从临界压力或临界应力的计算公式可以看出，影响临界压力主要有四个因素：压杆的截面形状、压杆的长度、支撑情况及材料性质。

1. 减小压杆长度

由于临界压力 F_{cr} 与杆长 l 的平方成反比，因此在结构许可情况下，应尽可能减小压杆长度，这是提高临界压力的最有效的方法。有时也可通过改变结构或增加支点以达到减小长度之目的。如图 15-14 所示的桁架结构，加入中间铰，减小杆长，可有效提高临界压力。如果结构不允许减小杆长，也可用增加中间支座的办法使其减小跨长，达到提高稳定性的目的。例如，在图 15-15 所示的两端铰支压杆的中点增加一个支承，其临界压力可增为原来的四倍。在大型车床的丝杠上设有数

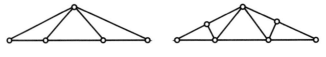

图 15-14

个中间支承,其中一个重要的目的就是提高它的稳定性。

2. 改善压杆的约束条件

从前面15.3节的讨论可以看出,杆端约束的类型决定着长度系数的数值,而临界压力 F_{cr} 与长度系数 μ 的平方成反比,约束的刚性越强,μ 值就越小,柔度也愈小,临界压力就越大。因此,通过增大杆端支承的刚性从而增加约束刚性,可以达到提高稳定性的目的。如把两端铰支压杆改为两端固定,压杆的临界压力就是原来的四倍。

工程上认为滑动轴承的长短对轴的约束是不同的,滑动轴承较长,则约束类型接近固定端;轴承较短,则约束类型接近铰支。工程上规定,当轴承长 $l>3d$,按固定端考虑;当 $l<1.5d$,则按铰支考虑。因此,在条件允许的情况下,适当地增加轴承长度也可提高压杆的稳定性。

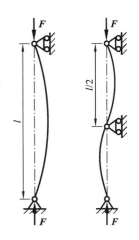

图 15-15

对于用型钢组合的截面,连板与杆件焊接、铆接或用螺栓连接,都要保证具有足够的强度和刚度,保证不产生相对位移。为确保安全,往往把这些连接处都抽象为铰支。一般来讲,增强对压杆的约束,使它不容易发生弯曲变形就可以增强其稳定性。

3. 选择合理的截面形状

从欧拉公式和经验公式(直线型公式和抛物线型公式)都可以看出:柔度 λ 越小,临界应力越大。而由柔度 λ 的定义($\lambda=\mu l/i$ 和 $i=\sqrt{I/A}$)来看,在压杆长度、约束及横截面面积不变的情况下,增大惯性矩 I(即增大惯性半径 i)就能减小柔度,从而提高临界压力。这样我们可从以下几个方面来考虑:

(1)在截面面积不变的情况下,增大惯性矩的办法是尽可能地把材料分布在离形心较远的地方,可采用空心截面杆或采用型钢制成的组合截面杆。如将图15-16(a)所示截面改为图15-16(b)所示截面,则显然这种设计将更为合理。大型结构的压杆常采用组合压杆的形式,例如建筑物中的柱和桥梁桁架中的压杆常采用图15-17(a)所示缀条式或缀板式的组合压杆,在不增大截面尺寸的前提下,如将型钢组合由图15-17(b)变成图15-17(c)所示形式,使两个型钢分开一定的距离,从而获得较大的 I,增强了稳定性。但是需要注意,不能过分追求增大 I 值而使空心截面杆壁太薄,从而引起局部失稳;也不能使组合截面中各型钢之间距离过大,在这种情况下,各型钢作为独立的压杆,存在局部失稳问题,稳定性反而降低。要用足够的且尺寸较大的连接板把分开放置的型钢连成一个整体使其局部和整体的稳定性尽可能接近。

(2)若两个纵向平面内的约束情况相同,即长度系数 μ 相同,此时要提高临界压力则要使截面对两个主形心轴的惯性半径相等,或接近相等。这时,可采用圆形、环形或正方形之类的截面,使压杆在任一纵向平面内的柔度都相等或接近相等,从而使其在任一纵向平面内有相等或接近相等的稳定性。对于用型钢组成的组合压杆,也应尽量采取措施,使其 $I_y = I_z$。如图 15-18 所示,用二槽钢组成的压杆,将二槽钢拉开合理的距离,使 $I_y = I_z$,方案(b)(c)较(a)更为合理。

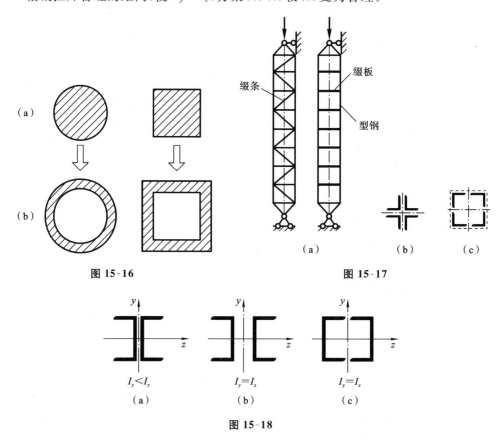

（a）

（b）

图 15-16

绶条

绶板

型钢

（a）　　　　（b）　　　　（c）

图 15-17

$I_y < I_z$　　　$I_y = I_z$　　　$I_y = I_z$

（a）　　　　（b）　　　　（c）

图 15-18

（3）若两个互相垂直的主平面内的约束情况不相同,即长度系数 μ 不相同,若要提高临界压力则要使截面对两个形心主惯性轴的惯性半径有所不同,使得两个方向的柔度 λ 接近相等。可采用矩形、工字形等 $I_y \neq I_z$ 的截面,使压杆在两个方向的柔度值相等或接近,从而使压杆在两个方向的稳定性相同或接近。例如,发动机的连杆,在摆动平面 x-y 内,两端可简化为铰支座（见图 15-19(a)）,$\mu_1 = 1$;在垂直于摆动平面的 x-z 平面内,两端可简化为固定端（见图 15-19(b)）,$\mu_2 = 1/2$。为使在两个主惯性平面内的柔度接近相等,将连杆截面制成工字形,使连杆截面对两个形心主惯性轴 z 和 y 有不同的惯性半径,且 $i_y < i_z$,从而使得在两个主惯性平面内的柔度 $\lambda_z = \dfrac{\mu_1 l_1}{i_z}$ 和 $\lambda_y = \dfrac{\mu_2 l_2}{i_y}$ 接近相等。这样,连杆在两个主惯性平面内仍然可

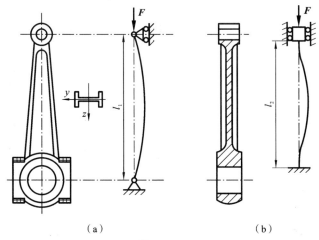

（a） （b）

图 15-19

以有接近相等的稳定性。

4. 合理选择材料

大柔度杆的临界应力与材料的弹性模量 E 有关,其临界应力与材料的弹性模量成正比,由于钢材的弹性模量比其他材料弹性模量（如铝合金）大,因此大柔度杆多用钢材制造,采用弹性模量较高的材料,显然可以提高细长杆的稳定性。然而,就各种钢材而言,由于各种钢的弹性模量值相差不大,高强度钢材比例极限较高,第一界限柔度较小,同等条件下更容易成为大柔度杆,若仅从稳定性考虑,选用高强度钢制作细长杆是不经济的,所以细长压杆用普通钢制造,既合理又经济。由经验公式看出:中柔度杆的临界应力与材料的比例极限、极限应力等有关,因而强度高的材料,临界应力相应也高。所以,选用高强度材料制作中柔度杆显然有利于稳定性的提高。对于柔度很小的短粗压杆,本身就是强度问题,优质钢材强度高,选用高强度的材料其优越性自然是明显的。

思 考 题

15-1 杆件的强度、刚度和稳定性有什么区别?

15-2 什么叫物体的稳定平衡、不稳定平衡和随遇平衡?

15-3 什么是压杆的稳定性? 压杆的平衡状态（形式）有几种?

15-4 临界压力的物理意义是什么? 与哪些因素有关?

15-5 应遵循哪些原则以选取压杆的合理截面形状?

15-6 图示压杆,一端为固定端,一端为弹性支承,试给出该压杆的长度系数 μ 的取值范围。

15-7 图示三根细长杆,除约束情况不同外,其他条件完全相同,试问哪根杆最易失稳? 哪根杆最不易失稳?

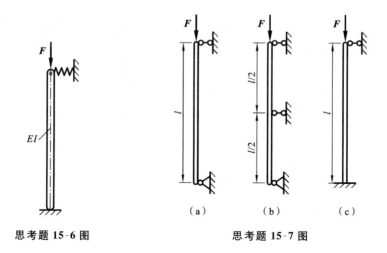

思考题 15-6 图　　　　　　　　　思考题 15-7 图

习　　题

15-1　试推导两端固定,长为 l 的等截面中心受压细长直杆的临界压力 F_{cr} 的欧拉公式。

15-2　图示压杆的横截面为矩形,$h=80$ mm,$b=40$ mm,杆长 $l=2$ m,材料为 Q235 钢,$\sigma_p=200$ MPa,$E=210$ GPa。支承端约束示意图为:在正视图(a)的平面内相当于铰链,在俯视图(b)的平面内为弹性固定,采用 $\mu=0.8$。试求此杆的临界压力 F_{cr}。

15-3　图示结构中 BC 为圆截面杆,其直径 $d=80$ mm;AC 为边长 $a=70$ mm 的正方形截面杆。已知该结构的约束情况为 A 端固定,B、C 为球铰。两杆材料均为 Q235 钢,弹性模量 $E=210$ GPa,它们可以各自独立发生弯曲互不影响。若该结构的稳定安全系数 $n_{st}=2.5$,试求其所承受的最大安全压力。

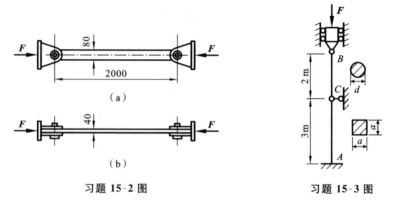

习题 15-2 图　　　　　　　　　习题 15-3 图

15-4　图示结构 $ABCD$ 由三根直径均为 d 的圆截面钢杆组成,在 B 点铰支,

而在 A 点和 C 点固定,D 为铰接节点,$l/d=10\pi$。若此结构由于杆件在 $ABCD$ 平面内弹性失稳而丧失承载能力,试确定作用于节点 D 处的载荷 F 的临界值。设各杆均为细长压杆。

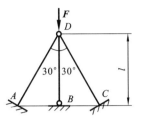

习题 15-4 图

15-5　图示各压杆材料和截面均相同,试问哪一根压杆能承受的压力最大? 哪一根能承受的压力最小? 图(e)所示压杆在中间支承处不能转动。

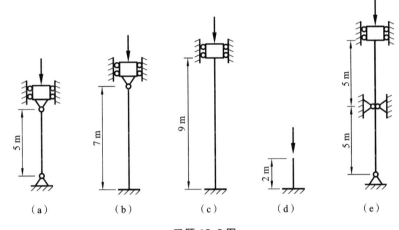

（a）　　　　（b）　　　　（c）　　　　（d）　　　　（e）

习题 15-5 图

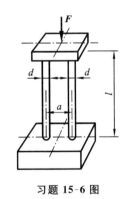

习题 15-6 图

15-6　两根直径为 d 的立柱,上、下端分别与顶、底块刚性连接,如图所示。试根据杆端的约束条件,分析在总压力 F 作用下,立柱可能产生的几种失稳形态下的挠曲线形状。设两立柱为细长杆,分别写出对应的总压力 F 的临界值的计算式,确定最小临界载荷 F_{cr} 的计算式。

15-7　试求可以用欧拉公式计算临界压力的压杆最小柔度,设杆分别由下列材料制成:

（1）比例极限 $\sigma_p=220$ MPa,弹性模量 $E=190$ GPa 的钢;

（2）$\sigma_p=490$ MPa,$E=215$ GPa,含镍 3.5% 的镍钢;

（3）$\sigma_p=20$ MPa,$E=11$ GPa 的松木。

15-8　压杆长 6 m,由两根 10 号槽钢组成,顶端球形铰支,底端固定。已知材料的弹性模量 $E=200$ GPa,比例极限 $\sigma_p=200$ MPa。若杆的横截面如图所示,问:

（1）距离 a 从零起增至多大时压杆的临界压力 F_{cr} 达到最大?

（2）此时最大的临界压力 F_{cr} 是多少?

15-9 图示结构中，AC 与 CD 杆均用 Q235 钢制成，AC 为圆截面杆，CD 为矩形截面杆。C、D 两处均为球铰。已知 $d=20$ mm，$b=100$ mm，$h=180$ mm；$E=200$ GPa，$\sigma_s=235$ MPa，$\sigma_b=400$ MPa；强度安全系数 $n_s=2.0$，稳定安全系数 $n_{st}=3.0$。试确定该结构的最大许可载荷。

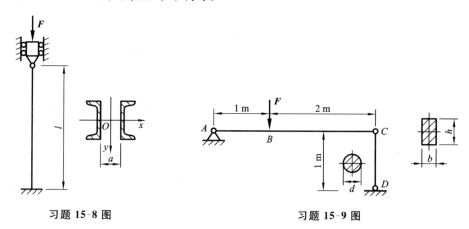

习题 15-8 图　　　　　　　　　　　　　　习题 15-9 图

15-10 如图所示千斤顶的最大承载压力为 $F=150$ kN，螺杆内径 $d=52$ mm，$l=50$ cm。材料为 A3 钢，$E=200$ GPa，$\sigma_s=235$ MPa，$a=304$ MPa，$b=1.12$ MPa。稳定安全系数规定为 $n_{st}=3$。试校核其稳定性。

15-11 一木柱两端铰支，其横截面为 120 mm$\times 200$ mm 的矩形，长度为 4 m。木材的 $E=10$ GPa，$\sigma_p=20$ MPa。试求木柱的临界压力。计算临界应力的公式有：

（a）欧拉公式；

（b）直线型公式 $\sigma_{cr}=28.7-0.19\lambda$。

15-12 蒸汽机的连杆如图所示，截面为工字形，材料为 A3 钢。连杆所受最大轴向压力为 465 kN。连杆在摆动平面（x-y 平面）内发生弯曲时，两端可认为是铰支；而在与摆动平面垂直的 x-z 平面内发生弯曲时，两端可认为是固定支座。试确定工作安全系数。已知 A3 钢材料的 $E=200$ GPa，$\sigma_p=200$ MPa，$a=304$ MPa，$b=1.12$ MPa，$\sigma_s=240$ MPa。

15-13 图示结构，由横梁 AC 与立柱 BD 组成，试问当载荷集度 $q=20$ N/mm 与 $q=40$ N/mm 时，截面 B 的挠度分别为何值？横梁与立柱均用低碳钢制成，弹性模量 $E=200$ GPa，比例极限 $\sigma_p=200$ MPa。

15-14 10 号工字梁的 C 端固定，A 端铰支于空心钢管 AB 上。钢管的内径和外径分别为 30 mm 和 40 mm，B 端亦为铰支。梁及钢管同为 A3 钢，$E=200$ GPa。当 300 N 的重物落于梁的 A 端时，试校核 AB 杆的稳定性。规定稳定安全系数 $n_{st}=2.5$。

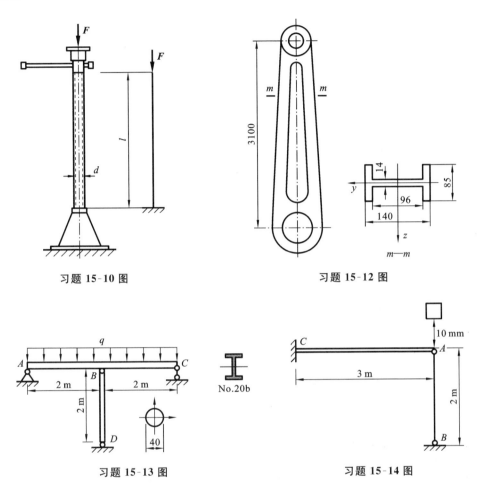

习题 15-10 图　　　　　　　　　　习题 15-12 图

习题 15-13 图　　　　　　　　　　习题 15-14 图

15-15　图示结构由两根材料和直径均相同的圆杆组成,杆的材料为 Q235 钢,已知 $h=0.4$ m,直径 $d=20$ mm,材料的许用应力$[\sigma]=170$ MPa,载荷 $F=15$ kN,试校核两杆的稳定性。

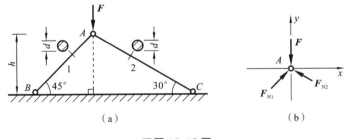

（a）　　　　　　　　　　　　　（b）

习题 15-15 图

15-16　图示两端铰支的钢柱,已知长度 $l=2$ m,承受轴向压力 $F=500$ kN,

试选择工字钢截面,材料的许用应力$[\sigma]=160$ MPa。

15-17　图示托架中的 AB 杆为 16 号工字钢,CD 杆由两根 50 mm×50 mm×6 mm 等边角钢组成。已知 $l=2$ m,$h=1.5$ m,材料为 Q235 钢,其许用应力$[\sigma]=160$ MPa,试求该托架的许用载荷$[F]$。

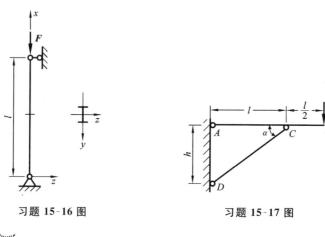

习题 15-16 图　　　　　　　　习题 15-17 图

拓展阅读

力学史上的明星(十四)

　　莱昂哈德·欧拉(1707—1783),瑞士数学家和物理学家。他被一些数学史学者称为历史上最伟大的两位数学家之一(另一位是卡尔·弗里德里克·高斯)。欧拉是第一个使用"函数"一词来描述包含各种参数的表达式的人,例如 $y=F(x)$(函数的定义由莱布尼兹在 1694 年给出)。他是把微积分应用于物理学的先驱者之一。欧拉是有史以来留下最多遗产的数学家,他的全集共计 75 卷。可以说,欧拉实际上引导了 18 世纪的数学,对于当时的新发明微积分,他推导出了很多结果。在他生命的最后 7 年中,欧拉的双目完全失明,尽管如此,他还是以惊人的速度产出了生平一半的著作。

　　欧拉曾任彼得堡科学院教授,是柏林科学院的创始人之一。他是刚体力学和流体力学的奠基者,弹性系统稳定性理论的开创人。他认为质点动力学微分方程可以应用于液体(1750 年)。他曾用两种方法来描述流体的运动,即分别根据空间固定点(1755 年)和根据确定的流体质点(1759 年)描述流体速度场。前者称为欧拉法,后者称为拉格朗日法。欧拉奠定了理想流体的理论基础,给出了反映质量守恒的连续方程(1752 年)和反映动量变化规律的流体动力学方程(1755 年)。欧拉在固体力学方面的著述也很多,诸如弹性压杆失稳后的形状,上端悬挂重链的振动问题,等等。

欧拉和丹尼尔·伯努利一起,建立了弹性体的力矩定律。他还直接从牛顿运动定律出发,建立了流体力学里的欧拉方程。这些方程组在形式上等价于黏度为 0 的纳维-斯托克斯方程。人们对这些方程的主要兴趣在于它们能被用来研究冲击波。

欧拉对微分方程理论做出了重要贡献。他还是欧拉近似法的创始人,这些计算法被用于计算力学中,其中最有名的被称为欧拉方法,在数论里他引入了欧拉函数。自然数 n 的欧拉函数被定义为小于等于 n 并且与 n 互质的自然数的个数。在计算机领域中广泛使用的 RSA 公钥密码算法也正是以欧拉函数为基础的。在分析领域,是欧拉综合了莱布尼兹的微分与牛顿的流数。他在 1735 年由于解决了长期悬而未决的贝塞尔问题而获得名声。被理查德·费曼称为"最卓越的数学公式"的则是欧拉公式的一个简单推论(通常被称为欧拉恒等式)。在 1735 年,他定义了微分方程中的欧拉-马歇罗尼常数。他是欧拉-马歇罗尼公式的发现者之一,这一公式在计算难于计算的积分、求和与级数的时候极为有效。

在 1739 年,欧拉写下了《音乐新理论的尝试》。在此书中他试图把数学和音乐结合起来。一位传记作家表示:这是一部"为精通数学的音乐家和精通音乐的数学家而写的"著作。

附录 A 型 钢 表

表 A-1 热轧等边角钢(GB/T 706—2016)

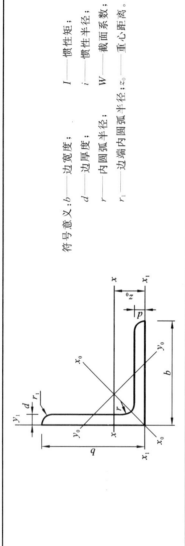

符号意义:b——边宽度;　　　　I——惯性矩;
　　　　　d——边厚度;　　　　i——惯性半径;
　　　　　r——内圆弧半径;　　W——截面系数;
　　　　　r_1——边端内圆弧半径;　z_0——重心距离。

型号	尺寸/mm			截面面积/cm²	理论重量/(kg/m)	外表面积/(m²/m)	参考数值										
	b	d	r				$x-x$			x_0-x_0			y_0-y_0			x_1-x_1	z_0/cm
							I_x/cm⁴	i_x/cm	W_x/cm³	I_{x0}/cm⁴	i_{x0}/cm	W_{x0}/cm³	I_{y0}/cm⁴	i_{y0}/cm	W_{y0}/cm³	I_{x1}/cm⁴	
2	20	3	3.5	1.132	0.89	0.078	0.40	0.59	0.29	0.63	0.75	0.45	0.17	0.39	0.20	0.81	0.60
		4		1.459	1.15	0.077	0.50	0.58	0.36	0.78	0.73	0.55	0.22	0.38	0.24	1.09	0.64
2.5	25	3	3.5	1.432	1.12	0.098	0.82	0.76	0.46	1.29	0.95	0.73	0.34	0.49	0.33	1.57	0.73
		4		1.859	1.46	0.097	1.03	0.74	0.59	1.62	0.93	0.92	0.43	0.48	0.40	2.11	0.76

续表

型号	尺寸/mm b	尺寸/mm d	尺寸/mm r	截面面积/cm²	理论重量/(kg/m)	外表面积/(m²/m)	x—x I_x/cm⁴	x—x i_x/cm	x—x W_x/cm³	x_0—x_0 I_{x0}/cm⁴	x_0—x_0 i_{x0}/cm	x_0—x_0 W_{x0}/cm³	y_0—y_0 I_{y0}/cm⁴	y_0—y_0 i_{y0}/cm	y_0—y_0 W_{y0}/cm³	x_1—x_1 I_{x1}/cm⁴	z_0/cm
3.0	30	3	4.5	1.749	1.37	0.117	1.46	0.91	0.68	2.31	1.15	1.09	0.61	0.59	0.51	2.71	0.85
	30	4	4.5	2.276	1.79	0.117	1.84	0.90	0.87	2.92	1.13	1.37	0.77	0.58	0.62	3.63	0.89
3.6	36	3	4.5	2.109	1.66	0.141	2.58	1.11	0.99	4.09	1.39	1.61	1.07	0.71	0.76	4.68	1.00
	36	4	4.5	2.756	2.16	0.141	3.29	1.09	1.28	5.22	1.38	2.05	1.37	0.70	0.93	6.25	1.04
	36	5	4.5	3.382	2.65	0.141	3.95	1.08	1.56	6.24	1.36	2.45	1.65	0.70	1.00	7.84	1.07
4	40	3	5	2.359	1.85	0.157	3.59	1.23	1.23	5.69	1.55	2.01	1.49	0.79	0.96	6.41	1.09
	40	4	5	3.086	2.42	0.157	4.60	1.22	1.60	7.29	1.54	2.58	1.91	0.79	1.19	8.56	1.13
	40	5	5	3.792	2.98	0.156	5.53	1.21	1.96	8.76	1.52	3.10	2.30	0.78	1.39	10.7	1.17
4.5	45	3	5.5	2.659	2.09	0.177	5.17	1.40	1.58	8.20	1.76	2.58	2.14	0.89	1.24	9.12	1.22
	45	4	5.5	3.486	2.74	0.177	6.65	1.38	2.05	10.6	1.74	3.32	2.75	0.89	1.54	12.2	1.26
	45	5	5.5	4.292	3.37	0.176	8.04	1.37	2.51	12.7	1.72	4.00	3.33	0.88	1.81	15.2	1.30
	45	6	5.5	5.077	3.99	0.176	9.33	1.36	2.95	14.8	1.70	4.64	3.89	0.80	2.06	18.4	1.33
5	50	3	5.5	2.971	2.33	0.197	7.18	1.55	1.96	11.4	1.96	3.22	2.98	1.00	1.57	12.5	1.34
	50	4	5.5	3.897	3.06	0.197	9.26	1.54	2.56	14.7	1.94	4.16	3.82	0.99	1.96	16.7	1.38
	50	5	5.5	4.803	3.77	0.196	11.2	1.53	3.13	17.8	1.92	5.03	4.64	0.98	2.31	20.9	1.42
	50	6	5.5	5.688	4.46	0.196	13.1	1.52	3.68	20.7	1.91	5.85	5.42	0.98	2.63	25.1	1.46

续表

| 型号 | 尺寸/mm | | | 截面面积/cm² | 理论重量/(kg/m) | 外表面积/(m²/m) | 参考数值 | | | | | | | | | | | | |
| | b | d | r | | | | x—x | | | x₀—x₀ | | | y₀—y₀ | | | x₁—x₁ | z₀/cm |
							I_x/cm⁴	i_x/cm	W_x/cm³	I_{x0}/cm⁴	i_{x0}/cm	W_{x0}/cm³	I_{y0}/cm⁴	i_{y0}/cm	W_{y0}/cm³	I_{x1}/cm⁴	
5.6	56	3	6	3.343	2.62	0.221	10.2	1.75	2.48	16.1	2.20	4.08	4.24	1.13	2.02	17.6	1.48
		4		4.390	3.45	0.220	13.2	1.73	3.24	20.9	2.18	5.28	5.46	1.11	2.52	23.4	1.53
		5		5.415	4.25	0.220	16.0	1.72	3.97	25.4	2.17	6.42	6.61	1.10	2.98	29.3	1.57
		6		6.420	5.04	0.220	18.7	1.71	4.68	29.7	2.15	7.49	7.73	1.10	3.40	35.3	1.61
		7		7.404	5.81	0.219	21.2	1.69	5.36	33.6	2.13	8.49	8.82	1.09	3.80	41.2	1.64
		8		8.367	6.57	0.219	23.6	1.68	6.03	37.4	2.11	9.44	9.89	1.09	4.16	47.2	1.68
6	60	5	6.5	5.829	4.58	0.236	19.9	1.85	4.59	31.6	2.33	7.44	8.21	1.19	3.48	36.1	1.67
		6		6.914	5.43	0.235	23.4	1.83	5.41	36.9	2.31	8.70	9.60	1.18	3.98	43.3	1.70
		7		7.977	6.26	0.235	26.4	1.82	6.21	41.9	2.29	9.88	11.0	1.17	4.45	50.7	1.74
		8		9.020	7.08	0.235	29.5	1.81	6.98	46.7	2.27	11.0	12.3	1.17	4.88	58.0	1.78
6.3	63	4	7	4.978	3.91	0.248	19.0	1.96	4.13	30.2	2.46	6.78	7.89	1.26	3.29	33.4	1.70
		5		6.143	4.82	0.248	23.2	1.94	5.08	36.8	2.45	8.25	9.57	1.25	3.90	41.7	1.74
		6		7.288	5.72	0.247	27.1	1.93	6.00	43.0	2.43	9.66	11.2	1.24	4.46	50.1	1.78
		7		8.412	6.60	0.247	30.9	1.92	6.88	49.0	2.41	11.0	12.8	1.23	4.98	58.6	1.82
		8		9.515	7.47	0.247	34.5	1.90	7.75	54.6	2.40	12.3	14.3	1.23	5.47	67.1	1.85
		10		11.66	9.15	0.246	41.1	1.88	9.39	64.9	2.36	14.6	17.3	1.22	6.36	84.3	1.93

续表

| 型号 | 尺寸/mm | | | 截面面积/cm² | 理论重量/(kg/m) | 外表面积/(m²/m) | 参考数值 | | | | | | | | | | |
| | b | d | r | | | | x—x | | | x₀—x₀ | | | y₀—y₀ | | | x₁—x₁ | z₀/cm |
							I_x/cm⁴	i_x/cm	W_x/cm³	I_{x0}/cm⁴	i_{x0}/cm	W_{x0}/cm³	I_{y0}/cm⁴	i_{y0}/cm	W_{y0}/cm³	I_{x1}/cm⁴	
7	70	4	8	5.570	4.37	0.275	26.4	2.18	5.14	41.8	2.74	8.44	11.0	1.40	4.17	45.7	1.86
		5		6.876	5.40	0.275	32.2	2.16	6.32	51.1	2.73	10.3	13.3	1.39	4.95	57.2	1.91
		6		8.160	6.41	0.275	37.8	2.15	7.48	59.9	2.71	12.1	15.6	1.38	5.67	68.7	1.95
		7		9.424	7.40	0.275	43.1	2.14	8.59	68.4	2.69	13.8	17.8	1.38	6.34	80.3	1.99
		8		10.67	8.37	0.274	48.2	2.12	9.68	76.4	2.68	15.4	20.0	1.37	6.98	91.9	2.03
7.5	75	5	9	7.412	5.82	0.295	40.0	2.33	7.32	63.3	2.92	11.9	16.6	1.50	5.77	70.6	2.04
		6		8.797	6.91	0.294	47.0	2.31	8.64	74.4	2.90	14.0	19.5	1.49	6.67	84.6	2.07
		7		10.16	7.98	0.294	53.6	2.30	9.93	85.0	2.89	16.0	22.2	1.48	7.44	98.7	2.11
		8		11.50	9.03	0.294	60.0	2.28	11.2	95.1	2.88	17.9	24.9	1.47	8.19	113	2.15
		9		12.83	10.1	0.294	66.1	2.27	12.4	105	2.86	19.8	27.5	1.46	8.89	127	2.18
		10		14.13	11.1	0.293	72.0	2.26	13.6	114	2.84	21.5	30.1	1.46	9.56	142	2.22
8	80	5	9	7.912	6.21	0.315	48.8	2.48	8.34	77.3	3.13	13.7	20.3	1.60	6.66	85.4	2.15
		6		9.397	7.38	0.314	57.4	2.47	9.87	91	3.11	16.1	23.7	1.59	7.65	103	2.19
		7		10.86	8.53	0.314	65.6	2.46	11.4	104	3.10	18.4	27.1	1.58	8.58	120	2.23
		8		12.30	9.66	0.314	73.5	2.44	12.8	117	3.08	20.6	30.4	1.57	9.46	137	2.27
		9		13.73	10.8	0.314	81.1	2.43	14.3	129	3.06	22.7	33.6	1.56	10.3	154	2.31
		10		15.13	11.9	0.313	88.4	2.42	15.6	140	3.04	24.8	36.8	1.56	11.1	172	2.35

续表

型号	尺寸/mm			截面面积/cm²	理论重量/(kg/m)	外表面积/(m²/m)	参考数值									x_1—x_1	
	b	d	r				x—x			x_0—x_0			y_0—y_0				z_0/cm
							I_x/cm⁴	i_x/cm	W_x/cm³	I_{x0}/cm⁴	i_{x0}/cm	W_{x0}/cm³	I_{y0}/cm⁴	i_{y0}/cm	W_{y0}/cm³	I_{x1}/cm⁴	
9	90	6	10	10.64	8.35	0.354	82.8	2.79	12.6	131	3.51	20.6	34.3	1.80	9.95	146	2.44
		7		12.30	9.66	0.354	94.8	2.78	14.5	150	3.50	23.6	39.2	1.78	11.2	170	2.48
		8		13.94	10.9	0.353	106	2.76	16.4	169	3.48	26.6	44	1.78	12.4	195	2.52
		9		15.57	12.2	0.353	118	2.75	18.3	187	3.46	29.4	48.7	1.77	13.5	219	2.56
		10		17.17	13.5	0.353	129	2.74	20.1	204	3.45	32.0	53.3	1.76	14.5	244	2.59
		12		20.31	15.9	0.352	149	2.71	23.6	236	3.41	37.1	62.2	1.75	16.5	294	2.67
10	100	6	12	11.93	9.37	0.393	115	3.10	15.7	182	3.90	25.7	47.9	2.00	12.7	200	2.67
		7		13.80	10.8	0.393	132	3.09	18.1	209	3.89	29.6	54.7	1.99	14.3	234	2.71
		8		15.64	12.3	0.393	148	3.08	20.5	235	3.88	33.2	61.4	1.98	15.8	267	2.76
		9		17.46	13.7	0.392	164	3.07	22.8	260	3.86	36.8	68	1.97	17.2	300	2.80
		10		19.26	15.1	0.392	180	3.05	25.1	285	3.84	40.3	74.4	1.96	18.5	334	2.84
		12		22.80	17.9	0.391	209	3.03	29.5	331	3.81	46.8	86.8	1.95	21.1	402	2.91
		14		26.26	20.6	0.391	237	3.00	33.7	374	3.77	52.9	99.0	1.94	23.4	471	2.99
		16		29.63	23.3	0.390	263	2.98	37.8	414	3.74	58.6	111	1.94	25.6	540	3.06
11	110	7	12	15.20	11.9	0.433	177	3.41	22.1	281	4.30	36.1	73.4	2.20	17.5	311	2.96
		8		17.24	13.5	0.433	199	3.40	25	316	4.28	40.7	82.4	2.19	19.4	355	3.01
		10		21.26	16.7	0.432	242	3.38	30.6	384	4.25	49.4	100	2.17	22.9	445	3.09

续表

型号	尺寸/mm b	尺寸/mm d	尺寸/mm r	截面面积/cm²	理论重量/(kg/m)	外表面积/(m²/m)	$x-x$ I_x/cm⁴	$x-x$ i_x/cm	$x-x$ W_x/cm³	x_0-x_0 I_{x0}/cm⁴	x_0-x_0 i_{x0}/cm	x_0-x_0 W_{x0}/cm³	y_0-y_0 I_{y0}/cm⁴	y_0-y_0 i_{y0}/cm	y_0-y_0 W_{y0}/cm³	x_1-x_1 I_{x1}/cm⁴	z_0/cm
11	110	12	12	25.20	19.8	0.431	283	3.35	36.1	448	4.22	57.6	117	2.15	26.2	535	3.16
		14		29.06	22.8	0.431	321	3.32	41.3	508	4.18	65.3	133	2.14	29.1	625	3.24
12.5	125	8	12	19.75	15.5	0.492	297	3.88	32.5	471	4.88	53.3	123	2.50	25.9	521	3.37
		10		24.37	19.1	0.491	362	3.85	40.0	574	4.85	64.9	149	2.48	30.6	652	3.45
		12		28.91	22.7	0.491	423	3.83	41.2	671	4.82	76.0	175	2.46	35.0	783	3.53
		14		33.37	26.2	0.490	482	3.80	54.2	764	4.78	86.4	200	2.45	39.1	916	3.61
		16		37.74	29.6	0.489	537	3.77	60.9	851	4.75	96.3	224	2.43	43.0	1050	3.68
14	140	10	14	27.37	21.5	0.551	515	4.34	50.6	817	5.46	82.6	212	2.78	39.2	915	3.82
		12		32.51	25.5	0.551	604	4.31	59.8	959	5.43	96.9	249	2.76	45.0	1100	3.90
		14		37.57	29.5	0.550	689	4.28	68.8	1090	5.40	110	284	2.75	50.5	1280	3.98
		16		42.54	33.4	0.549	770	4.26	77.5	1220	5.36	123	319	2.74	55.6	1470	4.06
15	150	8	14	23.75	18.6	0.592	521	4.69	47.4	827	5.90	78.0	215	3.01	38.1	900	3.99
		10		29.37	23.1	0.591	638	4.66	58.4	1010	5.87	95.5	262	2.99	45.5	1130	4.08
		12		34.91	27.4	0.591	749	4.63	69.0	1190	5.84	112	308	2.97	52.4	1350	4.15
		14		40.37	31.7	0.590	856	4.60	79.5	1360	5.80	128	352	2.95	58.8	1580	4.23
		15		43.06	33.8	0.590	907	4.59	84.6	1440	5.78	136	374	2.95	61.9	1690	4.27
		16		45.74	35.9	0.589	958	4.58	89.6	1520	5.77	143	395	2.94	64.9	1810	4.31

续表

型号	尺寸/mm b	尺寸/mm d	尺寸/mm r	截面面积/cm²	理论重量/(kg/m)	外表面积/(m²/m)	参考数值 x—x I_x/cm⁴	参考数值 x—x i_x/cm	参考数值 x—x W_x/cm³	参考数值 x_0—x_0 I_{x0}/cm⁴	参考数值 x_0—x_0 i_{x0}/cm	参考数值 x_0—x_0 W_{x0}/cm³	参考数值 y_0—y_0 I_{y0}/cm⁴	参考数值 y_0—y_0 i_{y0}/cm	参考数值 y_0—y_0 W_{y0}/cm³	参考数值 x_1—x_1 I_{x1}/cm⁴	z_0/cm
16	160	10	16	31.50	24.7	0.630	780	4.98	66.7	1240	6.27	109	322	3.20	52.8	1370	4.31
		12		37.44	29.4	0.630	917	4.95	79.0	1460	6.24	129	377	3.18	60.7	1640	4.39
		14		43.30	34.0	0.629	1050	4.92	91.0	1670	6.20	147	432	3.16	68.2	1910	4.47
		16		49.07	38.5	0.629	1180	4.89	103	1870	6.17	165	485	3.14	75.3	2190	4.55
18	180	12	16	42.24	33.2	0.710	1320	5.59	101	2100	7.05	165	543	3.58	78.4	2330	4.89
		14		48.90	38.4	0.709	1510	5.56	116	2410	7.02	189	622	3.56	88.4	2720	4.97
		16		55.47	43.5	0.709	1700	5.54	131	2700	6.98	212	699	3.55	97.8	3120	5.05
		18		61.96	48.6	0.708	1880	5.50	146	2990	6.94	235	762	3.51	105	3500	5.13
20	200	14	18	54.64	42.9	0.788	2100	6.20	145	3340	7.82	236	864	3.98	112	3730	5.46
		16		62.01	48.7	0.788	2370	6.18	164	3760	7.79	266	971	3.96	124	4270	5.54
		18		69.30	54.4	0.787	2620	6.15	182	4160	7.75	294	1080	3.94	136	4810	5.62
		20		76.51	60.1	0.787	2870	6.12	200	4550	7.72	322	1180	3.93	147	5350	5.69
		24		90.66	71.2	0.785	3340	6.07	236	5290	7.64	374	1380	3.90	167	6460	5.87
22	220	16	21	68.67	53.9	0.866	3190	6.81	200	5060	8.59	326	1310	4.37	154	5680	6.03
		18		76.75	60.3	0.866	3540	6.79	223	5620	8.55	361	1450	4.35	168	6400	6.11
		20		84.76	66.5	0.865	3870	6.76	245	6150	8.52	395	1590	4.34	182	7110	6.18
		22		92.68	72.8	0.865	4200	6.73	267	6670	8.48	429	1730	4.32	195	7830	6.26
		24		100.5	78.9	0.864	4520	6.71	289	7170	8.45	461	1870	4.31	208	8550	6.33
		26		108.3	85.0	0.864	4830	6.68	310	7690	8.41	492	2000	4.30	221	9280	6.41

续表

型号	尺寸/mm			截面面积/cm²	理论重量/(kg/m)	外表面积/(m²/m)	参考数值											
	b	d	r				x—x			x₀—x₀			y₀—y₀			x₁—x₁	z₀/cm
							I_x/cm⁴	W_x/cm³	i_x/cm	I_{x0}/cm⁴	i_{x0}/cm	W_{x0}/cm³	I_{y0}/cm⁴	i_{y0}/cm	W_{y0}/cm³	I_{x1}/cm⁴	
25	250	18	24	87.84	69.0	0.985	5270	290	7.75	8370	9.76	473	2170	4.97	224	9380	6.84
		20		97.05	76.2	0.984	5780	320	7.72	9180	9.73	519	2380	4.95	243	10400	6.92
		22		106.2	83.3	0.983	6280	349	7.69	9970	9.69	564	2580	4.93	261	11500	7.00
		24		115.2	90.4	0.983	6770	378	7.67	10700	9.66	608	2790	4.92	278	12500	7.07
		26		124.2	97.5	0.982	7240	406	7.64	11500	9.62	650	2980	4.90	295	13600	7.15
		28		133.0	104	0.982	7700	433	7.61	12200	9.58	691	3180	4.89	311	14600	7.22
		30		141.8	111	0.981	8160	461	7.58	12900	9.55	731	3380	4.88	327	15700	7.30
		32		150.5	118	0.981	8600	488	7.56	13600	9.51	770	3570	4.87	342	16800	7.37
		35		163.4	128	0.980	9240	527	7.52	14600	9.46	827	3850	4.86	364	18400	7.48

注:截面图中的 $r_1 = 1/3d$ 及表中 r 的数据用于孔型设计,不做交货条件。

表 A-2　热轧槽钢（GB/T 706—2016）

符号意义：

h——高度；
b——腿宽度；
d——腰厚度；
t——腿中间厚度；
r——内圆弧半径；
r_1——腿端圆弧半径；
I——惯性矩；
W——截面系数；
i——惯性半径；
z_0——重心距离。

型号	尺寸/mm						截面面积/cm²	理论重量/(kg/m)	参考数值							
									$x-x$			$y-y$			y_1-y_1	
	h	b	d	t	r	r_1			W_x/cm^3	I_x/cm^4	i_x/cm	W_y/cm^3	I_y/cm^4	i_y/cm	I_{y1}/cm^4	z_0/cm
5	50	37	4.5	7.0	7.0	3.5	6.925	5.44	10.4	26.0	1.94	3.55	8.30	1.10	20.9	1.35
6.3	63	40	4.8	7.5	7.5	3.8	8.446	6.63	16.1	50.8	2.45	4.50	11.9	1.19	28.4	1.36
6.5	65	40	4.3	7.5	7.5	3.8	8.292	6.51	17.0	55.2	2.54	4.59	12.0	1.19	28.3	1.38
8	80	43	5.0	8.0	8.0	4.0	10.24	8.04	25.3	101	3.15	5.79	16.6	1.27	37.4	1.43
10	100	48	5.3	8.5	8.5	4.2	12.74	10.0	39.7	198	3.95	7.80	25.6	1.41	54.9	1.52
12	120	53	5.5	9.0	9.0	4.5	15.36	12.1	57.7	346	4.75	10.2	37.4	1.56	77.7	1.62
12.6	126	53	5.5	9.0	9.0	4.5	15.69	12.3	62.1	391	4.95	10.2	38.0	1.57	77.1	1.59

续表

型号	尺寸/mm						截面面积/cm²	理论重量/(kg/m)	参考数值							
									x—x			y—y			y₁—y₁	
	h	b	d	t	r	r_1			W_x/cm³	I_x/cm⁴	i_x/cm	W_y/cm³	I_y/cm⁴	i_y/cm	I_{y1}/cm⁴	z_0/cm
14a	140	58	6.0	9.5	9.5	4.8	18.51	14.5	80.5	564	5.52	13.0	53.2	1.70	107	1.71
14b	140	60	8.0	9.5	9.5	4.8	21.31	16.7	87.1	609	5.35	14.1	61.1	1.69	121	1.67
16a	160	63	6.5	10.0	10.0	5.0	21.95	17.2	108	866	6.28	16.3	73.3	1.83	144	1.80
16b	160	65	8.5	10.0	10.0	5.0	25.15	19.8	117	935	6.10	17.6	83.4	1.82	161	1.75
18a	180	68	7.0	10.5	10.5	5.2	25.69	20.2	141	1270	7.04	20.0	98.6	1.96	190	1.88
18b	180	70	9.0	10.5	10.5	5.2	29.29	23.0	152	1370	6.84	21.5	111	1.95	210	1.84
20a	200	73	7.0	11.0	11.0	5.5	28.83	22.6	178	1780	7.86	24.2	128	2.11	244	2.01
20b	200	75	9.0	11.0	11.0	5.5	32.83	25.8	191	1910	7.64	25.9	144	2.09	268	1.95
22a	220	77	7.0	11.5	11.5	5.8	31.83	25.0	218	2390	8.67	28.2	158	2.23	298	2.10
22b	220	79	9.0	11.5	11.5	5.8	36.23	28.5	234	2570	8.42	30.1	176	2.21	326	2.03
24a	240	78	7.0	12.0	12.0	6.0	34.21	26.9	254	3050	9.45	30.5	174	2.25	325	2.10
24b	240	80	9.0	12.0	12.0	6.0	39.01	30.6	274	3280	9.17	32.5	194	2.23	355	2.03
24c	240	82	11.0	12.0	12.0	6.0	43.81	34.4	293	3510	8.96	34.4	213	2.21	388	2.00
25a	250	78	7.0	12.0	12.0	6.0	34.91	27.4	270	3370	9.82	30.6	176	2.24	322	2.07
25b	250	80	9.0	12.0	12.0	6.0	39.91	31.3	282	3530	9.41	32.7	196	2.22	353	1.98
25c	250	82	11.0	12.0	12.0	6.0	44.91	35.3	295	3690	9.07	35.9	218	2.21	384	1.92

续表

型号	尺寸/mm						截面面积/cm²	理论重量/(kg/m)	参考数值							
	h	b	d	t	r	r_1			$x-x$			$y-y$			y_1-y_1	z_0/cm
									W_x/cm³	I_x/cm⁴	i_x/cm	W_y/cm³	I_y/cm⁴	i_y/cm	I_{y1}/cm⁴	
27a	270	82	7.5	12.5	12.5	6.2	39.27	30.8	323	4360	10.5	35.5	216	2.34	393	2.13
27b		84	9.5	12.5	12.5	6.2	44.67	35.1	347	4690	10.3	37.7	239	2.31	428	2.06
27c		86	11.5	12.5	12.5	6.2	50.07	39.3	372	5020	10.1	39.8	261	2.28	467	2.03
28a	280	82	7.5	12.5	12.5	6.2	40.02	31.4	340	4760	10.9	35.7	218	2.33	388	2.10
28b		84	9.5	12.5	12.5	6.2	45.62	35.8	366	5130	10.6	37.9	242	2.30	428	2.02
28c		86	11.5	12.5	12.5	6.2	51.22	40.2	393	5500	10.4	40.3	268	2.29	463	1.95
30a	300	85	7.5	13.5	13.5	6.8	43.89	34.5	403	6050	11.7	41.1	260	2.43	467	2.17
30b		87	9.5	13.5	13.5	6.8	49.89	39.2	433	6500	11.4	44.0	289	2.41	515	2.13
30c		89	11.5	13.5	13.5	6.8	55.89	43.9	463	6950	11.2	46.4	316	2.38	560	2.09
32a	320	88	8.0	14.0	14.0	7.0	48.50	38.1	475	7600	12.5	46.5	305	2.50	552	2.24
32b		90	10.0	14.0	14.0	7.0	54.90	43.1	509	8140	12.2	49.2	336	2.47	593	2.16
32c		92	12.0	14.0	14.0	7.0	61.30	48.1	543	8690	11.9	52.6	374	2.47	643	2.09
36a	360	96	9.0	16.0	16.0	8.0	60.89	47.8	660	11900	14.0	63.5	455	2.73	818	2.44
36b		98	11.0	16.0	16.0	8.0	68.09	53.5	703	12700	13.6	66.9	497	2.70	880	2.37
36c		100	13.0	16.0	16.0	8.0	75.29	59.1	746	13400	13.4	70.0	536	2.67	948	2.34
40a	400	100	10.5	18.0	18.0	9.0	75.04	58.9	879	17600	15.3	78.8	592	2.81	1070	2.49
40b		102	12.5	18.0	18.0	9.0	83.04	65.2	932	18600	15.0	82.5	640	2.78	1140	2.44
40c		104	14.5	18.0	18.0	9.0	91.04	71.5	986	19700	14.7	86.2	688	2.75	1220	2.42

注：截面图和表中标注的圆弧半径 r、r_1 的数据用于孔型设计，不做交货条件。

表A-3　热轧工字钢（GB/T 706—2016）

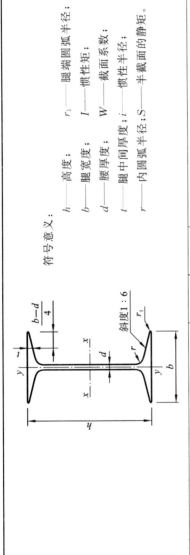

符号意义：

h——高度；
b——腿宽度；
d——腰厚度；
t——腿中间厚度；
r——内圆弧半径；
r₁——腿端圆弧半径；
I——惯性矩；
W——截面系数；
i——惯性半径；
S——半截面的静矩。

斜度1:6

型号	尺寸/mm						截面面积/cm²	理论重量/(kg/m)	参考数值						
									x—x				y—y		
	h	b	d	t	r	r₁			I_x/cm⁴	W_x/cm³	i_x/cm	$I_x : S_x$/cm	I_y/cm⁴	W_y/cm³	i_y/cm
10	100	68	4.5	7.6	6.5	3.3	14.33	11.3	245	49.0	4.14	8.59	33.0	9.72	1.52
12	120	74	5.0	8.4	7.0	3.5	17.80	14.0	436	72.7	4.95	—	46.9	12.7	1.62
12.6	126	74	5.0	8.4	7.0	3.5	18.10	14.2	488	77.5	5.20	10.8	46.9	12.7	1.61
14	140	80	5.5	9.1	7.5	3.8	21.50	16.9	712	102	5.76	12.0	64.4	16.1	1.73
16	160	88	6.0	9.9	8.0	4.0	26.11	20.5	1130	141	6.58	13.8	93.1	21.2	1.89
18	180	94	6.5	10.7	8.5	4.3	30.74	24.1	1660	185	7.36	15.4	122	26.0	2.00
20a	200	100	7.0	11.4	9.0	4.5	35.55	27.9	2370	237	8.15	17.2	158	31.5	2.12
20b	200	102	9.0	11.4	9.0	4.5	39.55	31.1	2500	250	7.96	16.9	169	33.1	2.06
22a	220	110	7.5	12.3	9.5	4.8	42.10	33.1	3400	309	8.99	18.9	225	40.9	2.31
22b	220	112	9.5	12.3	9.5	4.8	46.50	36.5	3570	325	8.78	18.7	239	42.7	2.27

续表

型号	尺寸/mm h	b	d	t	r	r₁	截面面积/cm²	理论重量/(kg/m)	x—x Ix/cm⁴	Wx/cm³	ix/cm	Ix : Sx/cm	y—y Iy/cm⁴	Wy/cm³	iy/cm
24a	240	116	8.0	13.0	10.0	5.0	47.71	37.5	4570	381	9.77	—	280	48.4	2.42
24b		118	10.0				52.51	41.2	4800	400	9.57	—	297	50.4	2.38
25a	250	116	8.0	13.0	10.0	5.0	48.51	38.1	5020	402	10.2	21.6	280	48.3	2.40
25b		118	10.0				53.51	42.0	5280	423	9.94	21.3	309	52.4	2.40
27a	270	122	8.5	13.7	10.5	5.3	54.52	42.8	6550	485	10.9	—	345	56.6	2.51
27b		124	10.5				59.92	47.0	6870	509	10.7	—	366	58.9	2.47
28a	280	122	8.5	13.7	10.5	5.3	55.37	43.5	7110	508	11.3	24.6	345	56.6	2.50
28b		124	10.5				60.97	47.9	7480	534	11.1	24.2	379	61.2	2.49
30a	300	126	9.0	14.4	11.0	5.5	61.22	48.1	8950	597	12.1	—	400	63.5	2.55
30b		128	11.0				67.22	52.8	9400	627	11.8	—	422	65.9	2.50
30c		130	13.0				73.22	57.5	9850	657	11.6	—	445	68.5	2.46
32a	320	130	9.5	15.0	11.5	5.8	67.12	52.7	11100	692	12.8	27.5	460	70.8	2.62
32b		132	11.5				73.52	57.7	11600	726	12.6	27.1	502	76.0	2.61
32c		134	13.5				79.92	62.7	12200	760	12.3	26.8	544	81.2	2.61
36a	360	136	10.0	15.8	12.0	6.0	76.44	60.0	15800	875	14.4	30.7	552	81.2	2.69
36b		138	12.0				83.64	65.7	16500	919	14.1	30.3	582	84.3	2.64
36c		140	14.0				90.84	71.3	17300	962	13.8	29.9	612	87.4	2.60

参考数值

续表

型号	尺寸/mm						截面面积/cm²	理论重量/(kg/m)	参考数值						
									x—x				y—y		
	h	b	d	t	r	r₁			I_x/cm⁴	W_x/cm³	i_x/cm	$I_x:S_x$/cm	I_y/cm⁴	W_y/cm³	i_y/cm
40a	400	142	10.5	16.5	12.5	6.3	86.07	67.6	21700	1090	15.9	34.1	660	93.2	2.77
40b	400	144	12.5	16.5	12.5	6.3	94.07	73.8	22800	1140	15.6	33.6	692	96.2	2.71
40c	400	146	14.5	16.5	12.5	6.3	102.1	80.1	23900	1190	15.2	33.2	727	99.6	2.65
45a	450	150	11.5	18.0	13.5	6.8	102.4	80.4	32200	1430	17.7	38.6	855	114	2.89
45b	450	152	13.5	18.0	13.5	6.8	111.4	87.4	33800	1500	17.4	38.0	894	118	2.84
45c	450	154	15.5	18.0	13.5	6.8	120.4	94.5	35300	1570	17.1	37.6	938	122	2.79
50a	500	158	12.0	20.0	14.0	7.0	119.2	93.6	46500	1860	19.7	42.8	1120	142	3.07
50b	500	160	14.0	20.0	14.0	7.0	129.2	101	48600	1940	19.4	42.4	1170	146	3.01
50c	500	162	16.0	20.0	14.0	7.0	139.2	109	50600	2080	19.0	41.8	1220	151	2.96
55a	550	166	12.5	21.0	14.5	7.3	134.1	105	62900	2290	21.6	—	1370	164	3.19
55b	550	168	14.5	21.0	14.5	7.3	145.1	114	65600	2390	21.2	—	1420	170	3.14
55c	550	170	16.5	21.0	14.5	7.3	156.1	123	68400	2490	20.9	—	1480	175	3.08
56a	560	166	12.5	21.0	14.5	7.3	135.4	106	65600	2340	22.0	47.7	1370	165	3.18
56b	560	168	14.5	21.0	14.5	7.3	146.6	115	68500	2450	21.6	47.2	1490	174	3.16
56c	560	170	16.5	21.0	14.5	7.3	157.8	124	71400	2550	21.3	46.7	1560	183	3.16
63a	630	176	13.0	22.0	15.0	7.5	154.6	121	93900	2980	24.5	54.2	1700	193	3.31
63b	630	178	15.0	22.0	15.0	7.5	167.2	131	98100	3160	24.2	53.5	1810	204	3.29
63c	630	180	17.0	22.0	15.0	7.5	179.8	141	102000	3300	23.8	52.9	1920	214	3.27

注:1. 截面图和表中标注的圆弧半径 r、r_1 的数据用于孔型设计,不做交货条件。

2. 表 A-3 中保留了原表 GB 706—1988 中的 $I_x:S_x$ 数值,但此项内容在 GB/T 706—2016 中已不再给出,故新增的工字钢型号中没有此项的数值。

参 考 文 献

[1] 孙训方,方孝淑,陆耀洪. 材料力学(上册)[M]. 5 版. 北京:高等教育出版社,1987.

[2] 孙训方,方孝淑,陆耀洪. 材料力学(下册)[M]. 5 版. 北京:高等教育出版社,1991.

[3] 刘鸿文. 材料力学 I[M]. 5 版. 北京:高等教育出版社,2010.

[4] 刘鸿文. 材料力学 II[M]. 5 版. 北京:高等教育出版社,2010.

[5] 陈传尧,王元勋. 工程力学[M]. 2 版. 北京:高等教育出版社,2018.

[6] 李卓球,朱四荣,侯作富,等. 工程力学[M]. 2 版. 武汉:武汉理工大学出版社,2014.

[7] 哈尔滨工业大学理论力学教研室. 理论力学 I[M]. 8 版. 北京:高等教育出版社,2016.

[8] HIBBELER R C. Mechanics of Materials[M]. 5 版. 北京:高等教育出版社,2004.

[9] HIBBELER R C. Engineering Mechanics Statics[M]. 5 版. 北京:高等教育出版社,2004.

[10] 孙训方,方孝淑,关来泰. 材料力学(I)[M]. 4 版. 北京:高等教育出版社,2002.

[11] 俞茂宏,YOSHIMINE M,强洪夫,等.强度理论的发展和展望[J].工程力学,2004,21(6):1-20.